湖泊表面水温变化归因研究及其应用

罗 毅 杨 昆 贾庭芳 等 著

科 学 出 版 社
北 京

内 容 简 介

本书系统、全面地介绍当前湖泊表面水温研究现状、关键理论、技术与方法，并对团队近十年来的研究成果进行总结。全书共8章：第1章介绍湖泊表面水温变化的态势和科学意义，并对影响湖泊表面水温变化的因素进行详细论述；第2~4章系统阐述湖泊表面水温数据获取的主要方法和手段，并以云南省九大高原湖泊为研究对象开展示范研究；第5~6章主要介绍湖泊表面水温的变化归因分析方法，并开展示范研究；第7章为在研究区开展湖泊表面水温的模拟和预测的应用研究；第8章以三峡水库近坝段水体为示范研究区，论述人类活动影响下水体表面水温不同时间尺度下近坝段水-气界面热量交换过程。

本书适合从事地理学、遥感科学与技术、水文学等领域科学研究的学者和本科生、硕士生和博士生使用。

图书在版编目(CIP)数据

湖泊表面水温变化归因研究及其应用 / 罗毅等著.—北京：科学出版社，2024.3

ISBN 978-7-03-076383-9

Ⅰ.①湖… Ⅱ.①罗… Ⅲ.①湖泊-水温-研究 Ⅳ.①P332.6

中国国家版本馆CIP数据核字（2023）第181089号

责任编辑：郑述方 李小锐/责任校对：彭 映
责任印制：罗 科 / 封面设计：墨创文化

科学出版社 出版
北京东黄城根北街16号
邮政编码：100717
http://www.sciencep.com

四川煤田地质制图印务有限责任公司 印刷
科学出版社发行 各地新华书店经销
*

2024年3月第 一 版 开本：787×1092 1/16
2024年3月第一次印刷 印张：14 3/4
字数：350 000

定价：236.00元
（如有印装质量问题，我社负责调换）

《湖泊表面水温变化归因研究及其应用》
作者名单

罗　毅　杨　昆　贾庭芳　喻臻钰

商春雪　彭宗琪　唐林峰　段海梅

张　扬　陈日想　裴兴方　李定铺

魏　宏　彭长青　姜月胜　王青青

序

湖泊表面水温是湖泊生态系统中重要的物理参数，其变化会对湖泊生态系统造成严重影响。近 30 年全球大部分湖泊表面水温快速上升，且呈现明显的空间异质性，围绕湖泊表面水温变化归因和空间分异规律方面的研究是当前地理学研究的前沿与热点。

该书作者罗毅及其团队长期从事城镇化的湖泊表面水温效应方面的研究工作，并围绕云南主要的九大高原湖泊表面水温变化及归因开展了系统和深入研究，取得了较大的创新和突破。该书是作者及其团队近十年来研究成果的阶段性总结，其主要的创新和学术贡献有以下三个方面：①首次系统梳理了国内外有关湖泊表面水温研究现状、关键理论、核心技术与方法，总结了当前湖泊表面水温变化归因研究存在的问题；②率先开展了不透水地表扩张对湖泊表面水温的影响研究，并以云南九大高原湖泊及其流域为实验区，从宏观尺度阐明了城镇化的不透水地表扩张对湖泊表面水温短期冲击作用和长期影响过程，揭示了气候变化和城镇化对湖泊表面水温变化的时空信息机理，发现了城市型湖泊综合增温率明显高于半城市型湖泊和自然湖泊；③构建了微观尺度下城市地表气、地、水能量传递模型，发现了影响地表径流温差和升温速率的主要驱动力，从微观尺度阐明了城市扩张对湖泊表面水温影响机制。

研究成果为定量揭示湖泊表面水温变化分异规律提供了理论和方法支撑，为科学准确地评估城镇化对湖泊表面水温的影响提供重要依据，为理解高原湖泊表面水温变化异质性提供重要线索，填补了城市化对湖泊表面水温影响研究空白。

该书对我国湖泊生态环境保护与治理研究和地球学科发展具有很好的参考作用。相信该书的出版能够为我国的湖泊生态环境保护与治理科研工作者、地理学领域研究者、相关政府部门管理者、相关大学教师和学生提供有益的参考。

中国科学院院士

2024 年 1 月

前　言

湖泊表面水温(lake surface water temperature，LSWT)是湖泊生态系统中重要的物理参数，能够直接反映湖泊与地表物质间能量交换过程。湖泊表面水温即使发生微小的变化也会对湖泊水生态环境的物理、化学和生物过程造成复杂、致命的影响，引发湖泊生态系统结构和功能重大变化。其研究包括湖泊表面水温数据的获取(包括原位观测、基于遥感影像的反演及基于模型的模拟预测)、城镇化对湖泊水环境的空间影响力计算、地理空间分析、湖泊热力学过程分析等内容，涉及地理学、水文学、湖沼学、计算机科学等学科，是一个交叉性较强的研究领域。在气候变暖和城镇化双重作用下，湖泊生态系统将面临前所未有的压力，能否掌握湖泊表面水温变化过程、规律和机制，不仅关系到湖泊的可持续发展，还会影响其所在城市可持续发展。湖泊表面水温研究已成为当前国内外相关领域研究前沿和重点。

作者团队在国家863计划项目、水污染控制与治理科技重大专项、国家自然科学基金项目等支持下，围绕湖泊表面水温变化及归因方面开展近十年的科学研究，提出长时间序列、高分辨率湖泊表面水温反演算法和一种基于流域尺度，顾及湖泊自然、生态、社会属性的湖泊分类方法，将研究区的湖泊划分为自然型湖泊、半城市型湖泊、城市型湖泊三类；通过对比三类湖泊表面水温变化特征和规律，从流域尺度上反映城镇化对湖泊表面水温的影响特征和差异，分析各因素对湖泊表面水温的贡献率，揭示湖泊表面水温对气候变化和城镇化的动态响应过程。

本书系统介绍了当前湖泊表面水温研究的相关内容，首先对湖泊表面水温变化归因分析、基于遥感的湖泊表面水温反演、基于模型的模拟预测以及数据的超分辨率重建等涉及的理论基础进行系统介绍，使读者掌握该领域的研究现状和发展动态；然后以云南省九大高原湖泊为实例，详细介绍团队提出的新方法、新理论与新技术，并运用新方法、新理论与新技术开展实证研究；最后以长江三峡水库为研究案例，探究在人类活动和气候变化双重影响的情况下，大坝表面水温与近地表气温的变化趋势和不同时间尺度下近坝段水-气界面热量交换过程，使读者可以更形象透彻地理解其相关理论和方法。

本书相关工作的依托项目主要由罗毅教授主持，具体包括国家自然科学基金面上项目“城市不透水面扩张的地表热径流形成及其湖泊表面水温效应”(42271441)；国家自然科学基金项目“基于 GIS 及 WSNs 的不透水表面扩张对滇池水体表面温度影响研究”(41761084)；省级重点项目“云南省‘万人计划’青年拔尖人才项目”(YNWR-QNBJ-2019-200)；省级一般项目“基于GIS及WSNs 的滇池蓝藻水华暴发动态监测与时空过程模拟研究”(2016FD020)。

本书主要由云南师范大学的罗毅、杨昆、贾庭芳完成，其中，第1～3章由罗毅、贾庭芳撰写，商春雪、张扬、陈日想、裴兴方、李定铺参与；第4章由罗毅、喻臻钰、贾庭芳撰写；第 5 章由罗毅、段海梅、商春雪撰写；第 6、7 章由罗毅、杨昆、喻臻钰、唐林峰、商春雪撰写；第 8 章由罗毅、杨昆、彭宗琪撰写；魏宏、彭长青、姜月胜和王青青负责书稿整理。

由于作者学识有限和经验不足，加之书稿整理较为匆忙，书中难免存在疏漏之处，敬请各位专家同仁、读者批评指正，可通过邮箱 lysist@ynnu.edu.cn 来信告知，作者表示衷心感谢！所提意见将在改版时做深入修正！

罗　毅

2024 年 1 月

目　录

第 1 章　绪论……1
1.1　全球湖泊表面水温变化态势与科学意义……1
1.1.1　LSWT 变化的趋势……2
1.1.2　LSWT 升高的影响……2
1.1.3　LSWT 研究的科学意义……4
1.2　自然因素对湖泊表面水温的影响……7
1.2.1　AT 对 LSWT 的影响……8
1.2.2　太阳辐射和云层对 LSWT 的影响……9
1.2.3　风对 LSWT 的影响……10
1.2.4　冰层覆盖对 LSWT 的影响……11
1.2.5　分层和混合对 LSWT 的影响……13
1.2.6　透明度对 LSWT 的影响……15
1.2.7　其他因素对 LSWT 的影响……17
1.3　人为因素对湖泊表面水温的影响……17
1.3.1　不透水地表扩张使 LSWT 升高……18
1.3.2　不透水地表热径流加剧 LSWT 升高……20
1.4　本章小结……21
参考文献……23
第 2 章　湖泊表面水温获取……34
2.1　原位观测……34
2.2　基于遥感的湖泊表面水温反演……37
2.2.1　基于遥感的湖泊表面水温反演的原理……38
2.2.2　单窗算法……40
2.2.3　劈窗算法……43
2.2.4　多通道算法……45
2.2.5　基于人工神经网络的一体化物理反演……46
2.3　湖泊表面水温产品数据……48
2.4　本章小结……50
参考文献……51
第 3 章　湖泊表面水温模拟与预测……57
3.1　LSWT 数据建模的预处理……57
3.1.1　数据缺失与异常值的处理……57
3.1.2　数据的标准化处理……58

3.1.3 降尺度 ······ 59
3.2 LSWT 模拟与预测模型 ······ 61
3.2.1 基于回归的模型 ······ 61
3.2.2 基于过程的确定性模型 ······ 63
3.2.3 基于机器学习模型 ······ 66
3.2.4 基于物理-统计的混合模型 ······ 73
3.2.5 过程引导机器学习的混合模型 ······ 76
3.3 LSWT 数据的验证 ······ 78
3.4 本章小结 ······ 79
参考文献 ······ 79
第 4 章 湖泊表面水温数据集超分辨率图像重建 ······ 90
4.1 湖泊表面水温超分辨率重建的概念与理论基础 ······ 90
4.1.1 超分辨率重建的概念 ······ 90
4.1.2 超分辨率重建的理论基础 ······ 91
4.2 湖泊表面水温超分辨率重建的方法 ······ 92
4.2.1 基于插值的 SRIR ······ 92
4.2.2 基于重构的 SRIR ······ 93
4.2.3 基于学习的 SRIR ······ 94
4.2.4 可信度验证方法 ······ 99
4.3 云南九大湖泊表面水温 SRIR 的算法实现 ······ 100
4.3.1 基于 DisTrad-SRCNN 的 SRIR ······ 101
4.3.2 数据来源与预处理 ······ 102
4.3.3 湖泊表面水温 SRIR 结果与讨论 ······ 107
4.4 本章小结 ······ 108
参考文献 ······ 108
第 5 章 湖泊表面水温变化归因分析方法 ······ 113
5.1 时序变化特征分析 ······ 113
5.1.1 时间序列重构 ······ 113
5.1.2 趋势分析 ······ 115
5.1.3 周期分析 ······ 116
5.2 空间分布特征分析 ······ 119
5.2.1 规模效应分析 ······ 119
5.2.2 核密度分析 ······ 119
5.2.3 网格维数分析 ······ 119
5.2.4 空间自相关分析 ······ 120
5.3 驱动因子相关性分析 ······ 120
5.3.1 Pearson 相关系数分析 ······ 120
5.3.2 主成分分析 ······ 121

5.3.3 多元线性回归分析 122
5.3.4 随机森林回归分析 123
5.3.5 偏相关系数分析 124
5.3.6 灰色关联度分析 124
5.3.7 因子分析 126
5.3.8 熵权法 126
5.3.9 格兰杰因果性检验 128
5.4 贡献率分析 129
5.4.1 多元线性回归分析 129
5.4.2 主成分分析 130
5.4.3 向量自回归 131
5.4.4 潜力模型 132
5.4.5 地理探测器 132
5.4.6 支持向量机 135
5.4.7 突变检验及拐点检测 136
5.5 本章小结 136
参考文献 136
第6章 云南省九大高原湖泊表面水温时空变化及归因分析 139
6.1 研究区概况 140
6.2 湖泊类型划分 144
6.2.1 湖泊类型划分方法 144
6.2.2 湖泊类型划分数据准备与预处理 144
6.2.3 湖泊类型划分结果 145
6.3 湖泊表面水温归因分析数据准备与预处理 147
6.3.1 数据准备 147
6.3.2 数据预处理方法 148
6.3.3 数据预处理结果 150
6.4 各因子时空变化特征分析 151
6.4.1 自然因子时空变化特征分析 151
6.4.2 人文因子时空变化特征分析 157
6.5 各驱动因子贡献率分析 162
6.5.1 各驱动因子的相关性 162
6.5.2 各驱动因子的贡献率 164
6.5.3 驱动因子的阈值 166
6.6 时空变化归因分析结果与讨论 174
6.6.1 时序变化特征讨论 174
6.6.2 空间分布特征讨论 175
6.6.3 驱动因素讨论 177

6.7 本章小结 …… 179
6.8 经验和启示 …… 180
参考文献 …… 181
第 7 章 云南省九大高原湖泊表面水温变化预测 …… 184
7.1 湖泊表面水温的预测方法 …… 184
7.1.1 支持层次人工神经网络 …… 184
7.1.2 小波阈值去噪与小波均值融合 …… 185
7.1.3 小波阈值融合长短期记忆网络 …… 187
7.2 预测模型的构建和表面水温预测 …… 187
7.2.1 SHANN 模型的构建及预测 …… 187
7.2.2 WTFLSTM 模型的实现及预测 …… 190
7.3 湖泊表面水温时空变化特征 …… 192
7.3.1 时序变化特征 …… 192
7.3.2 空间分布特征 …… 193
7.4 湖泊表面水温变化趋势分析与讨论 …… 195
7.4.1 预测模型讨论 …… 195
7.4.2 时空变化特征讨论 …… 196
7.5 本章小结 …… 196
7.6 经验和启示 …… 197
参考文献 …… 205
第 8 章 三峡水库近坝段水-气界面的热量交换过程研究 …… 208
8.1 三峡大坝基本情况及建坝综合影响 …… 208
8.1.1 三峡大坝基本情况 …… 208
8.1.2 三峡大坝综合效应 …… 209
8.2 研究现状 …… 210
8.3 数据准备与预处理 …… 212
8.4 三峡水库水-气界面热量交换研究结果与分析 …… 213
8.4.1 三峡水库近地表气温变化特征 …… 213
8.4.2 三峡水库近坝段表面水温变化特征 …… 216
8.4.3 多尺度近地表气温与近坝段表面水温相互作用特征 …… 218
8.5 本章小结 …… 219
8.6 展望和启示 …… 221
8.6.1 未来研究展望 …… 221
8.6.2 启示 …… 221
参考文献 …… 222

第1章　绪　　论

1.1　全球湖泊表面水温变化态势与科学意义

湖泊含有约87%的地球表面液态淡水，它们支持着重要的生物多样性以及人类的生存和发展，被认为是世界上最具生物多样性的生态系统之一。长期的气候变化、极端气候事件[①]以及人类活动强度的不断增加对湖泊的生态系统造成了不同程度的威胁。特别是近些年，平均气温加速变暖和极端气候事件的频繁发生导致湖泊生态系统变得更加脆弱，生物多样性正面临加速丧失和生态崩溃等问题（史楠楠，2022；白倩倩等，2022；文威等，2022；张坤，2019），因此越来越多的学者开始关注湖泊在气候变化和人类活动变化下的响应。

气候强迫是指气候系统变化、二氧化碳浓度、太阳辐射等因素引起的对流层顶垂直净辐射变化（杨光炜，2014）。尽管世界上湖泊只覆盖地球表面的小部分区域，但它们对气温（air temperature，AT）、蒸发和降水十分敏感，对变化的反应迅速。由气候强迫引起的湖泊周边流域的任何变化都将反映在湖泊中（Williamson et al.，2009），因此，湖泊被视为气候变化的哨兵（O' Reilly et al.，2015；Schneider et al.，2009；Adrian et al.，2009；Austin and Colman，2007），提供气候变化的信号，同时也被称为气候历史的重要档案（史楠楠，2022；Piccolroaz et al.，2013）。

气候变暖将导致蒸发增加、降水变化、海平面上升等，这种变化正在全球范围内发生，并将通过一系列间接和直接的机制影响湖泊（史楠楠，2022；徐灿，2019）。湖泊对气候变化的一个主要响应是湖泊的水温变化（Woolway et al.，2017a）。湖泊的水温是由一个复杂的热平衡控制的，热平衡由不同的热流组成，主要在湖泊和大气之间交换。水温是决定湖泊生态系统功能的最重要的非生物因素之一，它与湖泊的水质和生态系统的功能密切相关，对湖泊的物理过程（如热分层、混合过程）、化学过程（如溶解氧浓度）和生物学过程（如生物体的新陈代谢、生长和繁殖）至关重要，是其变化的主要驱动力之一。因此，水温的任何显著变化都可能导致湖泊热状态和许多淡水生境群落结构的变化（陈世峰，2021；Piccolroaz et al.，2013；Piccolroaz，2016；Sharma et al.，2015）。

湖泊表面水温（lake surface water temperature，LSWT）是指湖泊0～1m水体的温度，表现出对气候强迫快速和直接的响应（O' Reilly et al.，2015）。LSWT能够直接反映湖泊、大气、陆地表面物质之间的能量交换过程，它是局地气候和水文过程的重要驱动力（Sharma et al.，2015；Livingstone and Dokulil，2001），是表征湖泊生态系统的重要物理参数之一，它比其他湖泊参数更直接、更敏感地反映了气候强迫，在湖泊生物学中起着重要作用。空气温度、云量、太阳辐射等气候因子和湖泊面积、深度等地貌因子都会影响LSWT（邹晓

① 极端气候事件：指某一类气候要素值或统计值在一定时间内严重偏离平均状态的概率较低的事件，在统计意义上不常见或罕见（王月华，2017）。

锐，2016）；反过来，LSWT 对气候和地貌的变化具有指示作用(Sharma et al.，2015)。

1.1.1 LSWT 变化的趋势

2015 年，*Science* 杂志在 NEWS 板块报道了近 30 年来全球大部分湖泊的表面水温快速上升，且比它们周围的海洋和空气变暖的速度更快(Kintisch，2015)。许多文献指出，LSWT 升高的主要原因是区域性气候变化和地形地貌的改变(O' Reilly et al.，2015；Sharma et al.，2007)。

O' Reilly 等(2015)的研究指出，1985～2009 年，全球范围内湖泊表面水温的增长趋势为 0.034℃/a，接近或超过地表气温的增长趋势(0.025℃/a)，是海洋升温趋势(0.012℃/a)的两倍多(Kintisch，2015)。很多文章都得出类似的结论，这被解释为气候变化引起 LSWT 变化的证据(O' Reilly et al.，2015；Wang et al.，2014；Austin and Colman，2007)。

Schneider 和 Hook(2010)同样于 1985～2009 年对全球湖泊进行研究发现，7～9 月和 1～3 月的夜间 LSWT 的平均升温速率为(0.045±0.011)℃/a，北半球中纬度和高纬度地区的变暖程度要远远大于低纬度地区，也大于南半球所有地区。此外，研究还发现，夏季 LSWT 和 AT 的变化趋势在世界各地的许多湖泊中存在巨大的空间差异(Mason et al.，2016；Pareeth et al.，2016；O' Reilly et al.，2015；Schneider and Hook，2010)，甚至观察到相反的变化趋势(Zhang et al.，2014)。

Piccolroaz 等(2020)对全球 606 个湖泊的表面水温的变化趋势按照主要气候类型进行分析，结果表明，20 世纪上半叶出现了不同的趋势：北半球除热带湖泊以外的湖泊呈现明显的变暖，特别是在柯本(sonw Köppen)气象带的湖泊；南半球的湖泊在 1920 年之后的特点是缓慢但持续升温，但是大约在 1980 年后，所有的湖泊都呈现快速的上升趋势。另外，从 Woolway 等(2020)制作的 1996～2018 年全球暖季节 LSWT 的变化趋势图同样可以看出，全球大部分 LSWT 快速上升(Carrea and Merchant，2019)，这种变化呈现高度空间异质性，与以往湖泊变暖趋势在区域尺度空间呈现一致性的推论相反(Woolway et al.，2020；Palmer et al.，2014；Wagner et al.，2012)。因此，有必要对 LSWT 的动态变化进行区域性的研究，以更好地解释气候变化和当地水文条件之间的相互作用，进而揭示 LSWT 变化的原因。

1.1.2 LSWT 升高的影响

温跃层(水温垂直变化剧烈的水层)的深度和强度增加，湖泊底部缺氧，富营养化(水质因营养物质过量累积而恶化)加剧，蓝藻生长期延长和范围的扩散，生物栖息地和群落结构的改变，以及温室气体排放的增加等(O' Reilly et al.，2015，2003；Yvon-Durocher et al.，2014；Sahoo et al.，2013)。

温暖的 LSWT 也会致使湖泊出现更早的分层、更强的分层强度以及更长的分层期(Richardson et al.，2017)。冬季较高的 LSWT 会导致较早地开始分层，这会加速浮游植物暴发，从而使营养向浮游动物和上层食物网转移(Woodward et al.，2010)。浮游植物是生活在水中的微小植物，是水中的初级生产者(蒋伊能，2017)。水温对浮游植物种类和季节变化有重要的影响，主要是因为浮游植物的许多代谢过程都是酶促反应，这些生化反应又受到酶活性的影响，温度对酶活性有决定性的影响，水温的升高会加速藻类种群的生长和增殖(文威等，2022)。春季及以前的水温升高会影响水生生物(尤其是浮游植物)的生长速度和群落结构。湖泊浮游植物群落的变化会影响更高的食物链，可能会破坏湖泊的生态平衡。在全球变暖的背景下，水温的升高会影响水体的稳定性，尤其是对于深水湖泊，水温的升高和分层期的提前会导致浮游植物春季物候的提前(潘婷等，2022)。

水体变暖也可能直接影响浮游动物的生长和繁殖(Velthuis et al.，2017)，并引发湖泊生物的栖息地变化和群落结构变化。浮游动物种类多样，生活史差异大，繁殖速度快，形态多样，生理结构复杂，使其在整个食物网和生物循环中发挥着重要作用，成为水生生态系统的重要组成部分(刘越，2022)。水温是影响浮游动物生长繁殖差异的最重要环境因素之一，它决定了浮游动物的体温和代谢率。较高的水温有助于促进浮游动物的生长发育(王西锋等，2022)。水体变暖可能会提高浮游动物的孵化率、繁殖率以及细胞的增长率，从而使浮游动物生物量更高，并使浮游动物达到丰度峰值的时间提前(刘西汉，2019; Hansson et al.，2013)。浮游植物和浮游动物的垂直分布、迁移调节、捕食与被捕食关系对整个生态系统具有重要作用，其可能降低初级生产力或破坏食物网的结构，也可能导致物种相互作用的错配(段云莹等，2022；Thackeray et al.，2013)。

湖泊水温变暖导致生长期延长，增加了细菌和浮游植物的生产力，进而影响浮游动植物甚至鱼类的物候(Thackeray et al.，2016)。另外，由于鱼类的生长强烈地依赖于温度(Kao et al.，2015)，经长期研究发现，湖泊温度的变化已经引起了鱼类群落结构变化(王召根等，2021；Bunnell et al.，2014；Casselman，2002)。生物通过改变生长的季节或生长的深度以寻求合适的热栖息地来应对温度升高(Kraemer et al.，2021)。有学者研究发现，长期温度变化导致过去(1978～1995 年)和最近(1996～2013 年)时间段内热栖息地之间的平均非重叠率为6.2%，当栖息地受季节和深度影响时，平均非重叠率增加到19.4%(Kraemer et al.，2021)。不断上升的最低水温改变了冷水物种的栖息地，导致依赖冬季寒冷温度生存的物种减少甚至灭绝(De Eyto et al.，2016；Mcginnity et al.，2009)。例如，瑞典韦特恩(Vättern)湖中北极红点鲑的消失与冬季湖泊温度升高有关(Jonsson and Setzer，2015)，塔斯马尼亚南部浅水冷水物种无法适应不断上升的水温而逐渐减少。

LSWT 的升高导致混合分层垂直梯度增加，减少来自深水的营养物质的再生，改变浮游生物种类的组成，增加水的清晰度，降低上层氧气在混合层的渗透深度(Verburg et al.，2003)。有学者假设，如果气候变暖趋势持续下去，湖泊深层混合可能会完全停止，达到这一状况所需的时间将取决于未来气候变化的速度，以及是否能成功减少人为营养物流入湖泊(Coats et al.，2006)。例如，对于双循环湖泊(dimictic lakes，DimL)，若冬季的 LSWT 下降不到 4℃，分层可以从一个夏天持续到下一个夏天，不会中断(Peeters et al.，2002)，湖泊的渗透混合深度也将受到抑制(Woolway and Merchant，2019；Peeters et al.，2002；Livingstone，1993)。通过深层混合，湖泊的表层可向底层提供溶解氧，所以深层混合减少将导致溶解氧无法补充到底部水域，特别是深层沉积物界面附近将处于缺氧状态，最终将会导致底部水域的溶解氧被耗尽(Sahoo et al.，2009)。当这种情况发生时，可溶活性磷(soluble reactive phosphate，SRP)和氨氮(均为生物刺激)将从深层沉积物中释放，导致水体富营养化。浅层湖泊富营养化会给湖泊生态系统和环境带来一系列影响，包括频繁的藻华、透明度下降、湖泊厌氧范围和频率增加、生物多样性下降等，进而导致湖泊稳态转变，严重影响人类生存环境质量(孙丽丽，2022)。

另外，LSWT 变暖也会加速水体的蒸发，导致氮磷浓度增加，促进浮游植物生长，从而致使湖泊从低生产力向富营养化过渡(Cottingham et al.，2015)。越来越缺氧的暖和深水可能导致某些藻类物种成分发生改变，促使蓝藻补充物种的增加，这是造成有害蓝藻藻华增殖和扩大的潜在因素(Cottingham et al.，2015；Toffolon et al.，2014)。例如，以绿藻为主的群落转变为由蓝藻或植鞭毛虫类组成的群落，将会导致有毒蓝藻水华的发生(Kosten et al.，2012)。蓝藻水华是水体由低营养、清澈向高营养、浑浊过渡的潜在驱动因素。有毒蓝藻暴发释放的藻类毒素会严重危害水质，造成水生态系统失衡，导致富营养化水体的恶性循环，这对沿湖地区的供水和渔业生产将造成严重的危害(孙炯明，2018；O' Neil et al.，2011；Kosten et al.，2012；Strecker et al.，2004)。

研究发现，藻华面积的大小、分布范围与 LSWT 关系密切。有研究指出，LSWT 的变暖是造成热带水华蓝藻向中纬度温带湖泊扩张的重要因素之一(宋婵媛，2022；张永生等，2020；Briand et al.，2004)。张永生等(2020)发现，春季水温上升是香溪河暴发藻华的重要诱发因素之一，并指出水温稳定性的强弱对藻华的暴发程度有较大影响。当湖泊水温升高时，湖泊中有毒蓝藻暴发的频率和丰度可能会更高，并且它们可能会停留更长时间。有些学者预计，全球夏季平均 LSWT 变暖会导致 22 世纪藻类繁殖增加 20%，有毒水华增加 5%(Rigosi et al.，2015；Brookes and Carey，2011)。还有研究还发现，与其他湖泊相比，有毒蓝藻水华强度降低的湖泊其 LSWT 变暖程度更小(Ho et al.，2019；Paerl et al.，2016)。

湖泊碳循环是全球碳循环的重要组成部分，其碳储量占海洋碳储量的 25%～85%。当水生生物死亡时，它们富含碳的残留物会落入水中，储存在沉积物中，或者被微生物分解成气体。逐渐升高的湖泊温度可能会触发储存在湖泊沉积物中数十亿吨碳转化为甲烷(CH_4)和二氧化碳(CO_2)，这种反馈效应可能会加速全球变暖(陈世峰，2021；孙炯明，2018；Kintisch，2015；Schuur et al.，2009)。O' Reilly 等(2015)指出，未来十年湖泊中甲烷排放量将增加 4%。Schuur 等(2009)研究发现，水温较高阶段的甲烷排放量约为水温较低阶段的 5.2 倍。据估计，到 21 世纪末，因水温升高，北方湖泊甲烷释放量将增加 20%～54%(Wik et al.，2016)。因此，湖泊是全球碳循环的重要结构单元，其碳通量研究已成为全球碳循环研究的前沿和热点(肖启涛等，2022)。

1.1.3 LSWT 研究的科学意义

LSWT 是影响湖泊水生态环境的重要因素，LSWT 升高使得湖泊发生重大的生态系统变化(Smol and Douglas，2007)。值得重视的是，如果 LSWT 已经接近湖泊生理最大值，即使温度上升速度低的湖泊也可能面临生态系统压力，LSWT 的升高对湖泊水生态环境造成的影响是动态的、复杂的(O' Reilly et al.，2015；Adrian et al.，2009)。因此，目前探索 LSWT 变化对生态环境的影响是湖泊生态环境研究的热点，而 LSWT 对气候变暖的响应是重要的研究方向之一(赵藜梅，2021)。另外，近年来政府花费了大量的人力资源和物力资源来解决湖泊的生态和环境问题，但效果不显著，究其原因是对这些问题的形成过程认识不透彻，无法从根本上进行治理。因此，了解 LSWT 控制因素对于湖泊水质治理至关重要。

气候变暖是造成 LSWT 上升的主要原因之一，对这一点已形成共识(Yang et al.，2019)。2021 年举行的第六届联合国政府间气候变化专门委员会[①](Intergovernmental Panel on Climate Change，IPCC)报告指出，未来的气温将更迅速地变暖，降水将加速循环。届时降水的时空特征变化将会加剧，多年冻土融化，季节性积雪减少，冰川和冰层覆盖融化将会发生。未来更加快速和剧烈的气候变化将加大极端气候事件的发生频率，从而导致湖泊生态发生突变。例如，极端降水事件增加，可能会导致湖泊的水量和水质发生突变；在极端高温的影响下，湖泊热浪的强度、持续时间及范围将急剧变化。因此，探索在快速的变暖和极端的气候变化的情形下 LSWT 将做出何种响应，将导致湖泊生态发生什么变化，可为政府部门制定预防和缓解措施提供数据支持。

在湖泊流域众多的地貌变量中，不透水地表(impervious surface，IS)是短期内造成地貌剧烈改变的核心因素，人类活动强度和范围不断加大，造成 IS 不断扩大，IS 吸收和反射热量，从而导致 IS 对入湖径流的热作用也不断加强(Roa-Espinosa et al.，2003；Schueler，1994)，进而成为湖泊水温升高的另一个重要因素，但这一关键因素并未引起学者的足够重视(Yang et al.，2019)，对其影响程度的定量分析研究较少。

因此，在气候变暖和快速城市化的双重影响下，分析 LSWT 的时空变化过程对湖泊生态环境的影响具有重要意义(杨家莹，2021)。并且，综合研究人-地-气-湖等多种因素之间的相互作用关系，将有助于定量理解各因素对 LSWT 变化的贡献率。

准确获取 LSWT 数据是开展后续研究的前提和基础。可以通过原位观测获得高精度的 LSWT 数据，但这些数据大多为短时间、间断性、局部的观测数据，且获取困难。随着定位自动观测和遥感(remote sensing，RS)对地观测技术的迅速发展，地理数据的可持续获取能力大幅度提升，例如，多源 RS 对地观测数据辅以准确的原位观测数据，为基于 RS 影像的 LSWT 的反演提供数据支撑。这使得能够从较大的空间尺度和较长的时间尺度开展 LSWT 相关研究工作，且已成为目前获取 LSWT 的主要手段。

在已有 LSWT 的观测数据和相关控制因素分析的基础上，学者建立了很多反演、模拟和预测模型获取 LSWT 数据。随着地理学研究从数据稀疏时代进入数据稠密的地理大数据时代，“理论引导的数据科学”已成为一种新的科学范式，这在 LSWT 的模型发展中已有所体现。例如，机器学习与过程耦合的模型或过程引导的机器学习模型被认为是效果最佳的模型(Ren et al.，2021；Chen et al.，2019；Jia et al.，2019；Hunter et al.，2018；Fang et al.，2017；Humphrey et al.，2016)。

与其他湖泊水质参数相比，LSWT 的获取相对更容易，且当区域环境(包括气候环境及地貌环境)发生变化时，LSWT 的响应最为敏感，因此，研究气候变化及人类活动对生态的影响可集中在 LSWT 的长期观测及变化趋势上(Coats et al.，2006)，这已成为目前淡水研究的焦点和热点。

---

① 政府间气候变化专门委员会（IPCC）始建于 1988 年，旨在提供有关气候变化的科学技术和社会经济认知状况、气候变化原因、潜在影响和应对策略的综合评估。

2021 年 12 月 24 日，在“Web of Science Core Collection”文献数据库中，搜索 TS=("lake" and "temperature" and "surface")，检索到 6927 篇文章，图 1.1 为这些文献的统计分析图。图 1.1(a)是每年发文数量排在前五的国家和其他国家的堆积统计图，从统计结果可以看出总的发文数量呈逐年上升的趋势。而 2021 年可能有些文章还没有收录到该数据库中，呈现略微下降趋势。从图 1.1(a)中可以看出，美国相关的研究开展得较早，呈现稳步上升的趋势，中国自 2002 年开始呈现快速增长的趋势。图 1.1(b)为发文总量排名前五的国家和其他国家的发文数量的比例图，可以看出美国总量排名第一，其次是中国，两个国家发文的总量达到 58%。图 1.1(c)是主要研究学者、发表文章数量及所属机构的统计图，这些也是本书的主要参考文献。在所有搜索到的文献中，综述类型的文章有 182 篇，其中只有少数几篇关于气候变化下湖泊响应的综述，而关于 LSWT 综合性的综述还没有。本书的绪论旨在从 LSWT 的动态变化趋势、归因分析、RS 反演以及模拟预测等方面进行综合性的评述，希望为开展 LSWT 方面研究的学者们提供经验启示和方法借鉴。

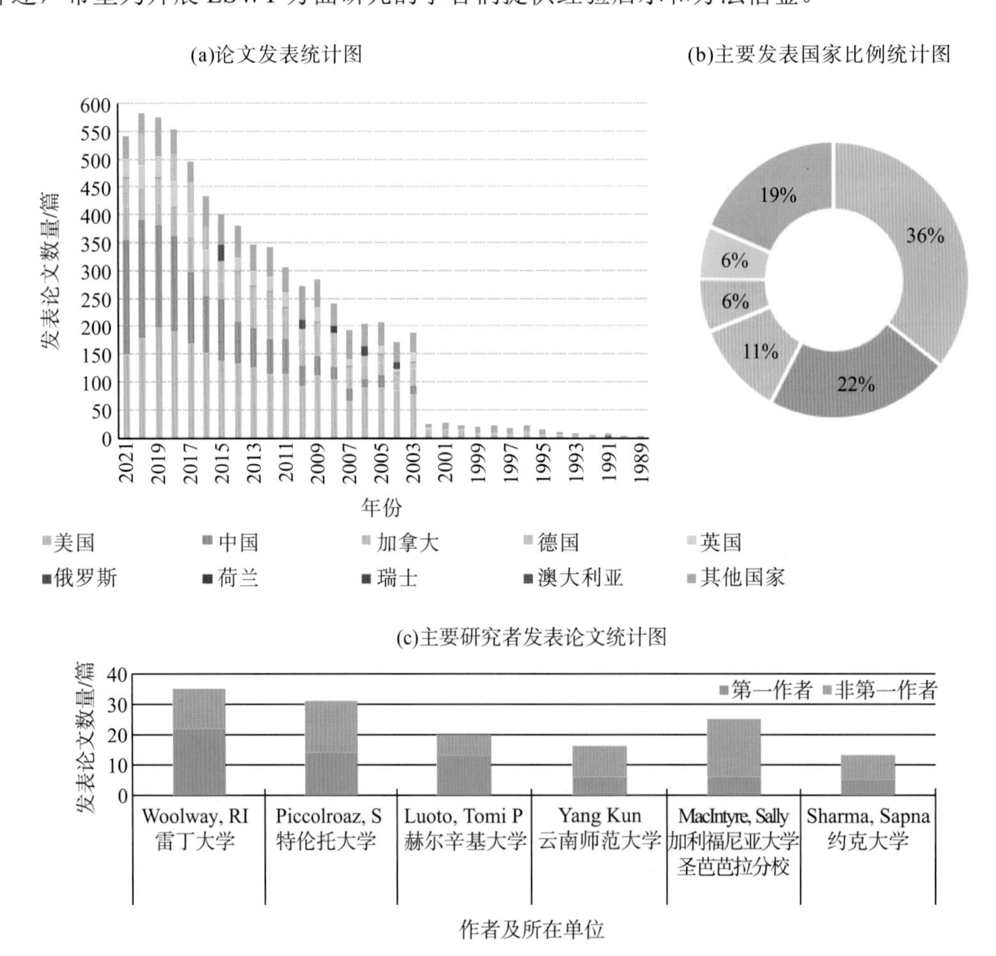

图 1.1 在“Web of Science Core Collection”文献数据库中搜索到的 TS=("lake" and "temperature" and "surface")的文献统计分析图

1.2　自然因素对湖泊表面水温的影响

气候因素的影响是造成 LSWT 上升的主要原因之一(Yang et al.，2019；Richardson et al.，2017)。依据湖泊表面热平衡预测，LSWT 的增加速率应该是 AT 增加速率的 50%～90%(Schmid and Köster，2016)，这说明还有其他因素加速了 LSWT 上升。LSWT 升温速率若接近或超过 AT 变暖速率(Woolway et al.，2017a；Austin and Allen，2011；Magee et al.，2016；O' Reilly et al.，2015；Schneider and Hook，2010)，这将与湖泊表面热平衡的预期不一致。很多学者研究发现，LSWT 的变化还与除 AT 以外的气候因素密切相关，如太阳辐射、风速、降水等(Woolway et al.，2017a；O' Reilly et al.，2015；Sharma et al.，2015；Schneider and Hook，2010)。而不同的湖泊属性，如深度、透明度、纬度、冰层覆盖、混合分层等，导致 LSWT 对气候因素变化的响应不同(Yang et al.，2019；He et al.，2019；Weber et al.，2018；Woolway and Merchant，2018；Woolway et al.，2016；O' Reilly et al.，2015；Sharma et al.，2015)。除此之外，不同湖泊表现出不同的变暖特征，这在很大程度上受湖泊周边地貌改变的影响(Yang et al.，2019；O' Reilly et al.，2015)。

影响 LSWT 的因素如图 1.2 所示，根据能量平衡原理，图 1.2 中任何一个因素的变化都将反映到 LSWT 的变化中。研究发现，夏季 LSWT 比 AT 变暖更快，特别是在深湖和冷湖中。这种放大的LSWT升温，可以解释为AT上升引起的湖泊混合分层的变化(Toffolon et al.，2020；Woolway and Merchant，2019；Piccolroaz et al.，2016)、大规模气候强迫的变化(例如，太阳辐射加强)(Sharma et al.，2015；Fink et al.，2014)、气候变暖引起冰层覆盖的变化(O' Reilly et al.，2015；Austin and Colman，2007)、湖水透明度的变化(Rose et al.，2016；Sharma et al.，2010)以及人类活动(如快速的城镇化)(Yang et al.，2019)等多种因素共同作用造成的。例如，对于高纬度大而深的湖泊，较温和的冬季条件、太阳辐射增加和春季 AT 的上升致使分层作用更强和更早开始，进而导致夏季 LSWT 升温趋势加快，特别是被冰覆盖的湖泊升温趋势最快(Woolway and Merchant，2018)。

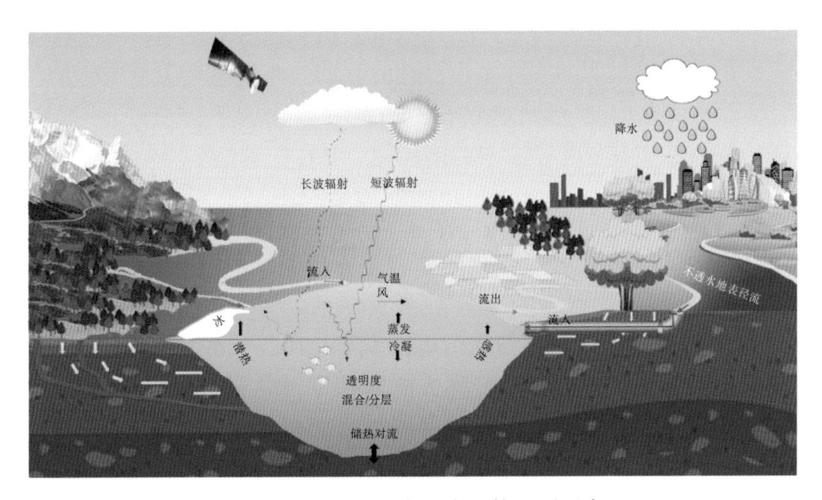

图 1.2　影响湖泊表面水温的主要因素

1.2.1 AT对LSWT的影响

AT是全球气候变化的主要监测指标之一，控制着大气圈、水圈和生物圈生物和物理循环过程(Nieto et al., 2011)。复杂多样的地理环境因素影响了气-地能量平衡，导致AT在空间上存在异质性分布。AT变暖是所有气候因素(如纬度的太阳辐射)综合作用的结果(Toffolon et al.,2020)。在没有人为干扰的情况下，AT和LSWT有密切的联系(Sahoo et al., 2009)。

一个普遍的认识是，AT升高导致LSWT升高。陈争等(2021)研究发现，LSWT与AT无论在什么时间尺度都呈现显著正相关，相关系数均大于0.94。从现有的研究来看，全球变暖对湖泊热学性质的影响已经得到了广泛的认可，许多湖泊的调查结果都表明，近地表AT的上升是LSWT上升的重要因素(潘梅娥等，2022; Yang et al., 2019; Zhang et al., 2015; Xiao et al., 2013; Livingstone and Dokulil, 2001)。例如，许多学者对云贵高原11个湖泊表面水温度进行了时间和空间的研究，发现云贵高原地区AT升高是导致该地区LSWT升高的重要因素(赵藜梅，2021; Yang et al., 2020; Yu et al., 2020b)；同时许多研究比较了LSWT和陆地表面AT的上升速度，发现LSWT平均变暖速度比当地地表AT的上升速度快(史楠楠，2022; Magee et al., 2016; O' Reilly et al., 2015; Schneider and Hook, 2010)，并且自20世纪初以来，变暖速度是前所未有的(Woolway et al., 2017a)。

并非所有湖泊的表面水温都会随着AT的变暖而变暖。例如，Zhang等(2014)对青藏高原地区湖泊的表面水温变化趋势进行研究发现，一部分湖泊变暖(+0.055℃/a)，而一部分湖泊变冷(−0.53℃/a)。Wan等(2018)的研究也得到了相似的结论，他们分析这种反差是因为湖泊的水源不同而导致的：一方面，AT升高使得冰川融水增加而导致LSWT变冷；另一方面，地表AT升高使得降水增加或永久冻土(持续多年冻结的土石层)退化而导致LSWT变暖(Woolway et al., 2017a)。

值得注意的是，IPCC第六次报告中指出：未来20年全球的平均温度预计将升高超过1.5℃。气候变化的许多特征直接取决于全球升温的水平，但与全球平均状况有很大不同，每个地区都面临着更多的变化，如一些地区陆地升温幅度将会大于全球平均水平，而北极地区升温幅度则是其两倍以上。实际上，这种变化的不平衡性一直存在，例如，近几十年青藏高原AT呈现出快速增温现象[(0.036±0.027)℃/a]，超过了1951～2012年全球平均地表空气温度的增温速率(0.011℃/a)(Wan et al., 2018; Zhang et al., 2015)。同样，受AT快速升高的影响，青藏高原地区变暖的湖泊中，LSWT的平均升温速率为(0.055±0.033)℃/a，超过了全球平均的LSWT上升速率0.034℃/a(Pareeth et al., 2016)。因此，LSWT对AT的动态响应需要进行区域性研究。

同时，O' Reilly等(2015)通过综合分析发现，夏季AT对LSWT的影响是最重要的。大多数学者在对夏季AT和LSWT进行同步分析时，没有明确考虑湖泊内在变化对AT的滞后响应，导致AT和LSWT之间的回归分析在物理上可能不显著，特别是热惯性(指对温度变化的抵抗力，由平均深度控制)较大的深湖(Piccolroaz et al., 2016)。Toffolon等(2020)指出，仅仅用AT对LSWT的直接影响来描述LSWT的动态变化往往是错误的，因为热分层(受 AT 变化的影响，水体垂直方向的温度分布不均匀)在 LSWT 变化中发挥了核心作用，而热分层主要受湖泊前几个月所经历的条件影响(Zhong et al.，2019)，特别是冬季 AT 变化可以为湖泊分层提供有用的动态信息，对解释夏季 LSWT 变化很重要，所以必须加以考虑，而不能只考虑夏季 AT 对 LSWT 的影响。因此，他们提出，使用平均时间周期的指标来描述 LSWT 变暖，该指标的长度应根据湖泊的热惯性来确定，即浅湖和深湖应当考虑不同的长度(Toffolon et al.，2020)。徐泽源(2020)还探索了青藏高原 LSWT 的变化，发现浅水湖泊对地表 AT 的变化响应较为快速，而大型深水湖泊的响应要慢得多。

另外，冬季 LSWT 影响冰层覆盖的形成，这一过程对许多湖泊生态系统作用过程也有直接影响(Sharma et al.，2019)。因此，在对 LSWT 进行研究时，针对具有冰封期的湖泊，不能只关注夏季 AT 对 LSWT 的影响，冬季也应作为一个非常重要的研究期。

1.2.2　太阳辐射和云层对 LSWT 的影响

太阳辐射是指太阳表面以电磁波的形式向周围空间辐射和传播能量，是来自地球外部的最大能量(邹晓锐，2016)。白天，湖泊表面获得的太阳辐射最强，呈现快速升温，随水体深度的增加太阳辐射逐渐减弱，深层和底层水体升温缓慢且幅度小，热力分层随深度增加而降低；夜晚，因没有太阳辐射，水面通过净长波辐射而冷却，上层水体降温速度快，下层水体降温速度慢，出现水温随深度增加而升高的不稳定层结，从而激发热力不稳定对流，使得整层水温较为一致(陈争等，2021；赵巧华等，2013)。当表层水体水温低于空气温度时，表层水体通过辐射作用获得热量，表层水体升温比深层水体升温快，使水体密度随深度增加，形成分层；而当表层水体水温高于空气温度时，水体中的热量向大气传输，表层水体丧失热量，使表层水体降温快于深层水体，形成密度梯度，引发水体上下混合进而破坏原本稳定的水体层结构(苏荣明珠等，2021)。

湖泊水体的传热(温差导致的能源转换)可以分为表面传热和传透传热，通常情况下，表面传热发生在湖水上部，传透传热影响湖水中部和底部(Trumpickas et al.，2009)。湖水表面传热通过水体蒸发、热传导(热量从高的地方传递到低的地方)以及长波辐射方式进行，传透传热主要由太阳短波辐射实现(Weinberger and Vetter，2012)。通过湖水表面进入湖水的总热通量(单位时间通过单位面积的总热能)的计算公式见式(1.1)。

$$H_f = H_{sw} + H_{lw} - H_{lwe} - H_e - H_c \tag{1.1}$$

式中，H_f 是总热通量；H_{sw} 是透过湖水表面的短波辐射传热通量；H_{lw} 是大气长波辐射的传热通量；H_{lwe} 是湖水的长波反射热通量；H_e 是水体蒸发热通量；H_c 是水体热传导热通量。

气候变化导致湖泊热通量发生变化(Fink et al.，2014)，主要体现在辐射热通量分量和蒸发热通量的变化。LSWT 的变暖趋势超过了 AT，可能与这些热通量变化的程度有关(Richardson et al.，2017)。例如，Fink 等(2014)对欧洲康斯坦茨湖(1984～2011 年)热通量主要变化的研究发现，太阳辐射的吸收增加(0.21±0.13) W/(m^2·a)和长波辐射的吸收增加(0.25±0.11) W/(m^2·a)是造成湖面升温(0.046±0.011) ℃/a 的主要原因(Fink et al.，2014)。

陈争等(2021)在对太湖的研究中发现，无论时间尺度是0.5小时、月还是年，太湖的表面水温与向上长波辐射都呈显著正相关，相关系数都超过了0.97，其次是AT(相关系数大于0.94)；在0.5小时和月时间尺度上，太湖表面水温与向下长波辐射的相关性也很高，相关系数大于0.86；年时间尺度上太湖表面水温与长波辐射的相关性稍低，但相关系数也都超过了0.71。可见，太湖表面水温的变化是响应气候变暖的体现，且通过向上长波辐射进行反馈调节。研究还发现，随水深增加，相关系数减小，再次证明了表层水温对气象条件变化的响应更快。另外，文献中还指出，夏季的高温和强太阳辐射的气候条件有利于太湖热分层的形成。相反，冷空气过境带来的降温、阴雨天气和大风，会使得辐射能量的输入减弱，进而引起水体的扰动和混合，不利于水体热分层(陈争等，2021)。

太阳辐射是湖泊热量收支的重要组成部分，云量覆盖区的减小将导致到达湖面的太阳辐射增加，从而促使LSWT变暖(Richardson et al.，2017)。云层可以减少入射的太阳辐射(冯子豪，2020；Li et al.，2016；Xia，2010；Pejam et al.，2006；Wilson and Baldocchi，2000)，但也会导致更大的长波(大气)辐射，因此，云层对湖泊温度的影响是双向且复杂的(Sharma et al.，2015)。而云层和LSWT的动态性加大了研究的难度，导致目前关于云量对LSWT的影响研究较少。Coats等(2006)研究分析了气候变化 (1970～2002年)对太浩湖热结构的影响，发现长波辐射呈轻微的上升趋势是湖泊水温长期变暖的气候驱动因素之一。能否结合云量的覆盖面积和云的颜色(不同厚度的云在遥感影像上的差异)，分析云层对LSWT的影响，可以在以后的研究中进行尝试。Schmid和Köster(2016)研究指出，造成中欧地区春季和夏季LSWT上升的因素中，60%可归因于气温上升，而其余40%可归因于空气质量改善导致的太阳辐射增加。未来，如果空气质量趋于稳定，LSWT变暖速率可能与气温变化速率相当(Richardson et al.，2017)。这些研究说明，不同地区太阳辐射的变化不一致，加之云层的动态变化，使得必须基于局部的时空分析，才能寻找到LSWT增加的真正因素。

1.2.3 风对LSWT的影响

风是作用在湖面上的重要力量，而气候变化会影响湖泊的风速和方向(Desai et al.，2009)。风作用于潜热和感热通量(大气和下垫面因气温的改变而产生的湍流形式的热量交换)，前者是能量损失，而后者可能是能量增益，大多数湖泊中损失大于增益(Valerio et al.，2015)。风速不仅会影响湖泊分层模式(赵藜梅，2021；Woolway et al.，2017b；Kao et al.，2015)，还会影响上涌事件发生的频率，这可能会加剧或减弱湖泊的气候变暖效应，尤其是浅水近岸地区(Woolway et al.，2018；Desai et al.，2009)。

据统计，在过去30～50年，全球历史风速总体呈现下降趋势(Jiang et al.，2010；Wan et al.，2010)。但是在湖泊流域，由于LSWT的上升幅度大于AT的上升幅度，降低了气温与水温的温度差，破坏了湖泊上方的大气表层，导致湖泊流域的风速以每十年近5%的速度增加(Magee et al.，2016)，风速加强会加快湖泊表面蒸发的速度，而使LSWT下降。另外，风速加强而产生的深层混合，会增加分层季节的总热量含量(Schmid and Köster，2016)。在较弱的分层时期，风速的增加提高了湖面向下层的热传递，促使LSWT降低

(Valerio et al., 2015); 同时风速加强会加速底层水域的上涌频率，而底层水域的变暖率通常低于表层水域(Richardson et al., 2017; Winslow et al., 2017; Kraemer et al., 2015)，所以风速的增加可能导致近岸较浅区域的变暖率降低，进而造成湖内表面水温的变化差异。然而，在北美的苏必利尔湖观察到，虽然风速增加，但 LSWT 变暖速度仍然高于 AT 变化速度(Austin and Colman, 2007)，说明该地区风速的变化是 LSWT 变化的驱动因素，但不是 LSWT 变化的主导因素。

1.2.4　冰层覆盖对 LSWT 的影响

在冷季，随着气温下降，湖泊水温高于气温，湖泊水体不断地向大气输送热量，导致水温也逐渐降低。湖泊的表面水体最先下降到冰点，并形成过冷薄层。这层极薄的冰层在风的作用下极易破碎，经过反复多次的冻结-消融，最终形成稳定的冰盖。如果湖泊的水温和冰温持续高于外界气温，冰下水体可通过冰层向大气输送热量，冰层将继续向下冻结。反过来，进入暖季后，气温回暖和太阳辐射增强，冰盖和水体因吸收热量而融化(黄文峰等, 2016)。

通常情况下，冰是一个很好的绝缘体，可保护湖泊不受大气加热的影响(Kintisch, 2015)。近年来，随着全球变暖，以高山融雪为补充或存在结冰期的湖泊温度上升趋势明显(王敏, 2017)。对全球 LSWT 变化趋势的研究表明，那些经历季节性冰雪覆盖的湖泊，正在以超过周围 AT 变暖的速度变暖(Woolway et al., 2019; O' Reilly et al., 2015; Austin and Colman, 2007)。而湖泊变暖通常伴随着冰物候期的变化，湖泊冰物候期的形成过程主要有开始结冰期、完全结冰期、开始融化期和完全融化期。开始结冰期的起始时间是在湖面开始结冰的时候；完全结冰期是指整个湖面都被冰所覆盖的时期；开始融化期是湖泊表面开始出现水的日期；完全融化期是指湖泊表面全部被水覆盖的日期(王智颖, 2017)。河流、湖泊等水体从冻结起始至终止的过程称为结冰期。

冰层覆盖的冰冻结期和冰破裂期是气候变化的敏感性指标(Magnuson et al., 2000)，过去数十年的观察显示，包括冰盖等在内的湖泊状况都会受到气候变化的明显影响。随着全球变暖，北极的冰盖逐渐减少，冰层的厚度也在逐渐减小，海冰的数量也在迅速地下降。例如，欧洲河川结冰的研究表明，随着气候变化，河流结冰的持续时间不断缩短(张勇等, 2021; 李慧, 2020; Marszelewski and Pawlowski, 2019)。

冰冻结和冰破裂前数周至数月的 AT 通常被认为是 LSWT 变化最重要的大气驱动因素，随着 AT 的升高，湖泊冰冻结和冰破裂时间也发生相应的变化。如图 1.3 所示，北半球的湖泊正在经历更晚的冰冻结和更早的冰破裂，从而导致结冰持续时间不断缩短，甚至在某些年份，一些湖泊根本不再冻结(Woolway et al., 2020)。湖泊冰层较早融化，湖水暴露在温暖的春季空气中的时间更长，是冬季结冰湖泊的升温速率(0.048℃/a)大约是不结冰湖泊升温速率两倍的主要原因(Kintisch, 2015)。

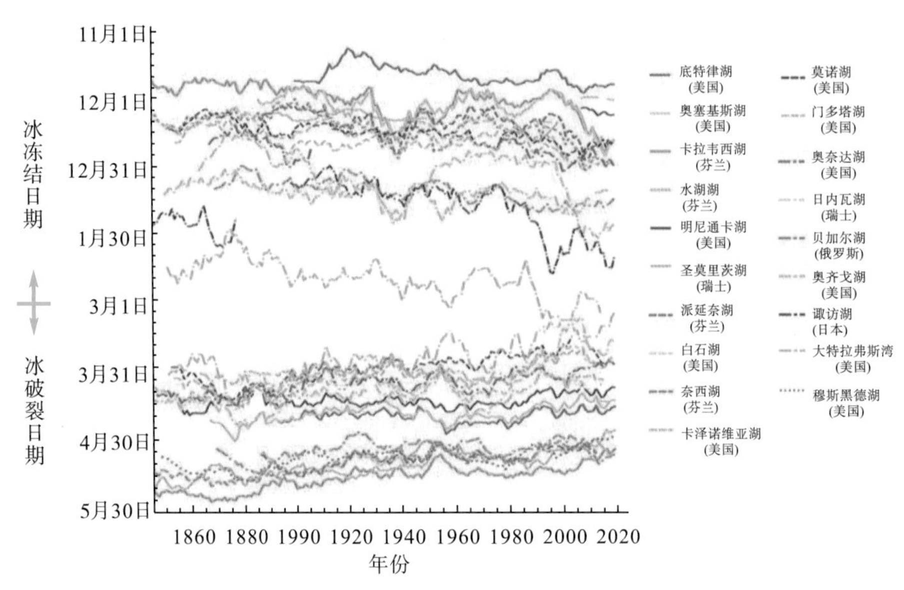

图 1.3 1846～2019 年北半球湖泊冰冻结和冰破裂日期分析图（Woolway et al., 2020）

在有冰层覆盖的湖泊中，LSWT 一直在上升，季节性冰层覆盖的持续时间一直在缩短（Wan et al.，2017）。研究表明，湖泊冰层覆盖持续时间减少的平均速度与 LSWT 平均变暖的速度呈现表面上的一致（Guo et al.，2020；Wan et al.，2017；Schneider and Hook，2010）。Guo 等（2020）对青藏高原的第二大湖泊——纳木错进行了长期湖泊冰物候变化的研究，发现在 1978～2017 年，随着 AT 的变暖，LSWT 的最低温度的上升速率为 0.12℃/a，是其湖泊冰物候变化的主要原因，进而导致冰层完全覆盖的持续时间每年缩短 0.72d，并预测如果 AT 升高 2℃，完全冰层覆盖的时间将缩短 60d。祁苗苗（2019）使用 Du 等（2017）提出的湖冰监测方法，对北半球 71 个大湖进行监测，发现 43 个湖泊的冰面被冰覆盖的时间在不断缩短。

AT 是冰层覆盖形成和破裂的主要驱动因素，但湖泊的深度、大小和位置等因素也会对其产生影响（Qiu et al.，2000）。在气候变暖的情况下，在同一区域内，较深的湖泊比较浅的湖泊更难结冰，因为较深的湖泊需要更长的时间冷却（Sharma et al.，2019）。另外，在相同情况下，较大的湖泊对冰盖的浮力较大，且对风的作用敏感（Magee and Wu，2017），因此，较大的湖更难结冰，也更容易失去冰层覆盖。Schneider 和 Hook（2010）研究发现，1994～2013 年，北美五大湖的冰层覆盖持续时间与湖泊夏季表面水温（lake summer surface water temperature，LSSWT）不仅呈现出很强的负相关关系，还呈现出较强的湖内差异。这种湖内差异在高纬度的大且深的湖泊［如苏必利尔湖（Superior Lake）］中更加显著，因此，需要对湖泊进行更加细尺度的分析。

以上研究表明，湖泊冰物候对气候的变化高度敏感，因此可以通过对湖泊冰物候的研究，来理解气候变化对 LSWT 的影响。除此之外，最近的研究指出，湖泊冰物候的变化主要是人为排放造成的（Grant et al.，2021），因此研究时加入人类活动因素影响将更有助于解释 LSWT 变化的原因。

1.2.5 分层和混合对 LSWT 的影响

热分层是指由于某种原因在一定范围内形成的温度梯度分布现象，又称温度分层(程向华和厉彦忠，2011)。湖泊的热分层是湖泊自然循环的现象，被称为湖泊价值最优的特征。气候变化是湖泊加热、冷却、混合和循环背后的驱动力，持续的气候变化可能会对湖泊的这种特征构成严重威胁(熊芳园等，2022；姚嘉伟，2020；慎镛健和李秀媛，2014；Sahoo et al.，2013；程向华和厉彦忠，2011)。例如，大黑汀水库在气温升高和风速减小的气候变化下，层状结构的热稳定性逐渐增强，导致热分层效应增强(姚嘉伟，2020)。

湖泊的能量变化与太阳辐射的吸收、湖水的湍流混合和湖泊中不同层次之间(湖冰、湖水及湖表面的雪等)混合的热传导等物理过程密切相关(马媛媛，2018)。在湖泊水体中，由于不同深度水体的热量分布不均，导致水体的总体膨胀不一致，从而导致水体分层(王玉龙，2022)。简单来说，在湖泊形成分层后，湖体分为上、中、下三个热层(柏钦玺，2017)。Hutohinson(1957)将湖泊按深度划分为表层、混合层、温跃层和湖底四个层次。

湖泊与大气间的物质能量交换大部分都是在湖泊的表面进行的，LSWT 对增加局地气温、局地水汽、局地环流、湖泊的对流等具有重要意义(宋兴宇，2020)。同时，由于不同季节太阳辐射的差异，湖泊吸收的太阳辐射能量也不同，导致湖泊水温的季节性变化，致使湖水温度呈现明显的季节性分层(文新宇等，2016)。湖泊分层的季节性变化主要表现为稳定度、混合深度、温跃层深度和浮力频率的变化，这些变化对湖泊中各种物理过程和生物作用有着重要影响(程昕等，2016)。

湖泊中的季节性分层是湍流混合作用的结果，主要受地表风力和空气-水界面的热交换共同作用(Woolway et al.，2021b)。湍流混合作用是湖泊的一个重要物理过程，它直接影响湖泊的温热变化和动力分布(赵雪枫，2014)。在全球气候变暖的大环境中，温度的上升将会对水体的稳定性产生一定的影响，尤其是深水湖泊，温度的上升会导致湖泊的分层时间提前(潘婷等，2022)。通过对湖面热收支的研究发现，湖泊分层过程的变化是 LSWT 比 AT 变暖更快的原因之一(Woolway et al.，2017b)。

LSWT 会影响湖泊分层，反过来，湖泊分层的变化也会引起 LSWT 的变化。在分层的湖泊中，当 LSWT 从小于 4℃(最大密度温度)变到大于 4℃时，与大气直接相互作用的水层开始从整个湖的较深处过渡到较浅的上层混合层，湖泊便开始分层(Woolway et al.，2018)，意味着变暖期的开始。变暖期的开始会对夏季 LSWT 产生相当大的影响(Woolway et al.，2017b)。Woolway 等(2021b)研究发现，冷季(北半球 11 月至次年 4 月)的 AT 是分层开始时间变化最重要的驱动因素，其次是冷季的风速。这是因为 AT 和风速对 LSWT 有影响，进而影响湖泊分层开始的时间。同时，更高的 AT 可以促使 LSWT 更早地达到 4℃，更大的风速可增强湍流热损失(Woolway et al.，2018)，将温暖的近地表水混合到更深的深度。因此，未来随着 AT 的持续上升和风速的继续降低(Jiang et al.，2010；Wan et al.，2010)，可以预测湖泊分层会更早开始以及将会有更浅的混合深度。

分层开始得越早，上层浅层混合层出现的时间就越长，表层深度[①](surface layer depth，

① SLD 的值等于参与大气热交换的湖泊表层的体积除以整个湖泊的体积，再乘以湖泊的平均水深。

SLD)也就越低，地表热通量影响的水量也越少，进而导致 LSWT 呈现出比 AT 更快的变暖趋势(Woolway et al.，2018；O' Reilly et al.，2015；Austin and Colman，2007)。相反，SLD 的减小可能会导致秋季 LSWT 的降温速度加快(Toffolon et al.，2020)。

然而，分层对夏季 LSWT 的升温作用可能因湖泊而异，主要表现在对深湖和冷湖(如高纬度和高海拔湖泊)的放大作用，这是因为地表水对平衡地表热通量产生反应的相对时间尺度会影响湖泊对前期冬季和春季条件的反应。随着时间的推移，这些系统不断调整以与大气平衡，分层较早开始引起的热异常对 LSWT 的影响也将逐渐减小，从而导致这种热异常在热惯性较大的深湖才能持续足够长的时间来影响夏季 LSWT(Austin and Allen，2011)。后续的研究发现，由于冷湖的变暖期较短，分层开始的热异常对夏季 LSWT 的影响也相对较大(Woolway et al.，2017b，2018)。

湖泊分层的开始时间在湖内存在较大的差异，与湖深关系密切。与较浅区域相比，湖泊的较深区域分层开始得较晚，如图 1.4 所示。休伦湖最深区域的分层开始时间比较浅区域平均晚 30d；最深区域经历了较短的分层变暖期，且夏季 LSWT 在湖泊较深的区域比较浅区域呈现出更快速的变暖现象(Woolway et al.，2018)。

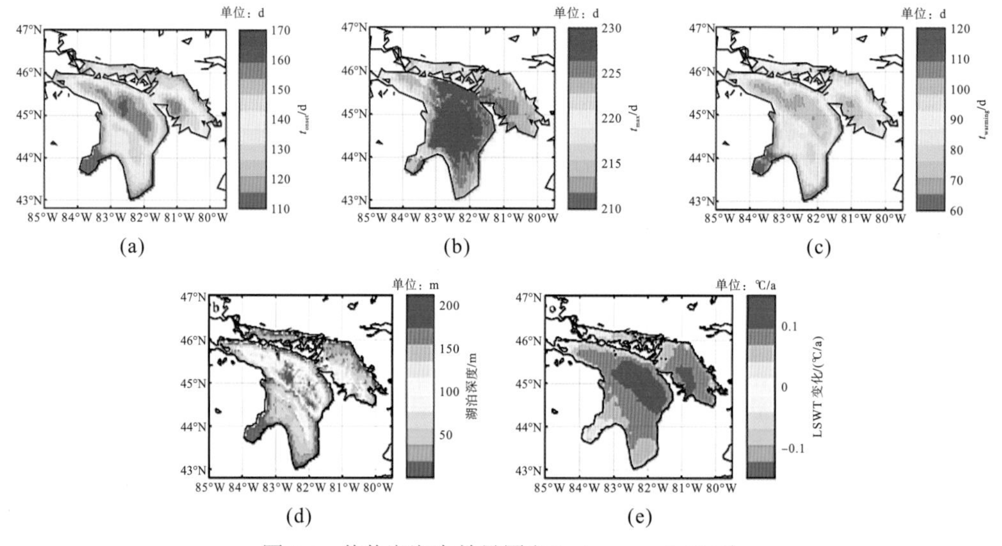

图 1.4 休伦湖湖内差异图(Woolway et al.,2018)

注：t_{onset} 指湖泊分层开始的时间；t_{max} 指湖泊表面水温最高的时间；$t_{warming}$ 指湖泊的增温期，为 t_{onset} 与 t_{max} 之差。

湖泊的混合机制通常有以下几种：多循环湖(polymictic lakes，PolL)，湖水不分季节地频繁混合，通常由于深度较浅，是永久混合；双循环湖泊(dimictic lakes，DimL)，每年经历两次混合，一次是在夏季分层之后，另一次是在冬季反向分层之后；单循环湖(monomictic lakes，MonL)，每年湖水有一次循环，例如，在每年夏天，当北极湖的水温低于 4℃时，会有一次湖水的混合(冷单循环)，水温较高的亚热带湖泊每年冬季出现一次循环(热单循环)；寡循环湖(oligomictic lakes，OliL)，其年最低温度显著高于 4℃，湖水循环少，循环周期不定，大多数年份会出现持续分层现象，而在其他年份则完全混合；半混合湖(meromictic lakes，MerL)，由于巨大的深度或化学梯度而持续分层(Woolway et al.，

2018)。

气候变化会影响湖水内部的热结构，导致湖泊的混合机理发生改变(杨惠杰等，2022)。随着 AT 的升高，湖水的层结稳定性也会增强，湖水的混合机理发生变化，湖表面和湖底之间的热交换会变弱，从而导致湖水表层升温，湖底温度下降(Woolway et al.，2021b；李华勇等，2018；苏东生等，2018)。当湖水表层温度上升时，DimL 的底部水温会出现轻微的下降，直至湖泊的混合机制发生变化，从而形成一个温暖的单循环湖(吕哲敏，2021)。

然而，LSWT 变化在 PolL、DimL 和 MonL 之间也存在差异。根据各种混合机制的特征可以预计，PolL 可能会干扰和抑制湖泊深度和分层因素对 LSWT 空间异质的影响；DimL(北半球高纬度的大湖大多为此类型的湖泊)由于两次分层的影响，LSSWT 的变化通常会显示出空间差异性；MonL 分层受湖泊深度影响不是很大(Woolway et al.，2018)。Woolway 等(2020)推断，随着冬季冰层覆盖的广泛减少和 LSWT 的升高，湖泊的混合机制将会发生变化，最典型的是沿着 PolL—DimL—MonL—OliL—MerL 连续向右迁移。例如，从 DimL 转变为 MonL 是因为温暖的冬季消除了反向分层期，致使垂直混合从秋季延长到春季(Woolway et al.，2019)。同时，AT 下降导致 LSWT 下降，而 LSWT 下降的幅度比湖泊内部气温下降的幅度大，从而形成对流混合作用。而当表层水体温度比下层水体温度低时，对流混合机理就显得尤为重要。颜金凤等(2007)研究表明，在不考虑对流混合作用的情况下，在湖面至 7m 深处存在湖面温度低于内部温度、表面密度高于内部密度的情况，从而致使湖泊存在不稳定现象。在湖泊混合机制变化的情况下，LSWT 的变化趋势将会更为多变。

总之，混合和分层机制与 LSWT 是相互影响的，LSWT 的变化将在多大程度改变湖泊的混合和分层机制，以及湖泊的混合和分层机制在多大程度上放大 AT 对 LSWT 的影响，都需要学者进行更深入的研究。

1.2.6 透明度对 LSWT 的影响

湖水透明度是指光透过水体的深度，是评价水体水质最为直观的光学参数之一(Piccolroaz et al.，2020)，也是评价湖泊富营养化的重要指标，可以直接反映湖泊清澈度和浑浊度(张运林等，2003)。利用年平均透明度可对湖泊进行清澈度类别的划分：Ⅰ类(年平均透明度>100cm)、Ⅱ类(65cm<年平均透明度≤100cm］)、Ⅲ类(25cm<年平均透明度≤65cm］)和Ⅳ类(年平均透明度≤25cm)(刘东等，2022)。

一项对阿拉斯加 60 个湖泊的研究发现，在解释 LSWT 方面，湖泊颜色和透明度比湖泊形态更重要 (Sharma et al.，2008；Edmundson and Mazumder，2002)。因为水的透明度控制着进入湖泊的辐射量，当透明度较高时，进入湖泊的辐射量偏高，反之则偏低，所以湖泊的透明度在湖泊的热收支中起着重要的作用(Richardson et al.，2017)。水的透明度还会影响湖泊的垂直热结构，甚至决定湖泊在整个夏季是定期混合还是连续分层 (Woolway et al.，2020)。

气候变暖导致蒸发增加和降水模式变化，使更多的营养物质和溶解有机碳进入湖泊，导致湖泊的透明度发生变化(Magee et al.，2016；Schindler et al.，1996)。降水较多或者极端降水将导致流入湖泊的泥沙和营养物质增加，致使湖泊的透明度大幅度降低。在干旱年份和深度混合年份，当造成大部分光衰减的细颗粒物质被大量的水稀释时，透明度将会增加(Jassby et al.，1999)。随着 AT 的升高，很多湖泊不再发生深水混合，降水导致的湖泊透明度降低持续的时间将延长(Jassby et al.，1999)。广泛观察到的湖泊透明度的下降速度为 0.92%/a，在这种情况下，地表水变暖和底部水冷却的速度很大程度上是由气候变暖引起的。然而，对深度超过 6.5m 的湖泊，透明度降低足以完全抵消气候变暖对全湖平均温度中位数的影响(Rose et al.，2016)。

从气候条件来看，在东部平原湖区、东北山地湖区和平原湖区，湖泊透明度变化受降水量影响较大，降水增加会稀释湖内营养盐，导致水体透明度增加；反之，降水减少会导致水体透明度降低(王胜蕾，2018)。从前人研究来看，因湖泊的地理位置和物理性质差异，降水所导致的透明度变化有所不同：当影响湖泊透明度的因素以颗粒物为主时，降水会导致透明度降低；当影响湖泊透明度的因素为盐类物质时，降水会导致透明度增加。理想状态下，湖泊含金属离子后会呈现金属离子的颜色(如铜离子在湖泊中为蓝色)，以盐类物质为主要影响因子时，降水后会形成稀释作用，所以颜色会变淡，透明度增加。

湖泊透明度的下降与初级生产力的提高也有大的关系，也就是说透明度与单位面积、单位时间有机碳的含量有关。例如，敏感浮游生物的增加 (Schindler et al.，1982)和溶解性有机碳浓度的提高(Raymond and Saiers，2010)会导致湖泊透明度降低。另外，湖泊流域内土地利用类型的变化也会引起透明度的变化。例如，农业土地面积减少、开发土地面积增加、森林面积减少(Sleeter et al.，2013)等都可能导致湖水的透明度降低。湖水透明度降低很可能会导致湖泊表层水发生褐变，由透明色不断变化直至成为褐色，而褐变的影响取决于环境，并随着湖泊的初始颜色变化而变化(Meyer-Jacob et al.，2019)。与此同时，导致水体透明度变化的因素还有水体植被自身的发育程度，当发育程度很高时，水体透明度极低。

在透明度降低的湖泊中，光的衰减，热能的吸收、反射和再辐射都发生在靠近水面的地方，使热量无法到达较深的水域(Read and Rose，2013)，只能使混合层的小部分水体变暖，导致 LSWT 升高、热分层强度增加(Williamson et al.，2015)、混合深度降低和深水温度降低 (Richardson et al.，2017；Andrew et al.，2008)；相反，水体透明度的增加会导致深水变暖(Stefan et al.，1996)。另外，透明度较低的湖泊可能会增加表面吸收和向外辐射的速率，特别是在夜间，这将导致湖泊表面变暖趋势变缓(Read et al.，2013)，从而导致 LSWT 的变化在升温及降温季节呈现出不同的响应。例如，在透明度较低的湖泊中，春季和夏季 LSWT 升温的速度会加快，秋季将呈现更快冷却的趋势(Woolway et al.，2021b；Heiskanen et al.，2015)。

综上所述，无论湖泊的透明度增加还是降低，都可能改变 LSWT 的变化模式(Richardson et al.，2017)。例如，Williamson 等(2015)的研究发现，在美国宾夕法尼亚州东北部，透明度较高的吉尔斯湖的湖内变化大于透明度较低的拉卡瓦克湖。因此，无论湖泊的透明度增加还是降低，都可能会导致 LSWT 的变暖，且透明度较好的湖泊的湖内变化大于透明度较低的湖泊。目前关于湖泊的透明度对 LSWT 的影响的研究相对还较少，这种结论能否推广到其他湖泊尚需要进一步研究。

1.2.7　其他因素对 LSWT 的影响

湖泊的面积和深度是影响 LSWT 变化的主要形态特征（Huang et al.，2017；Kettle et al.，2004），也被认为是 LSWT 的重要预测因子。研究学者已经发现 LSWT 与湖泊平均深度呈现负相关性。如果地理位置和气候条件等其他因素相同，一般来说，与具有更大储热能力的深湖相比，较浅的湖泊表面水温较高（Oswald and Rouse，2004；Snucins and John，2000）。

近期研究发现，广而深的湖泊，LSSWT 的湖内差异较大，湖泊的深部区域往往表现出更高的升温速率（Woolway et al.，2018；Schneider and Hook，2010），这是因为湖泊的储热能力与水深成正比（Assel et al.，2003）。而且深水湖较大的储热量有利于维持湖体稳定，导致湖水温度变化周期长；浅水湖由于储热较小，其分层的周期很短，经常难以保持 24h 以上的分层时间（杨亦辰，2018）。

湖泊增温期是指 LSWT 持续超过 4℃的年平均最早日与 LSWT 最高日期之间的时间差，受水深的影响，这个数据在湖内存在显著的空间差异（Piccolroaz et al.，2016；Schneider and Hook，2010），如图 1.4 所示。大型湖泊最深区域的特征是热分层开始较晚，分层增温期较短，以及 LSWT 异常的相关时间尺度较长（Woolway et al.，2018）。由于气候变暖，整个湖泊的年平均最早日提前，湖泊增温期加长，这种热异常更有可能在深湖中持续存在并增强 LSSWT 的变异性。因此，在 AT 全年变暖的情况下，湖泊深层区域更可能表现出更大的 LSSWT 变化（Woolway et al.，2019）。Mason 等（2016）对北美五大湖的湖内变暖差异进行了对比分析，发现五大湖最深处的水温总体表现出更高的变暖速率。Woolway 等（2018）对北半球 19 个湖泊长达 20 年的卫星数据进行分析，得出了相似的结论，研究结果表明，北半球大型湖泊的深部区域，夏季表面水温往往表现出更高的升温速率，这是由于更早开始的热分层导致湖泊深部区域的热异常具有更大的时间持久性。

以上研究表明，湖泊的深度是北半球大型湖泊系统差异的关键要素。LSWT 的空间解析对于理解湖内响应气候变化的异质性和潜在变化过程至关重要（Woolway et al.，2018）。然而，目前这些研究集中在特定区域内的少数湖泊上，湖内的变暖差异在全球其他大湖（包括浅湖和深湖）中明显到何种程度，还需要进一步研究。例如，Woolway 和 Merchant（2017）指出，在一些湖泊中，LSWT 的湖内异质性对早期季节的热异常不太敏感。因此，有必要在更大范围内量化湖内变暖模式的差异，而这必须建立在全球湖泊深度数据可获取的基础上（Messager et al.，2016），可惜很多湖泊的深度数据无法获取，这限制了我们对湖内变暖模式差异的研究。

1.3　人为因素对湖泊表面水温的影响

在影响全球 LSWT 上升的因素中，除了气候变暖之外，地貌的改变也是原因之一（O' Reilly et al.，2015；Sharma et al.，2010）。在湖泊流域众多的地貌要素中，城市 IS 变化和水利工程修建等对 LSWT 的影响较为突出。城市 IS 是表征人类活动强度与城镇化进程的核心指标，也是造成短期内流域地貌剧烈改变的核心要素(刘莹等，2018)，所以研究地貌改变对LSWT影响可以集中在湖泊流域内城市IS面积的改变上。城市的扩张对LSWT的影响越来越受到学者们的关注，研究表明，城市扩张主要通过增加近地表气温和热径流两种方式影响LSWT。

1.3.1 不透水地表扩张使LSWT升高

不透水地表扩张是城市扩张的主要体现，因此建设用地的扩张情况通常用IS参数进行表征，而这一指标对地表温度的变化十分敏感。城市扩张造成周边生态环境变化，地表温度作为生态环境评价因子之一，定量分析两者的关系，有助于更好地了解城市发展过程及其生态变化过程(Yuan and Bauer，2007；Nichol，2005)。

城镇化带动城市发展，同时也对城市热环境造成影响。城市地表对热能量的吸收及反射取决于城市地表的特征，不同的下垫面导致各地表斑块对太阳辐射的热通量转化分配出现差异，植被、水体区域的潜热通量转化多，而IS的显热通量转化较多(王中正等，2018)。随着城镇化进程加快，人类活动造成的城市人工建筑体、广场、道路等高蓄热的不透水下垫面逐渐取代绿地等自然下垫面，这类面层透水性能低，对空间环境的调节能力较差，改变了太阳辐射的能量变化，进而引起近地层大气动力和热力学结构发生改变，这对区域大气环境、边界层结构、气候状况等都产生了广泛而深刻的影响(盛莉，2013)。

城市热岛效应是指当城市发展到一定规模，城市下垫面性质的改变、大气污染以及人工废热的排放造成城区温度高于周围郊区的一种气候现象(彭少麟等，2005)。大部分城市都存在着不同程度的热岛效应，它的产生一方面归因于城区人口聚集释放了大量人为热；另一方面在于城市的IS替代了原有的可渗透裸土、植被、水体等，吸收了更多的太阳辐射，减少了蒸散发，限制了空气流动(Oke et al.，1991)。城市热岛强度是城市热环境的表征之一，城市热环境受大气环境、人类活动强度、建筑区的容积率、水体绿地分布等共同影响。

城市热岛效应使得高温酷热天气更为严重，加剧了城市高温灾害。特别是近几十年，城镇化进程的加快增强了各种环境威胁，全球气温不断上升，城郊气温差异更加明显。研究表明，城市热岛效应导致北京城区相比郊区温度升高9℃，上海城区相比郊区温度升高6.9℃(申绍杰，2003)。周露(2020)结合地表温度和热岛强度，分析1995～2017年南京江北新区气候变化与城镇化过程的耦合关系，发现该区热岛面积的空间分布与城区扩张趋势较为相似，这表明该区的热岛效应及地表温度的空间分布变化与城区发展的变迁方向有密切关系。

曹峥等(2015)研究表明，土地覆盖类型能够明显影响城市气候，土地利用类型对城市热岛的贡献率大小排序为：城镇建设用地>农田>林地>未利用地>草地>水体。潘明慧等(2020)研究结果表明，人工斑块(城镇建设用地和未利用地)面积占比越大，自然斑块(水体和植被)的面积占比越小，城市热岛强度就越高。

城市热岛效应与城市地表温度相互关联，城市热岛效应会导致城市地表温度升高，而地表温度的升高又增强城市热岛效应。已有研究发现，城镇化在近50年中国气候变暖中的贡献占 20%～30%（白杨等，2013）。学者们大多围绕归一化植被指数（normalized differential vegetation index，NDVI）、归一化建筑指数（normalized differential built-up index，NDBI）和不透水表面覆盖比例等影响因素，定量分析城市地表覆盖特征对城市地表温度的影响。殷学永等（2017）利用 NDVI 提取 IS，并结合温度数据发现地表温度随着植被的增加而降低，随着 IS 的增加而升高。相较于容易受植被生长期影响的植被指数，建筑信息的指数可更为稳定地表示地表温度的关系。很多研究表明，近地表温度与不透水表面覆盖比例、归一化建筑指数以及建筑面积都呈显著的正相关（Yang et al.，2021；Li and Zou，2009；Yuan and Bauer，2007；Weng et al.，2007），即地表温度会随着城市 IS 覆盖度的增加而逐渐上升，随着 IS 覆盖度的减少而降低。例如，Ren 等（2008）利用多个气象站点长时间序列的观测数据统计分析得出，中国大城市平均升高 0.16℃/10a，小城市平均升高 0.07℃/10a；连婧慧等（2017）研究发现，自然植被覆盖转为城镇建设用地导致深圳气温升高 0.70～1.57℃；He 等（2019）以气象站周围的城市扩张为研究对象，发现气象站周围 1km 以内的城市面积每增加 10%，就会导致气温升高 0.13℃。线性正相关关系很难准确地描绘 IS 与地表温度之间的相关关系，使用非线性模型更为准确（Yuan and Bauer，2007；Lu and Weng，2006）。例如，徐涵秋等（2009）分析了 IS、植被、水体与地表温度之间的相关性，认为指数型函数模型对于描绘 IS 与地表温度的关系更为贴切；Xian（2008）分析了北美洲发达国家多个城市的 IS 与地表温度相互关系，发现部分城市建成区中 IS 和地表温度之间用对数方程拟合较好，而在其他地区，则二次多项式拟合优度最好。

地表温度除了与 IS 覆盖比例、归一化建筑指数以及建筑面积密切相关以外，人口密度、经济发展强度、产业规模以及建筑物的高度、密度和容积率等代表人类活动强度的社会驱动因素被认为是导致城市地表温度升高、城市热岛效应加剧的主要原因（陈智龙等，2021）。城市高温热点中心主要分布在建筑物密集和人口密度大的商业居住区、道路拥堵地段和工业园区附近（阿木拉堵等，2019）。陈智龙等（2021）选择城市人口数、社会消费品零售总额、工业用电量、城镇居民用电量、民用车辆拥有量、建成区面积、道路面积、建成区绿地覆盖面积、建成区绿地覆盖率共 9 个指标定量分析研究区的城市热岛效应，研究发现，在进行城市规模分析时使用城市人口数、建成区面积及道路面积等信息，得出城市规模对城市热岛效应具有正相关作用；城区增加的植被对减缓热岛效应的贡献不足以抵消其他因素增强对热岛效应的贡献；城市人口数量、建成区面积、道路面积、工业用电量等指标可能起到较大影响。

由于人类活动对水资源需求较大，城市往往形成于邻近水体的地区，如太湖平原、江汉平原、长江三角洲、珠江三角洲等。这些水体在决定局地和区域气候方面扮演着重要角色，水体具有粗糙度小、反照率大、比热大以及热导率低等物理特征，使其与城市下垫面有很大的热量差异。局部大气在这种温度差异的驱动下往往形成局部热环流，如山谷风环流、城市热岛环流和海陆风环流等（刘呈威等，2019）。在白天，湖泊是一个相对冷源，会给近地面风场叠加上微弱的辐散流场；在夜间，湖泊是一个相对热源，会给近地面风场叠加上微弱的辐合风场。随着城市面积的增加，在白天，城市的存在加大了城市与周边湖区之间的温差，促进热岛环流与湖风环流的耦合；在夜间，城市热岛效应的强度及影响范围会有所加大，同时城区的存在缩小了城区与湖区之间的温差（郑亦佳等，2017）。这种环流会将由城市热岛效应造成的城市近地表温度的增加传递给城市周边的湖泊，导致其表面水温不断升高。

1.3.2 不透水地表热径流加剧 LSWT 升高

不断扩大的城市不透水地表对流入湖泊的径流有很强的热作用(Schueler，1994)，这种热作用影响城市地表-水体-大气三者之间的能量交换，特别是晴天降雨后，IS 阻止了地表水的下渗，降水汇集在地表形成地表径流。绿地表面和 IS 之间的温度存在显著差异，Soydan(2020)研究发现，研究区夏季的 IS 的地表温度比绿地表面高 5～10℃。根据热传递机理，由于 IS 具有较高的地表温度，会将热量以对流的形式传递给径流，这将增加径流的温度(Luo et al.，2019；Thompson et al.，2008)。研究表明，当流域 IS 覆盖率为 30%时，流入湖泊的径流水温将增加近 6℃(刘莹等，2018)。Sabouri 等(2016)研究表明，集水区的不透水面覆盖率从 20%增加到 50%将使径流温度增加 3℃；夏季流域中不透水面比例每增加 1%，将导致径流温度上升 0.09℃。

城市湖泊是地表径流的最终受纳水体，吸收热量后的地表径流汇入湖泊后，热量逐渐达到平衡，LSWT 随之上升。整个变化过程可总结为 IS 和湖泊表面都受相同辐射量影响后，IS 和 LSWT 的温度都升高，但相同时间 IS 温度变化更快，降雨后以地表径流为媒介，将 IS 和湖泊表面的热量进行交换，最终表现为 LSWT 上升。作者团队对云南省滇池 1988～2017 年的水温变化进行空间分析，发现到 2017 年该流域 IS 的覆盖率已经达到了 22%，较 1988 年扩大了 16 倍，这是造成滇池 LSWT 以 0.1℃/a 的速率快速变暖的主要原因(Yu et al.，2020a；Yang et al.，2018)。

湖泊流域 IS 扩张形成的水温短期冲击作用与热量传导可能会导致 LSWT 突破藻类快速生长的水温阈值甚至可能诱发藻华。所以，随着城市 IS 的持续增加，由其引起的热径流对 LSWT 不仅具有短期的冲击作用，还会对湖泊造成长期的持续性影响。因此，有必要对流域内 IS 形成的热径流进行观测，分析其扩张对 LSWT 影响的主导因素，揭示其对 LSWT 的短期冲击作用以及长期影响的动态响应过程。通过建立模型，在不同 IS 扩展形式、IS 扩展程度和降雨条件下，对 LSWT 进行模拟和预测。

目前已有的研究侧重从宏观上分析 IS 径流对湖泊的升温作用，定量分析相对较少。James 和 Verspagen(1997)使用平均径流温度与降雨前路面初始温度数据分析 IS 对径流的加热作用。然而，径流的流动性、降雨的突发性和持续性致使获取降雨时大范围的径流温度数据及降雨前路面的温度数据比较困难，因此，无法在大范围内开展该项研究。不同格局和特征的城市 IS 对径流的加热过程也不同(Schueler et al.，1994)。故在径流影响的研究中，以个体城市进行研究更具有针对性，如作者团队以云南省昆明市某中型城市社区为研究区域进行分析，发现在研究区内降雨形成的热径流会促使 LSWT 升高，具体表现为：降雨前，湖体吸收了热辐射，温度较高；降雨初期，雨水温度低于湖体温度，对湖体产生降温作用；降雨中期，形成径流，径流温度高于湖体水温，出现湖体温度上升的现象(许元厅，2021)。有学者研究发现，除了 IS 的特征和格局外，降雨强度、降雨持续时间相较于流域的坡度、长度、粗糙度等结构属性数据对 LSWT 的影响更大 (Janke et al.，2009)。

因此，在城市化过程中，IS 的扩张对近地表 AT 的增温作用而导致的 LSWT 的升高是长期且缓慢的，由地表热径流的汇入引起 LSWT 呈现出短期的、剧烈的增温作用。目前，国内外对于气候因素变化对 LSWT 影响的研究已经很多，针对流域 IS 变化对 LSWT 影响的研究相对较少。湖泊所在流域城镇化强度不同，IS 对 LSWT 的影响过程和特征会存在差异。作者团队在流域尺度上，将研究区的湖泊根据流域综合特征分为自然湖、半城市湖和城市湖三类，研究揭示气候因子和人类活动对不同类型湖泊 LSWT 上升的贡献率(Yang et al.，2019)。这种湖泊类型分类方法有助于我们更好地理解在自然因子和人为因子双重作用下 LSWT 的响应机理。但目前这方面的研究还相对较少且限制在某些固定区域的湖泊中，在以后的研究中可以尝试在更大尺度上按照该方法对 LSWT 的变化趋势进行分析。

另外，水利工程的建设也直接影响着湖泊，对湖泊的发育有着巨大的影响。三峡大坝是我国最大的大坝，作者团队以三峡大坝坝前水体为研究对象，比较三峡大坝前后非稳态传热系数的变化，探讨三峡大坝坝后非稳态传热系数和稳态传热系数之间的相互作用，分析三峡大坝施工对水-空气界面换热过程的影响(Yang et al.，2021)。研究发现，三峡大坝建成后，年平均坝前地表水温度显著增加(0.058℃/a，$\alpha = 0.03<0.05$)，远高于区域近地表 AT 的增加率，其主要原因是三峡大坝的建设影响坝前地表水温度对近地表空气温度变化的响应强度。

1.4 本章小结

湖泊表面水温(LSWT)是湖泊生态系统中重要的物理参数，能够直接反映湖泊与地表物质间能量交换过程。湖泊表面水温即使发生微小的变化也会对湖泊水生态环境的物理、化学和生物过程造成复杂、致命的影响，引发湖泊生态系统结构和功能的重大变化。LSWT 的变化除了受气候因素的影响外，还受其他因素的影响。在预测 LSWT 的变化趋势时，应在识别和理解多种因素的相互作用的基础之上，而不能假设单个湖泊与气温同时变暖，或者一个地区的所有湖泊都在同时变暖(O' Reilly et al.，2015)。

另外需要关注的是，一些湖泊的 LSWT 上升的趋势比其他湖泊更强，而一些湖泊又显示出冷却趋势。根据前面所述的影响 LSWT 的因素分析，发现高纬度、大而深且清澈的湖泊和 DimL 更容易受到气候变暖的影响，LSWT 比 AT 更快地变暖，人类活动较强的城市地区还会加大这种变暖的程度。此外，考虑到海洋对当地气候的缓和影响，预计内陆湖泊可能比靠近海岸的湖泊更容易出现 LSWT 的极端变化(Richardson et al.，2017)。

以往的研究大多是对 LSWT 均值的线性变化趋势的分析(Woolway et al.，2017a；Winslow et al.，2017；Schmid et al.，2016)。LSWT 均值大多来源于湖中心单点观测、基于多点观测求均值、对较低空间分辨的遥感(RS)影像进行水温反演后求均值。最近，随着对 LSWT 研究的深入，一些学者提出以下几点未来的研究方向。

1. 考虑湖内差异

在同一湖泊中，不同区域 LSWT 的差异在温暖的季节可达到 10℃，同一个月内相差可超过 5℃(Toffolon et al.，2020)。如果使用以往的方法获取均值，可能会存在很大的误差，进而导致趋势分析有误，因此，在计算 LSWT 均值时应该考虑湖泊的湖内差异。

2. 重视极值分析

除 LSWT 均值外，还应重视对 LSWT 极小值的分析。年最低温度对湖泊中发生的许多过程有很强的控制作用(Hampton et al.，2017)，随着最低 AT 上升，最低 LSWT 迅速升高，导致其无法降到 4℃以下，进而影响湖泊的混合分层(Woolway et al.，2019；Peeters et al.，2002；Livingstone，1993)。预计未来 LSWT 最低值升高的湖泊数量将会增加。另外，LSWT 最低值的变化率差异较小，且不受采样频率的显著影响，因此调查全球范围年度 LSWT 最低值变化有很好的研究前景(Woolway et al.，2019；Messager et al.，2016)。

LSWT 极大值的分析同样重要。Dokulil 等(2021)评估了 1966～2015 年欧洲 10 个湖泊的观测数据，发现 LSWT 大于潜在临界温度 20℃的时间显著增加。鉴于 LSWT 极易受到极端高温的影响，随着极端高温发生率的增加，湖泊热浪(LSWT 极端温暖的时期)开始受到学者的关注(Woolway et al.，2021)。研究发现，自 1995 年以来，湖泊热浪的平均空间范围(湖泊热浪的空间范围是指湖内同时经历极端温暖条件的连续区域)增加了两倍，这种快速扩张将对与热相关的水生物种产生广泛的影响。Woolway 等(2021)的研究还表明，湖泊热浪的最大空间范围对冬季冰层覆盖的年际变化和春季分层开始的时间很敏感。随着气温的升高，湖泊热浪的强度、持续时间以及空间范围将急剧增加。但是相比陆地和海洋表面的热浪研究，对湖泊中的热浪以及它在 LSWT 不断变暖趋势下将如何变化的研究较少，需要学者们加以关注。

3. 考虑非线性趋势分析

当 LSWT 的变化趋势具有未知的周期性时，或者当 LSWT 的变化周期比可用时间序列长时，使用简单线性趋势可能掩盖异常的年际波动，进而影响对 LSWT 长期变化基本过程的解释(Piccolroaz et al.，2018；Woolway et al.，2018)。湖泊变量对影响因素变化的响应是非线性的(Magee et al.，2016)，可以尝试对 LSWT 的变化趋势进行非线性分析或者分段(分段的标准是在该时间段内大致呈现线性变化趋势)的线性分析来避免简单线性趋势分析带来的弊端。

综上所述，这些影响因素在不同类型的湖泊中对 LSWT 变化的贡献也是不同的，对自然湖泊进行大空间尺度分析时，气候因素对 LSWT 的影响大于湖泊形态因素的影响；对城市湖泊和半城市湖泊进行长时间尺度分析时，IS 的扩展等人为活动对 LSWT 的影响较大；对城市湖泊和半城市湖泊进行短时间尺度分析时，IS 径流对 LSWT 的影响可能最大(Yang et al.，2019；Sharma et al.，2008)。目前对这些影响因素的分析有定量分析也有定性分析。在定量分析时，如果使用重视相关关系的机器学习方法，可能会因为这些因素与 LSWT 存在“伪相关”，而导致错误解译，研究者可尝试在机器学习中引入面向地理要素的因果归因方法来避免这个问题。

参考文献

阿木拉堵，许斌，李翠琳，等，2019. 2000—2014 年西昌市热岛时空变化及驱动机制研究. 湖南师范大学自然科学学报，42(2)：16-22.

白倩倩，梁恩航，王婷，等，2022. 洞庭湖表层水温变化特征及其对气候变化的响应. 北京大学学报(自然科学版)，58(2)：345-353.

白杨，王晓云，姜海梅，等，2013. 城市热岛效应研究进展. 气象与环境学报，29(2)：101-106.

柏钦玺，2017. 冰下溶解氧分布及其 PDE 系统参数的优化辨识. 大连：大连理工大学.

曹峥，廉丽姝，顾宗伟，等，2015. WRF 土地利用/覆被数据优选及其在城市热岛模拟中的应用. 资源科学，37(9)：1785-1796.

陈世峰，2021. 博斯腾湖水质变化及其影响因素研究. 乌鲁木齐：新疆师范大学.

陈争，王秀珍，吕恒，等，2021. 太湖实测水温多时间尺度变化特征及影响因素. 科学技术与工程，21(12)：4793-4800.

陈智龙，董雨琴，陈凌静，等，2021. 城市热岛效应变化及其影响因素分析研究. 江苏林业科技，48(6)：34-40，52.

程向华，厉彦忠，2011. 低温液体热分层特性分析. 低温工程(5)：32-36.

程昕，王咏薇，胡诚，等，2016. 应用 E-ε 湍流动能闭合湖泊热力学过程模型对东太湖湖-气交换的模拟. 气象学报，74(4)：633-645.

段云莹，裴绍峰，廖名稳，等，2022. 辽河三角洲滨海湿地水域初级生产力研究进展. 海洋地质前沿，38(6)：16-24.

冯子豪，2020. 1961-2016 年中国大陆地区日照时数变化与太阳辐射模拟研究. 青岛：山东科技大学.

何佳乐，2021. 山地城市与平原城市的环境质量评价与比较——以重庆和成都为例. 重庆：重庆大学.

黄文峰，韩红卫，牛富俊，等，2016. 季节性冰封热融浅湖水温原位观测及其分层特征. 水科学进展，27(2)：280-289.

蒋伊能，2017. 抚仙湖浮游植物群落与多样性的时空变化特征及其影响因子研究. 昆明：云南师范大学.

李华勇，张虎才，常凤琴，等，2018. 青藏高原中部兹格塘错沉积物中厌氧光合细菌叶绿素的发现及意义. 中国科学：地球科学，48(1)：51-61.

李慧，2020. 全球湖泊对气候变化的响应研究. 水利水电快报，41(8)：4.

连婧慧，王钧，曾辉，2017. 土地利用/覆被的剧烈变化对深圳市气温的影响. 北京大学学报(自然科学版)，53(4)：692-700.

刘呈威，赵福云，刘润哲，等，2019. 内陆城市热岛与湖风环流耦合特性研究. 中国环境科学，39(5)：1890-1898.

刘东，张民，曹志刚，等，2022. 2000 年—2020 年中国大型湖泊月平均透明度遥感监测数据集. 遥感学报，26(1)：221-230.

刘西汉，2019. 渤海湾营养盐与浮游植物群落结构的变化特征及关系分析. 烟台：中国科学院大学(中国科学院烟台海岸带研究所).

刘莹，孟庆岩，王永吉，等，2018. 基于特征优选与支持向量机的不透水面覆盖度估算方法. 地理与地理信息科学，34(1)：24-31，3.

刘越，2022. 应用 IBI 评价辽河水生态系统健康的研究. 大连：大连海洋大学.

吕哲敏，2021. 湖泊过程对区域及全球气候预报的影响. 咸阳：西北农林科技大学.

马媛媛，2018. 分段积分方法在湖泊气候效应模拟中的应用研究. 兰州：兰州大学.

潘梅娥，杨昆，邹天乐，等，2022. 区域气候变化下洞里萨湖表面水温时空变化的归因. 地理科学，42(4)：739-750.

潘明慧，兰思仁，朱里莹，等，2020. 景观格局类型对热岛效应的影响——以福州市中心城区为例. 中国环境科学，40(6)：2635-2646.

潘婷，秦伯强，丁侃，2022. 湖泊富营养化机理模型研究进展. 环境监控与预警，14(3)：1-6，26.
彭少麟，周凯，叶有华，等，2005. 城市热岛效应研究进展. 生态环境，14(4)：574-579.
祁苗苗，2019. 基于多源数据的青海湖水量变化及湖冰遥感监测研究. 兰州：西北师范大学.
申绍杰，2003. 城市热岛问题与城市设计. 中外建筑(5)：20-22.
慎镛健，李秀媛，2014. 实验室条件下温度升高对水体叶绿素 a 的影响研究. 黑龙江环境通报，38(4)：76-79.
盛莉，2013. 快速城市化背景下城市热岛对土地覆盖及其变化的响应关系研究. 杭州：浙江大学.
史楠楠，2022. 巴里坤盐湖浮生物多样性研究. 阿拉尔：塔里木大学.
宋婵媛，2022. 抑制蓝藻微囊藻生长的绿藻的筛选及生理特性. 大连：大连海洋大学.
宋兴宇，2020. 不同湖泊模式在青藏高原的适用性评估及改进研究. 成都：成都信息工程大学.
苏东生，胡秀清，文莉娟，等，2018. 青海湖热力状况对气候变化响应的数值研究. 高原气象，37(2)：394-405.
苏荣明珠，马伟强，马耀明，等，2021. 青藏高原拉昂错热力分层和混合层深度变化特征观测. 湖泊科学，33(2)：550-560.
孙炯明，2018. 颤藻细胞及其代谢产物在聚合氯化铝铁混凝工艺中的行为特征. 济南：山东大学.
孙丽丽，2022. 基于生态围隔的小型湖泊生态系统超微型真核浮游生物多样性研究. 武汉：湖北师范大学.
王敏，2017. 基于 MODIS 的全球典型湖泊温度格局遥感分析. 四平：吉林师范大学.
王胜蕾，2018. 基于水色指数的大范围长时序湖库水质遥感监测研究. 北京：中国科学院大学(中国科学院遥感与数字地球研究所).
王西锋，万军芳，王永平，等，2022. 基于浮游动物群落特征的渭河橡胶坝景观河流水质生物学评价. 河南师范大学学报(自然科学版)，50(4)：117-122.
王玉龙，2022. 扬水机去水体盐度分层作用的机理研究. 大连：大连海洋大学.
王月华，2017. 河西内陆河流域极端降水和气温变化特征及其水文响应. 北京：中国地质大学(北京).
王召根，曹过，潘杰，等，2021. 长江镇江和畅洲水域鱼类群落组成及环境影响因子. 中国农学通报，37(30)：139-146.
王智颖，2017. 青藏高原湖泊环境要素的多源遥感监测及其对气候变化响应. 济南：山东师范大学.
王中正，李太君，方锦文，2018. 两种单波段反演算法的海口市城市热岛研究. 测绘与空间地理信息，41(12)：108-111.
文威，孙婷婷，李红涛，等，2022. 贵州印江河浮游植物群落特征及其与环境因子的关系. 生物资源，44(3)：247-256.
文新宇，张虎才，常凤琴，等，2016. 泸沽湖水体垂直断面季节性分层. 地球科学进展，31(8)：858-869.
肖启涛，廖远珊，刘臻婧，等，2022. 藻型湖泊溶解有机碳特征及其对甲烷排放的影响. 南京信息工程大学学报(自然科学版)，14(1)：21-31.
熊芳园，陆颖，刘晗，等，2022. 长江源区水生态系统健康研究进展. 中国环境监测，38(1)：14-26.
徐灿，2019. 洞庭湖水沙情势变化及其生态效应研究. 武汉：武汉大学.
徐涵秋，2009. 城市不透水面与相关城市生态要素关系的定量分析. 生态学报，29(5)：2456-2462.
徐泽源，2020. 2000-2017 年间新疆地区典型湖泊表面温度变化过程. 乌鲁木齐：新疆大学.
许元厅，2021. 城市地表热环境多尺度动态监测研究. 昆明：云南师范大学.
颜金凤，李倩，夏南，等，2007. 湖-气热传输模型及参数敏感性研究. 湖泊科学，19(6)：735-743.
杨光炜，2014. 政府如何引导绿色低碳发展. 成都：西南财经大学.
杨惠杰，黄文峰，张程，等，2022. 乌梁素海冰封期分层与混合特征及对氧代谢速率的影响. 湖泊科学，34(3)：972-984.
杨家莹，2021. 基于机器学习算法的云南九大湖泊表面水温估算及变化分析. 昆明：云南师范大学.
杨亦辰，2018. 富营养化湖泊热力分层规律和机理的研究. 南京：南京信息工程大学.
姚嘉伟，2020. 水库分层的水环境响应特征及缓解措施效果研究. 北京：中国水利水电科学研究院.

殷学永，王浩存，2017. 许昌市不透水面的遥感提取与分析. 科技创新与生产力(10)：72-74.

张坤，2019. 长江安徽段通江湖泊浮游动物群落特征及其与环境因子的关系. 合肥：安徽大学.

张勇，李鹏飞，李俊，等，2021. 黑龙江上游冬季气温变化规律及冰期过程研究. 人民黄河，43(S2)：98-100.

张永生，李海英，吴雷祥，2020. 三峡水库草堂河营养状态变化特征与影响因素分析. 生态环境学报，29(10)：2060-2069.

张运林，秦伯强，陈伟民，等，2003. 太湖水体透明度的分析、变化及相关分析. 海洋湖沼通报(2)：30-36.

赵藜梅，2021. 气候变化对湖泊表面水温的影响研究及其可视化平台开发. 昆明：云南师范大学.

赵巧华，孙绩华，2013. 夏秋两季洱海、太湖表层混合层的深度变化特征及其机理分析. 物理学报，62(3)：519-527.

赵雪枫，2014. 泸沽湖温度分层季节变化及其环境效应. 广州：暨南大学.

郑亦佳，刘树华，何萍，等，2017. 滇中地区夏季城市热岛效应的数值模拟研究. 北京大学学报(自然科学版)，53(4)：639-651.

周露，2020. 城镇化过程的气候效应及管理系统研发. 南京：南京信息工程大学.

邹晓锐，2016. 太阳能-地源热泵耦合式热水系统优化及控制策略研究. 长沙：湖南大学.

Adrian R，O' Reilly C M，Zagarese H，et al.，2009. Lakes as sentinels of climate change. Limnology and Oceanography，54(6part2)：2283-2297.

Andrew J T，Norman D Y，Keller B，et al.，2008. Cooling lakes while the world warms：effects of forest regrowth and increased dissolved organic matter on the thermal regime of a temperate，urban lake. Limnology and Oceanography，53(1)：404-410.

Assel R，Cronk K，Norton D，2003. Recent trends in laurentian great lakes ice cover. Climatic Change，57(1)：185-204.

Austin J A，Colman S M，2007. Lake superior summer water temperatures are increasing more rapidly than regional air temperatures：a positive ice-albedo feedback. Geophysical Research Letters，34(6)：L06604.

Austin J A，Allen J，2011. Sensitivity of summer lake superior thermal structure to meteorological forcing. Limnology and Oceanography，56(3)：1141-1154.

Briand J F，Leboulanger C，Humbert J F，et al.，2004. Cylindrospermopsis raciborskii (cyanobacteria) invasion at mid-latitudes：selection，wide physiological tolerance. Journal of Phycology，40(2)：231-238.

Brookes J D，Carey C C，2011. Resilience to blooms. Science，334(6052)：46-47.

Bunnell D B，Barbiero R P，Ludsin S A，et al.，2014. Changing ecosystem dynamics in the laurentian great lakes：bottom-up and top-down regulation. Bioscience，64(1)：26-39.

Carrea L，Merchant C J，2019. GloboLakes: lake surface water temperature (LSWT) v4.0 (1995-2016). CEDA Archive https://doi.org/10.5285/76a29c5b55204b66a40308fc2ba9cdb3.

Casselman J M，2002. Effects of temperature，global extremes，and climate change on year-class production of warmwater，coolwater，and coldwater fishes in the Great Lakes basin. American Fisheries Society Symposium. 2002(32)：39-60.

Chen M S，Ni L，Jiang X G，et al.，2019. Retrieving atmospheric and land surface parameters from at-sensor thermal infrared hyperspectral data with artificial neural network. IEEE Journal of Selected Topics in Applied Earth Observations and Remote Sensing，12(7)：2409-2416.

Coats R，Perez-Losada J，Schladow G，et al.，2006. The warming of lake Tahoe. Climatic change，76(1)：121-148.

Cottingham K L，Ewing H A，Greer M L，et al.，2015. Cyanobacteria as biological drivers of lake nitrogen and phosphorus cycling. Ecosphere，6(1)：1-19.

De Eyto E，Dalton C，Dillane M，et al.，2016. The response of North Atlantic diadromous fish to multiple stressors，including land use change：a multidecadal study. Canadian Journal of Fisheries and Aquatic Sciences，73(12)：1759-1769.

Desai A R，Austin J A，Bennington V，et al.，2009. Stronger winds over a large lake in response to weakening air-to-lake temperature gradient. Nature Geoscience，2(12)：855-858.

Dokulil M T，De Eyto E，Maberly S C，et al.，2021. Increasing maximum lake surface temperature under climate change. Climatic Change，165(3)：56.

Du J Y，Kimball J S，Duguay C，et al.，2017. Satellite microwave assessment of Northern Hemisphere lake ice phenology from 2002 to 2015. The Cryosphere，11(1)：47-63.

Edmundson J A，Mazumder A，2002. Regional and hierarchical perspectives of thermal regimes in subarctic，Alaskan lakes. Freshwater Biology，47(1)：1-17.

Fang K，Shen C，Kifer D，et al.，2017. Prolongation of SMAP to spatiotemporally seamless coverage of continental U.S. using a deep learning neural network. Geophysical Research Letters，44(21)：11030-11039.

Fink G，Schmid M，Wahl B，et al.，2014. Heat flux modifications related to climate-induced warming of large European lakes. Water Resources Research，50(3)：2072-2085.

Grant L，Vanderkelen I，Gudmundsson L，et al.，2021. Attribution of global lake systems change to anthropogenic forcing. Nature Geoscience，14(11)：849-854.

Guo L N，Zheng H X，Wu Y H，et al.，2020. Responses of lake ice phenology to climate change at Tibetan Plateau. IEEE Journal of Selected Topics in Applied Earth Observations and Remote Sensing，13：3856-3861.

Hampton S E，Galloway A W E，Powers S M，et al.，2017. Ecology under lake ice. Ecology letters，20(1)：98-111.

Hansson L A，Nicolle A，Granéli W，et al.，2013. Food-chain length alters community responses to global change in aquatic systems. Nature Climate Change，3(3)：228-233.

He B J，Zhao Z Q，Shen L D，et al.，2019. An approach to examining performances of cool/hot sources in mitigating/enhancing land surface temperature under different temperature backgrounds based on landsat 8 image. Sustainable Cities and Society，44：416-427.

Heiskanen J J，Mammarella I，Ojala A，et al.，2015. Effects of water clarity on lake stratification and lake-atmosphere heat exchange. Journal of Geophysical Research：Atmospheres，120(15)：7412-7428.

Ho J C，Michalak A M，Pahlevan N，2019. Widespread global increase in intense lake phytoplankton blooms since the 1980s. Nature，574(7780)：667-670.

Huang Y，Liu H X，Hinkel K，et al.，2017. Analysis of thermal structure of arctic lakes at local and regional scales using in situ and multidate Landsat-8 data. Water Resources Research，53(11)：9642-9658.

Humphrey G B，Gibbs M S，Dandy G C，et al.，2016. A hybrid approach to monthly streamflow forecasting：integrating hydrological model outputs into a bayesian artificial neural network. Journal of Hydrology，540：623-640.

Hunter J M，Maier H R，Gibbs M S，et al.，2018. Framework for developing hybrid process-driven，artificial neural network and regression models for salinity prediction in river systems. Hydrology and Earth System Sciences，22(5)：2987-3006.

Hutohinson G E，1957. A treatise on limnologgy. Volume II：introduction to lake biology and the limnoplankton. New York：Department of Biology Yale University.

James W，Verspagen B，1997. Thermal enrichment of stormwater by urban pavement. Water Management Modeling，5：155-177.

Janke B D，Herb W R，Mohseni O，et al.，2009. Simulation of heat export by rainfall–runoff from a paved surface. Journal of Hydrology，365(3-4)：195-212.

Jassby A D，Goldman C R，Reuter J E，et al.，1999. Origins and scale dependence of temporal variability in the transparency of Lake Tahoe，California–Nevada. Limnology and Oceanography，44(2)：282-294.

Jia X W，Willard J，Karpatne A，et al.，2019. Physics guided RNNs for modeling dynamical systems：a case study in simulating lake temperature profiles//Proceedings of the 2019 SIAM International Conference on Data Mining. Society for Industrial and Applied Mathematics: 558-566.

Jiang Y，Luo Y，Zhao Z C，et al.，2010. Changes in wind speed over China during 1956–2004. Theoretical and Applied Climatology，99(3)：421-430.

Jonsson T，Setzer M，2015. A freshwater predator hit twice by the effects of warming across trophic levels. Nature Communications，6：5992.

Kao Y C，Madenjian C P，Bunnell D B，et al.，2015. Potential effects of climate change on the growth of fishes from different thermal guilds in Lakes Michigan and Huron. Journal of Great Lakes Research，41(2)：423-435.

Kettle H，Thompson R，Anderson N J，et al.，2004. Empirical modeling of summer lake surface temperatures in southwest Greenland. Limnology and Oceanography，49(1)：271-282.

Kintisch E，2015. Earth' s lakes are warming faster than its air. Science，350(6267)：1449.

Kosten S，Huszar V L M，Bécares E，et al.，2012. Warmer climates boost cyanobacterial dominance in shallow lakes. Global Change Biology，18(1)：118-126.

Kraemer B M，Anneville O，Chandra S，et al.，2015. Morphometry and average temperature affect lake stratification responses to climate change. Geophysical Research Letters，42(12)：4981-4988.

Kraemer B M，Pilla R M，Woolway R I，et al.，2021. Climate change drives widespread shifts in lake thermal habitat. Nature Climate Change，11(6)：521-529.

Li H，Liu Q，Zou J，2009. Relationships of LST to NDBI and NDVI in Changsha-Zhuzhou-Xiangtan area based on MODIS data. Scientia Geography Sinica，29(2)：262-267.

Li J，Liu R，Liu S C，et al.，2016. Trends in aerosol optical depth in northern China retrieved from sunshine duration data. Geophysical Research Letters，43(1)：431-439.

Livingstone D M，1993. Temporal structure in the deep-water temperature of four swiss lakes：a short-term climatic change indicator?. Internationale Vereinigung für Theoretische und Angewandte Limnologie：Verhandlungen，25(1)：75-81.

Livingstone D M，Dokulil M T，2001. Eighty years of spatially coherent Austrian lake surface temperatures and their relationship to regional air temperature and the North Atlantic Oscillation. Limnology and Oceanography，46(5)：1220-1227.

Lu D S，Weng Q H，2006. Spectral mixture analysis of ASTER images for examining the relationship between urban thermal features and biophysical descriptors in Indianapolis，Indiana，USA. Remote Sensing of Environment，104(2)：157-167.

Luo Y，Li Q L，Yang K，et al.，2019. Thermodynamic analysis of air-ground and water-ground energy exchange process in urban space at micro scale. Science of the Total Environment，694：133612.

Magee M R，Wu C H，2017. Effects of changing climate on ice cover in three morphometrically different lakes. Hydrological Processes，31(2)：308-323.

Magee M R，Wu C H，Robertson D M，et al.，2016. Trends and abrupt changes in 104 years of ice cover and water temperature in a dimictic lake in response to air temperature，wind speed，and water clarity drivers. Hydrology and Earth System Sciences，20(5)：1681-1702.

Magnuson J J，Robertson D M，Benson B J，et al.，2000. Historical trends in lake and river ice cover in the Northern Hemisphere. Science，289(5485)：1743-1746.

Marszelewski W，Pawłowski B，2019. Long-term changes in the course of ice phenomena on the oder river along the Polish–German border. Water Resources Management，33(15)：5107-5120.

Mason L A，Riseng C M，Gronewold A D，et al.，2016. Fine-scale spatial variation in ice cover and surface temperature trends across the surface of the Laurentian Great Lakes. Climatic Change，138(1)：71-83.

Mcginnity P，Jennings E，Deeyto E，et al.，2009. Impact of naturally spawning captive-bred atlantic salmon on wild populations: depressed recruitment and increased risk of climate-mediated extinction. Proceedings of the Royal Society B: Biological Sciences，276(1673)：3601-3610.

Messager M L，Lehner B，Grill G，et al.，2016. Estimating the volume and age of water stored in global lakes using a geo-statistical approach. Nature Communications，7(1)：13603.

Meyer-Jacob C，Michelutti N，Paterson A M，et al.，2019. The browning and re-browning of lakes: divergent lake-water organic carbon trends linked to acid deposition and climate change. Scientific Reports，9(1)：16676.

Nichol J，2005. Remote sensing of urban heat islands by day and night. Photogrammetric Engineering and Remote Sensing，71(5)：613-621.

Nieto H，Sandholt I，Aguado I，et al.，2011. Air temperature estimation with MSG-SEVIRI data: calibration and validation of the TVX algorithm for the Iberian Peninsula. Remote Sensing of Environment，115(1)：107-116.

O' Neil J M，Davis T W，Burford M A，et al.，2011. The rise of harmful cyanobacteria blooms：the potential roles of eutrophication and climate change. Harmful Algae，14：313-334.

O' Reilly C M，Alin S R，Plisnier P D，et al.，2003. Climate change decreases aquatic ecosystem productivity of Lake Tanganyika，Africa. Nature，424(6950)：766-768.

O' Reilly C M，Sharma S，Gray D K，et al.，2015. Rapid and highly variable warming of lake surface waters around the globe. Geophysical Research Letters，42(24)：10773-10781.

Oke T R，Johnson G T，Steyn D G，et al.，1991. Simulation of surface urban heat islands under 'ideal'conditions at night part 2: diagnosis of causation. Boundary-Layer Meteorology，56(4)：339-358.

Oswald C J，Rouse W R，2004. Thermal characteristics and energy balance of various-size Canadian Shield lakes in the Mackenzie River Basin. Journal of Hydrometeorology，5(1)：129-144.

Paerl H W，Gardner W S，Havens K E，et al.，2016. Mitigating cyanobacterial harmful algal blooms in aquatic ecosystems impacted by climate change and anthropogenic nutrients. Harmful Algae，54：213-222.

Palmer M E，Yan N D，Somers K M，2014. Climate change drives coherent trends in physics and oxygen content in North American Lakes. Climatic Change，124(1)：285-299.

Pareeth S，Delucchi L，Metz M，et al.，2016. New automated method to develop geometrically corrected time series of brightness temperatures from historical AVHRR LAC data. Remote Sensing，8(3)：169.

Peeters F，Livingstone D M，Goudsmit G H，et al.，2002. Modeling 50 years of historical temperature profiles in a large central European lake. Limnology and Oceanography，47(1)：186-197.

Pejam M R，Arain M A，Mccaughey J H，2006. Energy and water vapour exchanges over a mixedwood boreal forest in Ontario，Canada. Hydrological Processes，20(17)：3709-3724.

Piccolroaz S，2016. Prediction of lake surface temperature using the air2water model：guidelines，challenges，and future perspectives. Advances in Oceanography and Limnology，7(1)：36-50.

Piccolroaz S，Toffolon M，Majone B，2013. A simple lumped model to convert air temperature into surface water temperature in lakes. Hydrology and earth system sciences，17(8)：3323-3338.

Piccolroaz S，Toffolon M，Majone B，2015. The role of stratification on lakes' thermal response：the case of lake superior. Water Resources Research，51(10)：7878-7894.

Piccolroaz S，Woolway R I，Merchant C J，2020. Global reconstruction of twentieth century lake surface water temperature reveals different warming trends depending on the climatic zone. Climatic Change，160(3)：427-442.

Piccolroaz S，Healey N C，Lenters J D，et al.，2018. On the predictability of lake surface temperature using air temperature in a changing climate：a case study for Lake Tahoe (USA). Limnology and Oceanography，63(1)：243-261.

Qiu J H，Yang L Q，2000. Variation characteristics of atmospheric aerosol optical depths and visibility in North China during 1980–1994. Atmospheric Environment，34(4)：603-609.

Raymond P A，Saiers J E，2010. Event controlled DOC export from forested watersheds. Biogeochemistry，100(1)：197-209.

Read J S，Rose K C，2013. Physical responses of small temperate lakes to variation in dissolved organic carbon concentrations. Limnology and Oceanography，58(3)：921-931.

Ren G，Zhou Y，Chu Z，et al.，2008. Urbanization effects on observed surface air temperature trends in North China. Journal of Climate，21(6)：1333-1348.

Ren H Z，Ye X，Nie J，et al.，2021. Retrieval of land surface temperature，emissivity，and atmospheric parameters from hyperspectral thermal infrared image using a feature-band linear-format hybrid algorithm. IEEE Transactions on Geoscience and Remote Sensing，60(4401015)：1-15.

Richardson D C，Melles S J，Pilla R M，et al.，2017. Transparency，geomorphology and mixing regime explain variability in trends in lake temperature and stratification across Northeastern North America (1975–2014). Water，9(6)：442.

Rigosi A，Hanson P，Hamilton D P，et al.，2015. Determining the probability of cyanobacterial blooms：the application of Bayesian networks in multiple lake systems. Ecological Applications，25(1)：186-199.

Roa-Espinosa A，Wilson T B，Norman J M，et al.，2003. Predicting the impact of urban development on stream temperature using a thermal urban runoff model (TURM). Espinosa：369-389.

Rose K C，Winslow L A，Read J S，et al.，2016. Climate-induced warming of lakes can be either amplified or suppressed by trends in water clarity. Limnology and Oceanography Letters，1(1)：44-53.

Sabouri F，Gharabaghi B，Sattar A M A，et al.，2016. Event-based stormwater management pond runoff temperature model. Journal of Hydrology，540：306-316.

Sahoo G B，Schladow S G，Reuter J E，2009. Forecasting stream water temperature using regression analysis，artificial neural network，and chaotic non-linear dynamic models. Journal of Hydrology，378(3-4)：325-342.

Sahoo G B，Schladow S G，Reuter J E，et al.，2013. The response of Lake Tahoe to climate change. Climatic Change，116(1)：71-95.

Schindler D W，Turner M A，1982. Biological，chemical and physical responses of lakes to experimental acidification. Water Air and Soil Pollution，18(1-3)：259-271.

Schindler D W，Bayley S E，Parker B R，et al.，1996. The effects of climatic warming on the properties of boreal lakes and streams at the Experimental Lakes Area，Northwestern Ontario. Limnology and Oceanography，41(5)：1004-1017.

Schmid M，Köster O，2016. Excess warming of a Central European Lake driven by solar brightening. Water Resources Research，52(10)：8103-8116.

Schneider P，Hook S J，2010. Space observations of inland water bodies show rapid surface warming since 1985. Geophysical Research Letters，37(22).

Schneider P，Hook S J，Radocinski R G，et al.，2009. Satellite observations indicate rapid warming trend for lakes in California and Nevada. Geophysical Research Letters，36(22)：L22402.

Schueler T，1994. The importance of imperviousness. Watershed Protection Techniques，1(3)：100-101.

Schuur E A G，Vogel J G，Crummer K G，et al.，2009. The effect of permafrost thaw on old carbon release and net carbon exchange from tundra. Nature，459(7246)：556-559.

Sharma S，Walker S C，Jackson D A，2008. Empirical modelling of lake water-temperature relationships：a comparison of approaches. Freshwater Biology，53(5)：897-911.

Sharma S，Jackson D A，Minns C K，et al.，2007. Will northern fish populations be in hot water because of climate change?. Global Change Biology，13(10)：2052-2064.

Sharma S，Gray D K，Read J S，et al.，2015. A global database of lake surface temperatures collected by in situ and satellite methods from 1985–2009. Scientific Data，2(1)：1-19.

Sharma S，Blagrave K，Magnuson J J，et al.，2019. Widespread loss of lake ice around the Northern Hemisphere in a warming world. Nature Climate Change，9(3)：227-231.

Sleeter B M，Sohl T L，Loveland T R，et al.，2013. Land-cover change in the conterminous United States from 1973 to 2000. Global Environmental Change，23(4)：733-748.

Smol J P，Douglas M S V，2007. Crossing the final ecological threshold in high arctic ponds. Proceedings of the National Academy of Sciences，104(30)：12395-12397.

Snucins E，John G，2000. Interannual variation in the thermal structure of clear and colored lakes. Limnology and Oceanography，45(7)：1639-1646.

Soydan O，2020. Effects of landscape composition and patterns on land surface temperature：urban heat island case study for Nigde，Turkey. Urban Climate，34：100688.

Stefan H G，Hondzo M，Fang X，et al.，1996. Simulated long term temperature and dissolved oxygen characteristics of lakes in the north-central United States and associated fish habitat limits. Limnology and Oceanography，41(5)：1124-1135.

Strecker A L，Cobb T P，Vinebrooke R D，2004. Effects of experimental greenhouse warming on phytoplankton and zooplankton communities in fishless alpine ponds. Limnology and Oceanography，49(4)：1182-1190.

Thompson，A M，Vandermuss A J，Norman J M，et al.，2008. Modeling the effect of a rock crib on reducing stormwater runoff temperature. Transactions of the Asabe，51(3)：947-960.

Thackeray S J，Henrys P A，Feuchtmayr H，et al.，2013. Food web de-synchronization in England' s largest lake：an assessment based on multiple phenological metrics. Global Change Biology，19(12)：3568-3580.

Thackeray S J，Henrys P A，Hemming D，et al.，2016. Phenological sensitivity to climate across taxa and trophic levels. Nature，535(7611)：241-245.

Toffolon M，Piccolroaz S，Calamita E，2020. On the use of averaged indicators to assess lakes' thermal response to changes in climatic conditions. Environmental Research Letters，15(3)：034060.

Toffolon M，Piccolroaz S，Majone B，et al.，2014. Prediction of surface temperature in lakes with different morphology using air temperature. Limnology and Oceanography，59(6)：2185-2202.

Trumpickas J，Shuter B J，Minns C K，2009. Forecasting impacts of climate change on Great Lakes surface water temperatures. Journal of Great Lakes Research，35(3)：454-463.

Valerio G，Pilotti M，Barontini S，et al.，2015. Sensitivity of the multiannual thermal dynamics of a deep pre-alpine lake to climatic change. Hydrological Processes，29(5)：767-779.

Velthuis M，De Senerpont Domis L N，Frenken T，et al.，2017. Warming advances top-down control and reduces producer biomass in a freshwater plankton community. Ecosphere，8(1)：e01651.

Verburg P，Hecky R E，Kling H，2003. Ecological consequences of a century of warming in Lake Tanganyika. Science，301(5632)：505-507.

Wagner A，Hülsmann S，Paul L，et al.，2012. A phenomenological approach shows a high coherence of warming patterns in dimictic aquatic systems across latitude. Marine Biology，159(11)：2543-2559.

Wan H，Wang X L，Swail V R，2010. Homogenization and trend analysis of Canadian near-surface wind speeds. Journal of Climate，23(5)：1209-1225.

Wan W，Li H，Xie H J，et al.，2017. A comprehensive data set of lake surface water temperature over the Tibetan Plateau derived from MODIS LST products 2001–2015. Scientific Data，4(1)：1-10.

Wan W，Zhao L，Xie H，et al.，2018. Lake surface water temperature change over the Tibetan plateau from 2001 to 2015：a sensitive indicator of the warming climate. Geophysical Research Letters，45(20)：11，186.

Wang J，Eicken H，Yu Y L，et al.，2014. Abrupt climate changes and emerging ice-ocean processes in the Pacific Arctic region and the Bering Sea//The Pacific Arctic Region. Berlin：Springer.

Weber T，Haensler A，Jacob D，2018. Sensitivity of the atmospheric water cycle to corrections of the sea surface temperature bias over southern Africa in a regional climate model. Climate Dynamics，51(7)：2841-2855.

Weinberger S，Vetter M，2012. Using the hydrodynamic model DYRESM based on results of a regional climate model to estimate water temperature changes at Lake Ammersee. Ecological Modelling，244：38-48.

Weng Q H，Liu H，Lu D S，2007. Assessing the effects of land use and land cover patterns on thermal conditions using landscape metrics in city of Indianapolis，United States. Urban Ecosystems，10(2)：203-219.

Wik M，Varner R K，Anthony K W，et al.，2016. Climate-sensitive northern lakes and ponds are critical components of methane release. Nature Geoscience，9(2)：99-105.

Williamson C E，Saros J E，Schindler D W，2009. Sentinels of change. Science，323(5916)：887-888.

Williamson C E，Overholt E P，Pilla R M，et al.，2015. Ecological consequences of long-term browning in lakes. Scientific Reports，5(1)：1-10.

Wilson K B，Baldocchi D D，2000. Seasonal and interannual variability of energy fluxes over a broadleaved temperate deciduous forest in North America. Agricultural and Forest Meteorology，100(1)：1-18.

Winslow L A，Read J S，Hansen G J A，et al.，2017. Seasonality of change：summer warming rates do not fully represent effects of climate change on lake temperatures. Limnology and Oceanography，62(5)：2168-2178.

Woodward G，Perkins D M，Brown L E，2010. Climate change and freshwater ecosystems：impacts across multiple levels of organization. Philosophical Transactions of the Royal Society of London Series B：Biological Sciences，365(1549)：2093-2106.

Woolway R I，Merchant C J，2017. Amplified surface temperature response of cold，deep lakes to inter-annual air temperature variability. Scientific Reports，7(1)：4130.

Woolway R I，Merchant C J，2018. Intralake heterogeneity of thermal responses to climate change：a study of large northern hemisphere lakes. Journal of Geophysical Research：Atmospheres，123(6)：3087-3098.

Woolway R I，Merchant C J，2019. Worldwide alteration of lake mixing regimes in response to climate change. Nature Geoscience，12(4)：271-276.

Woolway R I，Anderson E J，Albergel C，2021c. Rapidly expanding lake heatwaves under climate change. Environmental Research Letters，16(9)：094013.

Woolway R I，Jones I D，Maberly S C，et al.，2016. Diel surface temperature range scales with lake size. Plos One，11(3)：e0152466.

Woolway R I，Dokulil M T，Marszelewski W，et al.，2017a. Warming of central European lakes and their response to the 1980s climate regime shift. Climatic Change，142(3)：505-520.

Woolway R I，Meinson P，Nõges P，et al.，2017b. Atmospheric stilling leads to prolonged thermal stratification in a large shallow polymictic lake. Climatic Change，141(4)：759-773.

Woolway R I，Verburg P，Lenters J D，et al.，2018. Geographic and temporal variations in turbulent heat loss from lakes：a global analysis across 45 lakes. Limnology and Oceanography，63(6)：2436-2449.

Woolway R I，Weyhenmeyer G A，Schmid M，et al.，2019. Substantial increase in minimum lake surface temperatures under climate change. Climatic Change，155(1)：81-94.

Woolway R I，Kraemer B M，Lenters J D，et al.，2020. Global lake responses to climate change. Nature Reviews Earth & Environment，1(8)：388-403.

Woolway R I，Jennings E，Shatwell T，et al.，2021a. Lake heatwaves under climate change. Nature，589(7842)：402-407.

Woolway R I，Sharma S，Weyhenmeyer G A，et al.，2021b. Phenological shifts in lake stratification under climate change. Nature communications，12(1)：1-11.

Xia X G，2010. Spatiotemporal changes in sunshine duration and cloud amount as well as their relationship in China during 1954-2005. Journal of Geophysical Research（Atmospheres），115(D7)：D00K06.

Xian G，2008. Satellite remotely-sensed land surface parameters and their climatic effects for three metropolitan regions. Advances in Space Research，41(11)：1861-1869.

Xiao F，Ling F，Du Y，et al.，2013. Evaluation of spatial-temporal dynamics in surface water temperature of Qinghai Lake from 2001 to 2010 by using MODIS data. Journal of Arid Land，5(4)：452-464.

Yang K，Yu Z Y，Luo Y，2020. Analysis on driving factors of lake surface water temperature for major lakes in Yunnan-Guizhou Plateau. Water Research，184：116018

Yang K，Yu Z Y，Luo Y，et al.，2018. Spatial and temporal variations in the relationship between lake water surface temperatures and water quality-a case study of Dianchi Lake. Science of the Total Environment，624(15)：859-871.

Yang K，Yu Z Y，Luo Y，et al.，2019. Spatial-temporal variation of lake surface water temperature and its driving factors in Yunnan-Guizhou Plateau. Water Resources Research，55(6)：4688-4703.

Yang K，Peng Z Q，Luo Y，et al.，2021. The heat exchange process between surface water and near-surface atmosphere in the front of the Three Gorges Dam. International Journal of Applied Earth Observation and Geoinformation，102：102372.

Yu Z Y，Yang K，Luo Y，et al.，2020a. Spatial-temporal process simulation and prediction of chlorophyll-a concentration in Dianchi Lake based on wavelet analysis and long-short term memory network. Journal of Hydrology，582：124488.

Yu Z Y，Yang K，Luo Y，et al.，2020b. Lake surface water temperature prediction and changing characteristics analysis-a case study of 11 natural lakes in Yunnan-Guizhou Plateau. Journal of Cleaner Production，276: 122689.

Yuan F，Bauer M E，2007. Comparison of impervious surface area and normalized difference vegetation index as indicators of surface urban heat island effects in Landsat imagery. Remote Sensing of Environment，106(3)：375-386.

Yvon-Durocher G，Allen A P，Bastviken D，et al.，2014. Methane fluxes show consistent temperature dependence across microbial to ecosystem scales. Nature，507(7493)：488-491.

Zhang G Q，Yao T D，Xie H J，et al.，2014. Estimating surface temperature changes of lakes in the Tibetan Plateau using MODIS LST data. Journal of Geophysical Research：Atmospheres，119(14)：8552-8567.

Zhang G Q，Yao T D，Xie H J，et al.，2015. An inventory of glacial lakes in the third pole region and their changes in response to global warming. Global and Planetary Change，131：148-157.

Zhong Y F，Notaro M，Vavrus S J，2019. Spatially variable warming of the Laurentian Great Lakes：an interaction of bathymetry and climate. Climate Dynamics，52(9)：5833-5848.

第 2 章　湖泊表面水温获取

湖泊表面水温的观测和获取方法有两种，一种是通过原位观测获取；另一种是基于遥感进行观测，进而创建模型对湖泊水温进行反演。由于湖泊表面水温在时空领域内的变化是动态的，要获取长时间序列上覆盖范围广甚至是全球尺度的湖泊表面水温数据，常规的地面定点观测难以实现，而卫星遥感是唯一能够实现的手段。

2.1　原 位 观 测

原位观测分可分为两种：定点、高频的连续观测和定期、低频的走航观测。原位观测结果准确、时间分辨率高、操作简单，所消耗的人力、物力和财力成本较低，且可以获取水温随深度变化的信息(陈争等，2021)。利用高频原位观测来获取湖泊水温及其相关因素(如气象因素等)至关重要(Coats et al.，2006；Verburg et al.，2003)。

对 LSWT 进行原位监测时，可根据《水环境监测规范》(SL219—98)的相关规定，结合实际情况对布设点的位置进行规划。采样点位置的布设主要考虑水域的形状、湖泊周边对 LSWT 的影响(山体或树的阴影)，地表径流汇入的主要区域，人类活动范围及水生动植物活动范围等方面，具体可以概括为以下几点：在湖泊的出入口、地表径流入口区、中心区、滞流区、鱼类产卵区、藻类集聚区和饮用水水源地等区域应设置采样点；在湖泊无明显功能的区域，可以考虑采用网格法均匀设置采样点，网格大小由湖泊水面的面积决定；在设置观测点时，应考虑消除河岸效应，即消除由于浅水和阴影等造成的与整个湖面的温度偏差。

云南省生态环境科学研究院对滇池水质设置的 10 个监测站点位置如图 2.1 所示。监测站点为滇池北部草海区域的 2 个监测点(草海中心和断桥)及滇池外海的 8 个监测点(晖湾中、罗家营、观音山西、观音山中、观音山东、白鱼口、海口西和滇池南)。

张运林等(2004)在中国的天目湖设置原位观测点对湖泊水温进行观测，采样点使用 GPS3000 型导航仪进行空间定位，误差小于 10m，对湖泊水温的观测使用上海医用仪表厂生产的 WNY-150A 型数字测温仪，它的温度范围为-50～150℃，精度为 0.5℃，在各采样点每隔 0.5m 和 1m 从湖表面一直到湖底 0.2m 以上测量水温。作者团队根据试验内容的不同，在不同的采样点使用不同的观测方式，如为研究湖泊水温日变化，在 1 号采样点从湖面到湖底选取每隔 1h 的采样频率，连续采样 24h 对水温分层进行监测；为研究湖泊水温的年内变化，在每个月的 10 日左右，对 1 号采样点和 7 号采样点进行一次分层采样；为研究湖泊水温的垂直分布采用分层采样。为研究三峡水库支流库湾水华暴发的机制及其关键影响因子，刘流等(2012)对 2010 年春季三峡水库库首区域最大的支流——香溪河库湾进行了原位定点连续监测，其中水温使用多参数水质仪(由美国 HACH 公司制造)测量，分析湖泊水温及水温分层动态变化。

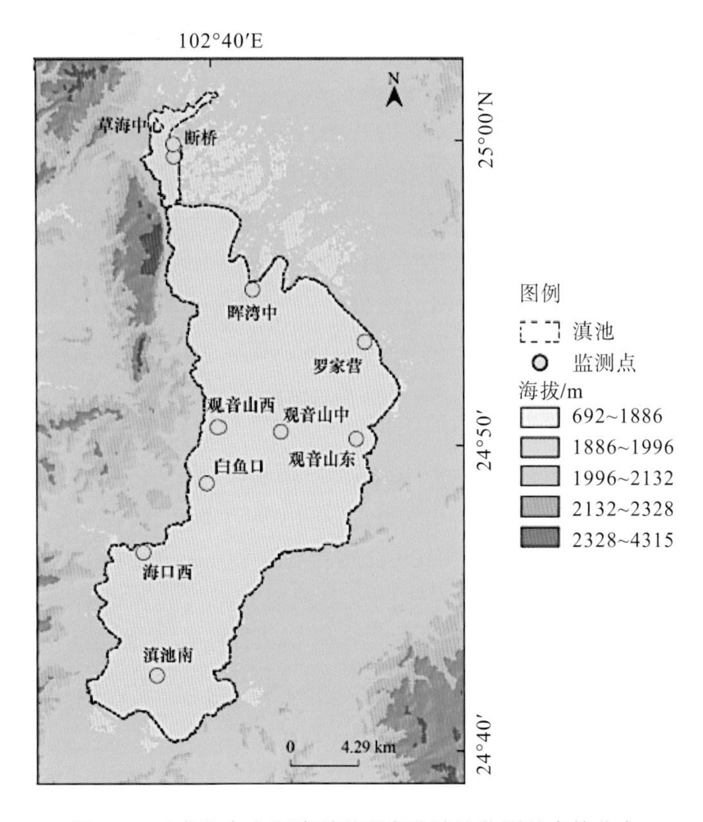

图 2.1 云南省生态环境科学研究院滇池监测站点的分布

黄文峰等(2016)使用原位观测的手段获取青藏高原腹地的一个典型热融湖的水温/冰温和相关的气象数据，湖泊的表面水温和冰温的测量采用冻土工程国家重点实验室制造的 PT100 热电偶温度链，温度探头在水(冰)内的垂向分布间隔为 5cm，它的测量精度可达 0.05℃，数据采集仪为 Campbell CR1000(美国)，它的采集频率为每小时 2 次。他们通过 2010 年 10 月至 2013 年 7 月的原位观测数据分析该热融湖水温分布时间变化，温跃层、湖冰生成以及湖冰消融对水温结构的影响，发现水温日变化、季节变化和垂直结构受气温、大气辐射、风速、湖冰消融和湖底沉积层热贡献影响显著。

在原位监测过程中，观测仪器故障很有可能造成数据不连续，如在黄文峰等(2016)的研究中，由于设备断电故障而导致丢失 1 年的观测数据，进而无法很好地揭示水温的连续变化过程。另外，在结冰的湖泊中，监测浮标通常在冬季拆除，以防止冰冻损坏，也会导致观测数据不连续。

在设置湖泊观测点时，基于经费和工作量等因素考虑，观测点设置一般较少，如张运林等(2004)在面积达 15km^2 的天目湖只设置了 10 个观测点，黄文峰等(2016)在 15km^2 的湖泊内只设置了湖边缘和湖中心两个观测点。为消除河岸效应，Wloczyk 等(2006)对施泰希林(Stechlin)湖的表面水温的测量点设置在距离水边约 15m 处，与湖中心温度相比，平均温度偏差达 0.2K，而 4 月和 5 月的温度的水平差异高达 3K。Woolway 等(2018) 研究发现，LSSWT 的变暖速率有明显的湖内差异，这种差异在单点 LSWT 时间序列中并不明显。因此，使用稀疏的原位观测数据在一定程度上给定量理解全球尺度夏季 LSWT 变暖、因果归因分析以及其引起的生态后果带来困难。

德国气象局(Deutscher Wetterdienst，DWD) 的经验温度模型是在对德国东北部的 20 个形态和规模各异的湖泊上进行广泛的水温测量的基础上建立的(Eubert，1991)。但是，湖泊站点的观测数据几乎没有以文章的形式发表或放置在公共数据库中以用于更加广泛的科学研究。南京信息工程大学-耶鲁大气环境中心的博士研究生张圳，使用 2010 年始建于太湖区域的中尺度通量网[由 7 个湖泊通量站(1 个已停止观测) 和 1 个陆地站点组成]对 8 年以来的观测数据进行整理，用于发布小气候、辐射、能量通量数据集，该数据集包括各个通量站点连续半小时的小气候、辐射通量、能量通量数据集。Lee 等(2014) 对各类数据分别进行质量控制、插补、评级，并对小气候数据、辐射数据、通量数据进行质量评估，所有站点的数据都是利用涡度相关方法(eddy covariance，EC) 对湖泊与大气之间的能量交换通量进行观测的，在湖区 0.20m、0.50m、1.00m 和 1.50m 的深度测量水温，使用的是坎贝尔科技(Campbell Scientific) 型号 109-L 的温度探头。陈争等(2021) 使用太湖中尺度通量网观测系统中避风港站 2012～2016 年的水温梯度、小气候和辐射四分量的观测数据，分析太湖水温的日变化、季节变化以及年变化特征，还分析了典型天气条件(夏季高温和冬季冷空气过境) 下太湖水温的响应，并量化了太湖水温与气象因子在多时间尺度上的相关性。

然而，原位数据对于评估水温变化仍然至关重要，在创建关于 LSWT 的各类模型中都需要用到原位观测数据进行训练和验证。Xie 等(2022) 利用中分辨率成像光谱仪(moderate-resolution imaging spectroradiometer，MODIS) 地表温度(land surface temperature，LST) 数据对我国 169 个大型湖 2001～2016 年 LSWT 的时空变化进行分析，其中包括日变化、年内变化和年际变化。为验证 MODIS LST 的可用性，文章中使用了班公错、达孜错原位实测水温数据、全球湖温协作[①](global lake temperature collaboration，GLTC) 数据集以及 69 个气象站测量的 0cm 地表温度数据。对原位测量的水温数据和 MODIS LST 数据进行分析，发现两者的拟合度很高，如图 2.2 所示。Xie 等(2022) 指出，MODIS LST 数据与原位测量之间的差异可归因于许多潜在的误差源，例如，仪器噪声、云污染和陆水热交换效应等。另外，使用原位数据对基于遥感影像反演的水温进行验证时，存在单个原地样本可能无法代表整个像素区域和与原地位置相对应时可能存在不确定性等问题。

综上，LSWT 的原位观测有很高的精度，且可以设置分层采样观测湖泊水温的垂直分布，但这些数据大多为短时间、间断性、稀疏局部的观测数据，它们的可用性仅限于少数站点，在空间分辨率和时间分辨率上难以满足要求，且获取较为困难，导致 LSWT 的长期趋势研究较为困难(Wang et al.，2012a；Cleave et al.，2014；Xiang et al.，2011；Assel et al.，2003)。

① GLTC 数据集可在 https: //www.laketemperature.org 下载。

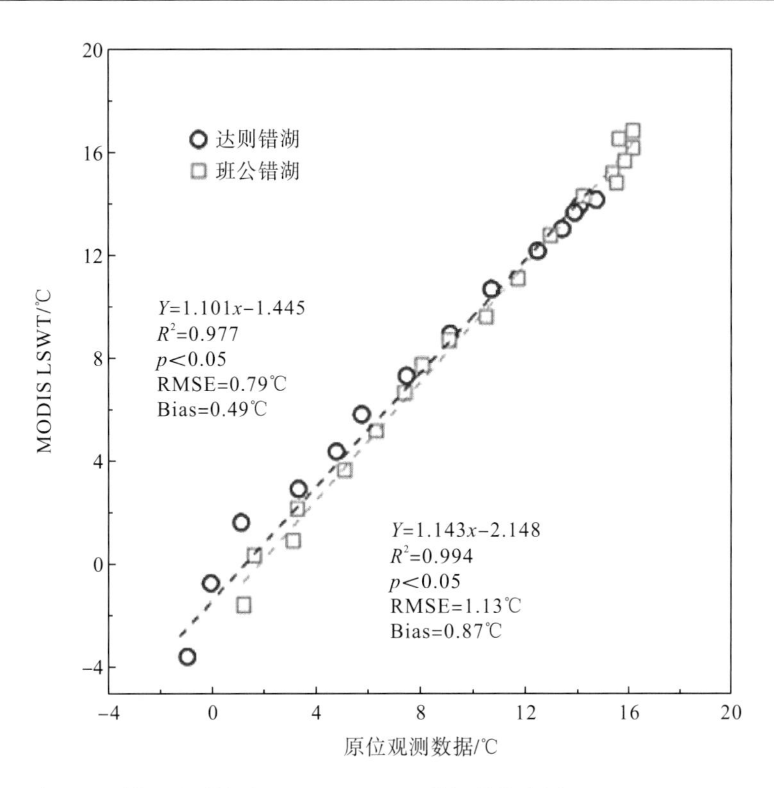

图 2.2　原位观测数据与 MODIS LSWT 数据的散点图（Xie et al., 2022）

2.2　基于遥感的湖泊表面水温反演

随着遥感技术的发展，多种 RS 影像能够提供完全的空间平面而不是点值的观测，极大地克服了原位观测的限制，为全球 LSWT 的测量提供了可能性。利用传感器所接收到的辐射能(包含强度、波谱、空间、时间、角度和极化等信息)，建立各种模型，用于 LSWT 的定量反演。基于 RS 影像反演的温度称为辐射计温度，辐射计温度值的大小与观测方向、观测时间和组成成分有关。目前美国国家海洋和大气管理局(National Oceanic Atmospheric Adminstration，NOAA)系列气象卫星上搭载的先进高分辨率辐射计(advanced very high resolution radiometer，AVHRR)、先进星载热发射和反射辐射仪(advanced spaceborne thermal emission and reflection radiometer，ASTER)、陆地卫星(Landsat)、MODIS 等遥感数据已被广泛用于 LSWT 的反演(Li et al.，2013a; Xiang et al.，2011； Hulley et al.，2011)，随着高光谱遥感技术的发展以及计算机计算能力的提高，基于高光谱 RS 影像的水温反演也越来越受到关注(吴骅等，2021)。基于 RS 影像的地表水温的反演，促使学者们能够从较大的空间尺度和较长的时间尺度开展研究。

利用 RS 热红外(thermal infrared，TIR)数据反演地表温度的研究一直备受关注，其历史可以追溯到 20 世纪 70 年代(McMillin，1975)，利用卫星热红外数据进行地表水温反演也得到了显著的发展。国内外研究者对辐射传输方程(radiative transfer equation，RTE)和地表比辐射率(land surface emissivity，LSE)使用了不同的假设和近似，针对不同卫星搭载的不同传感器，提出了多种地表水温反演算法(Wu et al.，2021；Li et al.，2000，2013，2017；Wang et al.，2012b，2010；Wan and Li，2008；Qin et al.，2001b)。

2.2.1 基于遥感的湖泊表面水温反演的原理

湖泊表面水温的反演与地表温度反演的原理一样，因为任何高于热力学温度的物体都会向外发射具有一定能量的电磁波，其辐射能力的强度和波谱分布的位置是温度的函数，热平衡中的黑体辐射强度在波长 λ 和温度 T 处的辐射量由普朗克(Planck)定律描述(叶智威等，2009；梅安新等，2001)，具体形式见式(2.1)。

$$M_\lambda(\lambda, T)=\frac{2\pi hc^2}{\lambda^{5\left[\exp\left(\frac{hc}{\lambda kT}\right)-1\right]}} \tag{2.1}$$

式中，$M_\lambda(\lambda, T)$是黑体在波长为λ(μm)和温度为T(K)时的辐射强度，单位为W/(m^2•μm)；k是玻尔兹曼常量，k=1.380622×10^{-23}J/K；c是光速，c=2.9979246×10^{8}m/s；h为普朗克常量，h= 6.626×10^{-34}J • s。

Planck 定律是基于黑体的假设，可确定辐射源的能量谱分布，进而可以推算出物体的能量谱峰值的波长。反之，由物体的能量谱分布及辐射强度也可计算出物体的实际温度(江东和王乃斌，2001)。由于大多数自然界中的物体都不是黑体，所以必须考虑地表比辐射率，它被定义为物体在温度T、波长λ时的辐射强度与同温度、同波长下的黑体辐射强度之比。非黑体的光谱辐射强度由光谱发射率乘以$M_\lambda(\lambda, T)$得出。

维恩(Wien)位移定律是热辐射的基本定律之一，即在一定温度下，绝对黑体的温度与辐射本领最大值相对应的波长λ的乘积为一常数。波长λ_{max}的单色亮度峰值与给定温度T成反比，二者的积为一常数，即维恩位移定律表示为

$$T\lambda_{\max}=2897.9 \tag{2.2}$$

假设波长为 8～13μm 的区域在一个对红外辐射最透明的大气透明窗口内，根据维恩位移定律方程可以计算出，温度的变化范围为 223～362K(即−49～90℃)，大致能够覆盖地表水温的变化范围。因此，地表水温可以用基于热红外地表电磁辐射及其在大气中的传输过程进行反演(叶智威等，2009)。

卫星热红外传感器接收的热辐射能在传输过程中，地面和大气都是热辐射源，热辐射能多次被大气吸收、散射与折射，因此在研究遥感影像时必须考虑大气和地表的双重影响(毛克彪，2004)。大气和地表影响因素具有复杂性和不确定性，热红外辐射传输过程如图 2.3 所示，可以得到式(2.3)和式(2.4)。

$$I_i=B_i(T_i)=R_{\mathrm{sI}_i\uparrow}+R_{i\tau_i}+R_{\mathrm{at}_i\uparrow} \tag{2.3}$$

$$R_i=\varepsilon_i B_i(T_\mathrm{s})+(1-\varepsilon_i)R_{\mathrm{at}_i\downarrow}+(1-\varepsilon_i)R_{\mathrm{sI}_i\downarrow}+\rho_{b_i}E_i\cos\theta_\mathrm{s}\tau_i\theta_\mathrm{s} \tag{2.4}$$

式中，i为传感器中的第i个通道；I_i为传感器接收到的热红外辐射强度；T_i为通道的亮度温度；$B_i(T_i)$是温度为T_i时的辐射强度；θ_s是观测的天顶角；τ_i为大气的透射率；ε_i是地表比辐射率；T_s为地表的真实温度；$R_{i\tau_i}$(路径①)是地面观测到的经大气衰减后的辐射亮度；$R_{\mathrm{at}_i\uparrow}$(路径②)是大气中向上的热辐射；$R_{\mathrm{sI}_i\uparrow}$(路径③)是由太阳辐射的大气散射引起的

向上的太阳扩散辐射；$\varepsilon_i B_i(T_s)$（路径④）表示由地表直接发射的辐射；$(1-\varepsilon_i)R_{at_i\downarrow}$（路径⑤）代表地表反射的向下大气热辐射；$(1-\varepsilon_i)R_{sI_i\downarrow}$（路径⑥）代表地表反射的向下太阳扩散辐射；$\rho_{b_i}E_i\cos\theta_s\tau_i\theta_s$（路径⑦）为由地表反射的太阳直射辐射。

由于太阳辐射对顶部大气的贡献在白天和夜间的 8～14μm 窗口可以忽略不计，所以在式(2.3)和式(2.4)中可以忽略与太阳辐射有关的项(图 2.3 中的路径③、⑥和⑦)而不损失准确性。在实际应用中，由于表面反射的向下大气热辐射(路径⑤)比表面热辐射(路径④)小得多，表面反射的漫反射太阳辐射(路径⑥)比表面反射的直接太阳辐射(路径⑤)小得多，因此，有些文献将温度反演的公式简化为式(2.5)和式(2.6)(谷俊鹏和裴亮，2017)。

$$B_i(T_i)=\left[\varepsilon_i B_i(T_s)+(1-\varepsilon_i)R_{at_i\downarrow}\right]\tau_i+R_{at_i\uparrow} \tag{2.5}$$

$$B_i(T_s)=\left[B_i(T_i)-R_{at_i\uparrow}-\tau_i(1-\varepsilon_i)R_{at_i\downarrow}\right]/\varepsilon_i \tag{2.6}$$

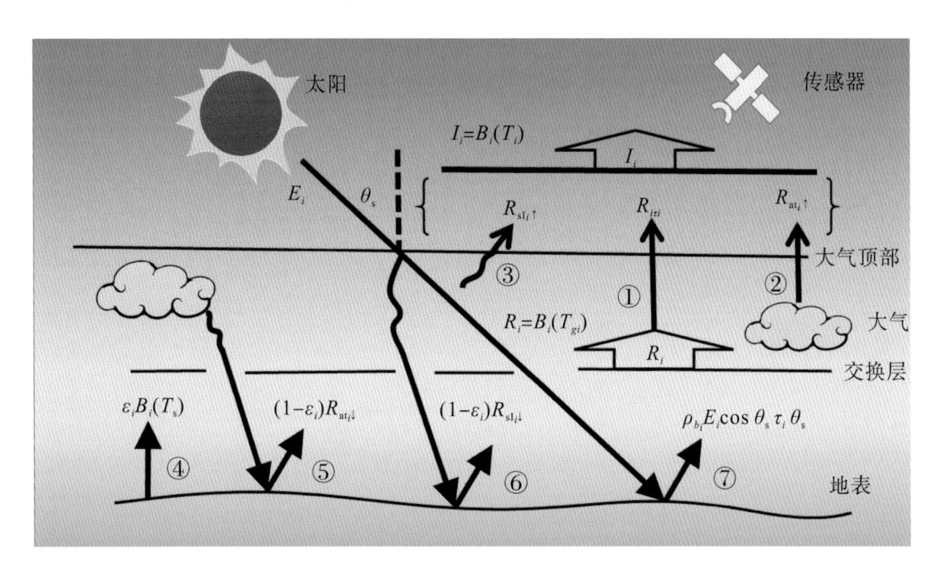

图 2.3　热红外辐射传输过程(Li et al.，2013b)

从式(2.3)～式(2.6)可以看出，星载热红外辐射计所接收的波谱信息不仅受地球表面参数(温度和发射率)的影响，还受从地球表面到辐射计之间电磁波传输路径上大气成分和热结构的影响，即传感器最终测得的地面目标的总辐射亮度并不是地表真实比辐射率的反映，其中包含了由大气吸收(尤其是散射作用)造成的辐射量误差。因此，要由遥感器中接收的辐射反演出地表水温需要进行大气校正，即从观测信号中剥离大气的贡献，获取所需的大气参数，以满足后续获取地表水温和地表水体发射率的需要(吴骅等，2021；李召良等，2016)。具体过程如下：首先，使用大气校正模型(常用于大气辐射传输校正的模型有 6S 模型、LOWTRAN 模型、MODTRAN 模型、FLAASH 模型和 ATCOR 模型等)模拟大气对地表热辐射的影响，包括估算大气对热辐射传输的吸收作用和大气自身的向上和向下的热辐射强度；然后，用卫星遥感器观测到的热辐射总量减去这种大气影响，得到式(2.6)所示的地表热辐射强度方程；最后，用式(2.1)将这种热辐射强度转换为相应的地表水温。

这一过程的难点在于大气辐射效应的校正比较复杂(一般会带来大于 3K 的误差)，而且反演的方程很难求解甚至是无解的，必须加入一定的假设条件来估算方程中的参数，但这一过程可能引入更大的误差和不确定性，实际应用起来主要有以下困难(覃志豪等，2001b)。

(1)模型中未知参数多且解耦难。红外区域的测量具有高度的相关性，变量间解耦难，地表水温、地表发射率、大气下行辐射三者耦合，相互制约和影响，导致有些方程是不可解的，必须通过某些约束和假设增加方程的数量才能解，这使得地表温度反演不稳定，阻碍了地表温度反演应用的发展(Woolway et al.，2020)。

(2)大气校正难。大气模拟需要精确的实时(卫星飞过天空时)大气剖面数据，包括不同高度的气温、气压、水蒸气含量、气溶胶含量、CO_2 含量、O_3 含量等。对于所研究的区域而言，这些实时大气剖面数据一般是没有的。因此，通常使用标准大气剖面数据或者用非实时的大气数据来代替实时数据。由于大气剖面数据具有非真实性和非实时性，根据大气模拟结果所得到的大气对地表热辐射的影响的估计通常存在较大的误差，从而使大气校正法的地表温度演算精度较差(覃志豪等，2001b)。

为解决这些问题，国内外的学者研究了很多方法，主要可以分为两种：①分步的地表水温反演方法，即先获得地表水体发射率和大气参数，再反演地表水温，如单窗算法和劈窗算法。②多参数同步反演算法，即在进行简单的大气校正下，同时反演地表水温和水体发射率，如多通道算法；在大气参数未知的情况下，进行地表水温、地表发射率和大气参数同时反演，如基于人工神经网络的一体化物理反演。

2.2.2 单窗算法

热红外单窗算法也称为单通道算法，顾名思义只需要一个热红外波段就可反演地表水温。首先，输入大气廓线数据，使用大气透过率、辐射程序对大气的衰减和发射进行校正；然后，在已知发射率的条件下，对式(2.3)和式(2.4)进行反向计算，得到地表水温(谷俊鹏和裴亮，2017；Ottlé et al.，1992；Price et al.，1983)。

大气透过率、辐射程序的准确性主要受反演程序中所使用的大气辐射传输模型、大气分子吸收系数和气溶胶吸收系数的影响(Wan，1999)。在 3.4～4.1μm 和 8～13μm 的大气窗口内，不同的大气辐射传输模型精度在 0.5%～2%，这将造成反演的温度误差在 0.4～1.5K(Wan，1999)。即使大气辐射传输模型本身完全没有误差，在对大气的吸收和辐射进行校正时，所用的大气廓线的不完整性也会造成严重的问题(Gillespie et al.，2011)。Dash 等(2002)研究表明，单窗算法对发射率非常敏感，0.01 的发射率误差，在炎热潮湿的大气中会导致 0.3K 的反演误差，在寒冷干燥的大气中会导致 0.7K 的反演误差。在波长 10～12.5μm 区域，水的发射率通常在 0.97～0.99(Salisbury et al.，1992)，所以水体发射率的精度可控制在 0.02 以内，发射率的不确定性对地表水温造成的误差在 1.5K 以内(Wan，1999)。另外，有研究指出，地形也会影响单窗算法的反演精度(李召良等，2016；Sobrino et al.，2004)，单窗算法一般仅用于局部平坦地区的地表温度反演，因此在利用单窗算法进行湖泊表面水温反演时无须考虑地形的影响(Sobrino et al.，2004)。

大气廓线通常是由地面无线探空设备、卫星垂直探测仪测量和气象预测模型反演得到。由于大气水汽随时间和空间变化很大，利用地面无线探空设备探测远离目标区域的大气或探测远离卫星过境时刻的大气，可能会使地表水温的反演出现较大的误差(Cooper and Asrar，1989)。为了减少对探空数据的依赖性，在发射率已知的条件下，覃志豪等(2001b)根据热辐射传输方程，推导出了适用于 TM6 遥感影像反演辐射温度的单窗算法，该算法对 Planck 函数进行线性化一阶泰勒(Taylor)级数展开，简化大气向上辐射亮度和大气向下辐射亮度的计算模型，计算公式为式(2.7)～式(2.11)。

$$T_s = \frac{\left[a\left(1 - C_6 - D_6\right) + \left[b\left(1 - C_6 - D_6\right) + C_6 + D_6\right]T_6 - D_6 \times T_a\right]}{C_6} \tag{2.7}$$

$$C_6 = \varepsilon_6 \tau_6 \tag{2.8}$$

$$D_6 = (1 - \varepsilon_6)\left[1 + \left(1 - \varepsilon_6\right)\tau_6\right] \tag{2.9}$$

$$I_6 = a_1 + a_2 \times P_{DN} \tag{2.10}$$

$$T_6 = K_1 / \ln\left(1 + K_2 / I_6\right) \tag{2.11}$$

式中，a 和 b 为回归系数；C_6 和 D_6 为中间参数，可由地表比辐射率 ε_6 和大气透过率 τ_6 确定；T_s 为地表温度(K)；T_a 为大气平均作用温度(K)；P_{DN} 是像元的 DN 值；I_6 是第 6 波段的辐射强度；a_1 和 a_2 是分别像元 DN 值和辐射强度的回归系数；T_6 为 TM 第 6 波段的亮度温度，严格来说需要使用普朗克公式计算，在这里使用近似公式(2.11)计算；K_1 和 K_2 是亮度温度辐射强度的回归系数。

单窗算法中仅需 3 个参数：地表比辐射率、大气透过率 τ 和大气平均作用温度 T_a(即可反演温度)。覃志豪等(2003)提出一些简单易行的方法对这些参数进行估算。水体在热波段范围内的比辐射率很高，接近于黑体，用 0.995 来估计。在标准大气状态下(天空晴朗且没有涡旋作用)，大气平均作用温度 T_a 与地面附近气温 T_0(地面 2m 处)呈线性关系，所以大气平均作用温度主要根据当地的地面气象观测数据(地面附近的气温和水分含量)进行估算，如美国 1976 年平均大气作用温度 T_a=25.9396+0.88045×T_0，中纬度夏季平均大气作用温度 T_a=16.0110+0.92621×T_0。大气透过率主要根据大气水分含量分高温和地温进行估算，例如，在水分含量 w 为 1.6～3.0g/cm^2 的高气温区，τ_6=1.031412−0.11536×w。应用 TM6 数据进行地表温度反演，其误差大约为 1.2K，再考虑到单窗算法本身还有 0.2～0.3K 的绝对误差，所以当大气参数估计误差不是很大时，可认为用单窗算法演算地表温度的精度应该小于 1.5K，因此，若只对地表水温进行反演则精度还将会提高(覃志豪等，2003)。另外，卫星飞过天空时的大气水分含量、湿度和平均气温的实时数据，一般可由各地方气象观测站获取。

单窗算法利用了大气透过率和水汽含量之间以及平均大气温度和近地表空气温度之间的经验线性关系，只需要近地表空气温度和水汽含量，而不需要知道大气廓线。当比辐射率误差为 0.01 时，该算法的地表温度反演平均误差为 0.2K，对于地表水温反演其误差将会更小。大气透过率的估计误差对温度演算精度影响较大，当 τ 误差为 0.025 时，反演误差高达 0.8K。大气平均作用温度的估计误差为 2K 时，反演误差约为 0.5K。综合分析表明，对基本参数的估计有上述适度误差时，算法的地表温度演算平均误差约为 1.1K，略小于各分量误差之和，对于地表水温的反演误差应该会在 1K 以内(覃志豪等，2001b)。

叶智威等(2009)对洪泽湖区的 Landsat TM6 遥感影像使用单窗算法进行地表温度反演，发现反演温度的误差和 T_0 大致呈恒定比例关系，T_0 的误差为 5K 时，地表水温的反演误差为 1.94K。

除此之外，学者们还推导出了适用于其他传感器的单窗算法，例如，毛克彪等(2005)参照针对专题测图仪(thematic mapper，TM)影像的单窗算法，推导出适用 ASTER 传感器的单窗算法。由于特定的单窗算法只针对某一类传感器，而不适用于其他传感器，Jiménez-Muñoz 等(2009a；2009b，2003)提出一种普适性单通道算法，该算法在发射率已知的情况下，通过大气水汽含量和通道有效波长反演地表温度，适用于任何半高全宽约 1μm 的热红外通道数据。该算法最大的优点是用相同的方程和系数，只需要最少的输入数据就可以应用于不同的热传感器，详见式(2.12)。

$$T_s = \gamma(\lambda,\ T_0)\left[\frac{\psi_1(\lambda,\ w)I^{\text{sensor}} + \psi_2(\lambda,\ w)}{\varepsilon_\lambda} + \psi_3(\lambda,\ w)\right] + \delta(\lambda,\ T_0) \tag{2.12}$$

式中，T_s 是地表温度(K)；ε_λ 是地表比辐射率；I^{sensor} 是传感器接收到的辐射强度；λ 是波长(μm)；w 是大气水汽含量(g/cm^2)；T_0 是某一温度附近的泰勒近似；γ 和 δ 可由普朗克定律的线性近似得到；ψ_1，ψ_2，ψ_3 是大气函数，由传感器的有效波长和大气水汽含量确定。

该算法的前提是需要知道地表比辐射率和大气水汽总含量。应用该方法对 AVHRR-4、ATSR2-11 和 TM6 在有效波长 11μm 附近的热通道进行地表温度的反演效果较好，均方根偏差值分别为 1.6K、2K 和 1.3K；有效波长接近 12μm 的热通道反演的效果较差，AVHRR-5 和 ASTR2-12 的均方根偏差值均高于 2K。虽然理论上不同波长的地表温度值应该是一样的，但与 11μm 附近的波长相比，12μm 附近波长的吸收率更高，导致温度反演的误差更大，因此需要更强的大气校正(Jimenez-Munoz and Sobrino，2003)。

当大气水汽含量较高时，会引入更高的误差。当大气水汽含量小于 3g/cm^2 时，从北方森林生态系统研究(boreal forest ecosystem study，BOREAS)实验中获得的 AVHRR-4 数据均方根误差低于 1.8K；然而，当大气水汽含量大于 3g/cm^2 时，均方根误差将达 3～5K(Jimenez-Munoz and Sobrino，2003)。Jimenez-Munoz 等(2009)研究指出，在高水汽浓度下，算法中使用的经验关系都是不稳定的，所以所有使用经验关系的单通道算法在高水汽含量情况下精度较差。

Giardino 等(2001)基于 Landsat-5 TM 图像数据，使用单窗算法对意大利亚高山伊塞奥湖的表面水温进行反演，并使用原位观测数据进行验证，其精度达到 0.3K，说明使用单窗算法对 Landsat 影像进行地表水温反演是可靠的。Wloczyk 等(2006)基于 Landsat-7 ETM+图像数据，通过单窗算法反演海洋和湖泊的表面温度，与现场测量和德国气象局(DWD)的经验模型进行比较，发现卫星数据反演的湖面温度与现场测量值的均方根偏差为 1.4K，与 DWD 经验模型的均方根偏差为 2.2K，并指出对于高空间分辨率(100m)的热红外影像，使用单窗算法能获得更好的精度。涂梨平(2006)在反演杭州市陆地表面温度时，定性分析了普适单通道算法、单窗算法和绝对陆面温度算法的反演误差，得出 Jimenez-Munoz 等的普适单通道法优于其他两种算法的结论。黄波和邓冉(2019)基于

HJ-1B/IRS 遥感数据，使用普适单通道算法对长江口水温进行反演，与 MODIS 温度产品 MOD28 进行交叉验证，其误差为+0.23K，相关性为 0.94，反演结果良好。

单窗算法的前提是已知地表比辐射率和大气廓线。美国国家环境预报中心(National Centers for Environment Prediction，NCEP)和欧洲中期天气预报中心(European Centre for Medium-Range Weather Forecasts，ECMWF)以预报、分析或再分析的形式提供这些数据。Freitas 等(2010)量化了 ECMWF 大气湿度的预报误差对地表温度反演精度的影响，其误差一般小于 0.5K。Coll 等(2012)、Jimenez-Munoz 和 Sobrino(2003)研究称，在许多情况下，这些大气廓线产品或再分析都可以产生合理的结果，能满足所需的准确性。

单窗算法是对辐射传输方程的简单变形，学者们对该算法进行大量的研究和应用，但仍存在以下不足：第一，大气平均作用温度需要通过对标准大气剖面资料(大气水分和气温等)的分析和地表温度推算得出(覃志豪等，2003)，然而，对于某一具体研究区域而言，这些数据获取可能存在困难，即使有这些数据，如果精度不够，也会导致地表温度反演出现较大的误差(Xiang et al.，2011)；第二，大气透过率和大气平均作用温度的估算存在误差，对反演精度有一定影响；第三，该算法需要考虑地形的影响，一般仅用于局部平坦地区或遥感试验区的地表温度反演，而不适用于大区域温度的反演(Sobrino et al.，2004)。

2.2.3　劈窗算法

劈窗算法利用大气窗口在 10.5～11.5μm、11.5～12.5μm 两个相邻热通道之间大气吸收作用的不同来剔除大气影响，对地表温度进行反演的算法(Maul and Sidran，1971)。地表水温反演的劈窗算法可分为线性和非线性两种，是目前 LSWT 反演使用最多的算法。

劈窗算法最早由 McMillin(1975)用于海面温度(sea surface temperature，SST)的反演，将海面温度表示成两个相邻热红外窗口亮度温度的线性组合，表达式见式(2.13)：

$$\begin{cases} T_s = A_0 + A_1 A_i + A_2 \left(T_i - T_j\right) \\ A_k = f_k\left(g_i,\ g_j,\ \varepsilon_i,\ \varepsilon_j,\ w,\ \theta_s\right) \qquad (k = 0,1,2) \end{cases} \tag{2.13}$$

式中，T_s是地表温度(K)；A_0、A_1、A_2是参数；T_i和 T_j分别是遥感数据两通道的亮度温度(K)；g_i和 g_j是光谱响应函数；ε_i和 ε_j分别是两通道的地表比辐射率；θ_s为观测的天顶角；w 是大气中的水蒸气含量(water vapor，WV)。

劈窗算法的精度取决于系数 A_k 的选择。首先，使用带有大气剖面(如温度和湿度)和地表比辐射率的辐射传输模型，模拟各种不同条件下附近两个热红外波段的传感器亮度温度。然后将模拟数据与模型得出的表面温度或现场测量的表面温度进行回归分析，得出参数化方程中的分窗系数 A_k。要在卫星像素范围内(几平方千米)获得具有代表性的现场地表温度，并与卫星在各种表面类型和大气条件下的测量结果同步，是非常困难的。而使用 MODTRAN 等大气传输模型模拟大气顶部(top of atmosphere，TOA)的亮度温度，是产生数据最有效的方式。按参数估计和计算形式的不同，可分成许多不同的劈窗算法。

为了提高温度反演的精度，Llewellyn-Jones 等(1984)引入传感器视角 θ 对模型进行调整，通常称为多通道海面温度(multi-channel sea-surface temperature，MCSST)反演算法(Llewellyn-Jones et al.，1984)，见式(2.14)。

$$T_s = A_0 + A_1 T_i + A_2 \left(T_i - T_j\right) + A_3 (T_i - T_j)\left(1 - \sec\theta\right) \tag{2.14}$$

在潮湿大气中，该算法可将大扫描角度产生的误差缩小 1K。另外，在北美五大湖的验证研究显示，这种方法偏差为 0.5K，均方根误差小于 2K（Li et al.，2001）。

考虑到水汽含量和亮度温度都是非线性的，且非线性程度随着温度和视角的升高而增加，Walton（1988）提出一种非线性海面温度（non-linear sea-surface temperature，NLSST）反演算法，见式（2.15）。

$$T_s = A_0 + A_1 T_i + A_2 \left(T_i - T_j\right) T_{\text{guess}} + A_3 (T_i - T_j)\left(1 - \sec\theta\right) \tag{2.15}$$

式中，T_{guess} 是第一次猜测的 SST 值，可以使用式（2.14）中的 MCSST 结果作为第一次猜测值。目前，美国国家海洋和大气管理局（NOAA）将该算法用于 AVHRR SST 产品（精度为 1.5K）和标准 MODIS SST 产品（精度为 1K）的生成（Brown and Minnett，1999）。为了进一步提高精度，MODIS 产品提供了两组系数，使用亮度温差阈值（0.7K）来区分两种水汽状态。

Hulley 等（2011）在 MCSST 算法的基础上开发了内陆水体表面温度（inland water-body surface temperature，IWbST）V1.0 反演算法。该算法使用一年的 NCEP 数据，开发基于辐射传输计算的湖泊模拟模型，以解释特定湖泊地理位置的大气变化，依据每个湖泊当地大气条件和地表海拔对湖泊模拟模型进行调整。

地表比辐射率（LSE）是由地表的物质结构和波段范围决定的，相同的地物在不同波段的比辐射率是变化的。在分裂窗口波长区域，传感器视角在 45°范围内比辐射率变化小于 1%；传感器视角在 60°范围内比辐射率的差异要大得多，范围为 3%～6%，并随着波长的增加而增加。为了减少高视角下的非线性影响，IWbST 系数被限制在视角小于 45°内，这被认为是在精度和数据产量之间的一个很好的折中。这一限制进一步减小了由云（阴影）条件、较大气团的气溶胶效应和海岸线像素引起的不确定性（Hulley et al.，2011）。

IWbST 算法反演的地表水温精度小于 0.5K，与实际的 MODIS 劈窗算法的产品（MOD11_L2）相比，夜晚的反演精度有一定的提高，但是白天的反演精度稍差。IWbST 算法能够在多个传感器上推导出一致、长期且准确的 LSWT。但该方法在极端温度、湿度或视角条件下会产生较大的误差，且需要针对每个湖泊的大气条件和地表特征单独调整劈窗系数（Hulley et al.，2011）。

目前使用劈窗算法对 LSWT 反演通常比较稳定（Coll et al.，2009），使用基于陆地表面温度（LST）和海面温度（SST）的算法对 LSWT 进行反演，会表现出更高的精度（Riffler et al.，2015；Schneider et al.，2009；Oesch et al.，2008）。但是，Hulley 等（2011）指出，直接使用 LST 的算法反演 LSWT，会导致 LSWT 的区域依赖误差、虚假趋势以及多传感器之间反演的水温数据不一致。因此优化已有的算法或开发专门针对 LSWT 反演的算法是非常有必要的。

不论单窗算法还是劈窗算法，都需要较精确地估计大气透过率。一般来说，准确地求解大气透过率需要进行大气模拟，目前较普遍使用的大气模拟程序有 LOWTRAN、MODTRAN 和 6S 等。然而研究表明，大气透过率的变化主要取决于大气水分含量的动态变化，其他因素的动态变化不大，对大气透过率没有显著影响。因此，大气水分含量成为大气透过率估计的主要考虑因素(覃志豪等，2001a；Qin et al.，2001a)，如有学者运用大气模拟程序 LOWTRAN7 模拟大气水分含量与大气透射率之间的关系，建立相关方程，对大气透射率进行近似估计(Qin et al.，2001b)。

劈窗算法的优点是无须大气廓线数据，也不用考虑地形影响，简单高效，但该算法有以下几个缺点：①该算法的前提是必须知道两个红外通道的地表比辐射率；②该算法对地表比辐射率的误差非常敏感，因此地表比辐射率的不确定性会带来较大的误差；③水汽或大的观测视角会使得该算法的精度降低；④劈窗算法系数的参数化方案较多，不同的方案会导致该算法的性能不同。

2.2.4 多通道算法

考虑到参数分阶段反演的弊端，国内外学者开始将地表参数(LST 和 LSE)和大气参数作为未知数，同时进行反演。Wan 和 Li(1997)提出了基于物理学的地表温度反演算法，从 MODIS 的 7 个红外波段(分别是第 20 波段、第 22 波段、第 23 波段、第 29 波段、第 31 至 33 波段)的日/夜数据中，同时反演地表比辐射率和温度，也被称为日夜物理反演法。该方法引入了中红外(middle infrared，MIR)波段，不仅可以降低方程间的相关性，还可以增加方程个数(Li et al.，2000)。这种方法假定白天和晚上同一地点的地表比辐射率不变，且在 MIR 通道中，角形因子变化很小，以降低未知数的个数，增加方程的个数，从而解决方程病态的问题。该方法用统计回归法和最小二乘拟合法求解地表水温反演算法中的 14 个非线性方程，通过提取 MIR 的双向反射率消除白天在这个通道发出的辐射。为了评估该算法的性能及其对地表比辐射率和温度变化的依赖性，Li 等(2000)对大气条件以及 MODIS 仪器的噪声等效温差和校准精度进行了全面的敏感性和误差分析。在系统校准误差为 0.5%的情况下，在中纬度夏季条件下，在广泛的地表温度范围内，反演的地表白天和夜间温度的标准偏差在 0.4～0.5K。在 31 和 32 波段(10～12.5μm 红外光谱窗区域)，反演得到的地表比辐射率的标准偏差为 0.009，反演得到的地表温度值的最大误差在 2～3K。

该方法不需要精确的大气校正，但必须对 MIR 和 TIR 波段进行精确的几何配准，并确保白天和黑夜有相似的观测角度(Wan and Li，1997)。美国航空航天局已将其作为生产全球每日 MODIS 5 千米空间分辨率的地表温度与比辐射率官方产品的标准方法。随着热红外高光谱传感器的发展，该算法已成为地表温度反演的主要方法。

该算法的优点：不需要精确的大气廓线；通过修改大气廓线，可大大提高地表水温反演的精度；反演基于物理基础。该算法的缺点：需要多个通道的多时相数据，且需要对 MIR 和 TIR 波段进行精确的几何配准；大气廓线的近似形状需要预先给出；反演过程复杂，需要初始的猜测值；白天和黑夜有相似的观测角度(Xiang et al.，2011)。

毛克彪等(2006)提出了针对 ASTER 影像 4 个 TIR 波段数据同时反演地表温度和比辐射率的多通道算法。该算法首先通过 MODIS 的近红外波段反演大气水汽含量，建立大气水汽含量与 ASTER 热波段透过率的关系，计算 4 个通道的大气透过率；然后利用普朗克(Planck)函数的线性简化形式，列出 ASTER 数据的第 11、12、13、14 热红外波段的热辐射传输方程，方程中的系数通过大气模型软件(6S、LOWTRAN 和 MODTRAN 等)构建模拟数据库或利用统计回归方法计算；最后用 2 个近似线性方程表示这 4 个热红外波段的发射率。该算法联立的方程组中有 6 个方程、6 个未知数，分别是反演的地表温度、4 个通道的地表比辐射率以及大气平均作用温度。张春桂等(2008)对 MODIS 遥感影像数据使用多通道算法反演了福建省近海岸海域的 SST，并用原位观测数据进行验证，绝对误差的平均值为 0.75K，通过以上可知，使用多通道算法估计湖泊表面水温是可行的。

多通道算法即利用多个热红外通道数据同时反演地表水温和比辐射率。然而，由多个 TIR 波段测量同时反演表面温度和比辐射率是非常困难的，因为 N 个波段至少拥有 $N+1$ 个未知数(N 个波段的发射率和表面温度)，这是非常典型的病态反演问题，在不使用任何先验知识的情况下，几乎不可能同时从多个热红外数据中反演表面温度和比辐射率(毛克彪等，2018)，且获得卫星过境时的地面实测数据比较困难。

2.2.5 基于人工神经网络的一体化物理反演

基于遥感的地表水温反演单窗算法、劈窗算法和多通道算法往往需要特定的假设条件，利用比辐射率和大气状态，特别是大气水汽含量，作为已知的先验知识，而不同的假设会有不同的适用范围，导致不同的反演误差。也有些算法是在经过大气校正的情况下，同时对 LSE 和地表水温进行反演，如多通道算法，但是准确的大气廓线通常无法与热红外的测量同步，从而导致 LSE 和地表水温的反演精度降低。而且上述反演算法必须对反演方程进行精确推导。地球物理参数非线性的关系和相互作用因素很难描述清楚，传统的反演方法在简化的过程中会使反演精度下降而且非常耗时。人工神经网络(artificial neural network，ANN)能够很好地处理高复杂度、非线性的病态计算问题，可以从复杂且不精确的数据中提取信息，所以被用来解决复杂物理机制下的地表和大气生物物理变量提取和预测问题(Tzeng et al.，1994)。ANN 不需要具体推导公式，这是与传统方法最大的区别，它通过许多神经元并行处理具体的问题，精度主要取决于训练数据。由于不需要物理理解，ANN 方法可被视为经验方法(Motteler et al.，1995)，神经网络模型一经确立，就可以直接获取待反演参数的值。

Blackwell(2005)使用 ANN 来反演大气剖面，有效地减少了地表和大气之间的耦合对反演精度的影响。毛克彪等(2007a)对 ASTER 影像数据反演的地表温度和比辐射率的多波段算法用 ANN 进行了优化，并用 MODTRAN4 辐射传输模型模拟的数据对其进行验证，其精度达到了 0.5K，比辐射率的平均反演误差在 0.007 以下，证明 ANN 能够提高反演算法的精度。毛克彪等(2007b)利用辐射传输模型和神经网络反演分析，表明神经网络能够被用来精确地同时从 MODIS 数据中反演地表温度和比辐射率。地表温度的平均反演误差在 0.4K 以下，波段 29、31、32 比辐射率平均反演误差都在 0.008 以下。通过 ANN 从高光谱热红外数据中同时反演地表温度、地表比辐射率和大气剖面，精度在某些应用中可以接受(Wang et al.，2010)。

ANN 也存在一些不容忽视的缺陷，例如，ANN 类似于“黑匣子”，可以由任何给定的输入产生相应的输出，反演过程不能很好地控制；ANN 的网络结构复杂，并且每个输入的权重很难解释；ANN 的实施在很大程度上取决于网络的架构和训练数据，虽然一个或两个隐含层足以解决大多数问题(Mas and Flores，2008；Aires et al.，2002)，但仍需要进行大量试验来确定相关的参数与架构；训练样本数据的特点(大小和代表性)很重要，训练样本太少或没有代表性会导致网络输出不准确，太多的训练样本则需要更多的学习时间。

Chen 等(2019)建立一个反向传播人工神经网络，从高光谱 TIR 数据中同时反演地表比辐射率、地表温度、大气透过率、向上辐射度和向下辐射度，适用于各种气团类型和表面条件。该人工神经网络用主成分分析来压缩和去除数据中的噪声以提高反演精度，试验表明，使用不含噪声的模拟数据对 ANN 进行评估，地表温度、地表比辐射率、大气透过率、向上和向下辐射度的均方根误差分别约为 0.643K、0.0046、0.005、0.72K 和 2.95K；当 ANN 应用于含有噪声的模拟数据时，这些参数的误差分别为 1.26K、0.01、0.01、1.54K 和 4.57K；当应用于真实的大气红外探测数据时，反演的精度会变差。反演结果说明，ANN 在同时反演陆地表面和大气参数方面是有希望的。由于 ANN 简单，可以用来产生初步的结果，作为基于物理学的反演方法的第一个估计值。

Wan 和 Li(1997)提出日夜物理反演法，被看作是利用多光谱影像进行 LST、LSE 和大气温湿廓线的一体化反演的雏形。Ma 等(2000)针对 MODIS 影像，提出了真正意义上的针对多光谱 TIR 影像的一体化物理反演算法，一体化反演的关键是需要将辐射传输方程进行变形处理，将观测到的入射辐射亮度表示为地表和大气的函数(Ren et al.，2021；Chen et al.，2019)，导致反演结果的精度很容易受局部最优的影响(Ma et al.，2000)。学者们提出使用合理的地表参数初始值来克服这一问题，合理初始值的获取可采用经验统计或者机器学习的方法(Ren et al.，2022；Chen et al.，2019；Wang et al.，2012；Mas and Flores，2008)。如果将获得的合理范围内的地表参数作为初始值，进一步与物理反演模型相结合，就可以从根本上提高一体化反演的精度。值得注意的是，在得到合理的初始值之后，仍需采用数据降维的方法来减少未知数的数量，然后采用迭代求解的方式得到最优解。

随着高光谱遥感技术的发展，使用成百上千个 TIR 波段的观测数据同步反演大气参数、地表水温和水体发射率的一体化反演模型越来越受到关注，并成为由高光谱 TIR 数据获取大气和地表参数的主流方法(Wu et al.，2021，2013；Wang et al.，2012b；Ma et al.，2002，2000)，而且初见成效。例如，针对机载热高光谱成像仪(thermal airborne hyperspectral imager，TASI)数据，Ren 等(2021)反演的地表温度的均方根误差小于 1K，比辐射率均方根误差小于 0.015。高光谱 TIR 数据中蕴含着丰富的长波光谱信息，可以更准确地揭示地气耦合过程导致的辐射变化，反映 TIR 谱段特有的地物诊断特征，同时高光谱特性也可以为 TIR 关键特征参数的病态反演提供更合理的假设和约束条件，具有重要的研究价值和应用前景(吴骅等，2021)。

物理模型内部过程复杂，借助 ANN 等机器学习算法优化模型中的某一步骤或参数，是近年来将机器学习嵌入物理模型的主流方法。解决此问题需要将地理学与计算机科学等众多学科进行交叉，探寻模型中相关参数的物理解释，将物理模型进行简化，使机器学习有针对性地提升模型的精度，这已成为遥感定量反演的主要方向之一。

2.3 湖泊表面水温产品数据

随着卫星 RS 技术的不断发展，多源的 RS 影像为 LSWT 的反演提供了数据支持。常用于 LSWT 反演的 RS 影像主要有 Landsat 影像、NOAA-AVHRR 影像、EOS-MODIS 影像、ASTER 影像、FY 系列气象卫星影像、HY 系列卫星影像等。

NOAA 卫星平台上 AVHRR 的热红外波段 4 和 5（10.5～11.3μm 和 11.5～12.5μm）可以用于监测地球表面温度的变化。AVHRR 热红外波段反演 LSWT 主要使用劈窗算法（Torbick et a1.，2016；Strub and Powell，1987）。尽管 NOAA 卫星所搭载的 AVHRR 的空间分辨率较低，但使用免费、地表覆盖范围大及每日两次的高重复率等优点使其应用非常广泛。

MODIS 影像在红外大气窗口有 5 个波段可用来反演 LSWT，并且具有宽视域、多频次和高精度等优点，较 AVHRR 影像有较高的空间分辨率和光谱分辨率，较 TM 影像有很高的时间分辨率，且全免费，能同时获取大气、土地、冰川和水文信息，在 LSWT 遥感监测中应用前景很大。LSWT 的反演已有多种有效且精确的方法，但对于宽度小于 3km 或者离海岸线的距离小于 2km 的水域来说，1km 的空间分辨率难以满足要求（Torbick et a1.，2016）。

空间分辨率为 100m 或更高的 TIR 遥感影像可被用来分析小尺度区域的热量空间差异，例如 Landsat 影像和 ASTER 影像。ASTER 具有 5 个热波段数据以及 6 个短波红外波段，光谱分辨率较高，为地理参数的反演提供了数据支持。Landsat 系列数据具有分辨率较高、时间周期长、免费获取等优势。与 Landsat-5 和 Landsat-7 卫星相比，Landsat-8 卫星的热红外传感器具有两个热红外波段，即第 10 和 11 波段，明显有别于仅有 1 个热红外波段的 TM 和 ETM+传感器，能够有效区分地表温度与大气温度，因此 Landsat-8 的热红外遥感数据更加适用于地表温度反演（杨丽萍等，2019）。与 ASTER 影像相比，Landsat 影像虽然热红外波段数较少（仅 1 个或 2 个），但其提供了最长时间序列（1984 年开始至今）且唯一无缝的地表温度记录，因此在小尺度研究中使用的频率较高（Schaeffer et al.，2018；Torbick et a1.，2016）。但由于它们的重访周期较长，以及云雨导致仅有较少可用的热红外遥感影像，极大地限制了其在时序方面的应用。

基于 RS 的地表水温的反演精度除了与反演的算法有关之外，还与所用的 RS 影像及湖泊的深度密切相关。Pareeth 等（2016）结合 13 颗卫星的遥感影像制作意大利加尔达湖的日均 LSWT 数据，通过对相应的原位数据和单颗卫星的 LSWT 验证可以得出：对于深水区域，NOAA16 反演的 LSWT 相对于原位数据的均方根误差（root mean square error，RMSE）最低（0.42K），NOAA18 反演的 RMSE 最高（1.29K）；对于浅水区域，ERS-2 的 RMSE 最低（0.67K），Aqua 的 RMSE 最高（1.18K）；深水区和浅水区的平均 RMSE 分别为 0.86K 和 0.94K；卫星导出的 LSWT 与现场观测值之间的平均 RMSE 为 0.92K。

由 GLTC 数据集可知，由于对湖泊的驱动因素了解不够深入，采样设计、分析方法、数据质量和连续性都存在较大的不确定性（Torbick et a1.，2016； Pareeth et al.，2016）。

因此，必须编制全球水温数据集，以监测和了解湖泊等水体的长期变化(Torbick et a1., 2016)。目前已有一些关于 LSWT 的数据集，例如，MODIS LST 产品、GLSEA 数据集、雷丁大学开发的 ARC-Lake、GloboLakes 及 CGLOPS 数据集，这些数据集的特点如表 2.1 所示。

表 2.1　数据集属性

数据集名称	MODIS LST	GLSEA	ARC-Lake	GloboLakes	CGLOPS
传感器	MODIS	AVHRR，VIIRS	ATSR-2，AATSR	ATSR-2，AATSR，AVHRR	AATSR，SLSTR-A
时间覆盖范围	2000 年至今	1995 年至今	1995～2012 年	1995 年 6 月～2016 年 12 月	AATSR：2002 年 5 月～2012 年 3 月 SLSTR-A：2016 年 11 月至今
空间分辨率	1km	2.6km	0.05°	0.025°	0.0083°(1km)
时间分辨率	MOD11A1(每日) MOD11A2(每 8 日)	每日	每日	每日	每 10 日
处理的湖泊数量	全球范围	五大湖	大约 250 个	大约 1000 个	大约 1000 个

基于 MODIS 地表温度产品生成的 LSWT 数据集中多采用 MOD11A1 与 MOD11A2 产品作为源数据。MOD11A1 与 MOD11A2 产品为搭载于 Terra 卫星上的 MODIS 生成的陆地表面温度产品，MOD11A1 为 1km 地表温度/比辐射率每日数据产品，受阴雨天云量的影响，影像的缺失值较多；MOD11A2 影像数据为 1km 地表温度及比辐射率的 8 天合成产品，影像中每个像素值都是在 8 天内收集的所有相应 MOD11A1 地表温度像素的简单平均值，MODIS 地表温度产品以 HDF 格式进行文件存档，使用劈窗算法(Wan and Dozier, 1996)和日夜物理算法进行反演。

五大湖表面分析(great lakes surface environment analysis，GLSEA)数据集为日均分辨率下的湖泊表面水温和冰盖数字地图，由湖面温度通过 AVHRR 等传感器进行反演获得。该数据集每日根据之前的卫星影像的无云部分进行数据集内的湖面温度信息的更新，如果没有可用的卫星影像，则利用平滑算法进行处理①。

沿轨迹扫描辐射计气候再处理湖泊表面水温和冰盖 ARC-Lake(ATSR reprocessing for climate：lake surface water temperature & ice cover)数据集为 1995～2012 年全球主要湖泊 LSWT 和湖泊冰盖(lake ice cover，LIC)的观测结果，可在 www.laketemp.net 下载。雷丁大学开发的 ARC-Lake 旨在利用 ATSR 卓越的辐射测量质量和双视图扫描能力得出该数据集中包含的 LSWT 观测值。ATSR 对湖泊表面水温的反演被认为是对全球气候观测系统内湖泊监测的重大贡献，因为与可能无法进行的原位测量相比，ATSR 原则上能够成为系统全球低密度水文卫星的高度准确的信息来源。该方法基于 ERS-2 平台上的 ATRS2 和 Envisat 平台上的 AATSR 的热通道反演地表水温。LSWT 和 LIC 观测在内陆水域管理和数值天气预报中具有潜在的环境和气象应用价值，它们还为湖泊物理状态的长期记录提供

① https://coastwatch.glerl.noaa.gov/glsea/doc/.

基础[①]。

全球湖泊对环境变化反应观测站(global observatory of lake responses to environmental changes，GloboLakes)项目，是在ARC-Lake数据集的基础上发展的，此项目构建的LSWT数据集覆盖的时间序列更长(1995年6月～2016年12月)、数据集的空间分辨率更高且涵盖湖泊数量更多(约有1000个)。此数据集的LSWT是通过组合MetOpA卫星上的AVHRR、Envisat(欧洲环境卫星)上的AATSR和ERS-2(欧洲遥感卫星)上的ATSR-2的轨道数据获得的，对不同仪器的温度使用相同的算法反演，并进行了协调，以确保1995～2016年数据的一致性[②]。

当前，哥白尼全球土地服务(Copernicus Global Land Service，CGLS)项目旨在为大约1000个湖泊提供先前(自2002年以来)和近实时的LSWT数据。与ARC-Lake和GloboLakes不同，该项目数据集近乎实时的LSWT数据可以对地球上的许多湖泊进行准确和实时的监测[③]。该数据集使用的算法为Carrea等(2015)、MacCallum和Merchant(2012)提供的算法，主要步骤为：轨道输入数据与辅助信息的预处理和关联；分类识别湖水的有效像素(不包括云和冰像素)；通过最优估计(optimal estimation，OE)和反演不确定性估计对湖泊地表水温(辐射温度)进行动态计算；全分辨率图像网格化并及时平均，以产生3级产品，报告了整个湖泊站点集验证的汇总统计信息[④](Dash et al.，2002)。

这些已有的产品空间分辨率都不高，难以有效分离其他地物的影响，且无法应用于相对较小的湖泊及较大湖泊的湖内差异研究，因此需要创建更高分辨率、更高精度的LSWT数据集。

2.4 本章小结

各个领域的科研工作者为地表温度反演的发展做出了巨大的贡献，使RS定量反演地球表面温度成为大范围获取地表相关温度信息进行各类科学研究的重要途径和新的趋势，为LSWT反演奠定了理论基础。目前国内外学者对湖面温度反演研究相对较少，研究主要集中在两方面：一是通过湖面温度遥感反演分析湖泊初级生产力和物质循环；二是基于反演得到的湖面温度数据，分析水温与藻华暴发的关系。与陆地表面相比，内陆水体的地表温度和相关趋势可以用卫星仪器的热红外数据精确测量(Schneider et al.，2009；Hook et al.，2003)。然而，仍存在以下亟须解决的难点。

第一，病态的反演方程。模型中未知参数太多，测量值的个数总是小于反演参数的个数。热红外波段的测量具有高度的相关性，地表温度、地表比辐射率、大气下行辐射三者耦合，相互制约和影响，变量间解耦难(Li et al.，2013a)。这些限制使得有些方程在数学中是不可解的，必须通过某些约束和假设增加方程的数量才能解决，但这又会使地表温度反演不稳定，阻碍地表温度反演方法的发展(Li et al.，2013a；Dash et al.，2010)。高光谱

① https://researchdata.reading.ac.uk/186/.
② https://catalogue.ceda.ac.uk/uuid/76a29c5b55204b66a40308fc2ba9cdb3?jump=related-docs-anchor.
③ http://www.laketemp.net/home_CGLOPS/index.php.
④ https://land.copernicus.eu/global/products/lswt.

影像的波段信息丰富且分辨率高，利用结合深度学习一体化的物理方法，有望解决反演方程病态的问题。

第二，云遮挡问题。在晴空条件下，热红外遥感可精确地反演地表温度和地表比辐射率；但当地表被云层覆盖时，热红外传感器无法有效地捕捉到地表辐射信息，从而使热红外遥感无法实现对地表温度的全天监测，这是热红外遥感的先天不足(Li et al.，2017)。微波遥感受大气干扰小，可穿透云层(甚至雨区)获取地表辐射信息，因此将热红外与微波遥感相结合，可有效解决有云状态下的地表温度遥感反演问题，这也是未来地表温度遥感反演研究的一个重要方向(Wu et al.，2021；Li et al.，2017，2013a)。

第三，卫星温度产品之间缺乏可比性。因为极轨卫星扫描成像的特点，同一地物在不同观测时间和观测角度得到的温度不同，导致同一天不同地点或同一地点不同天的温度产品之间缺乏可比性，使产品应用受到了很大程度上的限制(Li et al.，2013a)。为解决不同产品可比性的问题，需要做极轨卫星地表温度产品的时间归一化和角度归一化处理，这也是长时间地表水温反演需要解决的又一重要问题，如 Pareeth 等(2016)使用时间模型对多源遥感数据进行时间归一化处理，而角度归一化处理目前还没有解决的方法(Li et al.，2017，2013a；Pareeth et al.，2016)。

第四，欠缺专门针对 LSWT 反演的算法。目前大多直接使用 LST 和 SST 的反演算法对 LSWT 进行反演，这些算法中的参数可能会随着地域差异、水体中所含矿物质不同而不同，增加了反演难度，算法的准确性也大大降低。因此优化已有的算法或开发专门针对 LSWT 反演的算法是非常有必要的。

第五，一种 RS 影像在一定程度上存在信息源不足的问题，较难兼顾时间和空间分辨率。使用多源 RS 影像融合进行图像超分辨率重建，能够充分、有效地利用不同 RS 影像时间、空间、光谱分辨率的特征，减少环境解译存在的多义性、不完全性和不确定性(Wu et al.，2015)。近年来，深度学习算法在图像超分辨重建中取得了较好效果(Moosavi et al.，2015)，但热红外影像较低的空间分辨率仍是目前超分辨率重建面临的较大挑战。因此，如何克服 RS 影像固有局限性，实现高时空分辨率影像的超分辨率重建，是 LSWT 反演的重点和难点。

参考文献

陈争，王秀珍，吕恒，等，2021.太湖实测水温多时间尺度变化特征及影响因素. 科学技术与工程，21(12)：4793-4800.

谷俊鹏，裴亮，2017. 基于 landsat 8-OLI/TIRS 和 HJ-1B 太湖叶绿素含量和温度反演研究. 测绘与空间地理信息，40(5)：146-151，156.

黄波，邓冉，2019. 基于普适性单通道算法的 HJ-1B 长江口温度反演. 安徽农学通报，25(12)：145-146.

黄文峰，韩红卫，牛富俊，等，2016. 季节性冰封热融浅湖水温原位观测及其分层特征. 水科学进展，27(2)：280-289.

江东，王乃斌，杨小唤，等，2001. 陆面温度的遥感反演：理论、推导及应用. 甘肃科学学报，13(4)：36-40.

李召良，段四波，唐伯惠，等，2016. 热红外地表温度遥感反演方法研究进展. 遥感学报，20(5)：899-920.

刘流，刘德富，肖尚斌，等，2012. 水温分层对三峡水库香溪河库湾春季水华的影响. 环境科学，33(9)：3046-3050.

毛克彪，2004. 用于 MODIS 数据的地表温度反演方法研究. 南京：南京大学.

毛克彪，覃志豪，徐斌，2005．针对 ASTER 数据的单窗算法. 测绘学院学报，22(1)：40-42.

毛克彪，施建成，覃志豪，等，2006. 一个针对 ASTER 数据同时反演地表温度和比辐射率的四通道算法. 遥感学报，10(4)：593-599.

毛克彪，唐华俊，陈仲新，等，2007a. 一个用神经网络优化的针对 ASTER 数据反演地表温度和发射率的多波段算法. 国土资源遥感(3)：18-22.

毛克彪，唐华俊，李丽英，等，2007b. 一个从 MODIS 数据同时反演地表温度和发射率的神经网络算法. 遥感信息(4)：9-15，8.

毛克彪，杨军，韩秀珍，等，2018. 基于深度动态学习神经网络和辐射传输模型地表温度反演算法研究. 中国农业信息，30(5)：47-57.

梅安新，彭望琭，秦其明，等，2001. 遥感导论. 北京：高等教育出版社.

覃志豪，Zhang M H，Arnon K，等，2001a. 用 NOAA—AVHRR 热通道数据演算地表温度的劈窗算法. 国土资源遥感，13(2)：33-42.

覃志豪，Zhang M H，Arnon K，等，2001b. 用陆地卫星 TM6 数据演算地表温度的单窗算法. 地理学报，56(4)：456-466.

覃志豪，Li W，Zhang M H，等，2003. 单窗算法的大气参数估计方法. 国土资源遥感，15(2)：37-43.

涂梨平，2006．利用 Landsat TM 数据进行地表比辐射率和地表温度的反演. 杭州：浙江大学.

吴骅，李秀娟，李召良，等，2021. 高光谱热红外遥感：现状与展望. 遥感学报，25(8)：1567-1590.

杨丽萍，刘晶，潘雪萍，等，2019. 基于 Landsat-8 影像的西安市地表温度遥感反演与影响因子研究. 兰州大学学报(自然科学版)，55(3)：311-318.

叶智威，覃志豪，宫辉力，等，2009. 洪泽湖区的 Landsat TM6 地表温度遥感反演和空间差异分析. 首都师范大学学报(自然科学版)，30(1)：88-95.

张春桂，陈家金，谢怡芳，等，2008. 利用 MODIS 多通道数据反演近海海表温度. 气象，34(3)：30-36，130.

张运林，陈伟民，杨顶田，等，2004. 天目湖热力学状况的监测与分析. 水科学进展，15(1)：61-67.

Aires F，Rossow W B，Scott N A，et al.，2002. Remote sensing from the infrared atmospheric sounding interferometer instrument，2，Simultaneous retrieval of temperature，water vapor，and ozone atmospheric profiles. Journal of Geophysical Research: Atmosphere，10(22)：ACH 7-1-ACH 7-12.

Assel R，Cronk K，Norton D，2003. Recent trends in Laurentian Great Lakes ice cover. Climatic Change，57(1)：185-204.

Blackwell W J, 2005. A neural network technique for the retrieval of atmospheric temperature and moisture profiles from high spectral resolution sounding data. IEEE Transactions on Geoscience and Remote Sensing，43(11)：2535-2546.

Brown O B，Minnett P J，et al.，1999. MODIS infrared sea surface temperature algorithm. Algorithm Theoretical Basis Document Version，2(3): 33149-1098.

Carrea L，Embury O，Merchant C J，2015. Datasets related to in-land water for limnology and remote sensing applications：distance-to-land，distance-to-water，water-body identifier and lake-centre co-ordinates. Geoscience Data Journal，2(2)：83-97.

Chen M S，Ni L，Jiang X G，et al.，2019. Retrieving atmospheric and land surface parameters from at-sensor thermal infrared hyperspectral data with artificial neural network. IEEE Journal of Selected Topics in Applied Earth Observations and Remote Sensing，12(7)：2409-2416.

Coats R，Perez-Losada J，Schladow G，et al.，2006. The warming of Lake Tahoe. Climatic Change，76(1)：121-148.

Coll C，Wan Z M，Galve J M，2009. Temperature based and radiance based validations of the V5 MODIS land surface temperature product. Journal of Geophysical Research: Atmospheres，114(20)：D20102.

Coll C，Caselles V，Valor E，et al.，2012. Comparison between different sources of atmospheric profiles for land surface temperature retrieval from single channel thermal infrared data. Remote Sensing of Environment，117：199-210.

Cooper D I，Asrar G，1989. Evaluating atmospheric correction models for retrieving surface temperatures from the AVHRR over a tallgrass prairie. Remote Sensing of Environment，27(1)：93-102.

Dash P，Göttsche F M，Olesen F S，et al.，2002. Land surface temperature and emissivity estimation from passive sensor data：theory and practice current trends. International Journal of Remote Sensing，23(13)：2563-2594.

Eubert W，1991. Ein empirisches modell zur bestimmung vertikaler temperatur strukturen von stehenden binnengewa ssern furdas Norddeutsche Tiefland. Acta Hydrophysica，35：289-305.

Freitas S C, Trigo I F, Bioucas-Dias J M, et al.，2010. Quantifying the uncertainty of land surface temperature retrievals from SEVIRI/Meteosat. IEEE Transactions on Geoscience and Remote Sensing, 48(1)：523-534.

Giardino C，Pepe M，Brivio P A，et al.，2001. Detecting chlorophyll secchi disk depth and surface temperature in a sub-alpine lake using landsat imagery. Science of the Total Environment，268(1-3)：19-29.

Gillespie A R，Abbott E A，Gilson L，et al.，2011. Residual errors in ASTER temperature and emissivity standard products AST08 and AST05. Remote Sensing of Environment，115(12)：3681-3694.

Hook S J，Prata F J，Alley R E，et al.，2003. Retrieval of lake bulk and skin temperatures using Along-Track Scanning Radiometer (ATSR-2) data：a case study using Lake Tahoe，California. Journal of Atmospheric and Oceanic Technology，20(4)：534-548.

Hulley G C，Hook S J，Schneider P，2011. Optimized split-window coefficients for deriving surface temperatures from inland water bodies. Remote Sensing of Environment，115(12)：3758-3769.

Jimenez-Munoz J C，Sobrino J A，2003. A generalized single-channel method for retrieving land Surface temperature from remote sensing data. Journal of Geophysical Research：Atmospheres，108(22)：4688-4696.

Jimenez-Munoz J C，Sobrino J A，2010. A single-channel algorithm for land-surface temperature retrieval from ASTER data. IEEE Geoscience and Remote Sensing Letters，7(1)：176-179.

Jimenez-Munoz J C，Cristobal J, Sobrino J A，et al.，2009. Revision of the single-channel algorithm for land surface temperature retrieval from Landsat thermal infrared data. IEEE Transactions on Geoscience and Remote Sensing，47(1)：339-349.

Lee X H，Liu S D，Xiao W，et al.，2014. The Taihu eddy flux network an observational program on energy water and greenhouse gas fluxes of a large freshwater lake. Bulletin of the American Meteorological Society，95(10)：1583-1594.

Lenters J，2015. The global lake temperature collaboration(GLTC). LakeLine，35(3)：9-12.

Li X，Pichel W，Clemente-Colón P，et al.，2001. Validation of coastal sea and lake surface temperature measurements derived from NOAA/AVHRR data. International Journal of Remote Sensing，22(7)：1285-1303.

Li Z L，2017. Theories and methods of thermal infrared remote sensing inversion of land surface temperature. Scientific observations，12(6)：57-59.

Li Z L，Petitcolin F，Zhang R H，2000. A physically based algorithm for land surface emissivity retrieval from combined mid-infrared and thermal infrared data. Science in China Series E：Technological Sciences，43(1)：23-33.

Li Z L，Tang B H，Wu H，et al.，2013b. Satellite-derived land surface temperature：current status and perspectives. Remote Sensing of Environment，131：14-37.

Li Z L，Wu H，Wang N，et al.，2013a. Land surface emissivity retrieval from satellite data. International Journal of Remote Sensing，34(9-10)：3084-3127.

Llewellyn-Jones D T，Minnett P J，Saunders R W，et al.，1984. Satellite multichannel infrared measurements of sea surface temperature of the N. E. Atlantic Ocean using AVHRR/2. Quarterly Journal of the Royal Meteorological Society，110(465)：613-631.

Ma X L，Wan Z M, Moeller C C, et al.，2000. Retrieval of geophysical parameters from moderate resolution imaging spectroradiometer thermal infrared data：evaluation of a two-step physical algorithm. Applied Optics，39(20)：3537-3550.

Ma X L，Wan Z M，Moeller C C，et al.，2002. Simultaneous retrieval of atmospheric profiles，land-surface temperature，and surface emissivity from Moderate-Resolution imaging spectroradiometer thermal infrared data：extension of a two-step physical algorithm. Applied Optics，41(5)：909-924.

MacCallum S N，Merchant C J，2012. Surface water temperature observations of large lakes by optimal estimation. Canadian Journal of Remote Sensing，38(1)：25-45.

Mas J F，Flores J J，2008. The application of artificial neural networks to the analysis of remotely sensed data. International Journal of Remote Sensing，29(3)：617-663.

Maul G A，Sidran M，1971. Estimation of sea surface temperature from space. Remote Sensing of Environment，2：165-169.

McMillin L M，1975. Estimation of sea surface temperatures from two infrared window measurements with different absorption. Journal of Geophysical Research，80(36)：5113-5117.

Moosavi V，Talebi A，Mokhtari M H，et al.，2015. A wavelet artificial intelligence fusion approach（WAIFA）for blending Landsat and MODIS surface temperature. Remote Sensing of Environment，169：243-254.

Motteler H E，Strow L L，Mcmillin L，et al.，1995. Comparison of neural networks and regression based methods for temperature retrievals. Applied Optics，34(24)：5390-5397.

Oesch D，Jaquet J M，Klaus R，et al.，2008. Multi-scale thermal pattern monitoring of a large lake（Lake Geneva）using a multi-sensor approach. International Journal of Remote Sensing，29(20)：5785-5808.

Ottlé C，Vidal-Madjar D，1992. Estimation of land surface temperature with NOAA9 data. Remote Sensing of Environment，40(1)：27-41.

Pareeth S，Delucchi L，Metz M，et al.，2016. New automated method to develop geometrically corrected time series of brightness temperatures from historical AVHRR LAC data. Remote Sensing，8(3)：169.

Price J C，1983. Estimating surface temperatures from satellite thermal infrared data-a simple formulation for the atmospheric effect. Remote Sensing of Environment，13(4)：353-361.

Qin Z，Dall' Olmo G，Karnieli A，et al.，2001a. Derivation of split window algorithm and its sensitivity analysis for retrieving land surface temperature from NOAA advanced very high resolution radiometer data. Journal of Geophysical Research：Atmospheres，106(D19)：22655-22670.

Qin Z，Karnieli A，Berliner P，2001b. A mono-window algorithm for retrieving land surface temperature from Landsat TM data and its application to the Israel—Egypt border region. International Journal of Remote Sensing，22(18)：3719-3746.

Ren H Z，Ye X，Nie J，et al.，2021. Retrieval of land surface temperature，emissivity，and atmospheric parameters from hyperspectral thermal infrared image using a feature-band linear-format hybrid algorithm. IEEE Transactions on Geoscience and Remote Sensing，60(4401015)：1-15.

Riffler M，Lieberherr G，Wunderle S，2015. Lake surface water temperatures of European Alpine lakes(1989–2013) based on the Advanced Very High Resolution Radiometer(AVHRR) 1 km data set. Earth System Science Data，7(1)：1-17.

Salisbury J W，D'Aria D M，1992，Emissivity of terrestrial materials in the 8–14μm atmospheric window. Remote Sensing of Environment，42(2)：83-106.

Schaeffer B A, Iiames J, Dwyer J, et al, 2018. An initial validation of Landsat 5 and 7 derived surface water temperature for U. S. lakes, reservoirs, and estuaries. International Journal of Remote Sensing, 39(22): 7789-7805.

Schneider P, Hook S J, Radocinski R G, et al., 2009. Satellite observations indicate rapid warming trend for lakes in California and Nevada. Geophysical Research Letters, 36(22): L22402.

Sobrino J A, Coll C, Caselles V, 1991. Atmospheric correction for land surface temperature using NOAA-11 AVHRR channels 4 and 5. Remote Sensing of Environment, 38(1): 19-34.

Sobrino J A, Sòria G, Prata A J, 2004. Surface temperature retrieval from Along Track Scanning Radiometer 2 data: algorithms and validation. Journal of Geophysical Research: Atmospheres, 109: D11101.

Strub P T, Powell T M, 1987. Surface temperature and transport in Lake Tahoe: inferences from satellite (AVHRR) imagery. Continental Shelf Research, 7(9): 1001-1013.

Torbick N, Ziniti B, Wu S, et al., 2016. Spatiotemporal lake skin summer temperature trends in the Northeast United States. Earth Interactions, 20(25): 1-21.

Tzeng Y C, Chen K S, Kao W L, et al., 1994. A dynamic learning neural network for remote sensing applications. IEEE Transactions on Geoscience and Remote Sensing, 32(5): 1096-1102.

Van Cleave K, Lenters J D, Wang J, et al., 2014. A regime shift in Lake Superior ice cover, evaporation, and water temperature following the warm El Niñ winter of 1997–1998. Limnology and Oceanography, 59(6): 1889-1898.

Verburg P, Hecky R E, Kling H, 2003. Ecological consequences of a century of warming in Lake Tanganyika. Science, 301(5632): 505-507.

Walton C C, 1988. Nonlinear multichannel algorithms for estimating sea-surface temperature with AVHRR satellite data. Journal of Applied Meteorology and Climatology, 27(2): 115-124.

Wan Z, 1999. MODIS land-surface temperature algorithm theoretical basis document (LST ATBD). Institute for Computational Earth System Science, 75: 18.

Wan Z M, Dozier J, 1996. A generalized split-window algorithm for retrieving land surface temperature from space. IEEE Transactions on Geoscience and Remote Sensing, 34(4): 892-905.

Wan Z M, Li Z L, 1997. A physics-based algorithm for retrieving land-surface emissivity and temperature from EOS/MODIS data. IEEE Transactions on Geoscience and Remote Sensing, 35(4): 980-996.

Wan Z, Li Z L, 2008. Radiance-based validation of the V5 MODIS land surface temperature product. International Journal of Remote Sensing, 29(17-18): 5373-5395.

Wang N, Tang B H, Li C R, et al., 2010. A generalized neural network for simultaneous retrieval of atmospheric profiles and surface temperature from hyperspectral thermal infrared data. 2010 IEEE International Geoscience and Remote Sensing Symposium: 1055-1058.

Wang J, Bai X Z, Hu H G, et al., 2012a. Temporal and spatial variability of Great Lakes ice cover, 1973-2010. Journal of Climate, 25(4): 1318-1329.

Wang N, Li Z L, Tang B H, et al., 2012b. Retrieval of atmospheric and land surface parameters from satellite-based thermal infrared hyperspectral data using a neural network technique. International Journal of Remote Sensing, 34: 3485-3502.

Wloczyk C, Richter R, Borg E, et al., 2006. Sea and lake surface temperature retrieval from landsat thermal data in Northern Germany. International Journal of Remote Sensing, 27(12): 2489-2502.

Woolway R I，Merchant C J，2018. Intralake heterogeneity of thermal responses to climate change：a study of large Northern Emisphere Lakes. Journal of Geophysical Research：Atmospheres，123(6)：3087-3098.

Woolway R I，Kraemer B M，Lenters J D，et al.，2020. Global Lake responses to climate change. Nature Reviews Earth & Environment，1：388-403.

Wu H，Ni L，Wang N，et al.，2013. Estimation of atmospheric profiles from hyperspectral infrared IASI sensor. IEEE Journal of Selected Topics in Applied Earth Observations and Remote Sensing，6(3)：1485-1494.

Wu H，Li X J，Li Z L，et al.，2021. Hyperspectral thermal infrared remote sensing：current status and perspectives. National Remote Sensing Bulletin，25(8)：1567-1590.

Wu P H，Shen H F，Zhang L P，et al.，2015. Integrated fusion of multi-scale polar-orbiting and geostationary satellite observations for the mapping of high spatial and temporal resolution land surface temperature. Remote Sensing of Environment，156：169-181.

Xiang W H，Zhang Y C，Lin S，et al.，2011. Reviews on quantitative reconstruction of lake surface temperature using remote sensing data. Sichuan Environment，30(6)：116-122.

Xie C，Zhang X，Zhuang L，et al.，2022. Analysis of surface temperature variation of lakes in China using MODIS land surface temperature data. Scientific Reports，12(1)：1-13.

第3章　湖泊表面水温模拟与预测

云层或传感器自身特性(获取图像的时间和周期)的限制，数据的缺失和卫星遥感图像呈不规则的周期性。而模型可以较低的成本获取空间和时间尺度的相关信息，填补测量的空白，并根据强迫变量预测未来的数据信息。

水温模型的发展经历了从简单的基于学习的回归模型到复杂的基于过程的数值模型的过程(Piccolroaz，2016)。但这两种类型的模型都有一些局限性：基于学习的回归模型仅利用因素之间的相互关系，并没有考虑热交换过程，例如热分层；基于过程的数值模型考虑了水温变化的机理过程，但对数据要求高，通常需要输入大量数据，而这些数据可能无法获得，即使能获得所需要的数据，运算过程也很复杂，因此，在实际应用中受到一定的限制(Piccolroaz，2016)。

随着计算机技术和机器学习的发展，将深度学习算法应用到 LSWT 模拟和预测的模型中，可以很好地克服以上基于学习的回归模型和基于过程的数值模型的局限，进而出现了新的建模范式——过程引导机器学习的混合模型，将基于过程的模型与机器学习模型进行结合，使其优势互补，这种新型模式将在 LSWT 的模拟与预测方面得到进一步发展。

3.1　LSWT 数据建模的预处理

在使用模型对 LSWT 进行反演、模拟及预测时，至少需要两组时间序列的数据集：训练数据集(通常称为校准数据集)和测试数据集，ANN 模型需要再加一个验证数据集(Sahoo et al.，2009)。训练数据集被用于网络训练，应包含整个数据集的范围，以便从中获取所有的信息；验证数据集也被用于网络训练，其作用是防止神经网络模型训练过度；测试数据集用于测试模型的预测能力。这些数据集获取的来源、途径、原理等不同，使得获取的数据可能存在一些问题，需要在训练或使用模型前做以下处理。

3.1.1　数据缺失与异常值的处理

当样本的数据量较大时，很难避免由传感器故障、数据传输或者云遮挡造成的数据丢失，一般需要根据缺失数据范围的大小选择不同的方法。

如果缺失数据的范围较小(例如，缺失数据范围小于 10%)，可以通过随机插值、均值填充和邻近数据填充等方法进行补偿。随机插值考虑变量的随机性，并使用插值所产生的结果来计算相应的误差。均值填充计算所有样本的均值去填补空缺的数据，是简便却采用率较低的方法。均值填充法主要是在缺失数据是完全随机缺失的情况下，为总体均值提供无偏估计(鞠婷婷，2018)，具体应用之一是随机系数自回归模型参数的计算(赵志文，

2022)。基于邻近算法的填充方法是数据挖掘分类技术中最基础、最简单的算法之一，它可以用于分类和回归，通过测量不同特征值之间的距离来进行分类，该方法对于任意 n 维的输入向量，输出为该输入向量对应的类别标签或预测值(郑国勋等，2021)。

如果缺失数据的范围较大，可以采用线性插值进行补偿，线性插值法是以线性函数为插值依据的一种插值方法，是在过两个样本点(a_0，b_0)，(a_1，b_1)作代数性质的插值(阿卜杜如苏力·奥斯曼等，2022)。也可以采用更复杂的非线性插值法，避免数据对预测的影响(Yang et al.，2017)，非线性插值是一种固定的线性插值方式，该方法通常首先将图像数据的范围分为边缘区域和非边缘区域，通过对图像数据的边缘特征检测进行分类，然后对两种区域采用不同的插值方式(孟慧宁，2018；夏海宏，2010；盛敏，2009)。

当缺失数据的范围很大时，一般采用多源数据融合来填补空缺值。例如，Pareeth 等(2016)利用多个卫星传感器生成 1986～2015 年的每日 LSWT 数据集，合成后的数据为创建来自卫星图像的陆地/水面温度的长期(28 年)每日时间数据集开辟了新的范例。

在传感器工作过程中，由于外部环境因素的干扰而引起的数据异常(如未经处理的云层和大气衰减)是不可避免的。异常数据对模型的准确性和鲁棒性都有较大的影响，因此需要对样本空间的异常值进行细致的剔除处理(Torbick et al.，2016)。剔除异常值较为常用的方法有 Grubbs 检验、Dixon 检验、*t*-检验和滤波器等。

Grubbs 检验法在标准差未知的情况下确定异常值的标准，可以检验较大范围样本数据的粗差，且可以消除同侧的诸多异常数值，但是效果不如 *t*-检验。Dixon 检验适用于处理少量数据样本中的异常值(张月月，2020；韩红超，2018)。综合考虑样本数量和检验效果，*t*-检验的效果最佳(Yang et al.，2017)。在估算 LSWT 之后，还可以应用滤波器去除由于未检测到的云层和虚假校准造成的异常值(Pareeth et al.，2016)，滤波器的作用类似于平滑，减少异常值所带来的影响，从而更加贴合真实情况。使用较多的滤波器有最小和最大阈值的全局滤波器及四分位范围的滤波器(Lewin et al.，2014；Pareeth et al.，2016)。有些文献采用谐波处理法，即通过反复应用最小二乘法拟合来填补数据缺口，并去除异常值，使剩余数据处于有效范围内，但谐波处理法会使反演结果过度平滑(Jakubauskas et al.，2003；Xu et al.，2013)。

3.1.2 数据的标准化处理

数据标准化对于数据流通和使用十分重要(孙新波和苏钟海，2018)，在采集的数据中，不同参数的单位和量级可能不同。而神经网络模型依赖于欧几里得计量和非标度数据，直接使用这些参数值可能会引入偏差，干扰训练过程，从而导致网络收敛慢、训练时间长(Sahoo et al.，2009)。为消除这种影响，需要对数据进行数据量级的标准化处理，将数据通过某种方法转化为同一尺度或者相同的数据范围内。比如，在将数据输入 ANN 模型之前，将所有的数据集都缩放到 0～1 内，以使不同的输入信号具有近似的数值范围。Bowden 等(2022)指出，将数据集缩放到 0～1 的范围有以下好处：①避免更大值的输入，从而避免所用数据的其中一部分在 ANN 训练过程中占主导地位；②最大值和最小值可以由遗传算法识别为 1 和 0。

由于卫星的生命周期和过境时间不同，长时间尺度研究的主要挑战是历史卫星数据不可避免地中断。为了用卫星数据反演长期时间序列上的地表参数，有必要将具有不同质量、不同捕获时间和不同轨道的多颗卫星所获得的数据进行融合。因为温度（无论是 AT 还是 LSWT）在短时间尺度上是动态变化的，所以需要校正不同的采集时间，即时间的均一化（Bowden et al.，2002；Pareeth et al.，2016）。时间的均一化可确保昼夜温差不被引入时间序列（Woolway et al.，2016，2015），当湖泊处于同一时间段时，湖泊具有的物理参数可近似相同，使之具有对比性和参考性，从而最大限度地减小采集时间导致的偏差。

在全天无云的情况下，利用 LST 日变化模型拟合卫星 RS 反演的 LSWT，可以模拟得到一天中任意时刻的 LSWT 数据，从而实现全天无云状况下极轨卫星地表温度的时间归一化（Duan et al.，2014a；Quan et al.，2014）。为了将日变化模型应用于不同观测时间的地表温度数据，Huang 等（2014）开发了一系列不同参数数量（2～12 个）的 LST 日变化模型。而在部分有云情况下（即极轨卫星过境时段无云），该方法无法使用（Huang et al.，2014）。Jin 和 Dickinson（1999）通过 CCM3/BATS 气候模式模拟出不同纬度、不同季节、不同地表覆盖类型条件下的地表温度日变化典型模式，再结合一天 2 次的 NOAA-AVHRR 地表温度数据，利用地表温度日变化模型模拟得到一天中任意时刻的地表温度，该研究也是基于全天无云的情况。在面对部分有云的情况时，Duan 等（2014b）通过数据统计分析发现，上午时段 LST 随时间呈近似线性变化，利用这一特点，通过斜率函数法建立 LST 的时间归一化模型，利用模型将所需反演的地表温度归一化到相同的局地观测时间时，要先利用静止卫星数据估算地表温度在极轨卫星上午过境时段内的变化斜率（SLP）。李召良等（2016）通过建立 SLP 与 3 个可获取参数之间的回归关系来解决计算问题，从而定量解决部分有云时的温度反演问题。

3.1.3　降尺度

无论是 LSWT 的反演模型还是模拟预测模型，都需要用到相关的气候数据，这些数据大多可以通过全球气候模型（global climate model，GCM）或再分析资料获取。随着第六次 IPCC 评估报告的完成，各种模式的耦合模型相互比较项目（coupled model intercomparison project phase 6，CMIP6）数据集陆续上传至 ESGF（earth system girder federation）网站。这些 GCM 的水平分辨率不高，不能反映流域尺度的精确气候特点和区域内部的气候差异，在进行 LSWT 模型模拟时，需要较高分辨率的气候因子变量信息，因此，需要通过一些方法将低分辨率的气象数据转化为高分辨率的气象信息，即“降尺度”（Von Storch et al.，1993）。

目前在研究气候变化对湖泊的影响时，常用的降尺度方法有变化因子法（change factor methodology，CFM）（在 GCM 中对目前观测气候进行简单操作的方法）、统计降尺度法、动力降尺度法和动力-统计降尺度法（Anandhi et al.，2011；Wilby et al.，2000）。

1. 变化因子法

变化因子法（CFM）也称为增量变化因子法，在湖泊水文中应用较多（Piccolroaz et al.，

2018；Piccolroaz，2016；Minville et al.，2008；Diaz-Nieto and Wilby，2005）。CFM 的主要优势是应用方便快捷，可以直接降尺度到区域数据（Anandhi et al.，2011）。根据数学公式（加性或乘性）进行分类的 CFM，经常被用于温度变量的降尺度（Anandhi et al.，2011；Akhtar et al.，2008）。关于风速和太阳辐射等气象变量的变化因子是加值还是乘值，Anandhi 等并没有给出明确的建议。其他文献中也说明了这种方法的一些缺点，例如，使用单一变化因子的干湿日时间顺序通常保持不变，因此在事件发生频率和前期条件的浮动对评估影响很大的情况下，CFM 可能不能很好地发挥作用（Diaz-Nieto and Wilby，2005；Gleick，1986）。

2. 统计降尺度法

统计降尺度法的优点是相对简单、计算量小，但无法描述历史上没有出现的规律，也不适用于大尺度要素与区域要素相关性不明显的地区（Hanssen-Bauer et al.，2005）。统计降尺度模式非常多，主要分为传递函数法、天气形势法和天气发生器三类（陈杰等，2011）。这三种方法又分别包含多种形式，可根据具体的模式数据在研究区域的适用性灵活搭配成混合统计降尺度方法，据此得到更精确的高分辨率或者站点级别的气象要素。与动力降尺度法相比，统计降尺度法的优点是计算量不大，可降低运行时间成本，对于模拟长时间序列的区域气候信息有优势（张徐杰，2015）。统计降尺度法建立大尺度气候信息变量与区域气候信息变量之间的经验函数关系，用于全球范围内气候模式的模拟。

3. 动力降尺度法

区域气候模式（regional climate model，RCM）最早是由 Gallina 等（2013）提出的，它可以描述大气-陆地-水-经济等之间的相互作用（Yang，2015）。动力降尺度法建立在 RCM 的基础上，与统计降尺度法相比，该方法具有更坚实的数学和物理基础，但是它需要大量的计算，近些年应用越来越广泛。天气研究与预测（weather research and forecasting，WRF）模型包括多种物理参数化选项，再分析数据、GCM 或天气预报模型数据可作为 WRF 模型的源数据，故 WRF 模型成为运用较为普遍的区域气候模式之一。陆面过程控制大地-大气之间动量、热量和水汽的交换，WRF 模型中的近地面和边界层气象场对陆面过程格外敏锐（于丽娟等，2015）。动力降尺度的另外一种很好的方式就是变网格技术，即在“目标区域”采用全局模式局部加密技术，提高研究区域的水平分辨率，远离该区域的水平分辨率相对降低（高谦，2017）。目前动力降尺度法有两个主要的发展方向：第一，提高 GCM 的水平分辨率，提高后会大大增加计算量；第二，将高分辨率有限区域模式（limited area model，LAM）加入低分辨率 GCM 中，这是一个可持续发展的方向（陈超君和王钦，2014）。

4. 动力-统计降尺度法

动力-统计降尺度法试图将动力降尺度法和统计降尺度法两种方法的优点结合起来，同时又可以克服两种方法的缺点。国外学者 Walton 等（2015）首先根据 GCM 和 RCM 的模拟结果建立统计关系，然后将其应用到其他 GCM 模拟结果，避免了大量的 RCM 集合模拟，同时又实现了对所有 GCM 模拟结果的降尺度。利用足够数量的降尺度结果，可以得到未来气候变化的最佳预测和不确定性分析(Sun et al.，2015)。国内学者胡铁佳等(2011)利用动态统计降尺度方法分析了 CO_2 浓度变化对未来中国降水和气温变化的影响。陈丽娟等(2003)利用李维京和陈丽娟(1999)推导的降水距平百分率和 500hPa 大尺度环流场的关系，设计月降水量的动力-统计降尺度模型，并将该模型应用于预报和动态扩展预报，对模型进行评估和解释。

3.2　LSWT 模拟与预测模型

3.2.1　基于回归的模型

回归模型在湖泊水温的预测中应用很多，通过查阅文献可知，由于研究者的侧重点不同，产生了多种不同形式的回归模型，最常见的有普通线性回归(ordinary linear regression，OLR)模型、混合地理加权回归(geographically weighted regression，GWR)模型以及非线性回归模型。

1. 普通线性回归模型

在空间数据分析中，OLR 模型具有完备的理论体系和统计推断方法来确定和分析变量之间的关系，因此有着非常广泛的应用。多元回归分析(multiple regression analysis，MRA)假设反应变量和预测变量之间存在线性关系(Lek et al.，1996)，具体地说，生成一条直线，使观测点与该直线的平方偏差最小化，这种方法通常被称为最小二乘法(Sahoo and Ray，2006)。最小二乘法已经在湖泊监测方面有着许多应用，具有极大的实践意义(曹辉等，2022；何思聪等，2020；黄征凯，2018；张洪等，2011；周勇等，1999)，见式(3.1)。

$$y = a_0 + a_1x_1 + a_2x_2 + \cdots + a_kx_k + \varepsilon \tag{3.1}$$

式中，y 为因变量，可表示 LSWT；$x_1 \sim x_k$ 为影响因子，如气温、降水等；$a_1 \sim a_k$ 为待估系数，反映 y 与各影响因子之间的线性相关关系；a_0 表示截距常量；ε 为误差项。

MRA 方程中的未知参数 $a_0 \sim a_k$ 采用普通最小二乘法估计时应满足式(3.2)。

$$F\left(a_0,\ a_q,\cdots,\ a_k\right) = \lim_{a_0,a_q,\dots,a_k} \sum_{i=1}^{n}\left(y_i - a_0 - a_1a_{i1} - x_{i2} - \cdots - a_ka_{ik}\right)^2 \tag{3.2}$$

式中，n 表示样本点个数；i 表示第 i 个样本；$x_{i1} \sim x_{ik}$ 表示第 i 个样本点中各个因子的值。

OLR 模型假设回归参数在空间上是不变的，考虑到数据的空间非平稳性，该类模型的分析结果不能全面反映空间数据的真实特征。在空间分析中，一般按照给定的地理位置作为采样单元进行采样，随着地理位置的变化，变量间的关系或者结构会发生改变，即地理信息系统(geographic information system，GIS)中所说的“空间非平稳性”。数据随空间区域变化的模型称为地理加权回归(GWR)模型(Fotheringham et al.，1996)，该模型通过建立空间范围内每个点的局部回归方程，来探索研究对象在某一尺度下的空间变化及相关驱动因素，可用于对未来结果的预测。GWR 模型考虑了空间对象的局部效应，在进行空间分析时具有更高的准确性。GWR 是对多元回归公式的扩展，见式(3.3)。

$$y_i = a_0(u_i, v_i) + \sum_{j=1}^{k} a_j(u_i, v_i)x_{ij} + \varepsilon_i \tag{3.3}$$

式中，(u_i, v_i)表示地理空间中第 i 个样本点的坐标(如经纬度)；$a_0(u_i, v_i)$是第 i 个样本点的截距常量；$a_j(u_i, v_i)$表示第 i 个样本点的第 j 个回归参数，是地理位置函数；x_{ij} 表示解释变量 $x_1, x_2, \cdots, x_p$ 在研究地理区域的位置；ε_i 表示误差项。

根据与位置 i 的接近程度，对相应观测数据进行权重赋值，并利用局部加权最小二乘法来估计参数，见式(3.4)。

$$a(u_i, v_i) = \left[\boldsymbol{X}^{\mathrm{T}}\boldsymbol{W}(u_i, v_i)\boldsymbol{X}\right]^{-1}\boldsymbol{X}^{\mathrm{T}}\boldsymbol{W}(u_i, v_i)\boldsymbol{y} \tag{3.4}$$

式中，$a(u_i, v_i)$表示估计值；$\boldsymbol{X}$ 表示由 LSWT 的影响因子构成的矩阵；$\boldsymbol{W}(u_i, v_i)$是 n 阶矩阵，其非对角元素为零，其对角元素表示点 i 的观测数据的地理权重；$\boldsymbol{y}$ 表示由 LSWT 构成的 n 维向量。

2. 混合地理加权回归模型

Wang 等(2014)通过分析湖泊形态、空间特征与 LSWT 之间的相关性，选取湖泊面积、形态紧凑系数、平均深度、与海岸线距离、纬度、高程等影响因素为参数，利用 GWR 法和普通最小二乘法对 LSWT 进行模拟和预测，发现 GWR 模型的拟合度更好，精度更高(Kintisch，2015)。普通最小二乘法模型和 GWR 模型对比，GWR 模型能更好地模拟 LSWT 的空间分布，可为区域性气候变化的研究提供更可靠的多因素模拟预测结果和统计解释。

GWR 模型允许回归参数随地理空间位置改变而变化，但并不是所有参数都随地理空间位置改变而变化，有些参数在空间上是不变的，或者变化非常小，可以忽略不计(Brunsdon et al.，1996)。因此，实际问题分析中应采用改进方案，即回归模型中的部分参数随空间位置改变而变化，其余参数为常数，这种新的回归模型被称为混合地理加权回归(mixed geographically weighted regression，MGWR)模型(Mei et al.，2004；Brunsdon et al.，1999)。公式(3.3)中的截距项是固定或变化的，并在适当调整解释变量的顺序后，MGWR 模型具有如式(3.5)所示的表示形式(Mei et al.，2004)。

$$y_i = a_0 + \sum_{j=1}^{m} a_j x_{ij} + \sum_{j=m+1}^{k} a_j(\mu_i, v_i)x_{ij} + \varepsilon_i \tag{3.5}$$

式中，y_i 表示第 i 个样本点因变量；a_0 表示截距；$\sum_{j=1}^{m} a_j x_{ij}$ 表示 m 个与地理位置无关的因子与其相关系数乘积的和；(u_i, v_i)表示第 i 个样本点的坐标(如经纬度)；$a_j(u_i, v_i)$表示第 i 个样本点的第 j 个回归参数，是地理位置函数；$\sum_{j=m+1}^{k} a_j(u_i, v_i)x_{ij}$ 表示与地理空间位置相关的因子及其相关系数乘积的和；ε_i 表示误差项。

3. 非线性回归模型

考虑到影响 LSWT 的因素有很多，且这些因素的影响是一个复杂且非线性的过程，线性回归可能无法很好地对其进行解释，因此非线性回归模型应运而生。广义加法模型(generalized additive models，GAMs)是广义线性模型的扩展，包含了响应变量和预测变量之间的非线性关系(Pedersen et al.，2019；Hastie and Tibshirani，1986)，能反映响应变量和预测变量之间更复杂、更现实的关系(Leathwick et al.，2006)。GAMs 广泛应用于时间序列分析，它不仅可以估计时间序列上的非线性趋势，还可以处理样本在时间上的不规则间隔(Yang and Moyer，2020)，因此可尝试在 LSWT 的模拟和预测中使用该模型。

多变量自适应回归样条法(multivariate adaptive regression splines，MARS)最早由 Friedman(1991a)提出，该方法是基于分片策略的非线性非参数回归方法。MARS 以样条函数的张量积为基础函数，分为两个步骤：前向过程和后向修剪过程。在一些研究中，MARS 模型通过将解释变量划分为若干区域来建立一系列的线性回归模型(Heddam et al.，2020)。MARS 可以处理海量、高维的数据，具有计算速度快、模型准确率高和可解释性强等特点，该模型被广泛应用(Huang et al.，2019；Friedman，1991b)。值得强调的是，在强大计算能力的支持下，基于深度学习的方法在保证效率的情况下也能很好地模拟复杂的非线性关系。

回归模型需要的信息很少，这是它最大的优点，但在解决一些基本机理过程(例如热分层的影响)时可能会出现问题。回归模型无法重现 LSWT 滞后性，所以当其应用于预测河流和溪流的温度时，无论是线性还是非线性的回归模型，都不能直接扩展到 LSWT 的模拟和预测，尤其是那些具有显著季节性滞后的湖泊(Piccolroaz et al.，2013)。

3.2.2 基于过程的确定性模型

除了回归分析外，还可以使用基于过程的确定性模型来进行水温模拟。该模型使用地形、气候和湖泊属性等因子作为输入参数，根据水体质量守恒、动量守恒及热量平衡等定律建立方程式，对水温进行模拟和预测。这种模型可以作为不同人类活动下水温变化的比较分析的重要工具，但这种模型比较复杂，需要大量的输入条件。在实际应用中，模型所需的数据往往不足，在一定程度上限制了确定性水温模型的应用(朱森林和吴时强，2018)。

大气模型是指对台站附近局部或全球复杂的大气分布进行近似、相对简单地模拟的数学模型(严豪健，1996)。通过基于过程的数值模型来估计湖泊的水温，一般需要结合大气模型才能做到，同时需要考虑水和大气之间的相互作用(Goyette and Perroud，2012；Martynov et al.，2012，2010；Peeters et al.，2002；Kraus and Turner，1967)。气象数据包括风速、风向、气压、干球温度、湿球温度、降水量、蒸发量、太阳辐射等，气象资料是水温模拟的基础(杨倩，2014)。该类模型需要详细的气象数据时间序列来驱动(Kettle et al.，2004)，才能提供有关湖泊热结构的详细信息，并准确表征湖泊温度动态变化中涉及的不同能量通量(Piccolroaz et al.，2013)。偏微分方程能反映数学、力学、物理和工程中某些量之间的关系(高志娟，2015)，该类模型使用经典的偏微分方程来描述空气-水界面的热交换和水柱内的热传输(Kettle et al.，2004)。

一维湖泊模型具有呈现湖泊深部热特征的能力。在为模拟水温剖面演变而开发的一维湖泊模型中，可以分为两种模型，即涡流扩散模型和湍流模型，它们都被证明能够真实地再现湖泊热剖面。因此，模型的选择更多地取决于具体研究中要解决的实际问题。涡流扩散模型使用基于涡流扩散方法的混合参数来模拟水中热量的垂直传输(Henderson-Sellers，1985)。湍流模型计算湍流动能的产生量和可用量、参数化涡旋的垂直输送(Imberger，1981；Kraus and Turner，1967)，并考虑能量耗散。

对于涡流扩散模型，分层线性模型(hierarchical linear model，HLM)使用Henderson-Sellers (1985)的参数作为涡流扩散系数的近似值。该方法高度依赖于从表面风速获得的表面摩擦速度，气动阻力系数，以及分层强度与剪切应力之间的比率。在这个模型中，热扩散负责热分布的演变，通过混合不稳定层来确定密度不稳定性。

油藏动态模拟模型(dynamic reservoir simulation model，DYRESM)是由西澳大利亚大学水环境研究中心开发的一维湍流模型，它可以模拟湖泊中的温度随着深度和时间变化的分布情况(Imberger et al.，1981)。DYRESM的结构层具有均匀的性能，厚度可变，需要用户定义。当湍流动能储存在最顶层，由对流倾覆、风搅动和剪切产生，超过势能阈值时，层混合发生。DYRESM模型可以独立模拟水温和盐度，也可以与计算水生生态系统动力学模型(computational aquatic ecosystem dynamic model，CAEDYM)耦合。它可以用来模拟水质、浮游植物、浮游动物、鱼类和底栖动物等生物有机体的生命过程，以及水体与沉积物之间的营养交换，已成功地应用于许多水体(李加龙等，2022)。该模型模拟的LSWT与原位测量数据之间的拟合度很好，并且可以很好地再现LSWT的强烈季节变化(Valerio et al.，2015)。DYRESM最初设计为一种无须校准的基于物理过程的模型，经过一定的校准，可以提高模型与观测数据的拟合度，这在已有的研究中已经得到证实(Tanentzap et al.，2007)。

Goudsmit等(2002)描述的一维层状层单柱集成模型(single-column integrated model for stratiform clouds，SIMSTRAT)模型采用*k*-epsilon湍流闭合方案模拟空气-水界面的热通量以及动能的吸收和耗散。数值模型的优点一是其快速积分算法使得模型非常适合几十年长时间尺度的物理和生物地球化学联合研究；二是模型的核心*k-e*湍流格式是从流体动力学方程中推导出来的，它减少了经验关系的数量。垂直输送是根据物理强迫计算的，因此湖泊模型也可以用于研究气候变化对湖泊层化动力学的影响。

一维淡水湖(Flake)模型旨在表示湖泊温度剖面的演变及其不同层的整体能量，它适用于浅水型湖泊的能量模拟，可在数小时到数年的时间分辨率上模拟湖泊水温动态变化，并预测湖泊热量收支平衡(Mironov et al.，2010)。该模型由两个垂直水层组成：一个混合层(假设温度均匀)和一个下方温跃层(向下延伸至湖底)。温跃层中的温度-深度曲线通过自相似概念或假定形状来进行参数化(Kitaigorodsky and Miropolsky，1970)，这意味着温度剖面的特征形状与该层的深度无关，因此，温跃层中相对深度处的温度(量纲一)仅取决于温跃层曲线的形状，这种形状仅由温跃层顶部和底部的温度和形状因子决定，用四阶多项式来描述(Mironov et al.，2010)。模型的初始条件参数包括湖泊平均水深、初始水温、纬度、底部沉积物热活性层深度和消光系数等。

天气研究与预测(weather research and forecasting，WRF)模型是由美国开发的新一代预报模型和同化系统。WRF 大气模型具有便携、易维护、可扩充、高效等诸多特点，可用于数值天气预报中数据同化、小尺度气候模拟等。Lake 模型是基于 Hostetler 等(1993)的一维质量和能量平衡湖泊模型，需要根据现场观测数据来验证模型。Lake 模型参数较多，大部分参数具有明确的物理意义，需要输入气温、比湿度、气压、风速、短波辐射、长波辐射、降水等气象要素(方楠等，2017)。WRF-Lake 是基于物理过程的一维湖泊模型与天气研究与预测模型(WRF)的耦合，是动态模拟湖泊过程和湖泊-大气相互作用的模型(Gu et al.，2016，2015；Xiao et al.，2016；Mallard et al.，2014)。WRF-Lake 本质为一维质能平衡模型，求解一维热扩散方程。

在二维湖泊模型中，工程兵团水质模型(corps of engineers water quality model-version 2，CE-Qual-W2)是由美国陆军工程兵团水道实验站开发的 2D(纵向垂直)水质和流体动力模型(He et al.，2019)。该模型已有 30 多年历史，功能和准确性不断增强，可以预测纵向和垂向上的水位、水温、溶解氧浓度、有机物浓度、沉积物等 21 项水质变量。模型由直接耦合的水动力学模型和水质输移模型组成，水动力学的计算受可变化的水的密度影响。模型假设横向流动状况相同，原本是针对水库、湖泊研制出来的，但是它也能够用于河流和分层型狭窄河口，适合窄深型水体的水温模拟。模型采用长时间步长，有效消除了稳定流动水体中垂向扩散的影响，缩短了估算所用的时间，自动消除了水体表面重力对于时间步长的影响，有利于模拟长期水温的变化。在模拟过程中，非点源污染、支流以及沉积物都可以作为入流考虑，该模型可自动调节水体表面层和上游河段的位置以适应不断变化的水体表面，支流下游河段或侧边出水口都可以作为出流处理。蒸发作用虽然没有严格列入出流范围，但在流量平衡计算时可将其考虑进去。该模型边界条件数据的输入参数包括流入流量、温度、释放流量、空气温度、太阳辐射、风速和风向、降水、蒸发以及云量。

三维开源流体动力学(delft 3D-flow)模型是由荷兰代尔夫特理工大学 Hydraulics 研发的三维湖泊模型，已成功应用于模拟多个湖泊系统中的循环模式、水质和气候影响，同时可以跟踪热污染穿过湖泊向外流的传播过程(Razmi et al.，2013；Zhu et al.，2009)。模型通过有限差分网格方法求解连续性方程、动量方程和输运方程，能够较好地模拟浅水湖泊曲折和复杂的边界。在模拟水温时，边界条件的输入需要四类数据：地形、气象、水文和热数据。

河口湖计算机模型(estuary and lake computer model，ELCOM)可用于评估几个湖泊的水温(Hillmer et al.，2008；León et al.，2005)。ELCOM 在网格上求解流体静力雷诺平均纳维-斯托克斯(Navier-Stokes)方程，并使用标量输运方程模拟空间和时间中的质量、温度和盐度分布(Hodges and Dallimore，2006)。该模型使用固定的 Z 坐标有限差分网格和欧拉-拉格朗日方法进行湖泊动量水平方向上的求解。模型方程在所有水体单元上求解，基于湍流动能的混合层模型用于垂直湍流混合，通过水面的热交换由标准的整体传递模型控制(Hodges et al.，2000)。ELCOM 中的基本数值半隐式格式改编自 Casulli 和 Cheng(1992)的 TRIM 方法，在精度、标量守恒和减少数值扩散方面做了一些修改。尽管 ELCOM 中的半隐式方案可能引入数值黏性，导致小尺度涡旋消散，但该模型能够在湖泊中产生高度可靠的垂直热分层(León et al.，2011)。

环境流体动力学代码(environmental fluid dynamics code，EFDC)模型是由美国弗吉尼亚州海洋科学研究所 Amrick 等根据多个数学模型集成开发研制的综合模型，是目前应用广泛的水环境三维生态模型，也是美国环境保护署推荐的模型之一(Zheng et al.，2017)。该模型主要模块为水动力模块、水质模块，辅助模块为污染物迁移、泥沙输移，模块间相互耦合，可用于湖泊水体温度场的一维、二维和三维数值模拟(Kim et al.，2014；James and Borian，2010)。它可以应用于广泛的模拟尺度，包括一维到三维的流场模拟、物质输运(包括温度、盐度和泥沙输运)、污染物迁移转化过程等(王征等，2012)。迄今为止，EFDC 已经成功地应用在包括河流、湖泊、水库、河口等在内的 100 多个水环境评价的研究项目中(Zheng et al.，2017；Chen et al.，2016)。

基于过程的模型强烈地植根于科学理论，物理意义明确，但由于对某些过程不完全了解或者出于实际计算目的，大多数模型都是对过程的近似表达(Jia et al.，2018)，导致这些模型从来都不是完全确定的，需要添加一些约束(Hochreiter et al.，1997)。因此许多经验关系和经验确定的常数被纳入其中，这种经验关系可能只适用于某些特定的区域。如果不添加新的预测器，将无法驱动流程模型之外的额外数据，从而增加了数据增长和建模改进的难度(Read et al.，2019；Kettle et al.，2004)。除了这些参数误差外，连续过程的离散化(如数值扩散)也会产生误差，从而影响模型的精度(Kettle et al.，2004)。该类模型校准的标准方法是智能搜索参数组合空间，选择在训练数据集上性能最好的参数进行组合，但这种方法计算代价很大，而且容易发生过度学习(Jia et al.，2018)。当面对来自环境系统的数据时，这些模型的校准可能会受到模型中未包含的真实过程的强烈影响，从而使模型往往与理论不符(Clark et al.，2016；Arhonditsis and Brett，2004)。另外，这些模型旨在对湖泊热行为进行详尽描述，这就需要输入详细时间序列的气象数据，例如，气温、风速、湿度、云量等，而这些并不总是可以获取的，且没有足够的准确性(赵志文和高敏，2022；郑国勋等，2021)。上述原因在很大程度上限制了该类模型的发展。

3.2.3 基于机器学习模型

机器学习(machine learning，ML)是指计算机对人类的学习行为进行模仿，以获取新知识或训练技能，重新组合知识结构使得自身性能不断提升改善，现在已成为人工智能的重要分支之一(陈美玉，2018)。ML 模型使用一系列算法从数据中挖掘模式关系，用于分类、聚类或预测等(梁玉成和马昱堃，2022)。随着定位自动观测、对地观测和网络技术的迅速发展，多类型、高密度、大范围的数据支撑体系已经建立，这为 ML 建模提供了良好的基础。

经验模型是指对大量实际测量得到的数据进行统计分析而建立的模型(陈莹，2016)。ML 模型属于经验模型，它足够强大，可以选择性地表示物理系统中固有的空间和时间过程，通常比传统经验模型(如回归模型)表现得更好(Jia et al.，2018)。考虑到过程模型的缺陷，很多学者认为，以 ML 算法为基础的数据驱动模型是机理模型可行的替代方法(Sahoo and Ray，2008；Jain and Srinivasulu，2004；Maier and Dandy，1996)，如决策树模型和人工神经网络等，都被认为是很好的数据模拟和预测方法(Cui et al.，2021；Jiang et al.，2015；Loh，2011）。

决策树(decision tree，DT)是一种基于机器学习的分类/回归模型，其本质是归纳学习，是一种从部分数据中总结出完整样本特征的技术。数据挖掘中决策树是一种经常要用到的技术，可以用于分析数据，也可以用于预测。通常根据特征的信息增益或其他指标，构建一棵决策树，如图 3.1 所示，树中节点表示某个对象，每个分叉路径则代表某个可能的属性值，每个叶节点则对应从根节点到该叶节点所经历的路径所表示的对象值。学习过程是通过对训练样本的分析来确定“划分属性”(即内部节点所对应的属性)，而预测过程是将测试示例从根节点开始，沿着划分属性所构成的“判定测试序列”下行，直到叶节点。决策树仅有单一输出，要想有复数输出，可以建立独立的决策树以处理不同输出。DT 模型最大的优点是对数据的要求简单，而且能够同时处理多种类型的数据，不需要使用者了解很多的背景知识，易于理解和实现(Cui et al.，2021； Jiang et al.，2015)。但是，DT 模型对连续性的字段比较难预测，对有时间顺序的数据，需要进行预处理。

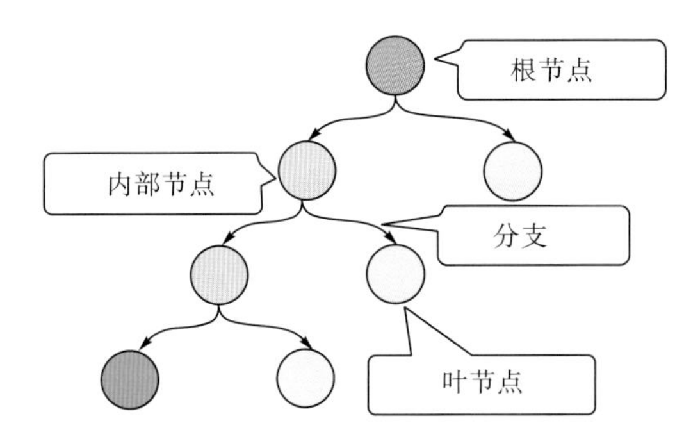

图 3.1　决策树模型

分类回归树(classification and regression trees，CARTs)模型由布赖曼(Breiman)创建，是一种经典的 DT 算法，用于从数据中构建预测模型(Breiman et al.，2001)。每个节点的划分按照能减少的杂质的量来进行排序，常用基层系数进行杂质度量(Loh，2011)。CARTs 是 DT 的最简单形式，这类模型通过递归对数据空间进行分区，并在每个分区中拟合一个简单的预测模型。与传统的参数化方法相比，CARTs 可以量化特征变量的重要性，明确自变量和因变量之间的非线性和层次关系，CARTs 的最终结果对训练样本的变化非常敏感(冒许鹏，2021)。DT 模型适用于连续或有序离散的因变量，预测误差通常用观测值和预测值之间的平方差来衡量(Loh，2011)。Carrizosa 等(2021)回顾了最近的连续优化和混合整数线性优化公式，从决策变量的性质、所需的约束条件以及相应的优化算法等方面对它们进行比较分析，说明优化算法如何增强决策树模型的局部可解释性。

M5 模型树算法(M5 model tree algorithm，M5Tree)是 DT 的改进算法，最初由 Quinlan(1992)提出，然后由 Wang 和 Witten(1996)重建和改进(Singh et al.，2010)。M5Tree 模型在终端节点上构建线性回归函数，在输入参数和输出参数之间建立了关联(Rahimikhoob et al.，2013)，它是有效和稳定的 ML 算法之一(Goyal et al.，2011)。M5Tree 模型是线性回归和回归树的结合，可以用于定量和定性的数据集(Mirabbasi et al.，2019)。一般来说，M5Tree 模型包括数据分割和决策树初始化两个步骤，分割标准取决于类值的标准差(Yaseen et al.，2018)。对于给定的数据集，普通的线性回归算法只能提供一个回归方程，M5Tree 模型可以根据决策树的分类将样本空间划分为多个区域，对每个区域建立回归模型，最后给出每个叶节点的回归方程。M5Tree 模型采用分而治之的思想，以方差归纳法作为启发式方法，采用递归调用的方法构建。该方法首先为整个样本集选择最具辨识度的属性作为根节点，其中最具辨识度的属性能够使目标属性集方差最小，根据一个或多个属性的值，将所有的样本分成若干个子集；然后，选择每个属性子集中最具辨识度的属性作为根节点，根据特定的属性子集进行递归调用；最后，直到子集中目标属性的方差足够小或样本足够小，建立回归模型，确定回归方程(黄政等，2017)。

随机森林(random forest，RF)模型是由 Breiman(2001)提出的一种 ML 模型，该模型聚集了大量决策树来提高预测精度，可处理非线性关系、分类、回归、高阶相关性等问题，也可评价变量的重要性和插值丢失数据等，对一些复杂因素的干扰筛选具有准确的预测能力，已在生态学中应用广泛。RF 模型具有可演示高精度和预测建模变量之间复杂交互的能力(施光耀等，2021)。在 ML 中，RF 是一个包含多个 DT 的分类器，它输出的类别是由个别树输出类别的众数决定的。RF 模型使用 CARTs 作为解决回归问题的算法(Chen et al.，2020)。在构建 RF 模型时，数据集和它尚未选择的特征都可根据需要随机选取。RF 模型的优点有：可以快速地处理大量的输入数据；在建造森林时，可以在内部对于一般化后的误差产生无偏差估计；可以估计缺失的数据，而且在数据缺失很多的情况下仍可以维持一定准确度。

学术界普遍认为，在基于 DT 的构建集成中，一定程度的随机化可以显著提高性能(Biau et al.，2008)。极端随机树(extreme randomize trees，ERT)是 Pierre Geurts 等为解决机器学习中的监督分类和回归问题而提出的一种基于决策树的集成方法，该方法能够很好地处理高维特征数据，具有精度高、并行计算和执行效率高的特点(刘嘉诚等，2021)。Geurts 等(2006)引入的 ERT 是原始 DT 模型的改进版本，采用经典的自上而下的程序。ERT 是一种完全随机的树型集合方法，它具有比 RF 更高的随机化水平，在回归和分类设置中具有较好的性能(Zhu et al.，2022)。ERT 将随机化与集合平均相结合，使输出方差最小，而不需要任何后处理，缓解了 CARTs 泛化能力差和过度合并的问题，并能推断出输入变量的相对重要性，这有助于对模型的物理解释。此外，在预测效率和准确性方面，ERT 优于 CARTs 和 M5Tree，它被认为是传统参数数据驱动方法(如神经网络)和其他非集成树方法的有效替代方法(Galelli and Castelletti，2013)。虽然 ERT 计算速度更快，预测方差更小，但对于不平衡数据仍然存在故障样本检测精度低的问题。

梯度提升决策树(gradient boosting decision tree，GBDT)是一种迭代的 DT，是 Friedman(2002)提出的广泛用于分类或表达的模型，它采用提升的思想，将一系列 CARTs 作为弱学习器(低拟合)，用任意损失函数的迭代方法来生成强学习器。该决策树是一种将梯度提升算法和分类回归树 CARTs 相结合的集成学习算法，其目的是使过拟合的风险最小化，以提高决策树的预测精度。GBDT 中每次迭代都会在残差约简的梯度方向上构建一棵新的决策树。尽管 GBDT 模型构建复杂，但其预测能力优于大多数传统模型(谭星，2017)。LightGBM 作为 GBDT 算法的有效实现，其每次迭代都会训练出一个 CARTs 的弱学习器，最终输出是这一系列弱学习器输出结果的累加。这种训练模式保留了 CARTs 特征选择的最佳分割，通过累积逼近的方法，消除了 DT 容易过拟合的劣势，最终既得到了充分拟合的训练数据，又获得了有足够泛化能力的温度预测模型。与其他预测模型相比，GBDT 模型预测精度高，经验证明其已达到或超过 RF 模型的预测性能，为预测效率最快的算法(Zhang et al.，2017)，并且计算成本远低于其他算法(Fan et al.，2018)。此外，在相同的输入组合下，GBDT 模型在预测精度上优于 M5Tree 模型和简单的经验模型(Lu et al.，2018)，有较强的泛化能力，但是该模型只能够保留相关度较高的变量，相关度较低的变量可能会被排除在外。

人工神经网络(artificial neural network，ANN)是由大量人工处理单元以一定的方式连接而成的一种非线性自适应智能生物模拟网络(吴名，2018)，它是一个具有分布式并行信息处理特性的抽象数学模型，具有大量广泛连接的简单神经元组成的模仿人脑神经网络的结构和功能，可处理连续或间断输入信息。ANN 中信息处理是通过神经元之间的相互作用来实现的。知识和信息都储存在神经元之间的权重和偏置中。在动态进化过程中，学习和识别依赖于神经元连接的权系数(王良玉等，2021)。ANN 模型使用多层逼近的复杂数学函数来处理数据(Sahoo et al.，2009)。神经网络被布置成离散层，每层至少包含一个神经元(即神经网络节点)，每一层的每个节点都与前一层和后一层的节以权值相连，但不与同一层的节点连接。随着层数和每层节点数的增加，这个过程变得越来越复杂，需要更多的计算代价(Sahoo et al.，2009)。一般来说，水文和环境问题是复杂的，需要复杂的 ANN 结构(Sahoo and Ray，2006)。根据调整权值算法的不同，学者们发展了不同的神经网络。

多层感知神经网络(multi-layer perceptual neural network，MLPNN)(Zhu et al.，2020；Aitkin and Foxall，2003)是前馈型人工神经网络的主要分支之一。该神经网络是一种模拟计算的神经网络，它模拟人类的学习过程来“学习”模型，获得的“知识”储存在模型参数中，人工神经网络完成“学习”后，可以模拟人脑对输入的信息进行识别和判断，对输入的信息和模型参数进行计算，根据计算结果做出识别和判断(姚金坤和姚博，2020)。最典型的 MLPNN 包括三层：输入层、隐含层和输出层，不同层之间是全连接的，如图 3.2 所示。①输入层，是网络与外部交互的接口。一般输入层只是输入矢量的存储层，它并不对输入矢量作任何加工和处理。输入层的神经元数目可以根据需要求解的问题和数据表示的方式来确定。一般而言，如果输入矢量为图像，则输入层的神经元数目可以为图像的像素数，也可以是经过处理后的图像特征数。②隐含层，对于闭区间内的任何一个连续函数都可以用一个隐含层的网络来逼近，因而一个三层的网络可以完成任意 n 维到 m 维的映射。隐含层神经元数量的确定非常重要，即使只差一个，结果也可能相距甚远。隐含层神经元数量越多，学习的程度越深，网络的预测精度就越高。当隐含层神经元数量过多时，就会导致网络不收敛、收敛速度过慢或者过拟合等问题；当隐含层神经元数量太少时，虽然收敛速度快，但是预测精度可能达不到要求，所以一般情况应优先考虑增加隐含层的神经元个数，再根据具体情况选择合适的隐含层数。③输出层，输出网络训练的结果矢量，输出矢量的维数应根据具体的应用要求来设计，在设计时，应尽可能减小系统的规模，降低系统的复杂性。这类模型的主要缺点是对数据的要求严格，必须有符合数量和质量要求的数据才能达到预期的预测效果。MLPANN 模型不仅预测准确率高于逻辑斯蒂(Logistic)回归模型(Heddam et al.，2020)，还能将各影响因素进行重要性排序。

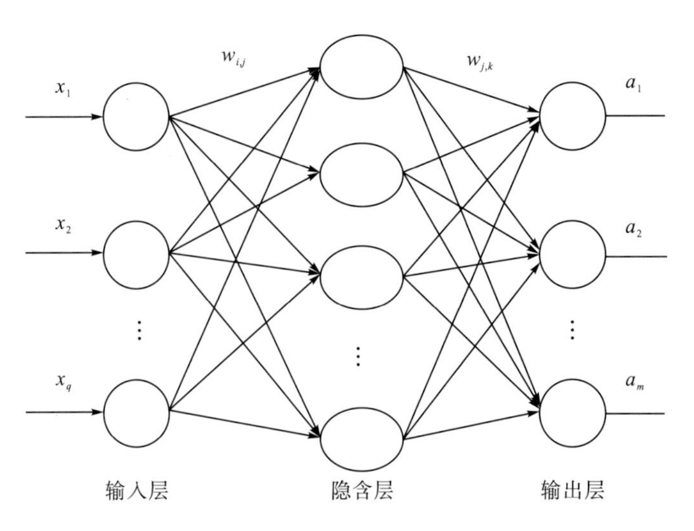

图 3.2 三层神经网络结构图

树种算法(tree-seed algorithm，TSA)由基兰(Kiran)在 2015 年提出，用于解决无约束的连续优化问题。该算法主要模拟自然界中树木与种子之间的关系，树木通过播下种子来繁殖并生出新的树木，种子散布在每棵树上的位置决定了下一代树的位置。树木所在的表面空间可以看作连续优化问题的解空间，树木的位置可以看作解空间中的解，树木和种子之间的不断循环和繁殖可以看作是解空间中连续优化的初始解(刘捷先和张晨，2020)。这是一种基于群体的智能技术，主要目的是确定 MLPNN 的最佳参数(Cinar，2020)。

然而，MLPNN 方法往往会遇到局部最小值和过度拟合的问题，导致预测不准确。通过使用不同权重系数的多个 MLPNN 的组合，不仅可降低 MLPNN 算法陷入局部最小值和过度拟合的风险，而且可提高 MLPNN 方法的预测精度和准确性(Sun et al.，2017)。有学者构造基于小波变换的多层感知神经网络集成模型，它引入离散小波变换(discrete wavelet transform，DWT)对原始日气温时间序列进行分解，并使用数字滤波技术获得时间尺度信号后输入 MLPNN 模型，提高了 MLPNN 模型的运行速度和精度(Zhu et al.，2019)。

Sharma 等(2008)采用多元回归、回归树、ANN 和贝叶斯多元回归四种方法，建立加拿大 2348 个湖泊年最大 LSWT 的预测模型，经对比分析得出 ANN 的预测效果最好，但计算也是最复杂的，需要进一步优化。在这几种预测模型中，气候变量和采样日期被认为是对预测水温影响最大的两个变量，而湖泊形态变量对预测结果影响较小(Sharma et al.，2008)。作者团队将支持向量回归 ε-SVR、主成分分析及后向神经网络(back propagation neural network，BPNN)相结合，构建了一个混合的 LSWT 长期预测模型，并借助地理空间分析手段，很好地模拟了滇池水温变化的时空过程(Yang et al.，2017)。

递归神经网络(recurrent neural network，RNN)是一系列能够处理序列数据的神经网络的总称。RNN 的特性是隐含单元间的连接是循环的，如果输入是一个时间序列，可以将其展开，如图 3.3 所示。图 3.3 中，权重矩阵 $\boldsymbol{W}$ 在时间一直没有变，RNN 之所以可以解决序列问题，是因为它可以记住每一时刻的信息，每一时刻的隐含层不仅由该时刻的输入层决定，还由上一时刻的隐含层决定，最终输出单一的预测结果。基本的 RNN 模型只处理前一个单元的输出，这样距离远的单元的输出，因为中间经过多次处理，影响就逐渐消失，具体表现为网络会记忆之前的信息，将其保存在网络的内部状态中，并应用到当前输出的计算中，即隐含层之间的节点不再是不连通的而是连通的，并且隐含层的输入不仅包括输入层的输出，还包括上一时刻隐含层的输出(王文刀等，2020)。在对时间序列数据进行的模拟和预测中，通常会使用 RNN，因为它引入了时序的概念，在时序数据的挖掘中表现出强大的性能(Zhou et al.，2019；Pan and Wang，2012)。虽然 RNN 适用于时间序列建模，但也受到梯度爆炸和梯度消失问题的限制，使得模型无法有效处理长期记忆。此外，虽然标准的 RNN 具有很好的预测精度，但它也经常产生物理上不一致的结果，缺乏普遍性(Jia et al.，2018)，这限制了它在 LSWT 预测中的应用。

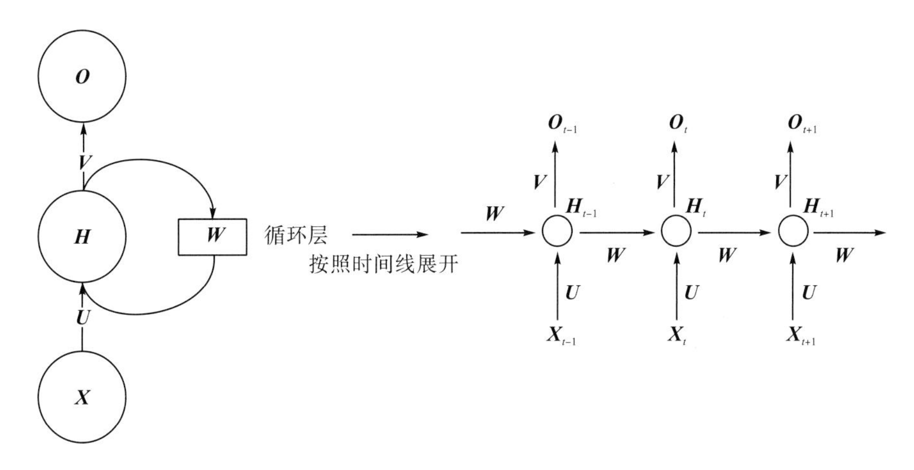

图 3.3　递归神经网络

注：***X*** 是输入层特征向量；***U*** 是输入层到隐含层的参数矩阵；***H*** 是隐含层的向量；***V*** 是隐含层到输出层的参数矩阵；***O*** 是输出层的向量；***W*** 是每个时间点之间的权重矩阵；t 代表当前的时间点，而 t-1 和 t+1 代表 t 的上一个和下一个时间点。

深度学习(deep learning，DL)算法是 ML 中 ANN 的进一步发展。DL 是机器学习领域的算法集合，试图在不同抽象层次对应的多个层次上进行学习，通常应用于 ANN。DL 中学习到的统计模型的不同层次对应着一些明显分化的概念，其中较高层次的概念是在较低层次概念的基础上定义的，相同的较低层次概念可以帮助构建多个较高层次的概念(杨宇，2017)。近年来，随着计算能力的不断提高，DL 快速发展，网络结构也越来越复杂。DL 在定量遥感领域刚刚起步，已经取得了突出的成绩，引起了广泛的关注，例如，卷积神经网络(convolutional neural network，CNN)、长短时记忆(short long-term memory，LSTM)神经网络等深度神经网络算法已经得到应用和发展(Su et al.，2020；David et al.，2019)，特别是 LSTM 神经网络在 LSWT 的模拟和预测中显示出良好的性能。

LSTM 神经网络是由 Hochreiter 和 Schmidhuber(1997)提出的一种具有反馈连接的神经网络，其本质上是一种特定形式的 RNN。LSTM 神经网络模型在 RNN 模型的基础上通过增加门限来解决 RNN 短期记忆的问题，使 RNN 能够真正有效地利用长距离的时序信息。LSTM 在 RNN 的基础结构上增加几种门限(图 3.4)：①输入门限，每一时刻从输入层输入的信息会首先经过输入门，输入门的开关会决定这一时刻是否会有信息输入到记忆细胞，相当于 RNN 中的 $\boldsymbol{H}_t$；②输出门限，每一时刻是否有信息从记忆细胞输出取决于这一道门；③遗忘门限，每一时刻记忆细胞里的值都会经历一个是否被遗忘的过程，就是由该门控制的。简单来说，网络中信息的传递过程是：先经过输入门限，看是否有信息输入；再由遗忘门限判定是否选择遗忘记忆细胞里的信息；最后经过输出门限，判断是否输出这一时刻的信息。

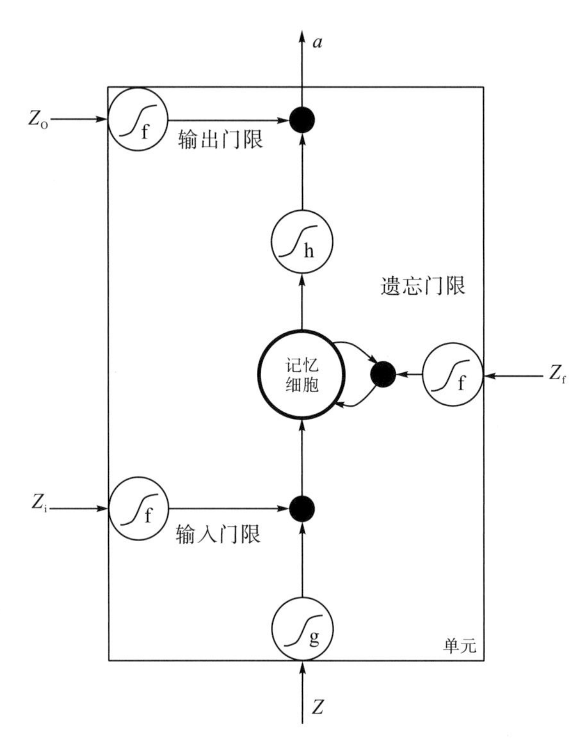

图 3.4 长短时记忆神经网络

注：Z 代表输入；Z_i、Z_f、Z_o 门控制装置的输入，负责把控每一阶段的信息记录与遗忘；⟋代表 sigmod 激活函数，Z_i、Z_f、Z_o 经过 sigmod 激活函数后，得到 0～1 的数值，1 表示该门完全打开，0 表示该门完全关闭。

LSTM 神经网络能有效解决信息的长期依赖性，避免梯度的消失或爆炸。与传统的 RNN 相比，LSTM 神经网络巧妙地设计了循环体的结构(Zheng et al.，2017)。它通过特殊的记忆单元设计“门控状态”来控制传输，记住重要的特征信息，忘记不重要的特征信息。这种特殊设计可以很好地完成长时间序列数据的模拟和预测(张昊等，2022；Shin et al.，2019；Davies et al.，2019；Zhang et al.，2018)。如果所有的影响因素都输入 LSTM 模型中，神经网络会产生大量的噪声，这将干扰模型学习有用信息的效率。因此有学者采用主成分分析法(principal component analysis，PCA)对相关系数选取的变量进行处理，从而降低模型过拟合的可能性(Diaz-Nieto and Wilby，2005)。

然而，直接使用基于 ML 的数据模型也面临以下挑战：①它们需要大量的训练数据，这在大多数实际应用中几乎是不可能的，尤其是 DL 模型(Read et al.，2019；Chen et al.，2018)，这在很大程度上限制了模型的准确性；②由于 ML 模型只是简单地识别统计输入和感兴趣的系统变量之间的关系，没有对数据背后的过程进行假设，也没有考虑已知的物理定律或理论（如能量守恒定律），特别是当预测超出训练模型的数据范围时，将有可能得到虚假和不准确的预测结果(Jia et al.，2018；Read et al.，2019；Karpatne et al.，2017；Lazer et al.，2014)。所以，考虑到 ML 的 “黑箱”使用特性，一些学者提出将基于过程的方法与 ML 方法耦合，互相学习，以提高模型模拟和预测的准确性。

3.2.4　基于物理-统计的混合模型

为了缓解物理模型所需大量数据和缺乏数据驱动方法等问题所带来的影响，Piccolroaz 等(2013)开发了基于物理-统计的混合模型——air2water，并在后续的研究中对该模型进行了验证和改进(Yaseen et al.，2018；Piccolroaz，2016；Piccolroaz et al.，2015)，可以从 https：//github.com/spiccolroaz/air2water 获得其新版本 air2water2.0。

该模型专门用来模拟和预测 LSWT 数据，其关键优势在于需要输入的数据比基于过程的确定性模型少，同时又具有明确的物理意义(Piccolroaz，2016)。该模型通过简化的关系来说明大气和湖泊整体的热交换，可以只由 AT 的时间序列进行 LSWT 的模拟和预测(Piotrowski et al.，2022)。在没有水流和气象学的详细数据信息的情况下，模型中 AT 是预测水流温度的一个很好指标(Sahoo et al.，2009)，所以 AT 数据被视为除水温数据以外唯一的输入变量(Piccolroaz et al.，2018，2015；Piccolroaz，2016)。模型如此简化，以至于可以像数据驱动模型一样应用。然而，事实上 air2water 模型也包括了驱动 LSWT 变化的主要物理过程，因为在某些假设下，AT 变化隐含地包含了其他有关主要过程(如湖泊的热分层过程)(Piccolroaz，2016)，见式(3.6)～式(3.8)。

$$\rho C_{\mathrm{p}} V_{\mathrm{s}} \frac{\mathrm{d}T_{\mathrm{w}}}{\mathrm{d}t} = A\varnothing_{\mathrm{net}} \tag{3.6}$$

$$\frac{\mathrm{d}T_{\mathrm{w}}}{\mathrm{d}t} = \frac{1}{\delta}\left\{a_1 + a_2 T_{\mathrm{a}} - a_3 T_{\mathrm{w}} + a_5 \cos\left[2\pi\left(\frac{t}{t_y} - a_6\right)\right]\right\} \tag{3.7}$$

$$\begin{cases} \delta = \exp\left(-\dfrac{T_{\mathrm{w}} - T_{\mathrm{h}}}{a_4}\right) & (T_{\mathrm{w}} \geqslant T_{\mathrm{h}}) \\ \delta = \exp\left[-\dfrac{T_{\mathrm{w}} - T_{\mathrm{h}}}{a_4} + \exp\left(-\dfrac{T_{\mathrm{w}}}{a_8}\right)\right] & (T_{\mathrm{w}} < T_{\mathrm{h}}) \end{cases} \tag{3.8}$$

式中，ρ 是水的密度；C_{p} 是水的比热容；V_{s} 是参与大气热交换的水的体积；T_{w} 是湖泊表面水温；t 是时间；$a_i = \hat{a}_i A/(V_{\mathrm{r}}\rho C_{\mathrm{p}})$ $(i=1，2，3，5)$；a_4、a_6 和 a_8 是模型参数；A 是湖的表面积；$\varnothing_{\mathrm{net}}$ 是进入上层水体的净热通量；在适当地简化后，T_{a} 是气温；δ 无量纲，由式(3.6)中引入的表层体积 V_{s} 与整个水体体积之比给出；T_{h} 是深层水温的参考值，对于较深的昏暗湖泊来说，大约是 4℃(Piccolroaz et al.，2015)。

该模型以体积积分热平衡方程为基础，利用泰勒公式对热通量项进行线性化，这种模式虽然简单，但是需要对很多的参数进行校正。为了建立 air2water 模型，必须对 8 参数模型(A2W-8)进行标定校正(Zhu et al.，2021)，模型中的每个参数都有一定的物理意义，但这些参数一般情况下都很难获得。

此外，还有 4 参数(A2W-4)、6 参数(A2W-6)的简化版本(Piccolroaz，2016；Piccolroaz et al.，2015，2013)，然而它们的性能较 A2W-8 有所下降。在 air2water 模型中，没有必要明确说明湖泊的几何特征(表面积、体积和深度)，因为这些都隐含在要校准的模型参数中。该模型的混合公式将基于物理推导的控制方程与参数的随机校准相结合，通过这种方式，数据中包含的信息直接传输到模型参数，其校准值可以提供有关真实系统行为方式的重要信息(Piccolroaz，2016)。

任何模型都有一些不通用的参数，需要为特定系统找到合适的参数，可以通过测量其他可测量信息进行估计，或者对模型进行相关的校准(Piotrowski et al.，2022)。因此，对于 air2water 模型而言，校准是非常重要的，它决定了模型的性能和适用性(Toffolon and Piccolroaz，2015)。在模型校准前，为了排除不切实际的模型参数，需要在其预处理程序中输入湖泊的平均深度，以确保在校准时模型参数在合理范围内(Piccolroaz，2016)。模型校准是通过蒙特卡洛的优化方法进行的，许多参数集被抽样，并根据给定的模型效率指标进行评估，抽样过程是通过粒子群优化(particle swarm optimization，PSO)算法进行的(Piccolroaz，2016)。人们发现 PSO 是一种有结构偏向的方法，并不是一种有效的算法，其性能在很大程度上取决于其控制参数的值(Kononova et al.，2015)。因此，一些研究者将最新的优化算法应用到 air2water 模型的校验上，以提高该模型的精度和效率。

Piotrowski 和 Napiorkowski(2018)测试了 12 种优化算法，用于校准 A2W-8 模型，结果显示模型的性能很大程度上依赖于所选的校准程序，使用 CoBiDE 和 GA-MPC 方法获得的结果最佳且最稳定。Zhu 等(2020)使用近几年提出的 12 种优化算法(包括 CoBiDE 算法)对 A2W-8 模型进行校准，经对比分析，发现算法的性能在很大程度上取决于所使用函数的调用次数，调用次数越多，算法之间的性能差异越小。相对于其他算法，PSO 的性能较差，基于差分进化(differential evolution，DE)的方法表现良好，尤其是 HARD-DE 的性能在测试的算法中是最好的(Zhu et al.，2021)。但是这些优化算法都只在少数湖泊上进行了测试，能否推广到其他湖泊还有待进一步验证。

air2water 模型的预测是在每日时间尺度上进行的，这要求 AT 序列是连续的，并且具有每日分辨率。因此，如果 AT 数据不连续，则必须进行重建，一般可以通过线性插值完成。线性插值重建并不能完全还原真实情况，可以使用更复杂的非线性插值技术来代替。如果校准目标是月平均的 LSWT，不需要使用更复杂的程序来重建每日 AT，用于模型校验的 LSWT 数据可以是任何时间间隔的。Piccolroaz(2016)的研究表明：①最简单的 A2W-4 模型推导的假设可能更适用于浅湖，A2W-6 适合分层的较深湖泊；②当缺失数据的数量增加时，A2W-6 模型性能下降更多，表明它存在过度拟合的风险，然而当缺失数据量低于 95%时，A2W-6 却优于 A2W-4；③对于较短的校准时间序列，A2W-4 可能拟合度更好；④当数据缺失时，与浅湖相比，较深湖泊的模型性能下降更多。

air2water 模型定义了一个固定参数，即混合良好的表层归一化深度，这个深度与湖水的热量分布有关，用来描述湖中深度、温度的相关阈值(Piotrowski et al.，2022)。该参数被设定为 4℃，作为 DimL 的阈值，因为在深水湖泊中，一年中水体的温度梯度是有变化的，所以有两个不同的计算公式用于计算 air2water 模型中的地表温度影响。与此形成对比的是，在温暖或寒冷的MonL，可以将临界值设为最小(在暖湖)或最大(在冷湖)，并采用单一的公式。在这些情况下，深湖水要么总是比地表水更温暖，要么总是比地表水更冷(Piotrowski et al.，2022)。然而，这种设定对特定的湖泊可能并不准确，导致第7个参数(a_7)和第8个参数(a_8)可能不敏感，因此Piccolroaz等(2013)和Toffolon等(2014)提出了A2W-6模型，该模型可能会影响冬季双循环湖泊建模的性能。Piotrowski等(2022)建议将阈值校准为模型的第9个参数，而不是将其设置为一个固定值以适应湖泊的具体条件，该模型在本书中简称为A2W-9。然而，额外的参数可能会使模型更容易过度拟合校准数据中的一些噪声，因此，采用Zhu等(2021)验证的HARD-DE优化方法来校准参数，使模型在双循环湖泊中的性能得到改善。A2W-9模型适用于大部分湖泊，但对于水深但面积小的湖泊，其性能还需要改善(Piotrowski et al.，2022)。

另外，原始的air2water仅限于模拟开放水域的表面温度，在冰盖持续时间长的湖泊中应用困难。假设湖泊完全被冰覆盖，空气和水之间的热交换被阻塞，在这种情况下，地表能量平衡将取代水体的混合深度，成为主导因素。在此基础上，Guo等(2020)引入湖泊的状态(开放水域、冰覆盖、水和冰混合)参数对air2water模型进行修改，该模型有15个参数(A2W-15)需要校准。值得注意的是，该模型模拟的极高/极低湖面温度存在较大偏差，这可能是输入模型参数化继承的不确定性和MODIS地表温度产品的偏差造成的。另外，Zhu等(2022)使用改进的A2W-8模型对SST进行预测，结果表明模型预测性能良好，并且可在未知站点迁移，是预测SST的有效手段，但仍需与其他SST模型进行性能比较，利用其他地区的数据证明该模型的合理性。

在所有情况下，air2water模型与更复杂的基于物理过程的模型在预测性能上的表现都是类似的（日分辨率上的均方根误差约为1.5K)(Piccolroaz et al.，2018)，同时保留了回归模型的简约。该模型已被证明可以很好地捕捉LSWT的季节性变化和年际动态，适用于较长的时间尺度(从月到年)的模拟，还可以用于预测湖泊对气候变化的响应，为研究分层在控制湖泊热响应中的作用提供基础(Piccolroaz et al.，2021，2018；Heddam et al.，2020；Piotrowski et al.，2018；Toffolon and Piccolroaz，2015)。然而，这个模型不能对由水透明度、太阳辐射及风力强迫等因素引起的LSWT变化进行很好的预测(Piccolroaz，2016)。

Sotomayor(2010)使用ANN和MARS方法预测秘鲁曼塔罗河(Mantaro)流域的降水和温度。结果显示，ANN比MARS模型需要更多的数据，而MARS模型呈现出比ANN更准确的结果。Heddam等(2020)利用ERT、A2W-6、MARS、M5Tree、RF和MLPNN模型由AT预测每天的LSWT，结果显示，在所有25个湖泊中，air2water模型的准确度最高。Zhu等(2020)使用MLPNN、WT_MLPNN、非线性回归模型和A2W-6预测每日的LSWT，结果显示，air2water模型表现最好。

通过对比分析可以看出，air2water比其他模式预测结果更好，也更具竞争性，air2water模型具有较好的性能、较少的数据需求以及半物理来源，这使得air2water是一种在基础较差的区域研究气候变化的有效工具(Piotrowski et al.，2022)。由此可知，基于过程和统计的混合模型在效率和精度方面具有很大的潜力。

3.2.5 过程引导机器学习的混合模型

将科学知识和数据科学的优势结合起来创建一种基于理论和数据科学模型的混合组合，即利用丰富的科学知识来提高数据科学模型的有效性，这是一种新的建模范式——理论引导的数据科学(theory-guided data science，TGDS)，其结合了经验主义和理论的优势(Karpatne et al.，2017)。

TGDS 的范式通过在数据科学模型中无缝地混合科学知识来分别改善数据模型和理论模型的缺点。TGDS 模型使用先进的经验方法从数据中提取信息，但需要科学理论加以规则限制，这类模型可以被设计成符合理论或物理定律，可以在数据丰富时学习非常复杂的关系，因此它们的预测往往在物理和生物学上都是真实的，比基于过程的模型更准确(Jia et al.，2018；Hunter et al.，2018；Fang et al.，2017；Humphrey et al.，2016)。

融合基于理论的模型和数据科学模型来创建混合 TGDS 模型的方法有以下几种：一种方法是建立一个双组件模型，基于理论组件的输出被用作数据科学组件的输入，这一想法在气候科学中用于气候变量的统计降尺度分析(Wilby et al.，1998)，其中气候模型模拟在粗空间和时间分辨率的情况下，被用作统计模型的输入，以更精细的分辨率预测气候变量；另一种方法是使用数据科学方法来预测基于理论的、被遗漏的或被错误估计的一些中间参数，将数据科学地输出、输入到基于理论的模型中，使混合模型不仅可以表现出更好的预测性能，还可以修正现有基于理论模型的不足。基于理论的模型输出也用于数据科学模型的训练，通过为每个训练实例提供基于物理学原理的一致性估计来实现(Karpatne et al.，2017)。此外，针对训练样本少的问题，可以把基于理论模型的输出作为数据科学组件(Sadowski et al.，2016)中的训练样本，从而在它们之间创建双向协同作用。

在 TGDS 模型的广泛框架下，过程引导深度学习(process guided deep learning，PGDL)可以将人们对地球系统机理过程的理解与有效的预测工具进行结合，具体来说，PGDL 可通过使用领域知识减少对计算机训练数据的需求，或者在 ANN 模型中使用物理约束作为损失项进行模型训练(Daw et al.，2021)，使其符合物理规律。

Jia 等(2018)提出了一种物理引导的递归神经网络(physically guided recurrent neural network，PGRNN)模型，该模型将 RNN 和基于物理的模型结合起来，利用它们的互补优势，改进基于物理过程的模型，如图 3.5 所示。PGRNN 模型比物理模型的预测精度更高，生成的输出符合物理规律，且具有良好的泛化性。PGRNN 模型通过对基于物理过程模型的预测，进行“预训练”来初始化递归神经网络的权值，用于解决观测数据的不足问题。结果表明，即使在少量的观测数据下，“预训练”方法也能达到较好的性能。因能量守恒模型能够有效地提高学习性能和泛化能力，在加入密度-深度约束后，PGRNN 模型可以产生高度准确的物理上有意义的预测。

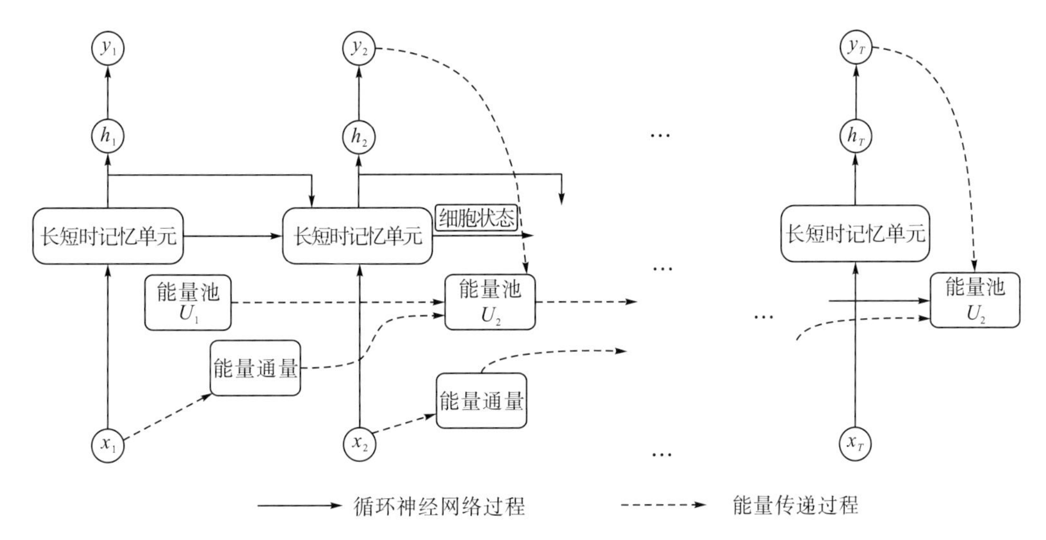

图 3.5 物理引导的递归神经网络模型(Jia et al.,2018)

Read 等(2019)对 Jia 等(2018)提出的数据稀疏性实验进行了改进，用于重新评估稀疏性对建模方法的影响，并设计了新的实验来检查模型在失控条件下的性能，对比使用不同数量的预训练数据的预测效果，在美国中西部的温带湖泊的不同集合中大规模应用 PGDL 模型，其示意图如图 3.6 所示。PGDL 的框架有三个主要组成部分：具有时间意识的深度学习模型(长短期记忆重现)、基于理论的反馈(违反能量守恒定律的模型惩罚)，以及使用合成数据初始化网络模型的预训练(基于过程模型的水温预测)。Read 等(2019)在训练数据稀少和在训练数据集的范围之外的条件下，进行了 PGDL 模型、DL 模型和基于过程模型的预测性能的评估，得出 PGDL 模型在大多数情况下的表现都较好。PGDL 模型一个潜在优点是在减少对过程模型的现场特定校准的同时，预测准确性较高，包括时间重复、过程约束和预训练等方面。温度是生态系统的“主变量”(Magnuson et al.，1979)，模型的改进可以直接转化为生物群建模的改进(Dietze et al.，2018；Mainali et al.，2015)，因此，将科学知识整合到深度学习工具中，可显著提升许多重要环境变量的预测效果，从而帮助我们更好更快地了解各种复杂的过程。

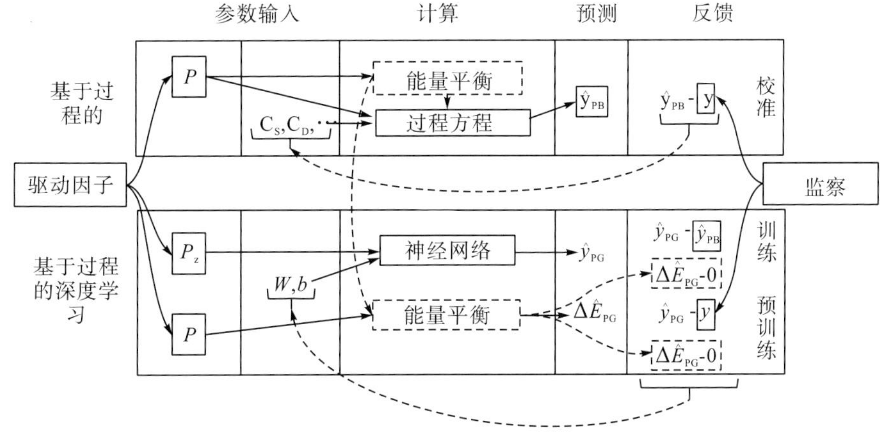

图 3.6 过程引导深度学习模型(Read et al., 2019)

如今，EFDC模型与神经网络模型耦合的相关研究逐渐增多。Zou等(2013) 结合EFDC模型和神经网络模型对中国抚仙湖水质风险进行分析。Liang 等(2020)分别使用 EFDC 模型和 LSTM 模型来预测叶绿素 a，发现 LSTM 模型可以模拟 EFDC 模型的预测能力，但是目前还没有学者耦合 EFDC 和 LSTM 模型来预测 LSWT，将来可以尝试进行这方面的研究。将基于过程的模型与先进的深度学习方法相结合，发挥它们的互补优势，已成为目前 LSWT 预测的一个重要研究方向。

3.3 LSWT 数据的验证

虽然近几十年来提出了许多反演、模拟和预测 LSWT 的算法，但关于算法验证的研究较少(Li et al.，2016)。由于很难获得地表温度的实测值，验证工作具有一定的难度。常用于验证地表温度反演精度的方法有基于温度的直接对比验证法、基于辐射能的验证法、交叉验证法，每种方法都有其优缺点，它们可以提供有关 LSWT 产品不确定性的不同信息(段四波等，2021)。

基于温度的直接比对验证法也称为参考验证法，被广泛应用于验证卫星衍生的地表水温产品(段四波等，2021)。此方法是在研究区选择若干个与遥感数据时间同步的地面实测温度数据，利用卫星遥感数据获取的地表温度反演结果进行对比验证，将实测数据与遥感像元数据之间的尺度效应统归于输入参数或算法本身的影响(王钰佳，2018)。同时它通过对卫星过境时像元(通常为千米级)的实测地表水温和卫星反演的温度进行比对，来评估反演的精度(Li et al.，2016，2012；Guillevic et al.，2012)。地表水温呈现出强烈的时空异质性，LSWT 在湖内的差异也可能达到 10℃(Toffolon et al.，2020)，在千米级像元的验证点上测量地表水温是一项复杂而困难的工作(Coll et al.，2012，2005)。

基于辐射能的验证法需要在地面测量验证点的比辐射率和大气剖面(Coll et al.，2012；Hulley and Hook，2009)。将卫星反演的地表水温带入辐射传输方程中，模拟卫星测量的辐射能，再将模拟得到的卫星辐射能与卫星测量的辐射能进行比对，调整反演的温度，直到两个辐射能相等或者接近，此时调整的温度与反演的温度之差即为反演的精度(Wan and Li，2008)。基于辐射能的验证法无须测量地表温度，只需测量大气廓线，通过比对卫星数据仿真值与实际观测值，就可实现千米级尺度地表温度的真实性检验，开辟了像元尺度地表温度验证的新途径。该方法的提出与成功应用使温度验证从传统的温度均一地表扩展到均质非同温地表，验证能力由传统的夜间拓展到全天(李召良等，2017)。这种验证方法是国际卫星对地观测委员会(committee on Earth Observation Satellites，CEOS)认定的地表温度产品的验证方法之一，目前，该方法已被应用于验证中国、美国和欧盟发布的各种中低空间分辨率卫星 RS 反演地表温度产品的准确性。

交叉验证是以经过确认的地表温度产物为参照，对卫星数据进行反演，将得出的地表温度与其他卫星的反演结果相比较，即用已知精度的地表水温产品与反演的水温进行交叉验证(Trigo et al.，2008)。交叉验证一般用于没有可用的大气廓线或者地面测量值的情况，或者是不能采用基于温度和辐射能的验证方法的情况。地表水温存在较大时空特性，因此在比较之前，需要进行地理坐标匹配、时间匹配以及观测天顶角的匹配（Qian et al.，2013；Trigo et al.，2008）。交叉验证的最大优点是无须实地测试就能进行验证，而且只要获取已经被验证过的产品，就可以在全球范围内使用。

3.4　本 章 小 结

近几十年，LSWT 模拟预测模型有基于数据驱动的数据模型和基于理论驱动的过程模型两种。理论驱动的过程模型是基于内部物理过程建立起来的精确数学模型，观测数据和目标参量之间具有明确的因果关系，参数具有非常明确的物理意义，具有超出观测条件之外的推断潜力。但是，基于理论驱动的过程模型难以准确地描述复杂多变的现实情况，并且一个精确、逼真的模型往往十分复杂，计算成本高昂，除此之外，该类模型中包含大量变量，某些变量可能难以获取和计算，从而给建模带来巨大的困难。基于数据驱动的模型在适应数据方面更加灵活，能够发现地理领域以外的一些模式。基于数据驱动的数据模型重在数据挖掘，而忽视物理规律，因此，往往无法解释因果关系，这种物理过程的不透明性、因果的不可解释性使得其受到一定的质疑和争议。而且，当预测超出用于模型训练的数据范围时，可能得到虚假和不准确的预测结果。将理论驱动的过程模型和数据驱动的数据模型进行耦合，可以实现优势互补，这是实现精确预测的关键途径之一。耦合模型的不确定性、泛化性、可迁移性以及小样本情况下的联合建模等都是亟须解决的问题（Yuan et al.，2020）。

参 考 文 献

阿卜杜如苏力·奥斯曼，艾力米努·阿布力江，祖丽哈也提·艾合买提，2022. 小波域内循环平移操作的图像高分辨率重建算法. 应用科学学报，40(2)：279-287.

曹辉，张亦弛，李平星，等，2022. 高质量发展背景下的城湖共生关系识别与评价——以长三角合肥—巢湖为例. 自然资源学报，37(6)：1626-1642.

陈超君，王钦，2014. 降尺度技术的应用研究进展. 气象科技进展，4(2)：62-65.

陈杰，秦毅，李怀恩，等，2011. 小波方法在水资源趋势分析中的能力检验. 中国水能及电气化(8)：14-22.

陈丽娟，李维京，1999. 月动力延伸预报产品的评估和解释应用. 应用气象学报，10(4)：486-490.

陈丽娟，李维京，张培群，等，2003. 降尺度技术在月降水预报中的应用. 应用气象学报，14(6)：648-655.

陈美玉，2018. 机器学习管理平台的研究与实现. 北京：北京邮电大学.

陈莹，2016. 抛物线方程法求解电波传播问题快速算法研究. 南京：南京邮电大学.

段四波，茹晨，李召良，等，2021. Landsat 卫星热红外数据地表温度遥感反演研究进展. 遥感学报，25(8)：1591-1617.

方楠，阳坤，拉珠，等，2017. WRF 湖泊模型对青藏高原纳木错湖的适用性研究. 高原气象，36(3)：610-618.

高谦，2017. 多模式动力降尺度与偏差订正相结合的中国区域极端温度模拟及预估. 南京：南京信息工程大学.

高志娟. 2015. 时标上若干不等式以及分数阶时标动力方程解的存在性的研究. 石家庄：河北师范大学.

韩红超，2018. 基于 Grubbs 检验法的沉降监测数据粗差探测及剔除. 测绘通报(S1)：229-231.

何思聪，董恒，张城芳，2020. 1994—2015年武汉城市圈湖泊演变规律及驱动力分析. 生态与农村环境学报，36(10)：1260-1267.
胡轶佳，朱益民，钟中，等，2011. 动力-统计降尺度方法对中国未来降水和气温变化的预测//第28届中国气象学会年会——S5气候预测新方法和新技术：569-581.
黄征凯，2018. 利用多源卫星数据研究青藏高原湖泊水储量变化及其影响因素. 武汉：武汉大学.
黄政，韩立新，肖艳，2017，一种基于移动终端的新型计步方法. 计算机学报，40(8)：1856-1871.
鞠婷婷，2018. 缺失数据下基于经验似然的变系数分位数回归统计推断. 长春：长春工业大学.
李加龙，李慧赟，罗激葱，等. 2022. 抚仙湖历史水位反演与未来30年水位变化预测. 湖泊科学，34(3)：958-971.
李维京，陈丽娟，1999. 动力延伸预报产品释用方法的研究. 气象学报，57(3)：83-90.
李召良，段四波，唐伯惠，等，2016. 热红外地表温度遥感反演方法研究进展. 遥感学报，20(5)：899-920.
李召良，唐伯惠，唐荣林，等，2017. 地表温度热红外遥感反演理论与方法. 科学观察，12(6)：57-59.
梁玉成，马昱堃，2022，对青年的计算文本“远读”——数字时代基于降维的整体认识论. 青年探索(3)：20-34.
刘嘉诚，胡炳樑，于涛，等，2021. 基于IERT的非线性全光谱复杂水体定量分析算法研究. 光谱学与光谱分析，41(12)：3922-3930.
刘捷先，张晨，2020. 公共服务平台下虚拟联盟成员选择机制及联盟企业间协同制造问题研究. 中国管理科学，28(2)：126-135.
刘修宇，江涛，厉彦一，2021. 基于机器学习中分辨率遥感影像分类应用研究. 地理信息世界，28(4)：66-73.
冒许鹏，2021. 基于Landsat长时间序列的森林类型和生物量制图. 南京：南京林业大学.
孟慧宁，2018. 两类非线性插值型曲线细分方法. 杭州：杭州电子科技大学.
盛敏，2009. 数字图像处理中非线性插值方法的应用研究. 合肥：合肥工业大学.
施光耀，周宇，桑玉强，等，2021. 基于随机森林方法分析环境因子对空气负离子的影响. 中国农业气象，42(5)：390-401.
孙新波，苏钟海，2018. 数据赋能驱动制造业企业实现敏捷制造案例研究. 管理科学，31(5)：117-130.
谭星，2017. 山地丘陵区耕地土壤养分数字化制图研究. 重庆：西南大学.
王良玉，张明林，祝洪涛，等，2021. 人工神经网络及其在地学中的应用综述. 世界核地质科学，38(1)：15-26.
王文刀，王润泽，魏鑫磊，等，2020. 基于堆叠式双向LSTM的心电图自动识别算法. 计算机科学，47(7)：118-124.
王钰佳，2018. 西南河流源区高时间分辨率地表温度反演与系统构建. 成都：电子科技大学.
王征，郭秀锐，程水源，等，2012. 三峡库区支流河口水动力及水污染迁移特性. 北京工业大学学报，38(11)：1731-1737.
吴名，2018. 基于优化配矿模型的高炉操作决策支持系统的基础研究. 武汉：武汉科技大学.
夏海宏，2010. 图像缩放及其GPU实现. 杭州：浙江大学.
熊翰林，2018. 赣江流域径流对气候变化的响应. 南昌：南昌工程学院.
严豪健，1996. 对流层大气折射延迟改正(Ⅱ)：当前主要研究方向和进展. 天文学进展，14(3)：181-191.
杨倩，2014. 基于EFDC的密云水库水环境及应急处理模型研究. 北京：中国地质大学(北京).
杨宇，2017. 基于深度学习算法的人脸识别研究. 长沙：湖南大学.
姚金坤，姚博，2020. 基于人工神经网络的锅炉燃烧智能化系统. 热能动力工程，35(3)：249-255.
于丽娟，余晔，何建军，等，2015. 中国地区WRF动力降尺度的评估及陆面资料精度对模拟结果的影响//第32届中国气象学会年会——S3军用数值天气预报技术及应用：218-230.
张昊，张小雨，张振友，等，2022. 基于深度学习的入侵检测模型综述. 计算机工程与应用，58(6)：17-28.
张洪，陈震，张帅，2011. 云南高原湖泊流域土地利用与水质变化异质性分析. 资源开发与市场，27(7)：646-650，672.
张徐杰，2015. 气候变化下基于SWAT模型的钱塘江流域水文过程研究. 杭州：浙江大学.
张月月，2020. 气候变暖背景下滇池表面水温响应过程研究. 昆明：云南师范大学.

赵志文，高敏，2022. 缺失数据下随机系数自回归模型的参数估计. 统计与决策，38(1)：16-20.

郑国勋，姚学坤，陈冠澎，等，2021. 长白山生态数据爬取及清洗研究. 长春工程学院学报(自然科学版)，22(4)：82-86，124.

周勇，刘凡，吴丹，等，1999. 湖泊水环境预测的原理与方法. 长江流域资源与环境(3)：78-84.

朱森林，吴时强，2018. 高斯过程回归模型在河流水温模拟中的应用. 华中科技大学学报(自然科学版)，46(10)：122-126.

Aitkin M，Foxall R，2003. Statistical modelling of artificial neural networks using the multi-layer perceptron. Statistics and Computing，13(3)：227-239.

Akhtar M，Ahmad N，Booij M J，2008. The impact of climate change on the water resources of Hindukush–Karakorum–Himalaya region under different glacier coverage scenarios. Journal of Hydrology，355(1-4)：148-163.

Anandhi A，Frei A，Pierson D C，et al.，2011. Examination of change factor methodologies for climate change impact assessment. Water Resources Research，47(3)：1-10.

Andrew J T，Norman D Y，Keller B，et al.，2008. Cooling lakes while the world warms：effects of forest regrowth and increased dissolved organic matter on the thermal regime of a temperate，urban lake. Limnology and Oceanography，53(1)：404-410.

Arhonditsis G B，Brett M T，2004. Evaluation of the current state of mechanistic aquatic biogeochemical modeling. Marine Ecology Progress Series，271：13-26.

Biau G，Devroye L，Lugosi G，2008. Consistency of random forests and other averaging classifiers. Journal of Machine Learning Research，9：2015-2033.

Bowden G J，Maier H R，Dandy G C，2002. Optimal division of data for neural network models in water resources applications. Water Resources Research，38(2)：1010.

Breiman L，2001. Random forests. Machine Learning，45(1)：5-32.

Breiman L，Friedman J H，Olshen R A，et al.，2017. Classification and regression trees. London：Routledge.

Brunsdon C，Fotheringham A S，Charlton M E，1996. Geographically weighted regression：a method for exploring spatial nonstationarity. Geographical Analysis，28(4)：281-298.

Brunsdon C，Fotheringham A S，Charlton M E，1999. Some notes on parametric significance tests for geographically weighted regression. Journal of Regional Science，39(3)：497-524.

Carrizosa E，Molero-Río C，Morales D R，2021. Mathematical optimization in classification and regression trees. Springer，29(1)：5-33.

Casulli V，Cheng R T，1992. Semi-implicit finite difference methods for three-dimensional shallow water flow. International Journal for Numerical Methods in Fluids，15(6)：629-648.

Chen H Q，Kim A S，2006. Prediction of permeate flux decline in crossflow membrane filtration of colloidal suspension：a radial basis function neural network approach. Desalination，192(1-3)：415-428.

Chen H M，Engkvist O，Wang Y H，et al.，2018. The rise of deep learning in drug discovery. Drug Discovery Today，23(6)：1241-1250.

Chen L B，Yang Z F，Liu H F，2016. Assessing the eutrophication risk of the Danjiangkou Reservoir based on the EFDC model. Ecological Engineering，96：117-127.

Chen T，Zhu L，Niu R Q，et al.，2020. Mapping landslide susceptibility at the Three Gorges Reservoir，China，using gradient boosting decision tree，random forest and information value models. Journal of Mountain Science，17(3)：670-685.

Cinar A C，2020. Training feed-forward multi-layer perceptron artificial neural networks with a tree-seed algorithm. Arabian Journal for Science and Engineering，45(12)：10915-10938.

Clark M P，Schaefli B，Schymanski S J，et al.，2016. Improving the theoretical underpinnings of process-based hydrologic models. Water Resources Research，52(3)：2350-2365.

Coll C，Caselles V，Galve J，et al.，2005. Ground measurements for the validation of land surface temperatures derived from AATSR and MODIS data. Remote Sensing of Environment，97(3)：288-300.

Coll C，Galve J M，Sanchez J M，et al.，2010. Validation of Landsat-7/ETM+ thermal-band calibration and atmospheric correction with ground-based measurements. IEEE Transactions on Geoscience and Remote Sensing，48(1)：547-555.

Coll C，Caselles V，Valor E，et al.，2012. Comparison between different sources of atmospheric profiles for land surface temperature retrieval from single channel thermal infrared data. Remote Sensing of Environment，117：199-210.

Cui X W，Niu D，Chen B，et al.，2021. Forecasting of carbon emission in China based on gradient boosting decision tree optimized by modified whale optimization algorithm. Sustainability，13(21)：1-18.

Malmgren-Hansen D，Laparra V，Aasbjerg Nielsen A，et al.，2019. Statistical retrieval of atmospheric profiles with deep convolutional neural networks. ISPRS Journal of Photogrammetry and Remote Sensing，158：231-240.

Daw A，Karpatne A，Watkins W，et al.，2021. Physics-Guided Neural Networks（PGNN）：an application in lake temperature modeling. New York: Cornell University.

Diaz-Nieto J，Wilby R L，2005. A comparison of statistical downscaling and climate change factor methods：impacts on low flows in the River Thames United Kingdom. Climatic Change，69(2)：245-268.

Dietze M C，Fox A，Beck-Johnson L M，et al.，2018. Iterative near-term ecological forecasting：needs，opportunities，and challenges. Proceedings of the National Academy of Sciences of the United States of America，115(7)：1424-1432.

Duan S B，Li Z L，Wang N，et al.，2012. Evaluation of six land-surface diurnal temperature cycle models using clear-sky in situ and satellite data. Remote Sensing of Environment，124：15-25.

Duan S B，Li Z L，Tang B H，et al.，2014a. Direct estimation of land-surface diurnal temperature cycle model parameters from MSG–SEVIRI brightness temperatures under clear sky conditions. Remote Sensing of Environment，150：34-43.

Duan S B，Li Z L，Tang B H，et al.，2014b. Estimation of diurnal cycle of land surface temperature at high temporal and spatial resolution from clear-sky MODIS data. Remote Sensing，6(4)：3247-3262.

Fan J L，Yue W J，Wu L F，et al.，2018. Evaluation of SVM，ELM and four tree-based ensemble models for predicting daily reference evapotranspiration using limited meteorological data in different climates of China. Agricultural and Forest Meteorology，263(168-1923)：225-241.

Fang K，Shen C P，Kifer D，et al.，2017. Prolongation of SMAP to spatiotemporally seamless coverage of continental U. S. using a deep learning neural network. Geophysical Research Letters(44)：11030-11039.

Fotheringham A S，Charlton M，Brunsdon C，1996. The geography of parameter space：an investigation of spatial non-stationarity. International Journal of Geographical Information Systems，10(5)：605-627.

Friedman J H，1991a. Multivariate adaptive regression splines（with discussion）. The Annals of Statistics，19(1)：79-141.

Friedman J H，1991b. Multivariate adaptive regression splines. The Annals of Statistics，19(1)：1-67.

Friedman J H，2001. Greedy function approximation：a gradient boosting machine. Annals of Statistics，29(5)：1189-1232.

Friedman J H，2002. Stochastic gradient boosting. Computational Statistics & Data Analysis，38(4)：367-378.

Galelli S，Castelletti A，2013. Assessing the predictive capability of randomized tree-based ensembles in streamflow modelling. Hydrology and Earth System Sciences，17(7)：2669-2684.

Gallina N，Salmaso N，Morabito G，et al.，2013. Phytoplankton configuration in six deep lakes in the peri-alpine region：are the key drivers related to eutrophication and climate?. Aquatic Ecology，47(2)：177-193.

Geurts P，Ernst D，Wehenkel L，2006. Extremely randomized trees. Machine Learning，63(1)：3-42.

Gleick P H，1986. Methods for evaluating the regional hydrologic impacts of global climatic changes. Journal of Hydrology，88(1-2)：97-116.

Goudsmit G H，Burchard H，Peeters F，et al.，2002. Application of k-ε turbulence models to enclosed basins：the role of internal seiches. Journal of Geophysical Research：Oceans，107(C12)：2301-2313

Goyal M K，Ojha C S P，2011. Estimation of scour downstream of a ski-jump bucket using support vector and M5 model tree. Water Resources Management，25(9)：2177-2195.

Goyette S，Perroud M，2012. Interfacing a one-dimensional lake model with a single-column atmospheric model：application to the deep Lake Geneva，Switzerland. Water Resources Research，48(4)：4507.

Gu H P，Jin J M，Wu Y H，et al.，2015. Calibration and validation of lake surface temperature simulations with the coupled WRF-lake model. Climatic Change，129(3)：471-483.

Gu H P，Ma Z G，Li M X，2016. Effect of a large and very shallow lake on local summer precipitation over the Lake Taihu basin in China. Journal of Geophysical Research：Atmospheres，121(15)：8832-8848.

Guillevic P C，Privette J L，Coudert B，et al.，2012. Land Surface Temperature product validation using NOAA' s surface climate observation networks—scaling methodology for the Visible Infrared Imager Radiometer Suite（VIIRS）. Remote Sensing of Environment，124：282-298.

Guo L N，Zheng H X，Wu Y H，et al.，2020. Responses of lake ice phenology to climate change at Tibetan Plateau. IEEE Journal of Selected Topics in Applied Earth Observations and Remote Sensing，13：3856-3861.

Hanssen-Bauer I，Achberger C，Benestad R E，et al.，2005. Statistical downscaling of climate scenarios over Scandinavia. Climate Research，29(3)：255-268.

Hastie T J，Tibshirani R J，1986. Generalized additive models. Statistical Science，1(3)：297-310.

He W，Lian J J，Zhang J，et al.，2019. Impact of intra-annual runoff uniformity and global warming on the thermal regime of a large reservoir. Science of The Total Environment，658：1085-1097.

Heddam S，Ptak M，Zhu S L，2020. Modelling of daily lake surface water temperature from air temperature：extremely randomized trees（ERT）versus Air2Water，MARS，M5Tree，RF and MLPNN. Journal of Hydrology，588：125130.

Henderson-Sellers B，1985. New formulation of eddy diffusion thermocline models. Applied Mathematical Modelling，9(6)：441-446.

Hillmer I，Van Reenen P，Imberger J，et al.，2008. Phytoplankton patchiness and their role in the modelled productivity of a large，seasonally stratified lake. Ecological Modelling，218(1-2)：49-59.

Hochreiter S，Schmidhuber J，1997. Long short-term memory. Neural Computation，9(8)：1735-1780.

Hodges B，Dallimore C，2006. Estuary，lake and coastal ocean model：ELCOM v2. 2 science manual//Centre for Water Research，University of Western Australia.

Hodges B R，Imberger J，Saggio A，et al.，2000. Modeling basin-scale internal waves in a stratified lake. Limnology and Oceanography，45(7)：1603-1620.

Hostetler S W，Bates G T，Giorgi F，1993. Interactive coupling of a lake thermal model with a regional climate model. Journal of Geophysical Research：Atmospheres，98(D3)：5045-5057.

Huang F，Zhan W，Duan S B，et al.，2014. A generic framework for modeling diurnal land surface temperatures with remotely sensed thermal observations under clear sky. Remote Sensing of Environment，150：140-151.

Huang H，Ji X，Xia F，et al.，2019. Multivariate adaptive regression splines for estimating riverine constituent concentrations. Hydrological Processes，34(5)：1213-1227.

Hulley G C，Hook S J，2009. Intercomparison of versions 4,4.1 and 5 of the MODIS Land Surface temperature and emissivity products and validation with laboratory measurements of sand samples from the Namib desert，Namibia. Remote Sensing of Environment，113(6)：1313-1318.

Humphrey G B，Gibbs M S，Dandy G C，et al.，2016. A hybrid approach to monthly streamflow forecasting：integrating hydrological model outputs into a Bayesian artificial neural network. Journal of Hydrology，540：623-640.

Hunter J M，Maier H R，Gibbs M S，et al.，2018. Framework for developing hybrid process-driven，artificial neural network and regression models for salinity prediction in river systems. Hydrology and Earth System Sciences，22(5)：2987-3006.

Imberger J，1981. A dynamic reservoir simulation model-DYRESM. Environment Science(9)：310-361.

Imberger J，Patterson J C，1981. A dynamic reservoir simulation model-dyresm 5. Transport Models for Inland and Coastal Waters：310-361.

Jain A，Srinivasulu S，2004. Development of effective and efficient rainfall-runoff models using integration of deterministic，real-coded genetic algorithms and artificial neural network techniques. Water Resources Research，40(4)：W04302.

Jakubauskas M E，Legates D R，Kastens J H，2003. Crop identification using harmonic analysis of time-series AVHRR NDVI data. Computers and Electronics in Agriculture，37(1-3)：127-139.

James S C，Boriah V，2010. Modeling algae growth in an open-channel raceway. Journal of Computational Biology，17(7)：895-906.

Ji Z G，Morton M R，Hamrick J M，2001. Wetting and drying simulation of estuarine processes. Estuarine，Coastal and Shelf Science，53(5)：683-700.

Jia X W，Willard J，Karpatne A，et al.，2018. Physics guided RNNs for modeling dynamical systems：a case study in simulating lake temperature profiles//Proceedings of the 2019 SIAM international conference on data mining. Society for Industrial and Applied Mathematics：558-566.

Jiang F，Sui Y F，Zhou L，2015. A relative decision entropy-based feature selection approach. Pattern Recognition，48(7)：2151-2163.

Jin M L，Dickinson R E，1999. Interpolation of surface radiative temperature measured from polar orbiting satellites to a diurnal cycle：without clouds. Journal of Geophysical Research：Atmospheres，104(D2)：2105-2116.

Karpatne A，Atluri G，Faghmous J H，et al.，2017. Theory-guided data science：a new paradigm for scientific discovery from data. IEEE Transactions on Knowledge and data Engineering，29(10)：2318-2331.

Kettle H，Thompson R，Anderson N J，et al.，2004. Empirical modeling of summer lake surface temperatures in southwest greenland. Limnology and Oceanography，49(1)：271-282.

Kim K，Park M，Min J H，et al.，2014. Simulation of algal bloom dynamics in a river with the ensemble Kalman filter. Journal of Hydrology，519：2810-2821.

Kintisch E，2015. Earth' s lakes are warming faster than its air. Science，350(6267)：1449.

Kitaigorodsky S，Miropolsky Y Z，1970. On the theory of the open ocean active layer. Atmospheric and Oceanic Physics，6：97-102.

Kononova A V，Corne D W，De Wilde P，2015. Structural bias in population-based algorithms. Information Sciences，298：468-490.

Kraus E B，Turner J S，1967. A one-dimensional model of the seasonal thermocline Ⅱ：the general theory and its consequences. Tellus，19(1)：98-106.

Lazer D，Kennedy R，King G，et al.，2014. The parable of google flu：traps in big data analysis. Science，343(6176)：1203-1205.

Leathwick J R，Elith J，Hastie T，2006. Comparative performance of generalized additive models and multivariate adaptive regression splines for statistical modelling of species distributions. Ecological Modelling，199(2)：188-196.

Lek S，Delacoste M，Baran P，et al.，1996. Application of neural networks to modelling nonlinear relationships in ecology. Ecological Modelling，90(1)：39-52.

León L F，Imberger J，Smith R E H，et al.，2005. Modeling as a tool for nutrient management in Lake Erie：a hydrodynamics study. Journal of Great Lakes Research，31：309-318.

León L F，Smith R E H，Hipsey M R，et al.，2011. Application of a 3D hydrodynamic-biological model for seasonal and spatial dynamics of water quality and phytoplankton in Lake Erie. Journal of Great Lakes Research，37(1)：41-53.

Lewin W C，Mehner T，Ritterbusch D，et al.，2014. The influence of anthropogenic shoreline changes on the littoral abundance of fish species in German lowland lakes varying in depth as determined by boosted regression trees. Hydrobiologia，724(1)：293-306.

Li Z L，Tang B H，Wu H，et al，2016. Review of methods for land surface temperature derived from thermal infrared remotely sensed data. Journal of Remote Sensing，20(5)：899-920.

Li Z L，Tang B H，Wu H，et al.，2012. Satellite-derived land surface temperature：current status and perspectives. Remote Sensing of Environment，131：14-37.

Liang Z Y，Zou R，Chen X，et al.，2020. Simulate the forecast capacity of a complicated water quality model using the long short-term memory approach. Journal of Hydrology，581：124432.

Loh W Y，2011. Classification and regression trees. Wiley Interdisciplinary Reviews：Data Mining and Knowledge Discovery，1(1)：14-23.

Lu X H，Ju Y，Wu L F，et al.，2018. Daily pan evaporation modeling from local and cross-station data using three tree-based machine learning models. Journal of Hydrology，566：668-684.

Magnuson J J，Crowder L B，Medvick P A，1979. Temperature as an ecological resource. American Zoologist，19(1)：331-343.

Maier H R，Dandy G C，1996. The use of artificial neural networks for the prediction of water quality parameters. Water Resources Research，32(4)：1013-1022.

Mainali K P，Warren D L，Dhileepan K，et al.，2015. Projecting future expansion of invasive species：comparing and improving methodologies for species distribution modeling. Global Change Biology，21(12)：4464-4480.

Mallard M S，Nolte C G，Spero T L，et al.，2014. Technical challenges and solutions in representing lakes when using WRF in downscaling applications. Geoscientific Model Development，8(4)：1085-1096.

Martynov A，Sushama L，Laprise R，2010. Simulation of temperate freezing lakes by one-dimensional lake models：performance assessment for interactive coupling with regional climate models. Boreal Environment Research，15：143-164.

Martynov A，Sushama L，Laprise R，et al.，2012. Interactive lakes in the Canadian regional climate model，version 5：the role of lakes in the regional climate of North America. Tellus A：Dynamic Meteorology and Oceanography，64(1)：16226.

Mei C L，He S Y，Fang K T，2004. A note on the mixed geographically weighted regression model. Journal of Regional Science，44(1)：143-157.

Minville M，Brissette F，Leconte R，2008. Uncertainty of the impact of climate change on the hydrology of a nordic watershed. Journal of Hydrology，358(1-2)：70-83.

Mirabbasi R，Kisi O，Sanikhani H，et al.，2019. Monthly long-term rainfall estimation in Central India using M5Tree，MARS，LSSVR，ANN and GEP models. Neural Computing and Applications，31(10)：6843-6862.

Mironov D，Heise E，Kourzeneva E，et al.，2010. Implementation of the lake parameterisation scheme FLake into the numerical weather prediction model COSMO.Boreal Environment Research，15(2)：218-230.

Pan Y P，Wang J，2012. Model predictive control of unknown nonlinear dynamical systems based on recurrent neural networks. IEEE Transactions on Industrial Electronics，59(8)：3089-3101.

Pareeth S，Delucchi L，Metz M，et al.，2016. New automated method to develop geometrically corrected time series of brightness temperatures from historical AVHRR LAC data. Remote Sensing，8(3)：169.

Pedersen E J，Miller D L，Simpson G L，et al.，2019. Hierarchical generalized additive models in ecology：an introduction with mgcv. PeerJ，7：e6876.

Peeters F，Livingstone D M，Goudsmit G H，et al.，2002. Modeling 50 years of historical temperature profiles in a large central European lake. Limnology and Oceanography，47(1)：186-197.

Piccolroaz S，2016. Prediction of lake surface temperature using the air2water model：guidelines，challenges，and future perspectives. Advances in Oceanography and Limnology，7(1)：36-50.

Piccolroaz S，Toffolon M，Majone B，2013. A simple lumped model to convert air temperature into surface water temperature in lakes. Hydrology and Earth System Sciences，17(8)：3323-3338.

Piccolroaz S，Toffolon M，Majone B，2015. The role of stratification on lakes' thermal response：the case of Lake Superior. Water Resources Research，51(10)：7878-7894.

Piccolroaz S，Woolway R I，Merchant C J，2020. Global reconstruction of twentieth century lake surface water temperature reveals different warming trends depending on the climatic zone. Climatic Change，160(3)：427-442.

Piccolroaz S，Healey N C，Lenters J D，et al.，2018. On the predictability of lake surface temperature using air temperature in a changing climate：a case study for Lake Tahoe（USA）. Limnology and Oceanography，63(1)：243-261.

Piccolroaz S，Zhu S，Ptak M，et al.，2021. Warming of lowland Polish lakes under future climate change scenarios and consequences for ice cover and mixing dynamics. Journal of Hydrology：Regional Studies，34：100780.

Piotrowski A P，Napiorkowski J J，2018. Performance of the air2stream model that relates air and stream water temperatures depends on the calibration method. Journal of Hydrology，561：395-412.

Piotrowski A P，Zhu S，Napiorkowski J J，2022. Air2water model with nine parameters for lake surface temperature assessment. Limnologica，94：125967.

Qian Y G，Li Z L，Nerry F，2013. Evaluation of land surface temperature and emissivities retrieved from MSG/SEVIRI data with MODIS land surface temperature and emissivity products. International Journal of Remote Sensing，34(9-10)：3140-3152.

Quan J L，Chen Y H，Zhan W，et al.，2014. A hybrid method combining neighborhood information from satellite data with modeled diurnal temperature cycles over consecutive days. Remote Sensing of Environment，155：257-274.

Quinlan J R，1992. Learning with continuous classes. 5th Australian Joint Conference on Artificial Intelligence，92：343-348.

Rahimikhoob A，Asadi M，Mashal M，2013. A comparison between conventional and M5 model tree methods for converting pan evaporation to reference evapotranspiration for semi-arid region. Water Resources Management，27(14)：4815-4826.

Razmi A M，Barry D A，Bakhtyar R，et al.，2013. Current variability in a wide and open lacustrine embayment in Lake Geneva（Switzerland）. Journal of Great Lakes Research，39(3)：455-465.

Read J S，Jia X W，Willard J，et al.，2019. Process-guided deep learning predictions of lake water temperature. Water Resources Research，55(11)：9173-9190.

Sadowski P，Fooshee D，Subrahmanya N，et al.，2016. Synergies between quantum mechanics and machine learning in reaction prediction. Journal of Chemical Information and Modeling，56(11)：2125-2128.

Sahoo G B，Ray C，2006. Flow forecasting for a Hawaii stream using rating curves and neural networks. Journal of Hydrology，317(1-2)：63-80.

Sahoo G B，Ray C，2008. Microgenetic algorithms and artificial neural networks to assess minimum data requirements for prediction of pesticide concentrations in shallow groundwater on a regional scale. Water Resources Research，44(5)：W05414.

Sahoo G B，Schladow S G，Reuter J E，2009. Forecasting stream water temperature using regression analysis，artificial neural network，and chaotic non-linear dynamic models. Journal of Hydrology，378(3)：325-342.

Sahoo G B，Forrest A L，Schladow S G，et al.，2016. Climate change impacts on lake thermal dynamics and ecosystem vulnerabilities. Limnology and Oceanography，61(2)：496-507.

Semadeni-Davies A，Hernebring C，Svensson G，et al.，2008. The impacts of climate change and urbanisation on drainage in Helsingborg，Sweden：Suburban stormwater. Journal of Hydrology，350(1-2)：114-125.

Sharma S，Walker S C，Jackson D A，2008. Empirical modelling of lake water-temperature relationships：a comparison of approaches. Freshwater Biology，53(5)：897-911.

Shin J，Kim S M，Son Y B，et al.，2019. Early prediction of margalefidinium polykrikoides bloom using a LSTM neural network model in the South Sea of Korea. Journal of Coastal Research，90(sp1)：236-242.

Singh K K，Pal M，Singh V P，2010. Estimation of mean annual flood in Indian catchments using backpropagation neural network and M5 model tree. Water Resources Management，24(10)：2007-2019.

Sotomayor K，2010. Comparison of adaptive methods using multivariate regression splines（MARS）and artificial neural networks backpropagation（ANNB）for the forecast of rain and temperatures in the Mantaro river basin. Hydrology Days：58-68.

Su T N，Istvan L，Li Z Q，et al.，2020. Refining aerosol optical depth retrievals over land by constructing the relationship of spectral surface reflectances through deep learning：application to Himawari-8. Remote Sensing of Environment，251：112093.

Sun F P，Walton D B，Hall A，2015. A hybrid dynamical-statistical downscaling technique，part Ⅱ：end-of-century warming projections predict a new climate state in the Los Angeles region. Journal of Climate，28(12)：4618-4636.

Sun W Z，Jiang M Y，Ren L，et al.，2017. Respiratory signal prediction based on adaptive boosting and multi-layer perceptron neural network. Physics in Medicine and Biology，62(17)：6822-6835.

Tanentzap A J，Hamilton D P，Yan N D，2007. Calibrating the Dynamic Reservoir Simulation Model (DYRESM) and filling required data gaps for one-dimensional thermal profile predictions in a boreal lake.Limnology and Oceanography: Methods, 5(12): 484-494.

Toffolon M，Piccolroaz S，2015. A hybrid model for river water temperature as a function of air temperature and discharge. Environmental Research Letters，10(11)：114011.

Toffolon M，Piccolroaz S，Calamita E，2020. On the use of averaged indicators to assess lakes' thermal response to changes in climatic conditions. Environmental Research Letters，15(3)：034060.

Toffolon M，Piccolroaz S，Majone B，et al.，2014. Prediction of surface temperature in lakes with different morphology using air temperature. Limnology and Oceanography，59(6)：2185-2202.

Torbick N，Ziniti B，Wu S，et al.，2016. Spatiotemporal lake skin summer temperature trends in the Northeast United States. Earth Interactions，20(25)：1-21.

Trigo I F，Monteiro I T，Olesen F，et al.，2008. An assessment of remotely sensed land surface temperature. Journal of Geophysical Research-Atmospheres，113(17)：D17108.

Valerio G，Pilotti M，Barontini S，et al，2015. Sensitivity of the multiannual thermal dynamics of a deep pre-alpine lake to climatic change. Hydrological Processes，29(5)：767-779.

Von Storch H，Zorita E，Cubasch U，1993. Downscaling of global climate change estimates to regional scales：an application to Iberian rainfall in wintertime. Journal of Climate，6(6)：1161-1171.

Walton D B，Sun F P，Hall A，et al.，2015. A hybrid dynamical-statistical downscaling technique. part Ⅰ：development and validation of the technique. Journal of Climate，28(12)：4597-4617.

Wan Z，Li Z L，2008. Radiance-based validation of the V5 MODIS land-surface temperature product. International Journal of Remote Sensing，29(17-18)：5373-5395.

Wang J，Eicken H，Yu Y，et al.，2014. Abrupt climate changes and emerging ice-ocean processes in the Pacific Arctic region and the Bering Sea. Springer, 1：65-99.

Wang Y，Witten I H，1996. Induction of model trees for predicting continuous classes. Hamilton：The University of Waikato.

Wilby R L，Wigley T，Conway D，et al.，1998. Statistical downscaling of general circulation model output：a comparison of methods. Water Resources Research，34(11)：2995-3008.

Wilby R L，Hay L E，Gutowski W J Jr，et al.，2000. Hydrological responses to dynamically and statistically downscaled climate model output. Geophysical Research Letters，27(8)：1199-1202.

Woolway R I，Jones I D，Feuchtmayr H，et al.，2015. A comparison of the diel variability in epilimnetic temperature for five lakes in the English Lake District. Inland Waters，5(2)：139-154.

Woolway R I，Jones I D，Maberly S C，et al.，2016. Diel surface temperature range scales with lake size. Plos One，11(3)：e0152466.

Xiao C L，Lofgren B M，Wang J，et al.，2016. Improving the lake scheme within a coupled WRF-lake model in the Laurentian Great Lakes. Journal of Advances in Modeling Earth Systems，8(4)：1969-1985.

Xu Y M，Shen Y，Wu Z Y，2013. Spatial and temporal variations of land surface temperature over the Tibetan Plateau based on harmonic analysis. Mountain Research and Development，33(1)：85-94.

Yang G X，Moyer D L，2020. Estimation of nonlinear water-quality trends in high-frequency monitoring data. Science of the Total Environment，715：136686.

Yang K，Yu Z，Luo Y，et al.，2017. Lake surface water temperature prediction and visualization. Chinese Journal of Scientific Instrument，38(12)：3090-3099.

Yang Z L，2015. Foreword to the special issue：regional earth system modeling. Climatic Change，129(3)：365-368.

Yaseen Z M，Deo R C，Hilal A，et al.，2018. Predicting compressive strength of lightweight foamed concrete using extreme learning machine model. Advances in Engineering Software，115：112-125.

Yuan Q Q，Shen H F，Li T W，et al.，2020. Deep learning in environmental remote sensing：achievements and challenges. Remote Sensing of Environment，241(11)：111716.

Zhang C S，Liu C C，Zhang X L，et al.，2017. An up-to-date comparison of state-of-the-art classification algorithms. Expert Systems with Applications，82：128-150.

Zheng J，Xu C C，Zhang Z A，et al.，2017. Electric load forecasting in smart grids using long-short-term-memory based recurrent neural network//51st Annual Conference on Information Sciences and Systems(CISS). IEEE:1-6.

Zhang J Y，Hall M J，2004. Regional flood frequency analysis for the Gan-Ming River basin in China. Journal of Hydrology，296(1-4)：98-117.

Zhang J F，Zhu Y，Zhang X P，et al.，2018. Developing a long short-term memory (LSTM) based model for predicting water table depth in agricultural areas. Journal of Hydrology，561：918-929.

Zhou S Y，Zhou L，Mao M X，et al.，2019. An optimized heterogeneous structure LSTM network for electricity price forecasting. IEEE Access，7：108161-108173.

Zhu S L，Hadzima-Nyarko M，Gao A，et al.，2019. Two hybrid data-driven models for modeling water-air temperature relationship in rivers. Environmental Science and Pollution Research International，26(12)：12622-12630.

Zhu S L，Ptak M，Yaseen Z M，et al.，2020. Forecasting surface water temperature in lakes：a comparison of approaches. Journal of Hydrology，585：124809.

Zhu S，Piotrowski A P，Ptak M，et al.，2021. How does the calibration method impact the performance of the air2water model for the forecasting of lake surface water temperatures. Journal of Hydrology，597：126219.

Zhu S L，Luo Y，Ptak M，et al.，2022. A hybrid model for the forecasting of sea surface water temperature using the information of air temperature：a case study of the Baltic Sea. All Earth，34(1)：27-38.

Zhu Y，Yang J，Hao J，et al.，2009. Advances in Water Resources and Hydraulic Engineering. Berlin：Springer.

Zou R，Zhang X L，Liu Y，et al.，2013. A linked EFDC-NN model for risk-based load reduction analysis of Lake Fuxian watershed. China Environmental Science，33(9)：1721-1727.

第4章　湖泊表面水温数据集超分辨率图像重建

利用热红外遥感快速获取较为准确的全球地表及湖泊表面水温数据的技术已经较为成熟（Alcântara et al.，2010）。随着对地观测技术的不断发展，对地观测卫星的数量和质量都有了显著提高，目前能够用于地表温度及水体温度反演的卫星主要有SPOT、Landsat、MODIS、ZY-1、AVHRR、天宫一号、HJ-1等，针对不同卫星搭载的传感器，国内外学者提出了多种反演算法获取LSWT数据，单一影像反演存在数据缺失、数据空间分辨率高但时间分辨低的问题，如Landsat遥感影像就存在这些问题，而MODIS遥感影像则相反，其时间分辨率较高但空间分辨较低。通过超分辨图像重建技术，可以对时间分辨率高但空间分辨率低的水温数据集进行重建，从而提高数据的利用率和实用性。

目前已有一些关于LSWT数据超分辨重建的研究，但现有数据无法有效地兼顾时间分辨率与空间分辨率，且已提出的超分辨率重建在健壮性、可行性及普适性方面均具有不同程度的局限性。因此，有必要针对研究区内LSWT及已有影像数据的特点，构建更为有效的模型对湖泊表面水温及相关因子进行超分辨率重建与模拟。

4.1　湖泊表面水温超分辨率重建的概念与理论基础

4.1.1　超分辨率重建的概念

Harris（1964）首次提出“图像超分辨率”这一概念，对单幅的低分辨图像进行线性插值和样条函数插值，生成高分辨率图像，且与原低分辨图像尽可能保持一致。Tsai和Huang（1984）提出基于序列超分辨率重建（super resolution image re-construction，SRIR或SR）的算法，利用傅里叶变换，在频率域中通过建立低分辨图像和高分辨率图像的线性关系进行重建。很多文献把SRIR定义为：使用信号处理和图像处理的方法，将已有的低分辨率（low-resolution，LR）图像转换成高分辨率（high resolution，HR）图像的技术（Park et al.，2003；Tsai and Huang，1984；Harris，1964）。

SRIR与图像增强（image enhancement）不同（Dong et al.，2016），图像增强是将原来不清晰的图像变得清晰或强调某些感兴趣的特征，扩大图像中不同物体特征之间的差别，抑制不感兴趣的特征，改善图像质量、丰富信息量，加强图像判读和识别效果，满足特殊分析的需要，它一般是一个失真的过程，不关心增强后的图像是否符合真实图像；而SRIR则注重还原已经降采样后的失真图像，重建得到的高分辨图像应尽可能不失真，它与图像增强的目的不同，所用的算法也有很大的区别（翟海天，2016）。

SRIR本质上属于图像的融合，图像融合可分为基于像素、特征及决策三种融合，SRIR属于像素融合，是最底层的融合，其操作灵活，可引入的有用信息最多，它可以对同一传感器不同时间、空间的多个信号进行融合，也可以对一个场景同一时间多个同类传感器得到的多幅图像进行融合，得到一幅具有更多细节信息的 HR 图像，同时也是运算量最大、算法最为复杂的融合(翟海天，2016)。

在建立 LSWT 数据集时，针对单一遥感影像中信息源不足的问题，采用遥感影像融合方法实现 SRIR，以便充分、有效地利用不同遥感影像空间、光谱、时间分辨率的特征，减少环境解译中存在的多义性、不确定性和不完全性(Wan et al.，2017；Wu et al.，2015)，增强多重数据分析和环境动态监测能力，提高数据利用率(Wei et al.，2015)。在融合方法方面，国内外学者提出了多种算法，主要包括四类：①同质遥感数据融合，其主要目的是缓解时、空、谱分辨率之间的固有矛盾，获得最优的分辨率，如多时相融合、全色高光谱融合、多光谱高光谱融合、时空融合、时空谱一体化融合等(Wei et al.，2015；Wu et al.，2015)。②异质遥感数据融合，其更适合于利用不同传感器数据进行地物分类、参量反演等，如光学红外数据融合、光学雷达数据融合等(张良培和沈焕锋，2016)。③遥感与站点数据融合。遥感能够进行大范围的面域观测，但其成像过程复杂，观测精度经常难以保证；地面站点观测精度高，但观测站点比较稀疏，结合遥感与地面站点观测二者的优势可有效获得精度较高、空间连续的湖泊表面水温数据(黄波和赵涌泉，2017)。④遥感与非观测数据融合。遥感数据可与代用数据融合，进行水文气象与植被信息的协同分析(翁永玲和田庆久，2003)，还可与地图、统计数据等进行典型领域的综合应用。以上这些图像融合方法都可以用于湖泊表面水温数据集 SRIR。

4.1.2　超分辨率重建的理论基础

在湖泊表面水温研究中，学者们希望获得分辨率较高的温度产品，分辨率的高低代表了像素密度的大小，即图像能够提供的细节信息的多少，SRIR 技术提供了一种提高分辨率的方法。

Harris(1964)用解析延拓理论证明了两个物体图像在有限的空间内不可能完全相同，从而指出 SRIR 技术的可行性，这也奠定了 SRIR 技术的数学基础，并使用频谱外推法将 SRIR 技术应用到图像处理领域(翟海天，2016；Harris，1964)。SRIR 技术对观测系统的成像过程进行数学表示，并对其进行傅里叶变化，可以看出，想对截止频率之外的数据进行重建，理论上是不可能的，但在实际中可使用解析延拓理论、信息叠加理论、非线性操作进行估计，从而得到图像的 SRIR 结果(翟海天，2016)。

SRIR 技术的研究基础是构建一个描述理想图像与观测图像之间关系的图像观测模型，该模型描述了由现实中的连续场景到观测图像的退化过程，在 SRIR 中，观测图像为 LR 图像，理想图像为所求的 HR 图像。理想的 HR 图像经过下采样、几何移动形变(局部和/或整体的位移、旋转)、模糊化(光学模糊和运动模糊)和噪声污染等一系列过程，最终得到低分辨率图像(钟梦圆和姜麟，2022；黄思炜，2018；翟海天，2016)。SRIR 重建过程则是这个退化过程的逆过程，由 LR 图像恢复出丢失的高频信息，重建一幅完整的 HR 图像(黄思炜，2018；翟海天，2016)。SRIR 过程可以分为以下三个主要步骤：第一步，获取同一传感器不同时相或者不同传感器同一场景的 LR 图像序列；第二步，选择 LR 图像中的一幅图像当做参考图像，计算图像序列中其他 LR 图像与参考图像之间的亚像元运动参数；第三步，将其投影到更高的网格，选择合适的 SRIR 算法对 LR 图像序列进行重建，得到分辨率增强的 SRIR 图像(翟海天，2016)。

4.2 湖泊表面水温超分辨率重建的方法

从 SRIR 诞生以来，学者们研究出很多有效的重建算法，主要可以分为三大类：基于插值的算法、基于重构的算法和基于学习的算法(钟梦圆和姜麟，2022；龙超，2015)，从最初的图像插值算法发展到现在的深度学习算法。

4.2.1 基于插值的 SRIR

基于插值的图像重建方法是 SRIR 中最原始、最直观的方法。这类方法首先通过估计各帧 LR 图像之间的相对运动信息，获得 HR 图像在采样点上像素点灰度信息，然后通过各种插值公式得到 HR 图像栅格上的像素点的值，最后采用图像恢复技术去除模糊和降低噪声(黄思炜，2018；龙超，2015)。这类算法所需的图像信息较少，较为简单且运行速度较快，最大的优点是插值后的 HR 图像保留了原 LR 图像像素点的灰度信息。常用的插值算法分为线性插值算法和非线性插值算法。

1. 线性插值算法

最近邻插值法是最简单的插值算法，直接使用与待插入位置欧式距离最短的像素点的值作为插值后的灰度值，由于没有考虑其他相邻像素点对目标插值点产生的影响，当插值图像分辨率较高时，容易产生锯齿边缘与图像不连续的现象(黄思炜，2018；Blu et al.，2004)。

双线性插值法利用待插入点周围 4 个邻近点的像素点来确定待插入点的像素值，虽然双线性插值法克服了最近邻插值法的锯齿效应和图像灰度不连续问题，但插值后的图像边缘细节信息丢失会造成图像高频信息受到损坏(黄思炜，2018；Zhou et al.，2012)。

双三次插值法是对待插入点周围 4×4 领域的 16 个点，使用 3 次多项式进行加权平均确定待插入点的值，它充分考虑了各像素点对目标插值点的影响，提高了 SRIR 图像的质量，但运算量也急剧增加(彭燕等，2019；黄思炜，2018)。

这三种算法直接使用固定的数学计算公式，对 LR 图像中的邻域像素信息进行加权，计算出 HR 图像中缺失的中间像素，这种简单的插值算法不会产生更多具有高频信息的图像细节，但重建的图像含有模糊伪像，视觉效果较差，一般只用来做图像的放大(赵岩，2019；黄思炜，2018)。

2. 非线性插值算法

为了更好地重建图像的边缘信息，Li 和 Orchard(2001) 提出基于边缘引导(new edge-directed interpolation，NEDI)的插值算法，该算法利用 LR 图像的边缘局部协方差来构建与HR图像相同的边缘信息。由于NEDI的插值算法的复杂度较高，Zhang和Wu（2008）在该算法的基础上提出自适应插值算法，优化分析 LR 图像和 HR 图像之间的结构信息，重建后的图像边缘信息较完整。

小波变换插值法将图像特征信息分解到不同尺度上进行独立研究与分析，将提取的特征信息叠加融合后再用小波逆变换提高图像分辨率（宋明煜等，2020；Ford and Etter，1998）。这类算法的关键在于获取与低分辨率图像对应的高频分量信息。宋明煜等（2020）提出多向滤波和小波逆变换相结合的 SRIR 算法，指出多向滤波可以有效提取原始 LR 图像的高频信息。

4.2.2　基于重构的 SRIR

基于重构的超分辨率图像重建方法在图像处理领域使用较为广泛，按照重建时所在域的不同，可分为频域法和空域法。基于重构的 SRIR 利用多幅 LR 图像与 HR 图像提取所需的图像特征信息，并估计 HR 图像特征信息后重建 HR 图像（翟海天，2016）。

1. 频域法

Tsai 和 Huang（1984）利用傅里叶变换，在频域中建立 HR 图像和 LR 图像之间的线性关系，重建高分辨率图像。Kim 等（1990）对该算法进行了改进，使用加权最小二乘的形式将其扩展到包含模糊和噪声的图像。Wen 和 Kim（1994）也对该算法进行了改进，增加了对局部运动和噪声的处理。Patti 等（1997）最早提出在傅里叶变换频域内消除 LR 图像的频谱混叠的方法，对多幅 LR 图像进行傅里叶变换，实现超分辨率图像重建。

频域法提高了重建的运算速度和图像精度，主要分为频谱解混叠算法和递归最小二乘法等。该类算法基于的理论前提过于理想化，无法添加先验知识，只适合整体平移和空间不变的模型，且图像噪声问题也无法很好地解决（翟海天，2016；Patti et al.，1997），因此学者们开始致力于空域法的研究。

2. 空域法

空域法指根据影响 LR 图像的空间域因素建立 HR 图像成像模型，与频域法相比，其应用了更为一般的退化模型，能更有效地利用图像的约束信息，具有更强的灵活性，并且可以获得更好的重建效果（翟海天，2016）。

Keren 等（1988）将 SRIR 算法分成两步：低分辨图像序列的亚像素运动估计和非均匀内插值重建。非均匀内插法将 LR 图像放置在一个 HR 的网格上，抽象得到非均匀分布的 LR 图像特征信息，然后使用非均匀插值方法进行重建得到 HR 图像。虽然该算法过程较为直观、重建效率高，但其未考虑噪声、模糊的影响，重建效果并不理想，另外，该类算法需要充分的先验信息，降低了算法的灵活性（翟海天，2016；Nasonov and Krylov，2010）。

Irani 和 Pevegm（1991）提出迭代反向投影法（iterative back-projection approach，IBP），该算法首先用简单的重建算法得到初始的 HR 图像，再通过观测模型将初始重建图像投影到 LR 观测图像上，然后计算实际观测图像与投影图像之间的模拟偏差，最后将模拟偏差反向投影到 HR 图像上并对其进行更新，如此循环直到得出最后的结果。该算法的重点在于对重建模型的初始估计值的设定，该算法重建的图像不唯一，且无法很好地利用先验知识(李鹏程，2022；赵岩，2019；Irani and Pelegm，1991)。

Stark 和 Oskoui(1989)提出基于空域的凸集投影算法(projection onto convex sets，POCS)，其首先利用 HR 图像的有界性、正定性、光滑性及数据一致性等限制条件对投影算子进行约束，并连续迭代得到所有满足条件的解，然后由解空间与约束凸集的交集得到估计的 HR 图像。该算法通过限制条件重建图像的边缘和结构细节信息，还可以利用先验知识重建图像，重建效果较好，但是算法复杂度高，运算速度慢，重建结果也不具有唯一性(赵岩，2019；张秀，2019；Stark and Oskoui，1989)。

Schultz 和 Stevenson(1996)提出最大后验概率法(application of maximum a posteriori，MAP)，该方法将 LR 图像和 HR 图像看作两个随机过程，依据贝叶斯准则使 HR 图像的后验概率最大化。该算法有较强的降噪能力，可以通过加入先验知识求得唯一解，重建图像的视觉效果较好，但在图像边缘会出现细节丢失的情况，该算法运算量大且收敛慢(赵岩，2019；张秀，2019；Schultz and Stevenson，1996)。

考虑到 POCS 和 MAP 各自的优缺点，陈光盛和李树涛(2006)将两种方法结合在一起，在 MAP 迭代优化过程中加入 POCS 约束凸集中的先验条件，充分发挥两者的优势，该方法能够充分利用先验知识，使得重建过程稳定收敛(Elad and Feuer，1997)。

与基于插值的方法相比，基于重构的方法对先验知识的应用更加充分，具有更好的性能。但是这种方法只在 LR 图像数量充足或分辨率倍数不高时才能取得较好的重建效果，否则，会因算法提供的有用信息较少而出现过渡平滑的现象(张倩宇，2019)。

4.2.3　基于学习的 SRIR

基于学习的方法是近年来超分辨率领域中研究的热点。这类方法利用机器学习技术，首先，需要拥有给定场景的待训练图像数据集；然后，学习给定图像数据集的图像特征信息，对 HR、LR 图像进行训练，学习二者之间的内在关系，从而建立映射模型；最后，通过基于学习的 SRIR 模型得到待重建的 LR 图像所对应的 HR 图像(李鹏程，2022；赵岩，2019；黄思炜，2018)。该方法重建的图像有丰富细节信息和较好的视觉效果，且具有较快的运行速度，在超分辨率图像重建方面具有很大的潜力(董天成，2021)。

Freeman 等(2002)首次提出使用基于样例的方法来解决超分辨率问题，他们使用马尔可夫网络对图像的空间关系进行建模，通过机器学习的算法获得 HR 和 LR 图像块之间的转移概率矩阵，以此来重建 HR 图像中的高频细节特征信息。

Chang 等(2004)提出基于邻近嵌入的算法，该算法的过程为训练和重建，该方法以图像块为单位对图像特征信息进行提取，其假设 LR 和 HR 图像块具有相同的局部几何结构流形，使用局部线性嵌入算法由局部邻域内的相似图像块线性组合出 HR 图像块，该方法在减弱模型对样本的依赖性的同时也削弱了模型的灵活性(Glasner et al.，2009)。

Yang 等(2010)提出基于稀疏表示的重建方法，该方法首先需要分别提取高、低分辨图像的高频特征，形成超完备字典，然后通过对 LR 图像块与 HR 图像块字典的联合训练，找到对输入 LR 图像块合适的稀疏表示，然后借此稀疏表示的系数来重建 HR 图像。

该算法以字典学习和稀疏编码为核心，对噪声不敏感，图像重建质量和效率都得到了有效的提升(王银玲和王昕，2021；黄思炜，2018；Zhang and Du，2013)。针对稀疏表示法在物体特征表示不足、字典表示能力不够以及重建图像存在虚边缘等问题，学者们对其进行了改进，使其峰值信噪比和视觉效果都有所提高，重建图像的纹理特性和质量得到了有效增强(李冠葳，2020；张晓燕等，2016)。

机器学习的主要目标是通过让计算机学习历史经验来提高系统的性能，传统的机器学习不仅需要大量的专业知识，而且非常耗时(黄文坚和唐源，2017)。深度学习是机器学习的一个分支，是更广泛的基于数据表示的机器学习方法，它由简单的非线性模块组合而成，可以自动地从数据中提取简单特征，并逐步组合成复杂、抽象的特征来解决问题(Alom et al.，2018)。它强调使用多层神经网络级联进行特征的提取和表示，一层一层地表示越来越抽象的概念或模式，从而发现数据的分布特征。基于深度学习 SRIR 算法本质上是从原始像素值中逐渐推断出 LR 丢失的高频信息，以还原出 HR 图像。近年来，随着深度学习的发展和计算机算力的提高，越来越多的深度学习算法被用到 SRIR 中，比较主流且经典的算法有基于卷积神经网络(CNN)、基于残差网络和基于生成对抗网络三个方向(董天成，2021)。

1. 基于卷积神经网络的 SRIR

Dong 等(2016)最早将深度学习算法应用到图像超分辨率重建中，通过对稀疏编码的模拟提出了三层卷积神经网络(super-resolution convolutional neural network，SRCNN)算法。SRCNN 算法的核心思想是以深度学习算法的方式学习低分辨率图像到高分辨率图像的映射关系(Dong et al.，2016)，具体可分为四个步骤：图像上采样、特征提取、非线性映射和重建，其主要网络结构如图 4.1 所示。首先使用双三次插值法将低分辨率图像采样到与高分辨率图像相同的分辨率；然后使用卷积层提取特征向量，接着在非线性映射层将特征向量映射到另一高维度的向量空间，这个映射过程也就是高分辨率图像的稀疏表达；最后将映射后的向量图像聚合输出，最终得到重建后的图像。

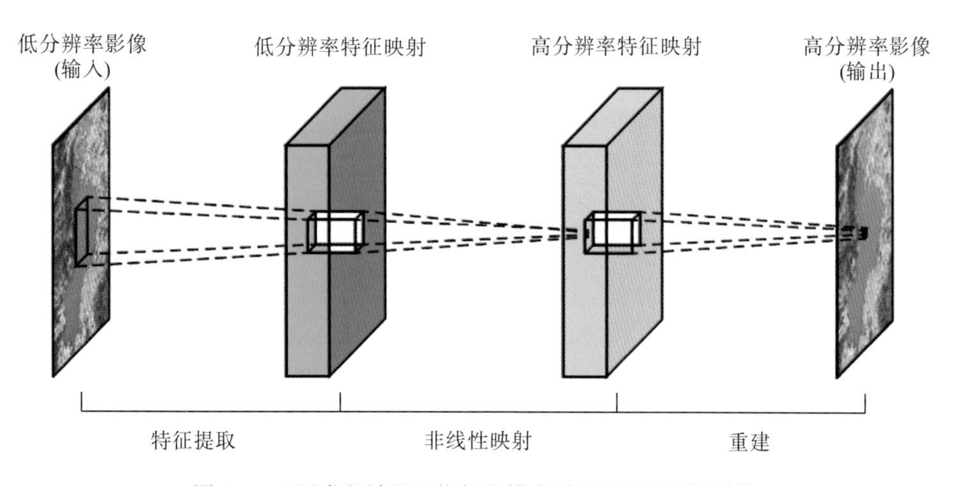

图 4.1　三层卷积神经网络超分辨率重建的主要网络结构

基于卷积神经网络的超分辨率重建算法根据自学习稀疏表达方式优化字典建立有效的映射函数，此过程避免了稀疏表达的迭代，并且对图像尺寸没有较高限制，也不需要基于图像的块操作，因此计算效率更高，稳定性与适应性也更强。

SRCNN 算法利用监督学习的方式，通过端到端的卷积神经网络获得高分辨率图像，比传统算法具有更强的性能与更快的速度。但此算法应用于红外遥感影像重建时，存在以下不足：①在红外遥感影像中，噪声相对比较严重，网络的插值预处理会放大噪声信息，使得训练过程难以收敛；②若卷积神经网络使用较大的卷积核，则对影像边缘细节信息的提取较为粗糙，因此存在边缘模糊的问题；③虽然 SRCNN 的网络参数较少，相对轻量化，但收敛速度较慢，导致整个模型的训练周期较长，因此计算机经济成本较大且时间成本也较高。

SRCNN 算法中对双三次插值法的预处理过程降低了网络重建速度，Dong 等(2016)提出快速超分辨率重建卷积神经网络(fast super-resolution convolutional neural network，FSRCNN)算法，该算法取消了双三次插值的预处理过程，减小了网络在特征提取阶段卷积核的大小，同时增加坍塌层，对特征图像的通道数进行降维，在最后的重建模块中使用一个反卷积层放大尺寸，以降低网络模型的计算量，重建效果较 SRCNN 算法有明显的提升，但可能会导致重建图像出现像素叠加的棋盘格现象。

Shi 等(2016)提出高效亚像素卷积神经网络(efficient sub-pixel convolutional neural network，ESPCN)算法，该算法取消了反卷积层，使用亚像素卷积进行上采样，避免出现棋盘格现象，但是网络深度小于五层，特征提取能力不足，重建效果不佳。

Liebel 和 Korner(2016)将 SRCNN 引入遥感图像的 SRIR 中。由于遥感图像空间分辨率很大，不能直接使用 HR-LR 自然图之间的映射关系，作者利用分辨率较高的 SENTINEL2 图像(含有 13 个频带，分辨率可达 10m)制作遥感数据集，并使用此数据集对 SRCNN 重新进行训练，使其能够学习到遥感 HR-LR 图像之间的关系，得到具有处理高辐射分辨率多光谱卫星图像的能力的网络模型——msiSRCNN(multispectral satellite images SRCNN)。

由于遥感图像局部细节信息缺失严重，普通的 CNN 超分辨方法往往只使用感受野较大的深层的特征进行 SRIR 重建，而忽略了局部信息，Lei 等(2017)针对此问题设计了一种“分支”结构的网络(local-global combined network，LGCNet)来学习遥感图像的多尺度表示。该方法利用 CNN 随着网络深度加深感受野随之扩大的特点，通过级联浅层和深层的特征映射来实现局部与全局信息的结合，从而更好地指导遥感超分辨重建。LGCNet 侧重于通过学习地面物体和先验环境的多级表示来重建 LR-HR 图像之间的残差。实验结果表明，不同层次的融合可以得到更准确的重建结果，准确性和视觉性能有了全面的提高，此外，通过真实数据的验证，LGCNet 方法具有很好的鲁棒性(Lei et al.，2017)。

研究了遥感图像局部信息缺失的问题，为了保证特征图像能够融合，LGCNet 方法和 msiSRCNN 方法在卷积过程中都对特征图像进行了填充，以致特征图像中含有较多的噪声信号，导致模型训练的难度增加，不利于最终超分辨率图像的重建。另外，上述方法的网络层数较少，而遥感图像结构复杂，信息量大，因此不能很好地区别遥感图像的高低分辨率关系，从而影响 SRIR 结果的准确性。

2. 基于残差网络的 SRIR

He 等(2016)提出残差网络(residual network，ResNet)算法，该算法通过残差块之间的跳跃链接来加强不同层的图像特征信息传递，以解决卷积神经网络结构过深而导致的梯度爆炸和梯度消失问题。残差块提取的特征信息需要经过跳跃链接传递到下一个模块，随着传递模块数量的增加，模块得到的特征信息也就越复杂，从而失去了原有的简单特征，导致浅层网络的性能不佳和低频信息无法较好地传递等问题。

通道注意力模块根据输入特征图像中通道之间的关系生成通道注意力映射，其中每个通道都可视为一个特征检测器。该模块可使网络在特征提取过程中关注“哪些特征是有意义的”，这将有助于提高网络的性能。Zhang 等(2018)将通道注意力与残差相结合，构建了一个更深层次的网络，以削弱 LR 图像中大量低频信息对 CNN 性能表示的阻碍，并提出了 RIR(ResNet in ResNet)残差结构，让低频信息绕过网络自适应扩展各通道的特征，提高图像特征信息处理效率和模型稳健性。

虽然上述方法中的通道注意机制可以增强网络对重要特征的学习，但缺乏对同一特征的不同空间区域进行判别性学习的能力。在提取特征信息的时候，空间注意力模块把网络模型的关注点由“哪些特征是有意义的”转移到“哪里的特征是有意义的”，从而对通道注意力模块输出特征中的空间特征信息进行进一步提取(Woo et al.，2018)。Lei 和 Liu(2020)提出利用 Inception 模块提取不同尺度的特征，结合通道注意力和空间注意力机制判别重要特征的网络，再对每个特征图像的不同区域进行注意力分配。这种方法能够更全面地学习鉴别遥感特征，但增加了模型的复杂性。

大多数基于深度学习的方法是在空间域进行 SRIR 的，Ma 等(2019)提出结合小波变换的残差递归网络(wavelet transform combined with recursive reset，WTCRR)，这种算法使用小波变换对图像进行频域分解，分解后的高频分量与原始图像一起作为网络的输入进行 SRIR 映射。WTCRR 中跳跃链接的方式使网络中每个模块都能使用原始特征，因此网络末端能够得到更加全面的深度特征，以用于最终的小波逆变换 SRIR。

为了解决遥感 HR 图像数据缺乏的问题，在不增加参数的情况下保持重建模型的性能，Haut 等(2019)设计了遥感残差信道注意力网络(remote sensing residual channel attention network，RSRCAN)算法，该算法在设计基于残差的网络时加入视觉注意力机制，引导网络训练过程朝向信息量最大的特征。注意力模块通过增强图像高频信息和抑制低频信息来关注 HR 图像的细节特征，即让模型学习更多的高频分量之间的映射关系。Zhang 等(2021)提出高阶混合注意力网络(mixed high-order attention network，MHAN)算法，该算法在特征提取阶段，为了保留更多的重要信息，通过核为 1 的卷积对不同层次级别的卷积进行加权，在特征细化阶段加入频率感知链接，通过高阶注意力模块将不同深度的特征进行融合提炼，以生成更丰富的高阶特征。

基于残差网络的 SRIR 方法虽然能够有效提升重建的质量，但网络结构较为复杂，训练时间较长，对数据的依赖性较高，在缺乏数据的情况下很难达到较好的效果。

3. 基于生成对抗网络的 SRIR

基于博弈论的思想，Goodfello 等(2014)首次提出生成对抗网络(generative adversarial network，GAN)模型，该模型由生成器 G(generator)和判别器 D(discriminator)两部分组成，生成器 G 用于生成看起来自然真实且与数据集中的真实数据相似的内容，判别器 D 用于判断输入数据是来自真实数据还是生成器生成的数据，生成器 G 和判别器 D 进行博弈，最终达到生成器和判别器之间的纳什均衡。

Ledig 等(2017)提出的 SRGAN 算法是专用于 SRIR 的 GAN。SRGAN 网络由生成网络 G 和判别网络 D 组成。G 网络的本质是一个残差网络，通过 LR 图像来生成 HR 图像；D 网络判别器判别是重建 HR 图像还是原始 HR 图像，并反向优化生成器网络与判别器网络，同时用“感知损失”代替传统的损失函数，即均方误差(mean square error，MSE)来恢复图像细节信息；最终 G 网络和 D 网络达到博弈平衡，输出 HR 图像(Zareapoor et al.，2019； Fuqiang et al.，2018)。实验表明，该网络重建的图像纹理细节丰富，图像高频信息恢复较好，可生成更加符合人感知的图像，但是两个网络训练容易不稳定，造成模型崩溃(董天成，2021)。

基于 GAN 的原始方法对噪声较为敏感，会产生与输入图像无关的高频噪声。Jiang 等(2019)从边缘增强的角度，提出了边缘增强 GAN(edge-enhanced GAN，EEGAN)，该方法使用改良的稠密残差块组成生成网络，生成超分辨率基准图像后，通过拉普拉斯(Laplacian)算子构建边缘增强网络，提取基准图像的边缘并对其增强，得到增强的边缘后，基于准图像融合生成边缘清晰的 HR 遥感图像，以此缓解遥感图像目标地物边缘模糊的问题，但该方法忽略了平坦区域的信息。

与自然图像相比，遥感图像有更多的平坦区域和更多的低频图像成分，使用 GAN 对遥感图像进行 SRIR 时，判别器容易出现分辨模糊的问题，导致生成的 HR 遥感图像质量受到影响。针对此问题，Lei 等(2020)提出了耦合鉴别 GAN(coupled-discriminate GAN，CDGAN)网络，该算法通过构建双通道网络将真实 HR 图像和 SRIR 图像同时输入判别器，拼接输入后续层中，并构建专用的耦合损失函数来更新网络参数，增强遥感图像低频区域的鉴别力。

深度反投影网络(deep back-projection network，DBPN)使用迭代的上采样层和下采样层，为每个阶段的投影误差提供误差反馈机制，Haris 等(2018)构建了相互连接的上采样和下采样阶段，每个阶段代表不同类型的图像退化和高分辨率组件，获得了良好的重建结果。Yu 等(2020)以 DBPN 为基础构建了增强的深度反投影网络(enhanced-DBPN，E-DBPN)，并加入改进的残差通道注意机制，增强网络对特征判别的学习能力，从而对 SRIR 贡献更大。同时，Yu 等(2020)设计了一个顺序特征融合模块，以渐进式融合的形式处理上层投影单元的特征映射。该方法利用 DBPN 的误差反馈机制，探索 LR 和 HR 图像之间的深层关系，以对抗生成策略加强了模型的 SRIR 性能。

Zhang 等(2020)提出了一种基于 GAN 的无监督模型(unsupervised GAN，UGAN)。该模型直接用 LR 遥感图像作为生成网络的输入，采用核尺寸逐渐减小的卷积层提取不同尺度的特征，为无监督的 SRIR 保留更多的信息，并通过计算每幅图像及其高层特征的 L1

损失和结构相似性(structural similarity，SSIM)损失，改进损失函数。

为了获取含有更多高频感知信息和纹理细节信息的遥感重建图像，解决 SRIR 算法训练困难和重建图像细节缺失的问题，李强等(2023)提出一种融合多尺度感受野模块的生成对抗网络。首先，在生成式对抗网络中采用多尺度卷积级联来增强全局特征的获取，并去除归一化层；然后，利用多尺度感受野模块与密集残差模块获取更多的细节纹理信息；最后，结合沙博尼耶(Charbonnier)损失函数和全变异损失函数，提高网络的训练稳定性和收敛速度。

4.2.4　可信度验证方法

1. 峰值信噪比

峰值信噪比(peak signal-to-noise ratio，PSNR)是一最广泛用于衡量图像质量的指标。大部分信号均具有较宽的波动范围，峰值信噪比常以对数分贝单位表示。一个大小为 $m \times n$ 的无噪图像 I 和噪声图像 K，其均方误差(MSE)定义见式(4.1)。

$$\mathrm{MSE} = \frac{1}{mn}\sum_{i=0}^{m-1}\sum_{j=0}^{n-1}\left[I(i,\ j) - K(i,\ j)\right]^2 \tag{4.1}$$

PSNR 定义为

$$\mathrm{PSNR} = 10\lg\left(\frac{\mathrm{MAX}_I^2}{\mathrm{MSE}}\right) \tag{4.2}$$

式中，MAX_I^2 为图像可能存在的最大像素值，通常，若像素值由 B 位二进制表示，则 $\mathrm{MAX}_I = 2^B - 1$；若每个像素都以 8 位二进制表示，则数值为 255。

2. 结构相似性

结构相似性(SSIM)是一种比较广泛的图像质量评价指标，它基于图像 x 和 y 的三个方面进行比较衡量，这三方面分别为：亮度(luminance，L)、对比度(contrast，C)和结构(structure，S)，其计算公式分别为式(4.3)、式(4.4)和式(4.5)。

$$L(x,\ y) = \frac{2\mu_x\mu_y + c_1}{\mu_x^2 + \mu_y^2 + c_1} \tag{4.3}$$

$$C(x,\ y) = \frac{2\sigma_x\sigma_y + c_2}{\sigma_x^2 + \sigma_y^2 + c_2} \tag{4.4}$$

$$S(x,\ y) = \frac{\sigma_{xy} + c_3}{\sigma_x\sigma_y + c_3} \tag{4.5}$$

式中，μ_x 为 x 的均值；μ_y 为 y 的均值；σ_x^2 为 x 的方差；σ_y^2 为 y 的方差；σ_{xy} 为 x 和 y 的协方差；c_1，c_2，c_3 为常数，$c_1 = (k_1L)^2$，$c_2 = (k_2L)^2$，一般取 $c_3 = c_2/2$，需要避免 c_1、c_2 为零的情况，亮度 $L = 2^B - 1$，k_1 和 k_2 为默认值，$k_1 = 0.01$，$k_2 = 0.03$。

那么 SSIM 为

$$\mathrm{SSIM}(x,\ y) = L(x,\ y)^{\alpha} \cdot C(x,\ y)^{\beta} \cdot S(x,\ y)^{\gamma} \tag{4.6}$$

将α，β，γ设为1，可得

$$\mathrm{SSIM}(x,\ y) = \frac{(2\mu_x\mu_y + c_1)(2\sigma_{xy} + c_2)(\sigma_{xy} + c_3)}{(\mu_x^2 + \mu_y^2 + c_1)(\sigma_x^2 + \sigma_y^2 + c_2)(\sigma_x\sigma_y + c_3)} \tag{4.7}$$

通常以全局的SSIM作为图像质量评价指标时，计算方法为：在图像上取一个$N \times N$的窗口，计算此窗口的SSIM；然后以此方法不断滑动窗口进行计算；最后对所有计算而得的SSIM取平均值，得到全局的SSIM。

3. 平均绝对误差

平均绝对误差(mean absolute error，MAE)表示预测值和观测值之间绝对误差的平均值。MAE是一种线性分数，所有个体差异在平均值上的权重都相等，计算方法见式(4.8)。

$$\mathrm{MAE} = \frac{1}{n}\sum_{i=1}^{n}\left|x_i - y_i\right| \tag{4.8}$$

式中，x_i为待验证数据；y_i为验证数据；n为样本数。

4. 均方根误差

均方根误差(root mean square error，RMSE)为预测值和观测值之间差异(残差)的标准差，可用于衡量预测结果的准确程度，也能表现样本的离散程度，计算方法见式(4.9)。

$$\mathrm{RMSE} = \frac{1}{n}\sqrt{\sum_{i=1}^{n}(x_i - y_i)^2} \tag{4.9}$$

式中，x_i为降尺度结果；y_i为用于验证的数据；n为样本数。

4.3　云南九大湖泊表面水温SRIR的算法实现

以卫星遥感影像资料为基础，根据不同湖泊的特征，考虑各影像数据的优势与局限性，将多种遥感影像以合适的方法融合，从而反演湖泊表面水温，并用原位测量数据对比验证。通过构建湖泊表面水温反演模型，最大限度地避免云、大气组分、大气温度的干扰及比辐射率差异等问题，进而对不同分辨率和不同观测手段带来的对比分析、数据同化融合等问题进行研究。

在长时间序列遥感影像集构建过程中，应充分考虑湖泊表面水温的光谱、空间、时间特性，收集研究区的高质量遥感影像。在遥感影像预处理过程中，应利用目前相对成熟的方法对受“云污染”的影像进行处理，尽量减小云和阴影像元对湖泊表面水温的影响。在构建高时空分辨率遥感影像模型过程中，图像融合的方法通常忽略了物理背景和热红外遥感的定量需求；降尺度的方法侧重于探究物理因素对湖泊表面水温变化的影响程度，并确保了热辐射信息在降尺度前后的一致性。因此，可从图像融合和降尺度的角度出发，突破单一角度的局限性，结合机器学习算法，构建适合研究区的LSWT提取模型，有效提高精度和分辨率信息，同时最大限度避免地表环境和复杂气候对湖泊表面水温数据的影响。

本节以云南九大湖泊为研究区域，以 Landsat 影像单窗反演结果作为 HR 影像，以 MODIS 温度产品作为 LR 影像，对云南九大高原湖泊的表面水温数据进行 SRIR。具体的技术路线为：以辐射表面温度的分解程序(disaggregation procedures for radiometric surface temperature，DisTrad)模型对 LR 影像与升尺度后的归一化植被指数(NDVI)进行回归拟合建模，将此模型应用于原尺度 NDVI，通过影像融合得到降尺度影像，并与 HR 影像及原位测量数据作精度验证。基于机器学习的反演与降尺度首先采用卷积神经网络模型进行影像降尺度，若效果未达预期则重复之前步骤进行调参，若效果满意则与高分辨率影像及原位测量数据进行精度验证与误差分析；然后，将训练完成的模型应用于其余时段的影像，并利用原位测量数据及同期数据产品对提取结果进行误差分析和模型优化，生成长时间序列的涵盖时间和空间分布的湖泊表面水温图谱。

4.3.1 基于 DisTrad-SRCNN 的 SRIR

Kustas 等(2003)基于地表温度与植被指数的负相关关系，提出了 DisTrad 方法，此方法的回归核主要采用归一化植被指数(NDVI)。DisTrad 方法的核心思想是：在多个空间尺度上，NDVI 与地表温度(LST)之间均存在显著的线性关系。在低分辨率影像下，通过回归方程计算得到两个变量之间的统计关系，见式(4.10)。

$$\mathrm{LST_c} = a_\mathrm{c} \times \mathrm{NDVI_c} + b_\mathrm{c} \tag{4.10}$$

式中，a_c为低分辨率下的回归系数；b_c为回归方程的截距；c 为低分辨率影像；$\mathrm{LST_c}$为低分辨率影像的地表温度；$\mathrm{NDVI_c}$为低分辨率影像的归一化植被指数。

将高分辨率的归一化植被指数影像数据带入式(4.10)可求得高分辨率的地表温度影像数据，这种计算方法忽略了归一化植被指数影像中不能表征的部分地表温度，以残差的计算方式进行填补，见式(4.11)。

$$\Delta T = \mathrm{LST'_c} - \mathrm{LST_c} \tag{4.11}$$

式中，ΔT 为低分辨率影像的残差，即估算值与真实值的偏差；$\mathrm{LST'_c}$为低分辨率 MODIS 影像的地表温度数据。

结合式(4.10)与式(4.11)，在假定地表温度与归一化植被指数的关系具有尺度不变性的条件下，可计算得到目标空间分辨率的地表温度，见式(4.12)。

$$\mathrm{LST_f} = a_\mathrm{c} \times \mathrm{NDVI_f} + b_\mathrm{c} + \Delta T' \tag{4.12}$$

式中，下标 f 表示高分辨率影像；$\mathrm{LST_f}$为高分辨率影像的地表温度；$\mathrm{NDVI_f}$为高分辨率影像的归一化植被指数；$\Delta T'$ 为在高分辨率下低分辨率ΔT 影像所对应的残差(Kustas et al., 2003)。

Landsat 影像具有高空间分辨率，但采样时间较长，高原地区受到云量影响较大，高质量的可用影像较少；MODIS 影像虽具有高时间分辨率，但空间分辨率有限。在需要获取长时间序列数据的情况下，若仅使用基于统计的 DisTrad 降尺度方法，受 Landsat 可用影像较少及像元分解程度有限的影响，所选取的 MODIS 影像分辨率仅能从 1km 降到 250m，无法获得分辨率更高的影像；若仅使用基于学习的 SRCNN 的 SRIR 方法，较大的降尺度倍数会导致模型训练难以收敛，图像边缘细节信息难以表达。因此，本书结合两种算法的优势，构建 DisTrad-SRCNN 的 SRIR 模型，实现 1 km 到 50 m 分辨率遥感影像的重建，技术路线如图 4.2 所示，具体步骤如下：

第一步：数据预处理。获取湖泊边界数据，建立 1km 缓冲区，并以此对全部影像进行裁剪，以便进行后续操作。将 MOD11A1 融合为 16 天分辨率的影像(M_1)，将 MOD11A2 融合为 16 天分辨率的影像(M_2)，将 Landsat 影像(L_1)以大气辐射传输模型反演得到 LSWT (L_2)，重采样为 50 m 分辨率(L_3)。

第二步：DisTrad。将 MOD13Q1(M_3)与 M_1 以 DisTrad 算法进行空间降尺度，得到影像 S_1，再将 M_2 与 S_1 以 DisTrad 算法进行时间降尺度得到影像 S_2。

第三步：SRCNN。将 L_3 与 S_2 作为训练数据进行建模，模型训练完成后，以 S_1 作为输入数据进行空间降尺度，得到影像 S_3。以湖泊为边界对 S_3 进行裁剪，并填充缺失值，得到最终的高时空分辨率影像 S_4。

第四步：数据分析。将 S_4 以年、季节、月等不同尺度取均值，计算其变化趋势。

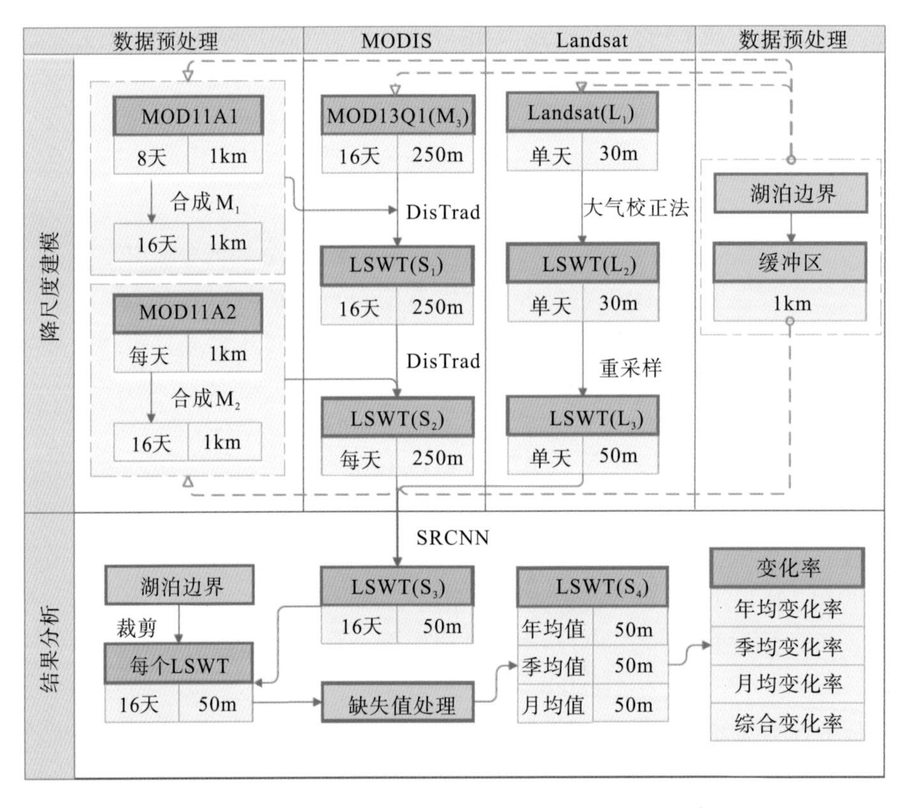

图 4.2 基于 DisTrad-SRCNN 的 SRIR 技术路线图

4.3.2 数据来源与预处理

研究时间为 2001 年 1 月至 2018 年 12 月，主要数据包括站点监测数据和遥感影像数据，数据集信息见表 4.1，数据要素信息见表 4.2。

表 4.1　数据集信息

数据集	时间分辨率	空间分辨率	数据来源	使用范围
Landsat TM/TIRS	16 天	30m/60m/120m	https://glovis.usgs.gov	LSWT 降尺度
MOD13Q1	16 天	250m	http://ladsweb.nascom.nasa.gov http://www.gscloud.cn	
MOD11A1	每天	1km	http://ladsweb.nascom.nasa.gov http://www.gscloud.cn	
MOD11A2	8 天	1km	http://ladsweb.nascom.nasa.gov http://www.gscloud.cn	
LSWT 原位监测数据	月	—	云南省生态环境科学研究院	LSWT 的 SRIR 结果验证

表 4.2　数据要素信息

指标	英文缩写	时间分辨率	空间分辨率	时间范围	ECMWF		WorldClim	
					数据名称	单位	数据名称	单位
湖泊表面水温	LSWT	月	30m	2001～2018 年	—	—	—	—

注：ECMWF 是欧洲中期天气预报中心；WorldClim 是一个高空间分辨率的全球天气和气候数据库。

用于湖泊表面水温 SRIR 的遥感影像包括 Landsat TM/TIRS、MOD13Q1、MOD11A1 及 MOD11A2。Landsat TM/TIRS 影像来源于网站 https://glovis.usgs.gov，选取研究区内云量低于 5%的高质量影像(获取影像的时间如图 4.3 所示)，进行辐射定标、大气校正、镶嵌与裁剪等影像预处理，然后以大气辐射传输模型(Qin et al., 2001)反演研究区内的 LSWT，并以原位监测值进行交叉验证[Bias=(0.67±0.11)℃]。MODIS 数据来源于网站 http://ladsweb.nascom.nasa.gov 和 http://www.gscloud.cn，利用 MODIS 重投影工具(MODIS reprojection tool，MRT)(https://lpdaac.usgs.gov/ tools/modis_reprojection_tool)重投影、重采样、镶嵌并转为 GeoTIFF 格式。MOD13Q1 影像数据是空间分辨率为 250m 的 16 天合成产品，数据为归一化植被指数(NDVI)，重采样为空间分辨率为 250m 和 1km 的两个数据集。MOD11A1 为 1km 空间分辨率的地表温度/比辐射率每日数据产品，受云量的影响，影像的缺失值较多。MOD11A2 影像数据为 1km 空间分辨率的地表温度/比辐射率的 8 天合成产品，数据是时间范围内天气晴朗条件下影像的平均值，缺失值以双线性插值方法填充。

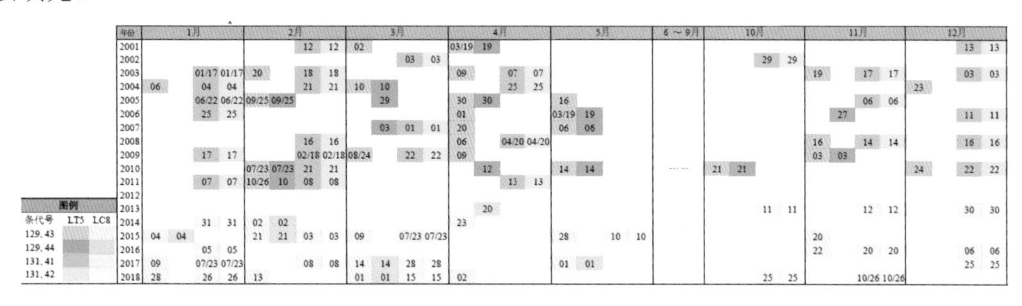

图 4.3　Landsat TM/TIRS 遥感影像数据的时间分布

注：6～9 月没有可用的数据。

湖泊表面水温的原位监测数据来源于云南省生态环境科学研究院，为滇池内的 10 个水质监测站点(图 2.1)2001 年 1 月至 2015 年 12 月的湖泊表面水温原位监测数据。

以 2015 年 5 月 28 日和 2004 年 12 月 23 日为例，Landsat 影像的日期为对应时间内 MOD11A1/2 和 MOD13Q1 的影像日期。

1. 空间分布特征

MOD11A2 与 MOD13Q1 以 DisTrad 实现 1km 到 250m 的空间降尺度，降尺度结果表现出与 MOD11A1 基本一致的空间分布特征，分解像元的分布特征更接近于 MOD13Q1。Landsat 影像反演得到的 LSWT 数据与 DisTrad 降尺度结果以 SRCNN 方法实现 250m 到 50m 的空间降尺度，降尺度结果表现出：滇池北部和南部降尺度效果较好，中部和边缘降尺度效果略差，总体降尺度效果较好($MSE_{LSWT\text{-}day}$=0.067，$SSIM_{LSWT\text{-}day}$=0.96，$PSNR_{LSWT\text{-}day}$=23.97；$MSE_{LSWT\text{-}night}$=0.23，$SSIM_{LSWT\text{-}night}$=0.95，$PSNR_{LSWT\text{-}night}$=24.99)，如图 4.4 所示。在 1km 到 250m 的降尺度过程中，由于 1km 分辨率的影像像元数较少，所以降尺度结果的分布特征更依赖空间分辨率为 250m 的 MOD13Q1 影像，加之 MOD13Q1 为 16 天合成产品，因此 DisTrad 降尺度结果的局部特征很大程度保留了 MOD13Q1 的分布特征(见图 4.4 中的红框部分)，即出现了局部差异。

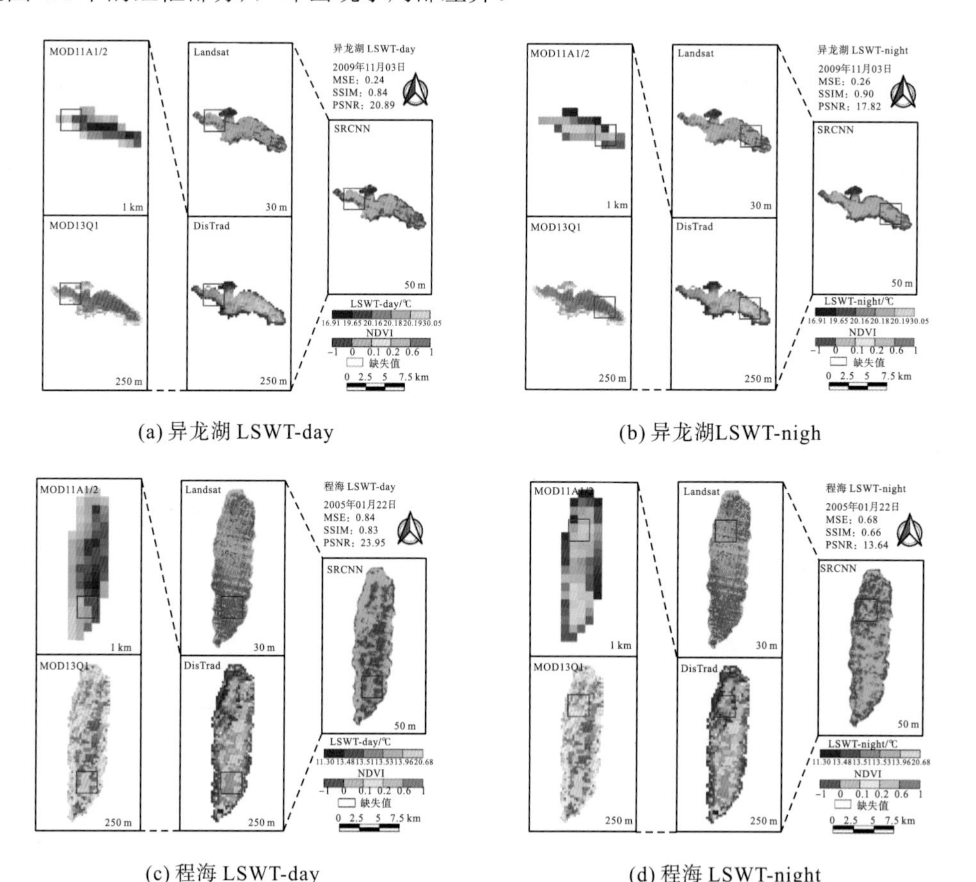

(a) 异龙湖 LSWT-day　　(b) 异龙湖LSWT-nigh

(c) 程海 LSWT-day　　(d) 程海 LSWT-night

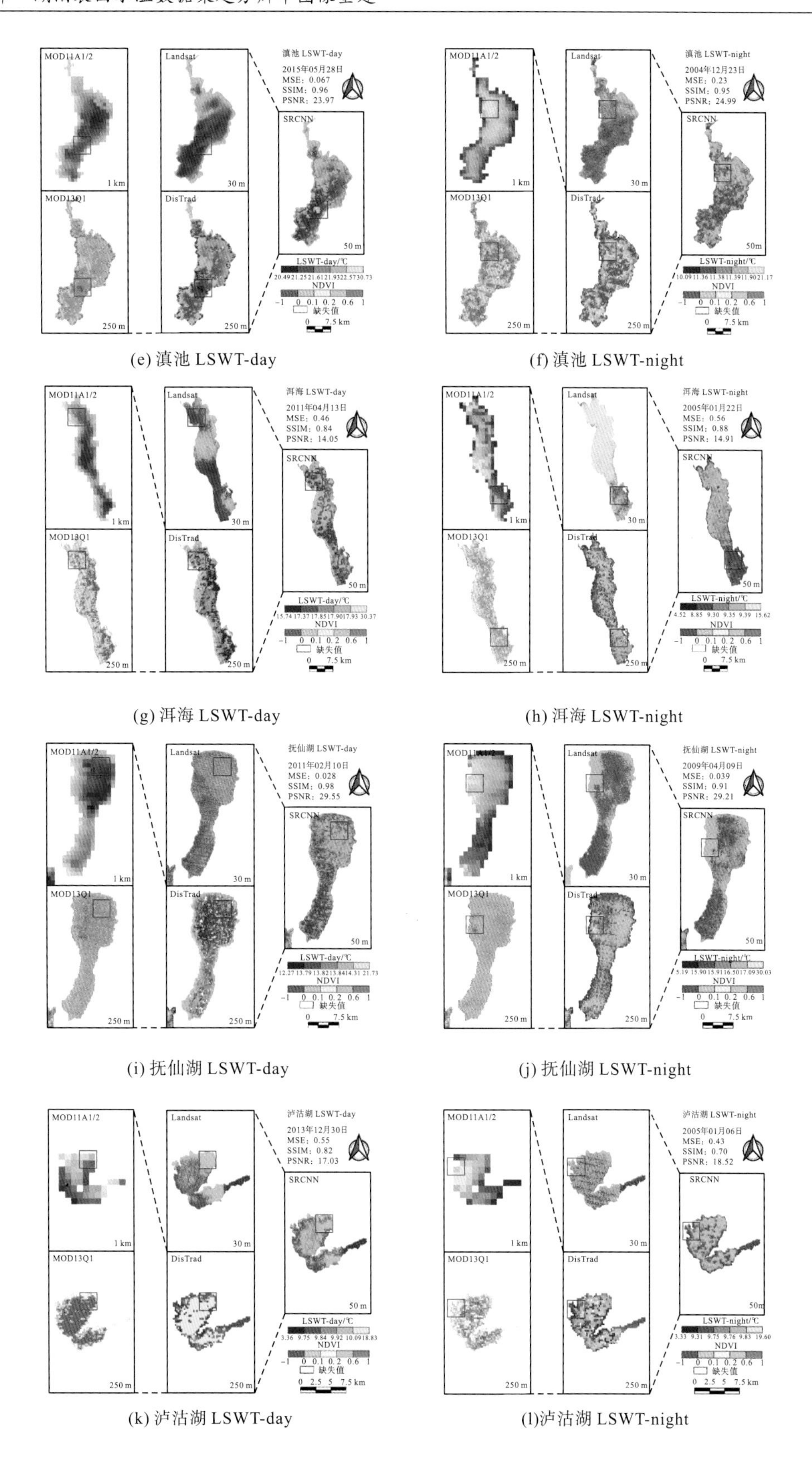

(e) 滇池 LSWT-day　(f) 滇池 LSWT-night

(g) 洱海 LSWT-day　(h) 洱海 LSWT-night

(i) 抚仙湖 LSWT-day　(j) 抚仙湖 LSWT-night

(k) 泸沽湖 LSWT-day　(l)泸沽湖 LSWT-night

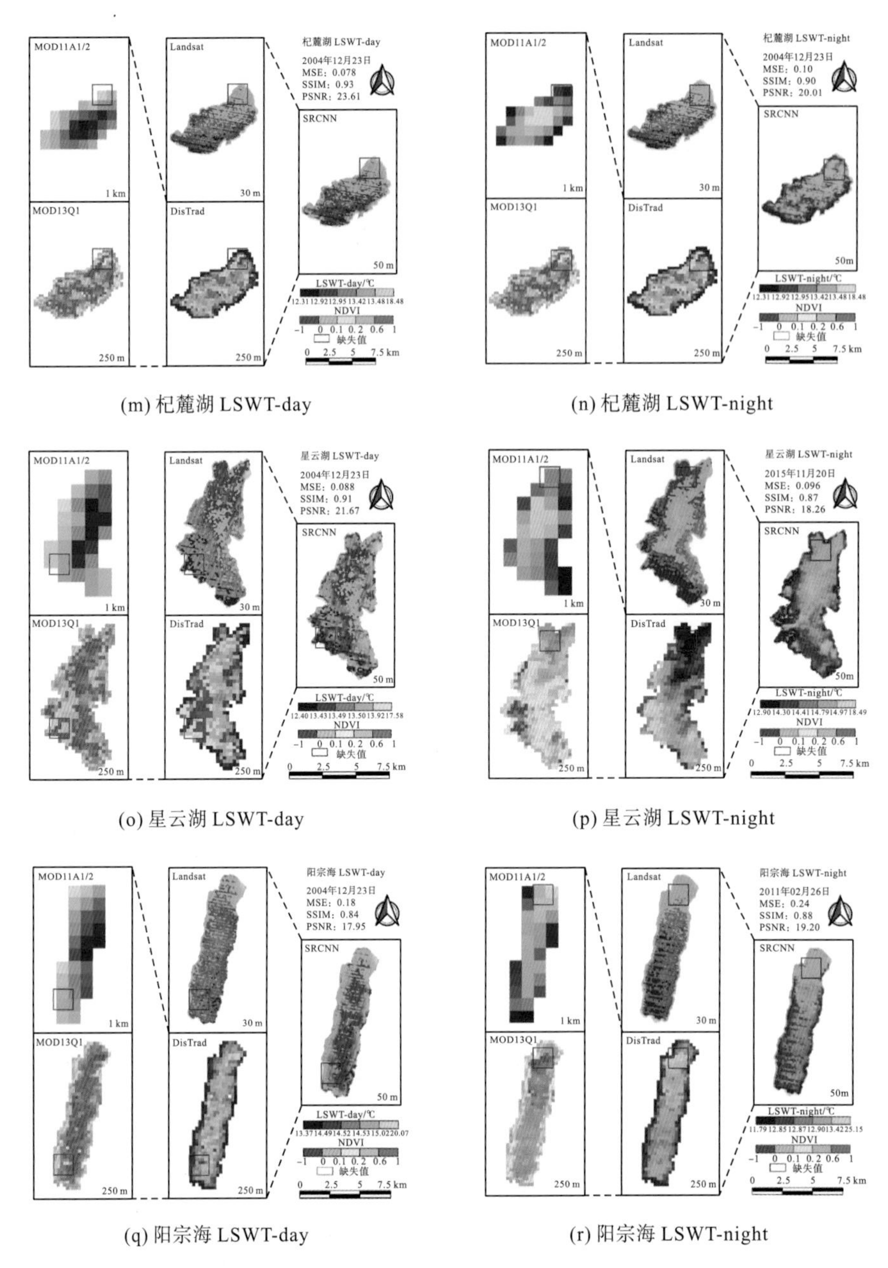

(m) 杞麓湖 LSWT-day (n) 杞麓湖 LSWT-night

(o) 星云湖 LSWT-day (p) 星云湖 LSWT-night

(q) 阳宗海 LSWT-day (r) 阳宗海 LSWT-night

图 4.4 云南九大高原湖泊 DisTrad-SRCNN 的 SRIR 结果

注：LSWT-day 表示白天测试的 LSWT，LSWT-night 表示夜晚测试的 LSWT。

2. 原位监测值的验证

使用滇池监测点 2001～2015 年的月均原位实测数据对降尺度前后的影像进行验证，结果表明，DisTrad-SRCNN 误差比 MOD11A2 更小（$MAE_{MOD-day}$=1.43±0.31，$RMSE_{MOD-day}$=1.81±0.35；$MAE_{MOD-night}$=1.69±0.21，$RMSE_{MOD-night}$=2.08±0.21），如表 4.3 所示。总体来看，LSWT-day 优于 LSWT-night（MAE_{day}=1.10±0.13，$RMSE_{day}$=1.36±0.15；MAE_{night}=1.62±0.11，$RMSE_{night}$=1.95±0.11），观音山西、海口西附近的 LSWT-night 反演

结果略优于 LSWT-day。

表 4.3　云南九大高原湖泊降尺度结果与实测值的验证(2001～2015 年)

验证采样点	Landsat		LSWT-day				LSWT-night			
			MOD11A2		DisTrad-SRCNN		MOD11A2		DisTrad-SRCNN	
	MAE	RMSE	MAE	RMSE	MAE	RMSE	MAE	RMSE	MAE	RMSE
草海中心	0.79	1.01	1.48	1.75	0.94	1.19	1.82	2.05	1.64	1.93
断桥	0.61	0.79	0.92	1.23	0.94	1.17	1.59	1.99	1.61	1.89
晖湾中	0.60	0.72	1.04	1.30	1.06	1.30	1.50	2.01	1.45	1.80
罗家营	0.77	1.32	1.42	1.90	1.05	1.31	1.61	1.88	1.55	1.89
观音山西	0.52	0.71	1.92	2.35	1.38	1.69	1.98	2.47	1.64	1.98
观音山中	0.81	1.02	1.40	1.99	1.00	1.29	1.42	1.83	1.54	1.88
观音山东	0.80	0.97	1.30	1.68	1.02	1.23	1.74	2.08	1.91	2.21
白鱼口	0.56	0.76	1.49	1.79	1.25	1.54	1.62	2.04	1.54	1.89
海口西	0.50	0.65	2.04	2.43	1.16	1.41	2.16	2.51	1.69	2.08
滇池南	0.70	1.01	1.29	1.74	1.16	1.43	1.51	1.95	1.62	1.98
均值	0.67	0.90	1.43	1.82	1.10	1.36	1.70	2.08	1.62	1.95

4.3.3　湖泊表面水温 SRIR 结果与讨论

1. DisTrad 与 SRCNN 的讨论

DisTrad 对数据依赖性强，需要同时获取与日期匹配的高、低分辨率影像，并对其一一匹配进行降尺度操作。对于 LSWT，在需要高时间分辨率的同时，应尽可能提高空间分辨率，Landsat 影像时间分辨率较低，可用数据有限，若仅使用 Landsat 影像，难以得到兼顾时间和空间分辨率的降尺度结果(Wang et al.，2020a；Hutengs and Vohland，2016)。对于时间分辨率要求不高的影像，DisTrad 方法具有比其他方法更高效、简便的优势(Essa et al.，2017；Zhou et al.，2016)。

SRCNN 使用机器学习的算法对影像进行分辨率的提升，通过对样本特征的学习达到对新影像估算的目的，实现对新影像的超分辨率重建，此方法可弥补 DisTrad 方法中相同日期影像一一匹配的局限性。但 SRCNN 属于深度学习的算法，随着网络深度的加大，对计算机性能要求较高，尺度设置较大会导致难以收敛及内存溢出，无法完成训练，难以学习到有效特征，因此较难直接实现 1km 到 50m 的分辨率提升(Wang et al.，2020b)。

2. DisTrad-SRCNN 的误差小于 MOD11A2 的讨论

MOD11A1/2 空间分辨率为 1km，滇池区域的像元相对较少(仅 293 个)，高原区域受到云影响的情况较多，导致缺失值较多，对缺失值处理不当，会对整个研究结果造成较大的影响。并且较低分辨率的影像会导致湖泊边缘存在较多混合像元，地表温度与 LSWT 混合的情况较多，同样也会对 LSWT 的分析造成影响。DisTrad-SRCNN 实现了 1km 到 50m

分辨率的影像重建，湖泊边缘的混合像元得以分解，减少了地表像元对湖泊像元的影响；在影像重建过程中，加入了 Landsat 反演的 LSWT，其误差小于 MOD11A1/2，所以，DisTrad-SRCNN 降尺度影像的误差小于 MOD11A2/2 的误差。

3. 出现局部差异的讨论

虽然降尺度结果整体效果较好，但存在局部分布不一致的情况，这主要受到 NDVI 数据的影响。虽然 NDVI 与地表温度线性相关(Bartkowiak et al.，2019；Kustas et al.，2003)，但影像受云量等因素的影响，可能存在不同程度的异常值。出现异常值的位置仅为湖泊的一小部分，而不是大面积范围，故较难使用原位数据进行校正。针对此问题，我们将在今后作进一步研究与讨论。

4. LSWT-day/night 降尺度结果的讨论

LSWT-day 受人文、太阳辐射等因素影响更大，而 LSWT-night 受自然因素影响更大(Yang et al.，2020，2019；Yu et al.，2020b)，相对而言，LSWT-night 应该比 LSWT-day 的反演精度更高，误差更小(Otgonbayar et al.，2019；Li et al.，2014)，然而本书结果恰好相反，这可能是由于原位测量数据的监测时间基本为白天，而夜间数据相对较少。对此，我们将在今后的原位监测中增加夜间 LSWT 的监测，以使原位数据更为全面。

4.4 本章小结

本章以 DisTrad 和 SRCNN 方法实现了研究区内湖泊表面水温 1km 到 50m 分辨率的空间降尺度，并利用滇池 10 个监测站点的原位测量数据进行验证。对于湖泊表面水温，结合基于统计的 DisTrad 及基于深度学习的 SRCNN 方法，最大限度地避免了近岸地表像元对湖泊表面水温的影响。以上结果表明，空间降尺度及估算结果可靠，能够表达各因素的空间分布特征，为以后研究奠定了坚实基础，满足了探究区域地表能量变化的基本需求。

参考文献

陈光盛，李树涛，2006. MAP 和 POCS 算法实现超分辨率图像的重建. 科学技术与工程，6(4)：396-399.

董天成，2021. 基于优化卷积神经网络的超分辨率图像重建研究. 秦皇岛：燕山大学.

黄波，赵涌泉，2017. 多源卫星遥感影像时空融合研究的现状及展望. 测绘学报，46(10)：1492-1499.

黄思炜，2018. 基于深度学习的超分辨率图像重建算法研究. 太原：太原理工大学.

黄文坚，唐源，2017. Tensor Flow 实战. 北京：电子工业出版社.

李冠葳，2020. 一种改进的稀疏表示超分辨率重建方法. 现代计算机(6)：42-46.

李鹏程，2022. 基于深度学习的图像超分辨率重建算法研究. 南京：南京信息工程大学.

李强，汪西原，何佳玮，2023. 基于生成对抗网络的遥感图像超分辨率重建改进算法. 激光与光电子学进展，60(10)：422-429.

龙超，2015. 图像超分辨率重建算法综述. 科技视界(13)：88-89.

彭燕，胡丹屏，刘宇红，等，2019. 基于 FPGA 实现的 Ferguson 双三次曲面插值图像缩放算法. 贵州大学学报(自然科学版)，

36(6)：68-118.

宋明煜，张靖，俞一彪，2020. 多向滤波结合小波逆变换的图像超分辨率重建. 现代信息科技，4(15)：5-8.

王银玲，王昕，2021. 基于稀疏表示的遥感图像超分辨率重建. 长春工业大学学报(自然科学版)，33(2)：175-180.

翁永玲，田庆久，2003. 遥感数据融合方法分析与评价综述. 遥感信息，18(3)：49-54.

翟海天，2016. 图像超分辨率重建关键技术研究. 西安：西北工业大学.

张良培，沈焕锋，2016. 遥感数据融合的进展与前瞻. 遥感学报，20(5)：1050-1061.

张倩宇，2019. 基于深度学习的超分辨率图像重建与车型识别研究. 太原：山西师范大学.

张晓燕，秦龙龙，钱渊，等，2016. 一种改进的稀疏表示超分辨率重建算法. 重庆邮电大学学报(自然科学版)，28(3)：400-405.

张秀，2019. 图像超分辨率重建算法研究. 西安：西北工业大学.

赵岩，2019. 基于深度学习的超分辨率重建算法研究. 福州：福州大学.

钟梦圆，姜麟，2022. 超分辨率图像重建算法综述. 计算机科学与探索，16(5)：972-990.

Alcântara E H，Stech J L，Lorenzzetti J A，et al.，2010. Remote sensing of water surface temperature and heat flux over a tropical hydroelectric reservoir. Remote Sensing of Environment，114(11)：2651-2665.

Alom M Z，Taha T M，Yakopcic C，et al.，2018. The history began from alexnet：a comprehensive survey on deep learning approaches. arXiv，1803. 01164.

Bartkowiak P，Castelli M，Notarnicola C，2019. Downscaling land surface temperature from MODIS dataset with random forest approach over alpine vegetated areas. Remote Sensing，11(11)：1319.

Blu T，Thevenaz P，Unser M，2004. Linear interpolation revitalized. IEEE Transactions on Image Processing，13(5)：710-719.

Chang H，Yeung D Y，Xiong Y，2004. Super-resolution through neighbor embedding//Proceedings of the 2004 IEEE Computer Society Conference on Computer Vision and Pattern Recognition. Washington：IEEE Computer Society.

Dong C，Loy C C，He K M，et al.，2016. Image super-resolution using deep convolutional networks. IEEE Transactions on Pattern Analysis and Machine Intelligence，38(2)：295-307.

Elad M，Feuer A，1997. Restoration of a single super resolution image from several blurred，noisy，and under sampled measured images. IEEE Transactions on Image Processing，6(12)：1646-1658.

Essa W，Verbeiren B，Van Der Kwast J，et al.，2017. Improved disTrad for downscaling thermal MODIS imagery over urban areas. Remote Sensing，9(12)：1243.

Ford C，Etter D M，1998. Wavelet basis reconstruction of non uniformly sampled data. IEEE Transactions on Circuits and Systems II：Analog and Digital Signal Processing，45(8)：1165-1168.

Freeman W T，Jones T R，Pasztor E C，2002. Example-based super-resolution. IEEE Computer Graphics and Applications，22(2)：56-65.

Glasner D，Bagon S，Irani M，2009. Super-resolution from a single image//Proceedings of the 2009 IEEE 12th International Conference on Computer Vision. Washington：IEEE Computer Society.

Goodfellow I J，Pouget-Abadie J，Mirza M，et al.，2014. Generative adversarial networks. Advances in Neural Information Processing Systems，3：2672-2680.

Haris M，Shakhnarovich G，Ukita N，2018. Deep back-projection networks for super-resolution//Proceedings of the IEEE Conference on Computer Vision and Pattern Recognition.

Harris J L，1964. Diffraction and resolving power. Journal of the Optical Society of America，54(7)：931-933.

Haut J M，Fernandez-Beltran R，Paoletti M E，et al.，2019. Remote sensing image superresolution using deep residual channel attention. IEEE Transactions on Geoscience and Remote Sensing，57(11)：9277-9289.

He K，Zhang X，Ren S，et al.，2016. Deep residual learning for image recognition//Proceedings of the IEEE Conference on Computer Vision and Pattern Recognition（CVPR）, 770-778.

Hutengs C，Vohland M，2016. Downscaling land surface temperatures at regional scales with random forest regression. Remote Sensing of Environment，178：127-141.

Irani M，Pelegm S，1991. Improving resolution by image registration. Graphical Models and Image Processing，53(3)：231-239.

Jiang K，Wang Z，Yi P，et al.，2019. Edge-enhanced GAN for remote sensing image super-resolution. IEEE Transactions on Geoscience and Remote Sensing，57(8)：5799-5812.

Keren D，Peleg S，Brada R，1988. Image sequence enhancement using sub-pixel displacements. Proceedings of CVPR 88 Comput Soc Conf on Comput Vision and Pattern Recognit：742-746.

Kim S P，Bose N K，Valenzuela H M，1990. Recursive reconstruction of high resolution image from noisy undersampled multiframes. IEEE Transactionson on acoustics Speech & Signal Processing，38(6)：1013-1027.

Kustas W P，Norman J M，Anderson M C，et al.，2003. Estimating subpixel surface temperatures and energy fluxes from the vegetation index-radiometric temperature relationship. Remote Sensing of Environment，85(4)：429-440.

Ledig C，Theis L，Huszár F，et al.，2017. Photo-realistic single image super-resolution using a generative adversarial network//Proceedings of the IEEE Conference on Computer Vision and Pattern Recognition. Washington：IEEE Computer Society.

Lei P C，Liu C，2020. Inception residual attention network for remote sensing image super-resolution. International Journal of Remote Sensing，41(24)：9565-9587.

Lei S，Shi Z W，Zou Z X，2017. Super-resolution for remote sensing images via local-global combined network. IEEE Geoscience and Remote Sensing Letters，14(8)：1243-1247.

Lei S，Shi Z W，Zou Z X，2020. Coupled adversarial training for remote sensing image super-resolution. IEEE Transactions on Geoscience and Remote Sensing，58(5)：3633-3643.

Li H，Sun D L，Yu Y Y，et al.，2014. Evaluation of the VIIRS and MODIS LST products in an arid area of Northwest China. Remote Sensing of Environment，142(1)：111-121.

Li X，Orchard M T，2001. New edge-directed interpolation. IEEE Transactions on Image Processing，10(10)：1521-1527.

Liebel L，Körner M，2016. Single-image super resolution for multispectral remote sensing data using convolutional neural networks. International Archives of the Photogrammetry. Remote Sensing and Spatial Information Sciences，41：883-890.

Liu B J，Wan W，Xie H，et al.，2019. A long-term dataset of lake surface water temperature over the Tibetan Plateau derived from AVHRR 1981-2015. Scientific Data，6(1)：48.

Ma W，Pan Z X，Guo J Y，et al.，2019. Achieving super-resolution remote sensing images via the wavelet transform combined with the recursive res-net. IEEE Transactions on Geoscience and Remote Sensing，57(6)：3512-3527.

Nasonov A V，Krylov A S，2010. Fast super-resolution using weighted median filtering//Proceedings of the 20th International Conference on Pattern Recognition. Washington：IEEE Computer Society.

Otgonbayar M，Atzberger C，Mattiuzzi M，et al.，2019. Estimation of climatologies of average monthly air temperature over mongolia using MODIS land surface temperature (LST) time series and machine learning techniques. Remote Sensing，11(21)：2588.

Park S C，Park M K，Kang M G，2003. Super resolution image reconstruction：a technical overview. IEEE Signal Processing Magazine，20(3)：21-36.

Patti A J，Sezan M I，Tekalp A M，1997. Super-resolution video reconstruction with arbitrary sampling lattices and nonzero aperture time. IEEE Transactions on Image Processing，6(8)：1064-1076.

Qin Z H，Karnieli A，Berliner P，2001. A mono-window algorithm for retrieving land surface temperature from Landsat TM data and its application to the Israel-Egypt border region. International Journal of Remote Sensing，22(18)：3719-3746.

Schultz R R，Stevenson R L，1996. Extraction of high-resolution frames from video sequences. IEEE Transactions on Image Processing，5(6)：996-1011.

Shi W Z，Caballero J，Huszár F，et al.，2016. Real-time single image and video super-resolution using an efficient sub-pixel convolutional neural network//2016 IEEE Conference on Computer Vision and Pattern Recognition（CVPR).DOI：10.1109/CVPR.2016.207.

Stark H，Oskoui P，1989. High-resolution image recovery from image-plane arrays，using convex projections. Journal of the Optical Society of America Optics&Image Science，6(11)：1715.

Tsai R Y，Huang T S，1984. Multiframe image restoration and registration. Advances in Computer Vision and Image Processing，1：317-339.

Wan W，Li H，Xie H J，et al.，2017. A comprehensive data set of lake surface water temperature over the Tibetan Plateau derived from MODIS LST products 2001–2015. Scientific Data，4(1)：1-10.

Wang Q M，Tang Y J，Tong X H，et al.，2020a. Virtual image pair-based spatio-temporal fusion. Remote Sensing of Environment，249：112009.

Wang Y D，Armstrong R T，Mostaghimi P，2020b. Boosting resolution and recovering texture of 2D and 3D Micro-CT Images with deep learning. Water Resources Research，56(1)：e2019WR026052.

Wei Q，Bioucas-Dias J，Dobigeon N，et al.，2015. Hyperspectral and multispectral image fusion based on a sparse representation. IEEE Transactions on Geoscience and Remote Sensing，53(7)：3658-3668.

Wen Y S，Kim S P，1994. High-resolution restoration of dynamic image sequences. International Journal of Imaging Systems and Technology，5(4)：330-339.

Woo S，Park J，Lee J Y，2018. CBAM：convolutional block attention module//Ferrari V，Hebert M，Sminchisescu C，et al.，2018. Computer Vision-ECCV，Lecture Notes in Computer Science. Berlin：Springer.

Wu P H，Shen H F，Zhang L P，et al.，2015. Integrated fusion of multi-scale polar-orbiting and geostationary satellite observations for the mapping of high spatial and temporal resolution land surface temperature. Remote Sensing of Environment，156：169-181.

Yang J C，Wright J，Huang T S，et al.，2010. Image super-resolution via sparse representation. IEEE Transactions on Image Processing，19(11)：2861-2873.

Yang K，Yu Z Y，Luo Y，et al.，2019. Spatial-temporal variation of lake surface water temperature and its driving factors in Yunnan-Guizhou Plateau. Water Resources Research，55(6)：4688-4703.

Yang K，Luo Y，Chen K X，et al.，2020. Spatial-Temporal variations in urbanization in Kunming and their impact on urban lake water quality. Land Degradation and Development，31(11)：1392-1407.

Yu Y L，Li X Z，Liu F X，2020a. E-DBPN：enhanced deep back-projection networks for remote sensing scene image superresolution. IEEE Transactions on Geoscience and Remote Sensing，58(8)：5503-5515.

Yu Z，Yang K，Luo Y，et al.，2020b. Lake surface water temperature prediction and changing characteristics analysis-a case study of 11 natural lakes in Yunnan-Guizhou Plateau. Journal of Cleaner Production，276：122689.

Zareapoor M，Celebi M E，Yang J，2019. Diverse adversarial network for image super-resolution. Signal Processing：Image

Communication，74：191-200.

Zhang D，Du M，2013. Super-resolution image reconstruction via adaptive sparse representation and joint dictionary training//2013 6th International Congress on Image and Signal Processing（CISP）.DOI：10. 1109/CISP.2013.6744051.

Zhang D Y，Shao J，Li X Y，et al.，2021. Remote sensing image super-resolution via mixed high-order attention network. IEEE Transactions on Geoscience and Remote Sensing，59（6）：5183-5196.

Zhang N，Wang Y，Zhang X，et al.，2020. An unsupervised remote sensing single-image super-resolution method based on generative adversarial network. IEEE Access，8：29027-29039.

Zhang X J，Wu X L，2008. Image interpolation by adaptive 2-D autoregressive modeling and soft-decision estimation. IEEE Transactions on Image Processing，17（6）：887-896.

Zhang Y L，Li K P，Li K，et al.，2018. Image super-resolution using very deep residual channel attention networks//LNCS11211：Proceedings of the 15th European Conference on Computer Vision，Munich. Berlin：Springer.

Zhou D，Dong W，Shen X，2012. Image zooming using directional cubic convolution interpolation. IET Image Processing，6（6）：627-634.

Zhou F Q，Li X J，Li Z X，2018. High-frequency details enhancing DenseNet for super-resolution. Neurocomputing，290：34-42.

Zhou J，Liu S M，Li M S，et al.，2016. Quantification of the scale effect in downscaling remotely sensed land surface temperature. Remote Sensing，8（12）:975.

第 5 章　湖泊表面水温变化归因分析方法

湖泊表面水温是影响湖泊生态环境的一个重要因素。近半个世纪以来，湖泊表面水温呈上升趋势，对区域生物多样性和气候产生了严重影响。了解造成这一现象的主要原因，可为控制和改善区域生态环境提供依据。本章从时间、空间变化特征出发，总结并拓展了目前可用于湖泊表面水温变化归因及贡献率计算的方法，为湖泊表面水温研究提供新思路和新方法。

5.1　时序变化特征分析

时间序列是指以时间排序并按照一定的时间间隔的一系列观测值。时序变化特征分析是指对时间序列的趋势、周期特征进行分析。本节主要介绍时间序列重构、趋势分析及周期分析。

5.1.1　时间序列重构

时间序列重构是指利用多种统计和数值分析方法，模拟参数季节或年际变化规律，插补缺失观测值、优化时间序列数据，为相关研究提供更加完备的基础数据；利用时间序列对参数进行重构要求观测数据在时间序列上具有依存性，并且某一特定时刻的观测值与相邻观测值之间具有一定程度的依赖性。目前用于时间序列重构的方法很多，主要包括最佳指数斜率提取(best index slope extraction，BISE)法、时间序列谐波分析(Harmonic analysis of time series，Hants)算法、萨维茨基-戈雷(Savitzky-Golay, S-G)滤波法等。

1. 最佳指数斜率提取法

最佳指数斜率提取法指在一个滑动时间窗口内进行域值评判，并考虑数据局部的变化斜率，以防止选择虚假的最大值，从而降低数据时间序列的噪声干扰。此方法需要依据研究区的特点，不断调整数据变化率的域值和滑动窗口的大小(肖洋等，2013)。

最佳指数斜率提取法原理见式(5.1)和式(5.2)(以 NDVI 为例)。

$$\mathrm{dNDVI}_{t-1,\ t}=\frac{(\mathrm{NDVI}_{t-1}-\mathrm{NDVI}_{t})}{\mathrm{NDVI}_{t-1}}\times 100\% \tag{5.1}$$

$$\mathrm{dNDVI}_{t,\ t+1}=\frac{(\mathrm{NDVI}_{t+1}-\mathrm{NDVI}_{t})}{\mathrm{NDVI}_{t+1}}\times 100\% \tag{5.2}$$

式中，NDVI_{t-1} 和 NDVI_{t+1} 为时间 t-1 和 t+1 的 NDVI 值；$\mathrm{dNDVI}_{t-1,\ t}$ 和 $\mathrm{dNDVI}_{t,\ t+1}$ 为从 t-1 到 t 和从 t 到 t+1 的 NDVI 变化率。

假如 $\mathrm{dNDVI}_{t-1,\ t}$ 和 $\mathrm{dNDVI}_{t,\ t+1}$ 都超过 20%(经验参数)，表明 NDVI_t 受到了噪声污染，

应该采用 $NDVI_{t-1}$ 和 $NDVI_{t+1}$ 的均值来估计 $NDVI_t$。使用改进的 BISE 方法并采用 IDL 计算机语言实现 2006~2010 年共 115 期的 MODIS-NDVI 数据序列的重建，结果显示，该方法有效地降低了噪声的影响，BISE 算法结果如图 5.1 所示。

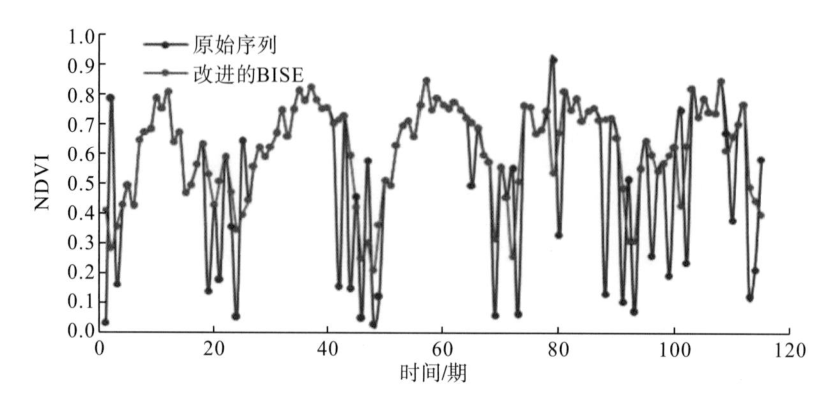

图 5.1 BISE 算法前后 NDVI 时间序列对比图(随机像素)

数据时间序列分析主要利用长时间序列的遥感数据，生成研究区内数据随时间变化的曲线，并通过比较各种变化监测指标的年际曲线或生长期曲线的差异来获取信息，采用拟合线性函数斜率来反映植被覆盖变化趋势，或采用频谱分析对时间序列曲线进行分解，从而监测土地覆盖变化，分析植被及其变化与气候、环境的关系。

2. Hants 算法

Hants 算法是一种改进傅里叶变换的时间序列谐波分析的算法，它能充分利用遥感影像的时间性和空间性特点，将其空间上的分布规律和时间上的变化规律联系起来。Hants 算法的基本原理是：首先利用所有离散数据生成最小平方拟合曲线，剔除与拟合曲线偏离较大的点，然后根据剩余采样点重新拟合曲线，如此反复几次后，最终生成光滑曲线，它可以有效去除噪声和云层的影响，用于重新构建科学、合理的时间序列指数数据集。以干旱区疏勒河流域为研究对象，用 Hants 算法对时间序列植被指数数据集进行重构，结果如图 5.2 所示(邹明亮等，2018)。

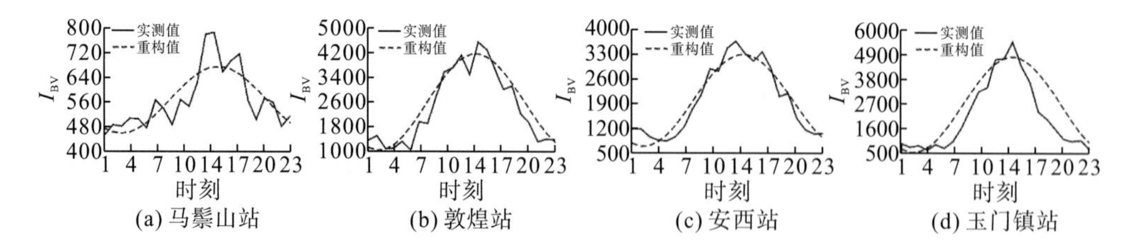

图 5.2 Hants 算法时间序列植被指数数据集重构结果

注：横坐标表示 MODISBQl 数据产品 16 天时间分辨率对应遥感影像中代表像元的时间序列；

纵坐标表示增强型植被指数(I_{BV})。

由图 5.2 知，由于数据本身质量问题，各像元的实测数据曲线出现许多不规则的波动，而且植被指数月底的像元曲线波动很大，经 Hants 算法处理后，曲线变得较平滑，呈现正态分布，说明 Hants 算法能有效平滑数据，降低噪声影响。

3. Savitzky-Golay (S-G) 滤波法

S-G 滤波法是由萨维茨基(Savitzky)等在 1964 年提出的一种基于平滑时间序列数据和最小二乘原理的卷积算法，它是一种移动窗口的加权平均算法，但其加权系数不是简单的常数窗口，而是通过在滑动窗口内对给定高阶多项式的最小二乘拟合得出的(黄耀欢等，2009)，见式(5.3)。

$$Y_j^* = \frac{\sum_{i=-m}^{m} C_i \times Y_{j+i}}{N} \tag{5.3}$$

式中，Y_j^* 为拟合值；Y_{j+i} 为像元原始值；C_i 为第 i 个值滤波时的系数；m 为半个滤波窗口的宽度；N 为滤波器长度，等于数组的宽度 $2n+1$。

5.1.2　趋势分析

对于一个变量的时间序列，随着时间增长，变量常呈现出系统而连续地增加或减少的变化，这种有规则的变化称为趋势。趋势分析是指对水文变量随时间变化特征的分析，这里分别用线性变化率、Theil-Sen 变化率、综合变化率、百分比变化率来进行说明。

1. 线性变化率

线性变化率是指变量随时间的线性变化，采用一元线性回归方程绘制趋势线，见式(5.4)。这种方法的优点在于计算简单，可以通过 Excel、R 语言、Python 语言实现，缺点是不适用于非线性的情况。

$$y = ax + b \tag{5.4}$$

式中，x 为年份；y 为对应指标；a 为倾向率，$a>0$ 表明有上升趋势，$a<0$ 表明有下降趋势；b 为截距。

2. Theil-Sen 变化率

Theil-Sen 变化率($\mathrm{TS_{Slope}}$)估计是一种非参数估计法，用于估计时间序列数据的变化率(刘文茹等，2017)，本书用于表征指标的变化趋势。该方法具有处理回归模型的能力，并且对异常值不敏感。对于偏斜和异方差数据，该方法比非鲁棒简单线性回归更准确，即使对于正态分布的数据，其准确性也能与非鲁棒最小二乘法相当(喻臻钰，2022)，尤其对于具有混沌特性的数据，更具有明显优势。Theil-Sen 变化率($\mathrm{TS_{Slope}}$)的表达式见式(5.5)。

$$\mathrm{TS_{Slope}} = \mathrm{median}\left(\frac{x_j - x_i}{t_j - t_i}\right) \tag{5.5}$$

式中，median 为求中位数的函数；x_i，x_j 为时间序列数据；t_i，t_j 为时间序列数据对应的时间；i，j 为序号，$1 \leqslant i \leqslant j \leqslant n$，$n$ 为时间序列长度。

当 $TS_{Slope} > 0$ 时，表示呈现上升趋势，反之则为下降趋势，$\left|TS_{Slope}\right|$ 越大则趋势越明显。

使用不同的包计算得到的 Theil-Sen 变化（TS_{Slope}）率会有所区别，这是源于包的内置算法不同，如 R 语言 trend 包的 sens.slope 函数，Python scipy 包的 theilslopes 函数，Python scikit-learn 包的 TheilSen Regressor 函数、sens.slope 函数和 theil-slopes 函数，其中 theil-shopes 函数的算法如上所述，而 TheilSen Regressor 的求中位数的函数 median 计算方法为 spatialmedian（Krkkinen and Yrm，2005）。

3. 综合变化率

为了综合表达不同尺度下所选因子的变化率，本书提出综合变化率，以避免单一维度的局限性，同时弱化局部极值对整体水平的影响（喻臻钰，2022）。综合变化率为年均变化率（$TS_{年}$）、季节（春、夏、秋、冬）变化率（$TS_{季}$）及月（1～12 月）变化率（$TS_{月}$）的均值，如式（5.6）所示。

$$TS_{综合} = \mathrm{mean}\left(TS_{年} + TS_{季} + TS_{月}\right) \tag{5.6}$$

式中，mean 为均值函数。

4. 百分比变化率

仅针对单一指标进行分析时，无量纲差异较容易实现，但在多指标变化率的比较中，有必要考虑单位的差异。通过归一化或标准化操作可实现量纲的统一，从而进行对比分析，但难以体现每个指标的变化趋势与整体水平的关系。针对此问题，本书提出百分比变化率（percentage change rate，PCR），以避免量纲差异导致的问题，同时也能够很好地体现指标的变化程度及其总体水平，其表达式见式（5.7）。

$$\mathrm{PCR} = \frac{\mathrm{CR}}{\mathrm{AVG}} \times 100\% \tag{5.7}$$

式中，AVG 为指标均值；CR 为变化率。

5.1.3 周期分析

周期分析是指对时间序列周期性的分析，时间序列周期性是指时间序列中呈现出来的长期趋势的一种波浪形或振荡式变动，周期分析的方法主要有离散傅里叶分析法、小波分析法等。

1. 离散傅里叶分析法

对任意有限序列，可采用离散傅里叶变换（discrete Fourier transform，DFT），它利用计算机进行数值的变换，计算速度较快，设备简单且可进行信号的实时处理。DFT 的物理意义是，序列 $x(n)$ 在 N 点 DFT 是 $x(n)$ 的 Z 变换在单位圆上的 N 点等间距采样；$x(k)$ 为 $x(n)$ 的离散事件傅里叶变换 $x(e^{n})$ 在区间 $[0,2n]$ 上的 N 点等间距间隔采样（肖志国，2006）。

1) 周期序列和离散傅里叶级数

如果 $x(n)$ 表示周期为 N 的周期序列，即 $x(n)=x(n+kN)$，k 为任意整数。虽然周期序列不能进行 Z 变换，因为其在 Z 平面上没有任何收敛区域，但是周期序列可以用离散傅里叶级数来表达，其表达式见式(5.8)。

$$\tilde{x}(n)=\frac{1}{N}\sum_{k=0}^{N-1}\tilde{x}(k)\mathrm{e}^{j(2\pi/N)^{kn}} \tag{5.8}$$

式(5.8)称为周期序列的离散傅里叶变换级数表示，对式(5.8)进行离散傅里叶逆变换，如式(5.9)所示。

$$\tilde{X}(k)=\sum_{k=0}^{N-1}\tilde{x}(n)\mathrm{e}^{-j(2\pi/N)^{kn}} \tag{5.9}$$

式(5.9)称为离散傅里叶逆变换的级数表示。记 $W_N=\mathrm{e}^{-j(2\pi/N)}$，结合式(5.8)和式(5.9)，周期序列的离散傅里叶级数可表示为

$$\begin{cases}\tilde{X}(k)=\sum_{k=0}^{N-1}\tilde{x}(n)W_N^{kn}\\ \tilde{x}(n)=\frac{1}{N}\sum_{k=0}^{N-1}\tilde{X}(k)W_N^{-kn}\end{cases} \tag{5.10}$$

2) DFT 的定义

对于一个长度为 N 的有限长序列 $x(n)$，见式(5.11)。

$$x(n)=\begin{cases}x(n) & (0\leqslant n\leqslant N-1)\\ 0 & (\text{其余}n)\end{cases} \tag{5.11}$$

设周期序列 $\tilde{x}(n)$ 是以序列 $x(n)$ 为主值序列，以 N 为周期延拓得到的序列，该周期序列与其主值序列之间的关系见式(5.12)和式(5.13)。

$$\tilde{x}(n)=\sum_{r=-\infty}^{\infty}x(n+rN) \tag{5.12}$$

$$x(n)=\begin{cases}\tilde{x}(n) & (0\leqslant n\leqslant N-1)\\ 0 & (\text{其余}n)\end{cases} \tag{5.13}$$

因此，将式(5.13)代入式(5.10)，很容易得到有限长序列 $x(n)$ 的离散傅里叶变换式(5.14)。

$$\begin{cases}X(k)=\sum_{n=0}^{N-1}x(n)W_N^{kn} & (0\leqslant k\leqslant N-1)\\ x(n)=\frac{1}{N}\sum_{k=0}^{N-1}X(k)W_N^{-kn} & (0\leqslant n\leqslant K-1)\end{cases} \tag{5.14}$$

3) DFT 与 Z 变换的关系

设序列的 $x(n)$ 的长度为 N，其 Z 变换见式(5.15)。

$$X(z)=\sum_{n=0}^{N-1}x(n)z^{-kn} \tag{5.15}$$

比较式(5.14)与式(5.15)可得

$$X(k)=X(z)\Big|_{z=\mathrm{e}^{jk\frac{2\pi}{N}}} \quad (0\leqslant k\leqslant N-1) \tag{5.16}$$

或

$$X(k)=X(\mathrm{e}^{jw})\Big|_{\omega=\frac{2\pi}{N}k} \quad (0\leqslant K\leqslant N-1) \tag{5.17}$$

根据DFT与Z变换的关系[式(5.16)及式(5.17)]，可以得出DFT变换是序列$x(n)$的N点 DFT，DFT 是序列$x(n)$的Z变换在单位元上的N点等间隔采样，$X(k)$为$x(n)$的离散时间傅里叶变换$X(\mathrm{e}^{j\omega})$在区间$[0,2\pi]$上的N点间隔采样。

4) DFT 隐含的周期性

在 DFT 中，$x(n)$与$X(k)$均为有限长序列，设$W_N^{kn}=\mathrm{e}^{-j\frac{2\pi}{N}kn}$，$W_N^{kn}$具有周期性，使得$x(n)$与$X(k)$隐含周期性，周期为$N$。

2. 小波分析法

小波分析法是周期分析中应用比较广泛的方法之一。小波分析是傅里叶分析发展史上的一个里程碑，具有时、频同时局部化的优点(王文圣等，2002)。小波理论由 Morlet 于1980 年首次提出，文章于 1982 年正式发表(Morlet et al.，1982)。1984 年 Morlet 与Grossman(1984)共同提出连续小波变换的几何体系，成为小波分析发展的里程碑。1990年，多贝西(Daubechies)创造性地构造了规范正交基，提出了多分辨率概念和框架理论，小波分析热潮由此兴起。1987 年 Battle 和 1988 年 Lemarie 又分别独立地给出了具有指数衰减的小波函数；1988 年 Mallat 创造性地发展了多分辨率分析的概念和理论，并提出了快速小波变换算法(Mallat 算法)。Daubechies(1988)构造了具有有限紧支集的正交小波基，Chui 和 Wang(1992)构造了基于样条函数的正交小波。至此，小波分析的系统理论得以建立。小波是具有震荡特性、能够迅速衰减到零的一类函数(邵晓梅等，2006)，小波函数的定义为：设$\varphi(t)$为一平方可积函数，即$\varphi(t)\in L^2(R)$，若其傅里叶变换$\psi(\omega)$满足式(5.18)：

$$C_\varphi=\int_R\frac{|\psi(\omega)|^2}{\omega}\mathrm{d}\omega\angle\infty \tag{5.18}$$

则$\varphi(t)$称为一个基本小波或小波母函数，将小波函数$\varphi(t)$进行伸缩和平移，得到连续小波，见式(5.19)。

$$\varphi_{a,\tau}(t)=\frac{1}{\sqrt{a}}\varphi\left(\frac{t-\tau}{a}\right) \quad (a,\ \tau\in R,\ a>0) \tag{5.19}$$

对于任意函数$f(t)\in L^2(R)$的连续小波变换见式(5.20)。

$$W_f(a,\tau)=\langle f(t),\ \varphi_{a,\tau}(t)\rangle=\frac{1}{\sqrt{a}}\int_R f(t)\varphi\left(\frac{t-\tau}{a}\right)\mathrm{d}t \tag{5.20}$$

式中，a是尺度因子；τ为平移因子；$W_f(a,\tau)$为小波系数。

5.2　空间分布特征分析

空间分布特征是指研究对象的空间数据所表现出来的特征，这种特征主要包括方位关系、拓扑关系、相邻关系、相似关系等，对这种特征进行分析的方法包括规模效应分析、核密度分析、网格维数分析和空间自相关分析等。

5.2.1　规模效应分析

规模尺度对回归模型的影响可以通过对不同规模层次上的相关与回归分析结果进行对比而得以论证。例如，通过分析 6 个不同规模层次的总人口、农业劳动力、非农业人口、土地适宜性、平均高程与最暖月气温等因素与耕地相关系数分布情况，探究土地利用空间分布特征(陈佑启和 Peter，2000)。结果表明，随着规模的扩大，不同因子的相关系数不同，各个因子的增加幅度也不相同。不同规模尺度视角下研究对象表现出不同的变化特征，规模效应分析既能实现研究对象的全面分析，又能确定最佳的研究规模尺度，因此被广泛应用于地学研究中。

5.2.2　核密度分析

核密度分析通过区域要素的分布密度在空间中的形态特征及其变化来表达空间要素的分布特征，可以表现出区域要素的空间分布密度，这种密度能反映其在空间上的分散或集聚特征，核密度的计算公式见式(5.21)。

$$\hat{\lambda}_h(s)=\sum_{i=1}^{n}\frac{3}{\pi h^4}\left[1-\frac{(s-s_i)^2}{h^2}\lambda\right]^2 \tag{5.21}$$

式中，s 表示研究区的位置；s_i 表示以 s 为圆心的研究区；λ 为多维的核；h 表示在半径空间范围内第 i 个对象的位置(吴清等，2017)。

5.2.3　网格维数分析

网格维数分析是指对研究区进行网格化分析，其占据的网格格数 $N(r)$ 会随网格尺度 r 的改变而变化，若研究区具有无标度性，则 $N(r)$ 与 r 的关系满足式(5.22)。

$$N(r)\propto r^{-a} \tag{5.22}$$

式中，a 为分维(即容量维)，$a=D_0$。

观察行号为 i、列号为 j 的网格，假设在其中的研究对象数目为 N_{ij}，分布总数为 N，可定义其概率为 $P_{ij}=N_{ij}/N$，则信息量见式(5.23)。

$$I(r)=-\sum_{i}^{K}\sum_{j}^{K}P_{ij}(r)\ln P_{ij}(r) \tag{5.23}$$

式中，K 为区域各边的分段数，$K=1/r$。

如果研究区的空间分布是分形的，则有式(5.24)。

$$I(r) = I_0 - D_1 \ln r \tag{5.24}$$

式中，I_0为常数；D_1为分维(信息维)，反映研究区在空间上的均衡性(吴清等，2017)。

一般而言，网格维数 D 范围为[0，2]，网格维数D越大，研究区空间分布越均衡；反之则越集中。当网格维数D趋近于 1 时，说明研究区分布具有集中到某一地理线上的态势；当$D_1 = D_0$时，则表明研究区属于简单的分形。

5.2.4 空间自相关分析

空间自相关分析可以选取全局莫兰指数(Moran's I)和局域关联指数进行分析，其中，Moran's I[范围为(−1，1)]用于表达研究区范围内空间相关性的整体趋势及差异性。空间自相关的 Moran's I 见式(5.25)。

$$I = \frac{n}{S_0} \frac{\sum_{i=1}^{n}\sum_{j=1}^{n}\omega_{i,\ j} z_i z_j}{\sum_{i=1}^{n} z_i^2} \tag{5.25}$$

式中，z_i是要素i的属性与其平均值$(x_i - \bar{X})$的偏差；$\omega_{i,\ j}$是要素i和j之间的空间权重；n为要素总数；S_0为所有空间权重的聚合，见式(5.26)。

$$S_0 = \sum_{i=1}^{n}\sum_{j=1}^{n}\omega_{i,\ j} \tag{5.26}$$

z_i按式(5.27)计算：

$$z_i = \frac{I - E[I]}{\sqrt{V[I]}} \tag{5.27}$$

其中，$E[I]$和$V[I]$的计算见式(5.28)和式(5.29)：

$$E[I] = -1/(n-1) \tag{5.28}$$

$$V[I] = E[I^2] - E[I]^2 \tag{5.29}$$

局域关联指数 Getis-Ord G_i^*通常用来反映要素空间分布的自相关性，刻画要素空间分布在不同区域单元及其之间的相互作用，分析研究区在局部空间上的分布特征(吴清等，2017)，用以测度不同地域单元的高值簇与低值簇，热点区与冷点区的空间分布，以上步骤和结果可通过 ArcGIS 软件空间统计模块下的空间自相关工具计算得出。

5.3 驱动因子相关性分析

5.3.1 Pearson 相关系数分析

相关性的“强”和“弱”都没有严格的数值定义，但如果说相关性强，那么基本上就是比弱相关的数据具有更明显的线性关系，数据点更集中地分布在一条直线附近。需要注意的是，强弱关系的定义和研究对象有关，所以需要知道针对的对象，才能确定相关性是否具有意义(Boslaugb，2013)，其原理见式(5.30)。

$$p = \frac{N\sum x_i y_i - \sum x_i \sum y_i}{\sqrt{N\sum x_i^2 - \left(\sum x_i\right)^2}\sqrt{N\sum y_i^2 - \left(\sum y_i\right)^2}} \tag{5.30}$$

式中，p 为 Pearson (皮尔逊) 相关系数；N 为样本个数；x_i 与 y_i 分别表示 x 与 y 的第 i 个数据。

Pearson 相关系数 p 的取值范围是 $(-1,1)$，0 表示两个变量之间没有相关性，相关系数的绝对值越大表示变量之间的相关性越强。

Pearson 相关系数分析法是统计学中较常用的一种分析方法，具有实现简单、应用范围广、速度较快等优点，可以通过 Excel、R 语言、Python 语言等实现，实现较容易，其输出的结果数值范围在 0～1，具有统计学意义，数值越高表示两者的相关性越强。其缺点是模型简单，难以处理特征之间的相关关系，且表现效果一般。

5.3.2　主成分分析

主成分分析(PCA)是一种统计学方法，通过正交变换将一组可能存在相关性的变量转换为一组线性不相关的变量，转换后的这组变量叫主成分。假定有 n 个样本，每个样本共有 p 个变量，则构成一个 $n\times p$ 型的矩阵，见式(5.31)。

$$\boldsymbol{X} = \begin{bmatrix} x_{11} & x_{12} & \cdots & x_{1p} \\ x_{21} & x_{22} & \cdots & x_{2p} \\ \vdots & \vdots & & \vdots \\ x_{n1} & x_{n2} & \cdots & x_{np} \end{bmatrix} \tag{5.31}$$

当 p 较大时，在 p 维空间中考察问题较为不便，需要进行降维处理，即用较少的几个综合指标代替原来较多的变量指标，使这些较少的综合指标能尽量多地反映原来较多变量指标所代表的信息，同时它们之间又是彼此独立的。记 $x_1,x_2,\cdots,x_p$ 为原变量指标，$z_1,z_2,\cdots,z_m(m<p)$ 为新变量指标，则有式(5.32)和式(5.33)。

$$\begin{cases} z_1 = l_{11}x_1 + l_{12}x_2 + \cdots + l_{1p}x_p \\ z_2 = l_{21}x_1 + l_{22}x_2 + \cdots + l_{2p}x_p \\ \vdots \qquad\quad \vdots \\ z_m = l_{m1}x_1 + l_{m2}x_2 + \cdots + l_{mp}x_p \end{cases} \tag{5.32}$$

$$l_{i1}^2 + l_{i2}^2 + \cdots + l_{ip}^2 = 1 \tag{5.33}$$

式中，z_i 与 z_j 互相无关；z_1 是 $x_1,x_2,\cdots,x_p$ 的一切线性组合中方差最大者；z_2 是与 z_1 不相关所有线性组合中方差最大者；z_m 是与 $z_1,z_2,\cdots,z_m$ 都不相关的所有线性组合中方差最大者。

新变量 $z_1,z_1,\cdots,z_m(m<p)$ 分别称为原变量 $x_1,x_2,\cdots,x_p$ 的第 1，第 2，…，第 m 主成分。

利用主成分分析法实现归因分析是地学领域常用的分析方法之一。主成分分析法的优点是能在力保数据丢失最小的原则下，对高维变量空间进行降维处理，保证数据信息损失最小，以少数的综合变量取代原始采用的多维变量；不足之处在于主成分分析只是一种

“线性”的降维技术，只能处理线性问题。在地学领域，主成分分析被用来评价土壤肥力、小麦抗冻性、水土资源分布、驱动力分析等(吴美琼和陈秀贵，2014)。

5.3.3 多元线性回归分析

多元线性回归分析是寻求“最优”线性回归方程的一种回归分析方法，其基本思想是从已有的所有自变量中选出与因变量显著相关的变量建立方程，且方程中不含与因变量无显著线性相关的变量。多元线性回归分析首先要做出线性回归方程(徐建华，2014)，其基本过程如下：

(1)首先，定义自变量与因变量，设变量 Y 与变量 $X_i(i=1,2,3,\cdots,7)$ 间有线性关系，见式(5.34)。

$$Y=\beta_0+\beta_1X_1+\beta_2X_2+\beta_3X_3+\beta_4X_4+\beta_5X_5+\beta_6X_6+\beta_7X_7+\varepsilon \tag{5.34}$$

式中，β_0，$\beta_1,\cdots,\beta_p$ 与 ε 为位置参数，称式(5.34)为多元线性回归模型。

(2)设 X_{ij} (j=1,2,$\cdots$,n)是$(X_1,X_2,\cdots,X_n,Y)$的第 n 次独立观测值，则多元线性模型可表示为

$$Y_j=\beta_0+\beta_1X_{1j}+\beta_2X_{2j}+\cdots+\beta_nX_{nj}+\varepsilon \quad (j=1,2,\cdots,n) \tag{5.35}$$

(3)采用矩阵形式，可以令

$$\boldsymbol{Y}=\begin{bmatrix} y_1 \\ y_2 \\ \vdots \\ y_n \end{bmatrix},\ \boldsymbol{\beta}=\begin{bmatrix} \beta_0 \\ \beta_1 \\ \vdots \\ \beta_7 \end{bmatrix},\ \boldsymbol{X}=\begin{bmatrix} 1 & \dots & x_{1j} \\ \vdots & & \vdots \\ 1 & \dots & x_{nj} \end{bmatrix},\ \boldsymbol{\varepsilon}=\begin{bmatrix} \varepsilon_1 \\ \varepsilon_2 \\ \vdots \\ \varepsilon_n \end{bmatrix} \tag{5.36}$$

多元线性模型可以表示为

$$\boldsymbol{Y}=\boldsymbol{X\beta}+\boldsymbol{\varepsilon} \tag{5.37}$$

式中，$\boldsymbol{Y}$ 为由响应变量构成的 n 维向量；$\boldsymbol{X}$ 为 $n\times(j+1)$ 型设计矩阵；$\boldsymbol{\beta}$ 为 8 维向量；$\boldsymbol{\varepsilon}$ 为 n 维误差向量。

模型类似于一元线性回归，需要对不同的参数 $\beta_i(i=0,1,\cdots,n)$ 进行估算，即求最小二乘函数，见式(5.38)。

$$Q(\beta)=(\boldsymbol{Y}-\boldsymbol{X\beta})^{\mathrm{T}}(\boldsymbol{T}-\boldsymbol{X\beta}) \tag{5.38}$$

可以证明，β 的最小二乘估计为 $\hat{\beta}=(\boldsymbol{X}^{\mathrm{T}}\boldsymbol{X})^{-1}\boldsymbol{X}^{\mathrm{T}}\boldsymbol{Y}$，从而可得经验回归方程，即式(5.39)。

$$\hat{Y}=\hat{\beta}_0+\hat{\beta}_1X_1+\hat{\beta}_2X_2+\hat{\beta}_3X_3+\hat{\beta}_4X_4+\hat{\beta}_5X_5+\hat{\beta}_6X_6+\hat{\beta}_7X_7 \tag{5.39}$$

$\hat{\boldsymbol{\varepsilon}}=\boldsymbol{Y}-\boldsymbol{X}\hat{\beta}$ 为残差向量，一般取 $\hat{\sigma}^2=\hat{\boldsymbol{\varepsilon}}^{\mathrm{T}}\hat{\boldsymbol{\varepsilon}}/(n-j-1)$，其中，$\hat{\sigma}^2$ 为 σ^2 的估计，也称为 σ^2 的最小二乘估计，可以证明 $\boldsymbol{E}\hat{\sigma}^2=\sigma^2$，由此得到 β 的协方差矩阵为 $\mathrm{var}(\beta)=\boldsymbol{\sigma}^2(\boldsymbol{X}^{\mathrm{T}}\boldsymbol{X})^{-1}$。相应可得 $\hat{\beta}$ 的标准差为 $\mathrm{sd}(\hat{\beta}_i)=\hat{\sigma}\sqrt{c_{ii}}\quad(i=0,1,\cdots,n)$，其中 c_{ii} 为 $\boldsymbol{C}=(\boldsymbol{X}^{\mathrm{T}}\boldsymbol{X})^{-1}$ 对角线上的第 i 个元素。当求出多元线性回归方程后，由于其无法用图形来判断 $E(Y)$ 是否随着 $X_1,X_2,\cdots,X_n$ 作线性变化，对回归系数的显著性检验就显得尤为重要。

本书基于 R 统计软件对模型进行求解，得到因变量 $\boldsymbol{Y}$ 对应于自变量 $\boldsymbol{X}$ 的多元线性回

归模型。然后基于建立最优方程的原则，采用 R 统计软件中“逐步回归法”计算程序，得出最优回归方程。在 R 统计软件中，有效而且方便的“逐步回归”方程计算函数是 Step 函数，该函数是以 AIC 信息统计量为准则，通过选择最小 AIC 信息统计量来达到增加或者删除变量的目的。当变量对应的 AIC 值最小时，则该 AIC 值对应的变量组成的回归方程为最优回归方程，对应的变量为因变量的主要影响因子，且相关系数的大小反映了相关性的大小。

多元线性回归分析是所有统计学方法中在地学界应用最广的方法之一，在湖泊表面水温变化归因分析中，我们使用多元回归分析逐步分析每一种因子对湖泊表面水温的影响，其优点是可以考虑多个因子之间的相关性，但这种关系只能是线性的，解释不了非线性的问题。

5.3.4　随机森林回归分析

随机森林方法是里奥·布莱曼(Leo Breiman)基于引导聚集(bootstrap aggregation，Bagging)集成学习理论和何天琴(Tin Kam Ho)随机子空间方法，于 2001 年提出的一种以决策树为基本分类器的集成学习算法，该算法采用 Bootstrap 方法从初始样本集(N 个样本)中进行 N 次随机有放回抽样，得到多个与初始样本集大小相同的训练样本集，其中每一个训练样本集均为信息含量最丰富的数据集合，从其候选特征属性中选择“最优属性”作为分裂节点建立决策树，并综合所有决策树反馈情况进行模型训练的分类与预测(方匡南等，2011)。随机森林方法已被用于具有复杂非线性特征的水温要素分析研究中，如在长江干流径流预报因子的选取和淮河流域各月径流关键影响因素筛选中表现出优越的性能。基于偏依赖函数 $\hat{f}_{\mathrm{xs}}(\mathrm{xs})$ 可量化各驱动因子的偏依赖性，并绘制偏依赖关系图(Breiman，2001)，其表达式见式(5.40)。

$$\hat{f}_{\mathrm{xs}}(\mathrm{xs}) = E_{\mathrm{xs}}(\hat{f}_{\mathrm{xs,xc}}) \tag{5.40}$$

式中，$\hat{f}$ 为构建的随机森林模型；xs 为绘制偏依赖关系图的驱动因子(解释变量)；xc 为随机森林模型中的其余解释变量。

毛劲乔等(2022)基于随机森林回归方法得出湖泊流量数学模型，把湖区水位、长江干流来流、赣江入湖流量确定为最重要的驱动因子，结果表明，其对出湖流量的影响呈现复杂的非线性特征，如图 5.3 和图 5.4 所示。

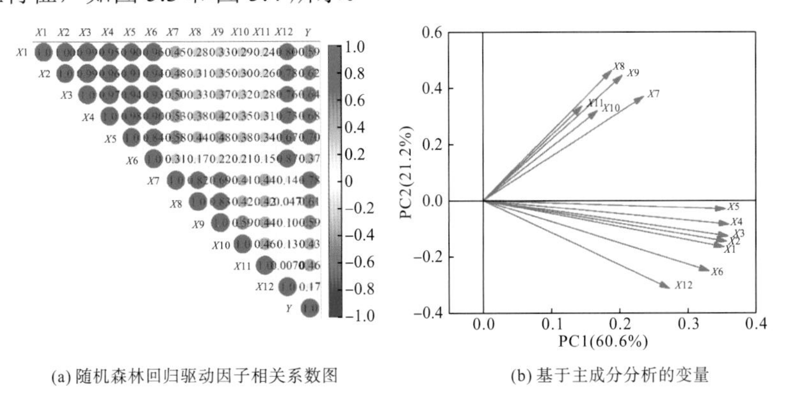

(a) 随机森林回归驱动因子相关系数图　　(b) 基于主成分分析的变量

图 5.3　基于双重检验的驱动因子间多重共线性判定方法

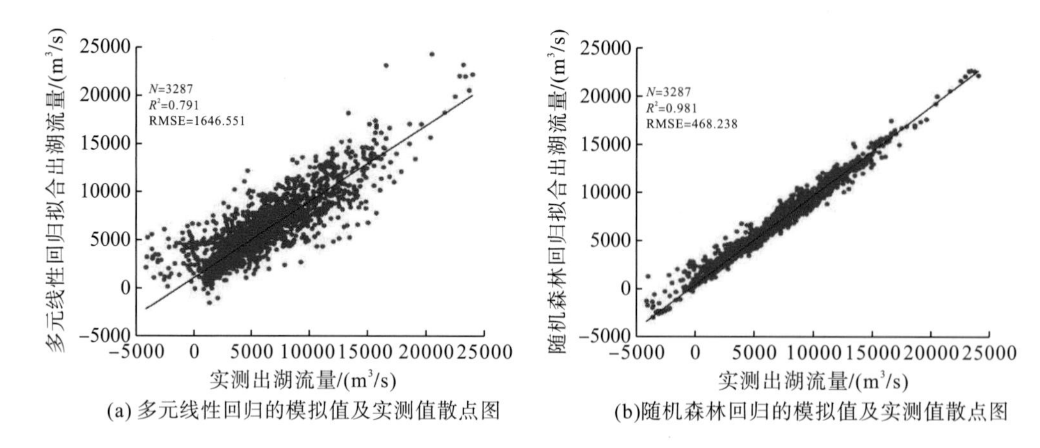

(a) 多元线性回归的模拟值及实测值散点图 (b)随机森林回归的模拟值及实测值散点图

图 5.4 数学模型预测值与实测值的散点图

5.3.5 偏相关系数分析

在多要素所构成的系统中，当研究某一个要素对另一个要素的影响或相关程度时，把其他要素的影响视作常数(保持不变)，即暂时不考虑其他要素影响，单独研究两个要素之间相互关系的密切程度，所得数值结果为偏相关系数(王斌会，2016)。利用样本数据计算偏相关系数，反映两个变量间净相关的强弱程度。在分析变量 x_1 和 x_2 之间的净相关关系时，当控制了变量 x_3 的线性作用后，x_1 和 x_2 之间的一阶偏相关系数定义见式(5.41)。

$$r_{12(3)}=\frac{r_{12}-r_{13}r_{23}}{\sqrt{1-r_{13}^2}\sqrt{1-r_{23}^2}} \tag{5.41}$$

式中，r_{12} 为变量 r_1 与 r_2 的简单相关系数，其他类似。

偏相关系数通过 t 统计量进行检验，其数学定义为式(5.42)。

$$t=\frac{r\sqrt{n-q-2}}{\sqrt{1-r^2}} \tag{5.42}$$

式中，r 为偏相关系数；n 为样本数；q 为阶数。

假如统计量服从 $n-q-2$ 个自由度的 t 分布，计算检验统计量的观测值和对应的概率 p 值。如果检验统计量的概率 p 值小于给定的显著性水平 α，则应拒绝原假设；反之，则不能拒绝原假设。偏相关系数能计算变量之间的相关性，但仅限于两个变量，无法解释多变量的作用。

5.3.6 灰色关联度分析

灰色关联度分析(grey correlation analysis，GCA)法是根据因素之间发展趋势的相似或相异程度衡量因素之间的关联程度的方法，是灰色系统分析方法的一种(刘思峰等，2013)。对于两个系统之间的因素，其随时间或不同对象而变化的关联性大小的量度称为关联度。在系统发展过程中，若两个因素变化的趋势具有一致性，即同步变化程度很高，便认为二者的关联程度很高；反之，则较低。灰色关联度分析需要确定反映系统行为特征的参考数列和影响系统行为的比较数列，并对数列进行无量纲化处理。计算参考数列与比较数列的

灰色关联系数 $\xi(X_i)$，即关联程度，灰色关联系数实质上是指曲线间几何形状的差别程度，因此曲线间差值大小可作为关联程度的衡量尺度。对于一个参考数列 X_0，有若干个比较数列 $X_1, X_2, \cdots, X_n$，各比较数列与参考数列在各个时刻(即曲线中的各点)的灰色关联系数 $\xi(X_i)$ 可由式(5.43)算出(其中 ρ 为分辨系数，$0<\rho<1$；$\min_i \min_k |x_0(k)-x_i(k)|$ 是第二级最小差，记为 $\Delta\min$；$\max_i \max_k |x_0(k)-x_i(k)|$ 是两级最大差，记为 $\Delta\max$)。为比较各数列 X_i 曲线上的每一个点与参考数列 X_0 曲线上的每一个点的绝对差值，关联系数 $p(k)$ 可简化为式(5.43)。

$$p(k)=\frac{\min_i \min_k |x_0(k)-x_i(k)|+\rho \max_i \max_k |x_0(k)-x_i(k)|}{|x_0(k)-x_i(k)|+\rho \max_i \max_k |x_0(k)-x_i(k)|} \tag{5.43}$$

$X_i(i=1,2,\cdots,m)$ 与 X_0 的灰色关联度 $\gamma(X_0, X_i)$ 见式(5.44)：

$$\gamma(X_0, X_i)=\frac{1}{n}\sum_k^n \gamma\left[x_0(k), x_i(k)\right] \tag{5.44}$$

这里 X_i 与 X_0 的顺序会直接影响计算结果，通常 $\gamma(X_0, X_i)\neq\gamma(X_i, X_0)$。事实上，作为系统行为特征序列，$X_0$ 起到了比较基准的作用。X_i 与 X_0 的灰色关联度 $\gamma(X_0, X_i)$ 不仅与 X_0，X_i 有关，还与 $X_j(j\neq 0, i, j=1,2,\cdots,m)$ 有关。具体计算时，可以选择初值化变换与均值化变换两种方式对原始数据进行处理。

因为关联系数是比较数列与参考数列在各个时刻(即曲线中的各点)的关联程度值，所以它的数值不止一个，信息过于分散不便于进行整体性比较，因此有必要将各个时刻(即曲线中的各点)的关联系数集中为一个值，即求其平均值，将其作为比较数列与参考数列关联程度的数量表示。

灰色关联度分析法是一种统计学方法，虽然不同的灰色关联度分析法在计算方面存在一定的局限性，但灰色关联分析可用关联度来衡量因素之间的相关性，因此被广泛应用于地学领域，如张芷若和谷国锋(2020)以中国 30 个省(区、市)为研究对象，使用灰色关联度分析法定量评判 2005～2015 年中国科技金融与区域经济发展各要素间的耦合关联程度，结果表明，科技金融与区域经济发展属于中高等关联，科技型人才与财政科技拨款对区域经济发展的驱动作用明显，科技金融对进出口贸易具有高度的依赖性。湛社霞等(2018)使用灰色关联度分析法分析了粤港澳大湾区空气质量影响，结果表明，工业、能源消耗、人口、机动车数量和环境管理政策是影响区域空气质量的主要因素，强化联系防控、严格管控工业污染、降低能源消耗和加强车辆管制是持续改善粤港澳大湾区空气质量的主要途径。本书对湖泊透明度进行分析，通过一般关联度、绝对关联度和斜率关联度求得灰色关联系数，考虑到三个关联度的计算不能反映各因子的负相关特征，因此采用皮尔逊(Pearson)相关系数来分析各因子的负相关特征，如图 5.5 所示。由图 5.5 可知，波段和透明度的线性相关性较低，Pearson 相关系数处于较低水平，但能反映波段与透明度的正、负相关关系，可作为波段选择的辅助参考。通过灰色关联度可以得出，b_5/b_6、$1/b_4$、b_3/b_6、b_2/b_6、$1/b_6$、b_2/b_3、$1/b_5$ 与透明度的相关性较高，能够较好地表达透明度数据的特征。基于此，本书用 7 个波段构造的输入数据来推导湖泊透明度。

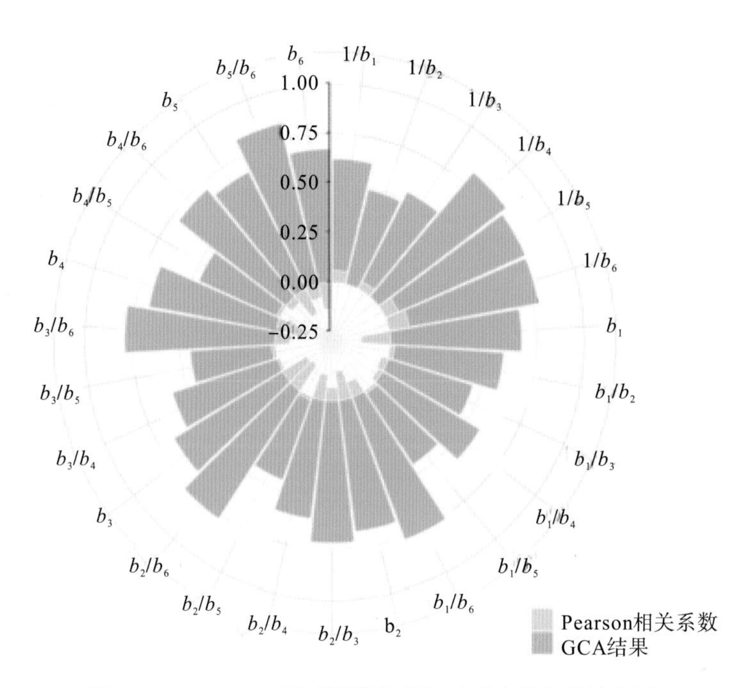

图 5.5 MOD09GA 遥感影像波段与透明度的相关性分析

5.3.7 因子分析

因子分析的目的在于揭示观测变量之间的内在关联性。具体方法如下：在尽可能保留原有信息的前提下，用较少的维度表示原来的数据结构，使数据降维，以形成少数几组潜在起支配作用的公共因子与特殊因子的线性组合，从而揭示整体变量的规律或本质。因子分析的计算步骤：①原始数据标准化，消除变量在数量级和量纲上的不同；②求标准化数据的相关矩阵；③求相关矩阵的特征值和特征向量；④计算方差贡献率与累计方差贡献率；⑤确定因子，前 m 个因子包含的数据信息总量(累积贡献率)不低于 85%时，可取前 m 个公因子来反映原有的评价指标；⑥进行适当的因子旋转，为公因子寻求最佳的解释方式；⑦采用回归分析方法求各因子得分。在水文学领域(刘慧等，2011)，可运用因子分析法，通过 SPSS 软件、R 语言等得出影响赣江源流域水资源承载力的 4 个主成分因子，综合经济社会、人口、自然水资源及生态环境方面的多项指标。

5.3.8 熵权法

熵是信息论中对不确定性的一种度量，信息量越大，不确定性就越小，熵也就越小；反之则熵就越大。利用熵权法计算各指标的权重系数，根据评价指标的离散程度客观地计算权重，因子的离散程度越大，对研究对象的影响就越大。熵权法的计算步骤如下：

(1) 非负化处理各成分因子的得分数据，为避免求熵值时数据无意义，需要对数据进行平移，处理方式见式(5.45)。

$$x_{ij}=\frac{\left[X_{ij}-\min(X_{ij})\right]}{\left[\max(X_{ij})-\min(X_{ij})\right]}+1 \quad (i=1,2,\cdots,n; j=1,2,\cdots,m) \tag{5.45}$$

式中，X_{ij} 为某一个地区 i 时段研究对象第 j 个影响因子的值。

(2) 计算第 i 时段第 j 项影响因子占所有时段影响因子之和的比例，见式(5.46)。

$$y_{ij}=x_{ij}/(\sum_{i=1}^{n}x_{ij}) \quad (i=1,2,\cdots,n; j=1,2,\cdots,m) \tag{5.46}$$

(3) 求各影响因子的权重，见式(5.47)和式(5.48)。

$$w_i=d_j/(\sum_{j=1}^{m}d_j) \quad (1\leqslant j\leqslant m) \tag{5.47}$$

$$d_j=(1-e_j)/(m-\sum_{j=1}^{m}e_j) \quad (0\leqslant d_j\leqslant 1; \sum_{j=1}^{m}d_j=1) \tag{5.48}$$

d_j 为第 j 项指标的信息效用值。第 j 项因子的熵值见式(5.49)。

$$e_j=-\sum_{i=1}^{n}\left[y_{ij}\ln y_{ij}/(\ln n)\right] \quad (e_j>0) \tag{5.49}$$

(4) 计算不同时段承载力的综合得分，见式(5.50)。

$$s_i=\sum_{j=1}^{m}w_j p_{ij} \quad (i=1,2,\cdots,n) \tag{5.50}$$

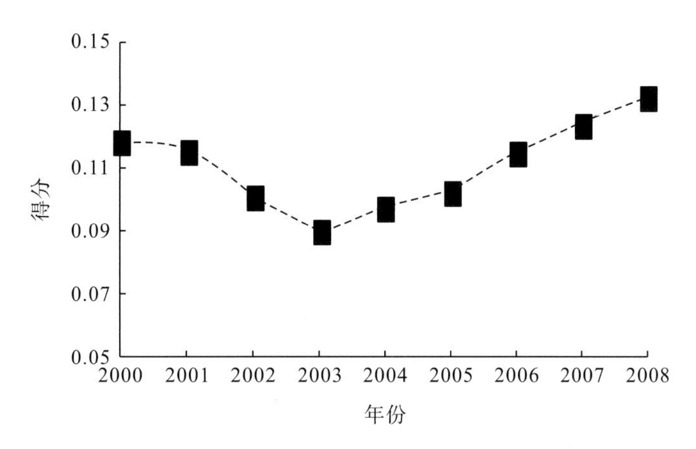

图 5.6　2000～2008 年水资源承载力综合得分

熵权法是一种客观赋权方法，其优点是客观确定权重，适应性很高；缺点在于应用范围有限，仅适用于计算权重。熵权法被广泛应用于地学领域，如贾艳红等(2006)利用熵权法评价草原生态安全；李益敏等(2022)利用熵权法分析瑞丽市边境线新冠疫情风险及防控部署。在水文学领域，刘慧等(2011)利用熵权法来判断各主因子的离散程度，得出评价指标对水资源承载力变化的综合影响程度，熵权法的综合得分越高，水资源承载力状况越好。从图 5.6 可以看出，2000～2008 年水资源承载力相对稳定，略有增势，2002 年有弱化趋势，2003 年达到最低限度，主要原因是 2003 年大旱，水资源总量为 181.10 亿 m^3，较多年平均减少 46.05%，年降水量为 1236.8mm，较多年平均减少 22.75%，使得该年水资源承载力总体承受较大压力而出现降低的情况。2004 年之后呈现缓增的趋势，表明该区域水资源向着不断优化的方向发展。与 2000 年相比，2008 年水资源承载力综合得分状况有明显的升高，说明随着社会经济结构的调整及可持续发展战略的指导，该区水资源承载力步入一个良性发展趋势。

5.3.9 格兰杰因果性检验

格兰杰因果性检验运用信息集的概念，强调事件发生的时序性。要检验 X 和 Y 之间的因果性，格兰杰因果性检验的基本原理：令 Ω_n 为到 n 期为止宇宙中的所有信息，Y_n 为到 n 期为止所有时刻的变量 Y_t，则 $\Omega_n - Y_n$ 为除 Y 之外的所有信息(曹永福，2006)。如果我们承认“现在和过去可以影响未来，而未来不能影响过去”，并且假设 Ω_n 中不包含任何冗余的信息，则

$$F(X_{n+1}|\Omega_n) \neq F(X_{n+1}|\Omega_n - Y_n) \tag{5.51}$$

即可以认为变量 Y 对变量 X 有格兰杰因果性。可以看出，格兰杰因果性定义是基于信息集的，这样就把需要考虑的因素扩展得比较广泛而不是单纯考虑两个事件，且它强调事件发生的时序性，如果 Y 构成 X 的原因，那么本期的 Y 会影响下一期 X 的概率分布，即 Y_n 含有 X_{n+1} 特有的预测信息，那么 Y 对 X 就构成格兰杰因果性。格兰杰因果性是通过事件发生的概率来确定的。在实际操作中，处理变量的分布函数是非常困难的，从期望值的角度来处理是比较简便的方法，见式(5.52)。

$$E(X_{n+1}|J_n) \neq E(X_{n+1}|J_n - Y_n) \tag{5.52}$$

格兰杰因果性在经济因果分析中有至关重要的地位，但目前实际应用中多数是两个变量之间的检验，很容易出现遗漏重要相关变量的情形，因此在进行因果性推断时，此方法适合在合理定义信息集的前提下使用。

郑祚芳等(2012)使用 Eview5.0 软件利用格兰杰因果性检验分析方法对北京气候变暖与主要极端气温指数进行归因分析，其中滞后期选为 K=1～3a，格兰杰因果性检验要求所用时间序列是平稳的时间序列，对于非平稳时间序列需进行差分或取对数变换，这种变换并不会改变原有的因果关系。原序列中除年平均气温(annual mean temperature，AMT)及生长季指数(growing season long，GSL)需进行一阶差分变为平稳序列外，其他指数本身均为平稳序列。假定所有变量之间互相均不具备因果关系，并设定当检验信度小于 0.95 时，拒绝原假设。表 5.1 是格兰杰因果性检验得到的具有因果关系的变量，可见：①在滞后期为 1～2a 时，年平均气温 D(AMT)(D 表示一阶差分)是霜冻指数(frost days，FD)的格兰杰原因；②在滞后期为 1～3a 时，年平均气温 D(AMT)是生长季指数 D(GSL)和暖夜指数(TN90)的格兰杰原因。我们注意到，以上检验出的变量间因果关系并不是相互的，说明气候变暖是某些极端气温指数发生变化的重要影响因子，反之则不成立。此外，虽然年平均气温(AMT)与热浪指数在 1～3a 滞后期均具强相关性，但是检验结果表明它们之间并无显著的因果关系，甚至年平均气温与霜冻指数之间存在因果关系的时间尺度也不如单纯的相关系数表现得那么强(在滞后期为 3a 时仍然显著)。需要注意的是，格兰杰因果性检验给出的只是一种统计意义上的因果关系。对于检验结果，仍然需要寻求合理的物理

解释，以增强这种因果性的可信度。分析表明，北京气候变暖主要表现为最低气温的升高，最高气温的升高并不明显。因此，直接反映最低气温变化的霜冻指数及暖夜指数与气候变暖的关系更为密切，这是很容易理解的。格兰杰因果性检验表明，北京年平均气温是霜冻指数、生长季指数及暖夜指数发生变化的格兰杰原因。虽然年平均气温与热浪指数在不同滞后期均具有强相关性，但是检验表明，它们之间并无显著的因果关系，这很可能是某种原因导致的一种统计上的伪相关现象。

表 5.1　格兰杰因果性检验结果

原假设	样本数	滞后期	F 统计量	置信概率 P
D(AMT)不是 FD 的格兰杰原因	48	1	10.9305	0.0019
D(AMT)不是 FD 的格兰杰原因	47	2	3.4888	0.0396
D(AMT)不是 D(GSL)的格兰杰原因	48	1	12.5692	0.0009
D(AMT)不是 D(GSL)的格兰杰原因	47	2	4.8288	0.0129
D(AMT)不是 D(GSL)的格兰杰原因	46	3	3.2193	0.0330
D(AMT)不是 D(GSL)的格兰杰原因	48	1	10.4236	0.0023
D(AMT)不是 TN90 的格兰杰原因	47	2	8.0172	0.0011
D(AMT)不是 TN90 的格兰杰原因	46	3	3.5256	0.0236

5.4　贡献率分析

5.4.1　多元线性回归分析

多元线性回归分析是研究变量间相关关系的一种统计方法，假设变量 y 为预测和控制的对象，根据经验确定因变量 y 依赖于 p 个自变量 $x_1,x_2,\cdots,x_p$ 而变化。如果它们之间具有某种线性关系，则把问题归结为 p 元线性回归模型，见式(5.53)。

$$y = \beta_0 + \beta_1 x_1 + \beta_2 x_2 + \cdots + \beta_p x_p + \epsilon \tag{5.53}$$

式中，$\beta_0,\beta_1,\cdots,\beta_p$ 为自变量回归系数；ϵ 为误差项。

多元回归分析中的多个自变量可能存在共线性问题，对此，采用岭回归(ridge regression，RR)的方法对回归方程进行校正。岭回归是一种专用于共线性数据分析的有偏估计回归方法，实质上是一种改良的最小二乘估计法，通过放弃最小二乘法的无偏性，以损失部分信息、降低精度为代价获得回归系数，是更符合实际、更可靠的回归方法，对病态数据的耐受性远远强于最小二乘法(胡飞，2014)，由此可得到所有自变量对因变量的总体解释度。

R^2 是衡量模型拟合度的一个统计量，见式(5.54)。

$$R^2 = \frac{\text{IV}}{\text{TSS}} = 1 - \frac{\text{RSS}}{\text{TSS}} \tag{5.54}$$

式中，TSS 是执行回归分析前响应变量固有的方差；RSS 是残差平方和，表示回归模型不能解释的方差；IV 是模型可解释方差。

$R^2 \in [0,1]$，ΔR^2 可用于描述新加入的自变量对因变量的解释度，见式(5.55)。

$$\Delta R^2 = R_{\text{after}}^2 - R_{\text{before}}^2 \tag{5.55}$$

式中，R_{before}^2 为原回归模型的 R^2；R_{after}^2 为加入新的自变量后回归模型的 R^2。

对于单个自变量的解释度，本书采用逐步回归的方法，对引入变量前后的决定系数进行计算，从而得到单个指标的 ΔR^2。

通过多元线性回归计算贡献率是统计学中常用的方法之一，这种方法的优点在于应用广泛，容易实现；缺点是不能解释非线性的复杂问题。

5.4.2 主成分分析

主成分分析的原理详见 5.3.2(徐建华，2014)，各主成分贡献率以及累计贡献率见式(5.56)和式(5.57)。

$$C_i = \frac{\lambda_i}{\sum_{k=1}^{p} \lambda_k} \quad (i = 1, 2, \cdots, p) \tag{5.56}$$

$$C_z = \frac{\sum_{k=1}^{i} \lambda_k}{\sum_{i=1}^{p} \lambda_k} \quad (i = 1, 2, \cdots, p) \tag{5.57}$$

一般取累计贡献率达 85%～95%的特征值 $\lambda_1, \lambda_2, \cdots, \lambda_m$ 所对应的第 1，第 2，…，第 $m(m \leqslant p)$ 个主成分。主成分分析是地学领域应用广泛的统计学分析方法，其优点在于能消除变量之间的相关影响，但并不适用于量化所有变量的贡献率。在水文学领域中，刘慧等(2011)使用主成分分析方法对赣江源流域水资源承载力进行综合分析，结果如图 5.7 所示。由图 5.7 可以看出：①第一主成分代表经济社会的发展水平(F_1)，得分值呈现明显的上升趋势，展现出该区经济社会发展取得骄人的业绩(刘慧等，2011)。第一主成分在成为该区水资源承载力的主要驱动因子的同时，也对发展提出了挑战。因为经济的迅猛发展必然会导致水资源消耗量的规模性增加，在现行的技术水平条件下，施加给水资源承载力的压力也不断增大，与之呈负相关的工业用水量大增，进一步使该区水资源承载力面临严峻的考验。②第二主成分代表赣江源流域水资源的总体状况(F_2)。根据得分值可知，水资源在年际间分布不均匀，波动性较大，对水资源承载力造成不同程度的影响。该区水资源的主要来源为地表径流，受降水的影响较大，尤其是 2003 年和 2004 年异常的大旱天气使水资源承载力经受了较大的挑战。从提高防汛抗旱的水利设施和配置方面出发，对水资源进行宏观调控，以维护流域自身的环境稳态，避免上游流域挤占、抢夺下游用水及工业挤占生活、生态和农业用水等情况，从而维持该区水资源承载力发展稳态。③第三主成分代表农业和生活水量的耗用情况(F_3)。虽然 2001～2003 年分值波动较大，但总趋势接近均值的水平。随着人口的增加，耕地灌溉和生活用水量持续增加，尤其是 2004 年大旱期间，水资源总量较少，农业和生活等消耗水量明显增多，成为削弱水资源承载力的重要因素。因此，须在调整社会产业结构方面下大力气，合理安排三次产业的比重，符合社会发展的要求，减轻水资源承载的压力。④第四主成分代表生态水环境系统的纳污自净能力(F_4)，是河道水系健康承载力的重要指标。河岸植被破坏严重、森林资源过载砍伐及生产生活废污水的大量排放，使得赣江上游水土流失加剧，泥沙大量下泄，掩埋农田、淤塞江河湖库等，对中下游河道及鄱阳湖生态区等地构成严重威胁，并且出现赣江流域两头重、中间轻的污染状况，诸多支流河段的氨氮、总磷含量超标。因此，生态水环境系统也是流域水资源承载力综合评价的重要指标，只有在人与自然和谐相处的前提下，人类社会的可持续发展才会有坚定的基石。

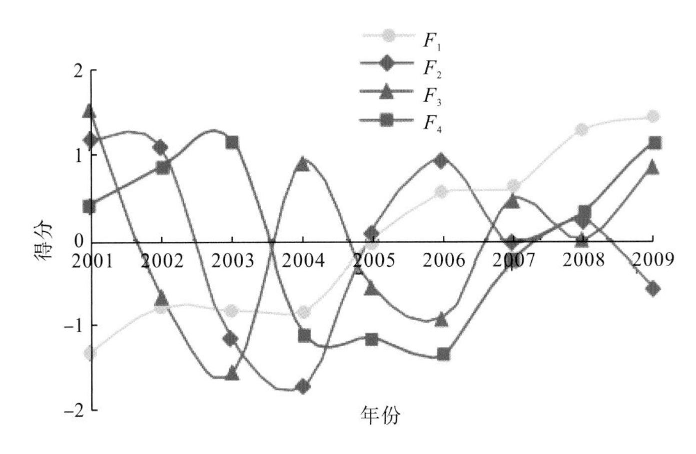

图 5.7　赣江源流域赣州地区水资源承载力历年得分

注：图中正负值代表与多年平均水平的离差情况。

5.4.3　向量自回归

向量自回归(vector autoregressive，VAR)模型是 20 世纪 80 年代由西蒙斯率先研究出来的，该模型采用联立方程的形式，在每个方程中，利用所有的解释变量对模型中其他解释变量的滞后项进行回归，以此估算内生变量间的相互动态关系。向量自回归模型是基于数据的统计性质建立的模型(王飞，2011)。VAR 模型是处理与预测多个相关经济指标最容易操作的模型之一，近年来受到越来越多经济工作者的重视，见式(5.58)。

$$\boldsymbol{Y}(t)=\boldsymbol{A}(1)\boldsymbol{Y}(t-1)+\cdots+\boldsymbol{A}(n)\boldsymbol{Y}(t-n)+\boldsymbol{B}\boldsymbol{X}(t)+\boldsymbol{e}(t) \tag{5.58}$$

式中，$\boldsymbol{Y}(t)$ 是一个内生变量；$\boldsymbol{X}(t)$ 是外生变量；$\boldsymbol{A}(1),\cdots,\boldsymbol{A}(n)$ 和 $\boldsymbol{B}$ 是等估的系数矩阵；$\boldsymbol{e}(t)$ 是误差向量。

误差向量内的误差变量之间允许相关，但是这些误差变量不存在自相关，与 $\boldsymbol{Y}(t),\boldsymbol{Y}(t-1),\cdots,\boldsymbol{Y}(t-n)$ 和 $\boldsymbol{X}(t)$ 也不相关。在 VAR 模型内，每个方程的最佳估计为普通最小二乘估计。

向量自回归的特点是：不依据传统的相关经济理论，认为在模型中的变量都是相关的，之后确定阶数 g，建立的模型应能反映出绝大部分变量间的相互影响；自向量回归模型中的参数可以为零；不包括任何当期变量的解释变量，也不会出现任何与联立方程模型有关的问题。

5.4.4 潜力模型

潜力模型原理见式(5.59)。

$$R_i = \sum_{j=1}^{n} R_{ij} \quad (i \neq j) \tag{5.59}$$

式中，R_i代表城市i的潜力值，为城市i与区域内其他城市空间相互作用强度的总和；R_{ij}代表城市i与其他城市j相互作用强度。总潜力计算见式(5.60)。

$$R_k = \sum_{i=1}^{n} R_i \quad (k=1,2,3;\ i=1,2,\cdots,n) \tag{5.60}$$

式中，R_1、R_2、R_3分别代表城市各自的总潜力值；n为个数。

在此基础上分别计算贡献率，见式(5.61)、式(5.62)和式(5.63)。

$$\mathrm{ROC}_1 = \frac{R_3 - R_1}{R_3} \tag{5.61}$$

$$\mathrm{ROC}_2 = \frac{R_3 - R_2}{R_3} \tag{5.62}$$

$$\mathrm{ROC}_3 = 1 - \mathrm{ROC}_1 - \mathrm{ROC}_2 \tag{5.63}$$

式中，ROC_1、ROC_2、ROC_3表示贡献率。

潜力模型通常被用来划分城市群内城市等级，其作用是测度定位于空间既定点的质量集合对单位质量施加的影响，由引力求和得出潜力的方法类似于物理学中静电叠加原理。

5.4.5 地理探测器

地理探测器能够探测空间分异性，揭示其背后驱动力，运用地理探测器模型中的因子探测器，能够探测自变量x，揭示因变量y的空间分异的程度，解释程度(贡献率)用q度量，其计算式为：

$$q = 1 - \frac{\sum_{h=1}^{L} N_h \sigma_h^2}{N\sigma^2} \tag{5.64}$$

式中，h为自变量x的分级，$h=1,2,\cdots,L$；N_h为第h级样本数；N为整体样本数；σ_h^2为第h级因变量y的方差；σ^2为整体因变量的方差。

q的取值范围是 0～1，q值越大说明自变量x对因变量y的解释程度越大(即贡献越大)；反之越小。地理探测器的输入变量要求为类别数据，需对连续型变量做离散化处理。地理探测器主要包括以下三种探测器：①因子探测器，该探测器表示每个影响因子变化趋势对时空变化趋势的影响大小，q值越高的影响因子对该对象变化的影响力越大；②风险探测器，探测因子对某一对象变化是否具有风险性，指示因子在不同等级范围内对该对象时空变化的影响；③交互作用探测器，用于判断不同影响因子对该对象时空变化的交互作用。比较在单因子作用时的q值、2 个单因子的q值之和与双因子交互作用时的q值，根据三者之间的大小关系，对交互作用类型进行分类。

如王伟等(2019)使用地理探测器模型探究中亚 NDVI 时空变化特征及其驱动因子，并分别就 NDVI 空间分异特征和变化趋势进行归因，因子探测器结果如表 5.2 所示。不同因子按照对 NDVI 空间分异特征的解释能力排序为：土壤湿度＞湿日频率＞降水量＞土壤类型＞潜在蒸散发＞最高气温＞平均气温＞最低气温＞地形区/土地覆被类型＞云量＞高程＞日较差。这说明中亚地区地处温带面积最大的干旱区，水分因素主导该地区植被的空间分布状况，其次是土壤类型、潜在蒸散发以及气温。

表 5.2　因子探测器结果

因子	NDVI 空间分布的影响因素			NDVI 变化趋势的影响因素		
	q 值	P 值(sig)	q 值排序	q 值	P 值(sig)	q 值排序
地形区/土地覆被类型	0.340	4.03×10^{-10}	9	0.048	1.63×10^{-10}	7
土壤类型	0.468	5.84×10^{-10}	4	0.048	8.94×10^{-10}	8
土壤湿度	0.533	5.98×10^{-10}	1	0.019	6.19×10^{-10}	11
高程	0.156	6.09×10^{-10}	11	0.090	4.99×10^{-11}	3
湿日频率	0.518	6.22×10^{-10}	2	0.023	8.65×10^{-11}	10
最高气温	0.448	6.44×10^{-10}	6	0.073	2.83×10^{-10}	6
平均气温	0.427	3.81×10^{-10}	7	0.043	4.35×10^{-10}	9
最低气温	0.408	7.58×10^{-10}	8	0.012	3.79×10^{-10}	12
降水量	0.491	2.46×10^{-10}	3	0.096	2.94×10^{-10}	2
潜在蒸散发	0.464	3.54×10^{-10}	5	0.109	4.30×10^{-10}	1
云量	0.335	9.72×10^{-10}	10	0.079	7.20×10^{-11}	5
日较差	0.101	3.19×10^{-10}	12	0.087	5.08×10^{-11}	4

从表 5.2 中 NDVI 变化趋势的因子探测结果可以看出，驱动因子的 q 值并不高，但是依然可以反映出不同驱动因子对 NDVI 变化趋势的影响差异。

从图 5.8(a)可以看出，NDVI 随着降水量和土壤湿度的增加而增大，NDVI 对不同等级降水量的响应呈现出先升高后降低的趋势。这可能是因为在中亚东南部帕米尔高原的高海拔区域，降水量较多，土壤水分含量较高，植被的生长不再受水分因素的限制，反而气温开始主导植被的生长状况。NDVI 随着潜在蒸散发的增加而降低。随着云量增加，NDVI 也呈逐渐上升的态势。NDVI 随高程的增加先增加后降低，高程在 1500～2400m(分区 5)时达到峰值，当高程大于 2400m 后，NDVI 急剧下降。植被生长发育的过程往往不是影响因子单独起作用，而是多种影响因子协同交互作用的结果。

从图 5.8(b)可以看出，交互作用最强的因子组合为高程和土壤湿度，它们双因子增强交互作用的 q 值为 0.670，这说明高程的变化显著增加了土壤湿度作为自变量对 NDVI 的影响。降水量与大多数因子结合都能产生较高的 q 值。高程和潜在蒸散发组合体现了较强的非线性增强交互作用[潜在蒸散发和高程=0.647>潜在蒸散发(0.464)高程(0.156)]。除此之外，高程与多数因子的非线性增强交互作用都很强。

由图 5.8(c)可以看出，在潜在蒸散发增长最慢的区域(分区 1)，NDVI 增加得最快，这说明区域潜在蒸散发的增长对 NDVI 的增长有一定的抑制作用。降水量增加最快的区域(分区 10)，NDVI 增长的也最快，但是降水量变化较小和降水量下降的区域基本上 NDVI

变化不大。在不同高程范围内，NDVI 增长较快的高程范围为 300～1000m(分区 4)，主要集中在低山、丘陵地区。NDVI 对不同气温的响应基本一致，增温慢的区域 NDVI 增长迅速，这一点在最高温度变化方面最为明显。云量下降最快的区域其 NDVI 降低趋势远超其他区域，这说明在中亚干旱区，云量一定程度上代表着区域的降水潜力。不同土地覆被类型对 NDVI 的变化存在很大的空间分异特征，旱地(分区 1)的 NDVI 下降最明显，草地(分区 5)的 NDVI 上升最快。

在土壤类型方面，黑土(分区10)和黑钙土(分区4)上生长的植被出现了明显减少的趋势，这两种土壤都是肥力较高的土壤且广泛分布于中亚北部地区，所以这些地区的土地很早就被开发为旱地。在 NDVI 变化趋势影响因子的交互作用方面，80%以上影响因子组合表现出非线性增强作用，其因子也表现出了双因子增强作用，如图 5.8(d)所示。交互作用解释力排在第一位的是云量和降水量组合(q 值为 0.208)，其次是潜在蒸散发和高程组合(q 值为 0.1961)以及降水量和平均气温组合(q 值为 0.193)。除此之外，还可以看出，潜在蒸散发和其他影响因子的交互作用表现明显，而湿日频率和其他影响因子的交互作用较弱。

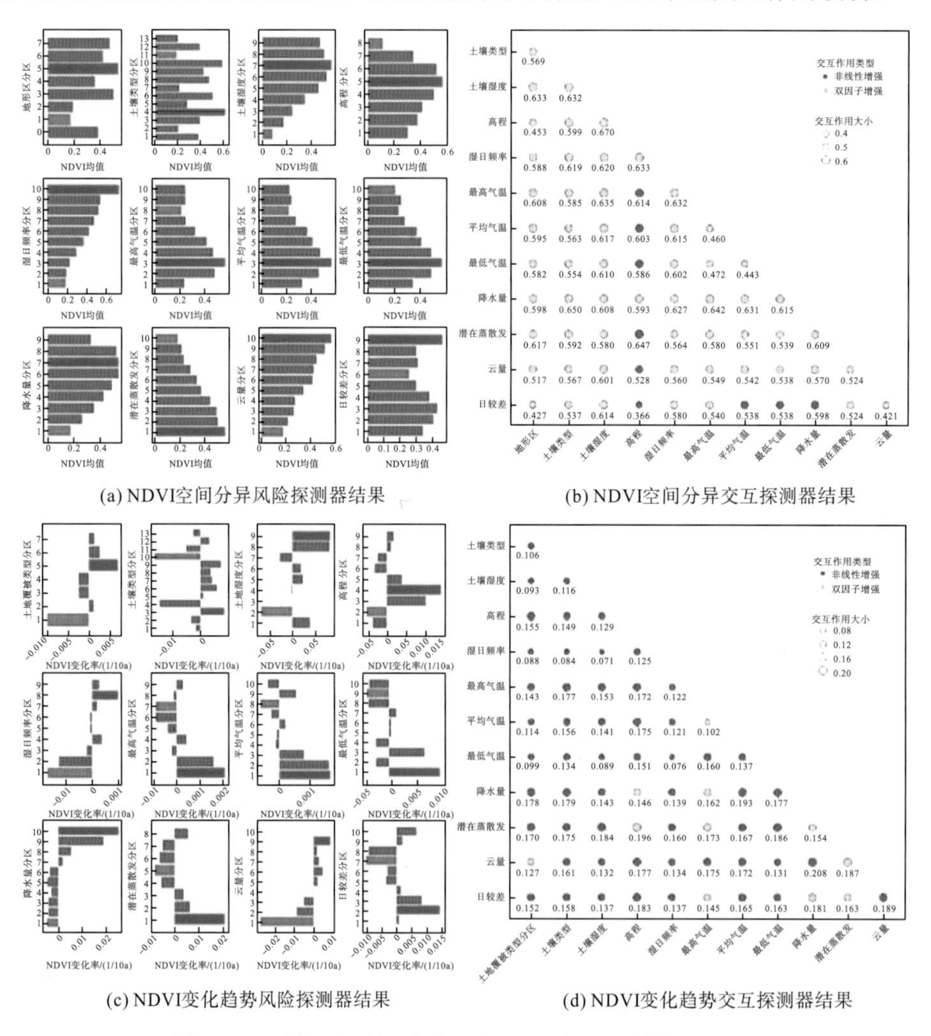

(a) NDVI空间分异风险探测器结果　(b) NDVI空间分异交互探测器结果

(c) NDVI变化趋势风险探测器结果　(d) NDVI变化趋势交互探测器结果

图 5.8　风险探测器结果与交互探测器结果(王伟等，2019)

地理探测器是地学领域多因子分析中应用广泛的方法之一，因为地理探测器不仅可以嵌入 ArcGIS 软件中，操作简单，而且可以实现对研究对象的归因和贡献率计算。比如王欢等(2018)基于地理探测器实现对土壤侵蚀定量归因分析；郭春颖等(2017)应用地理探测器实现对长江三角洲空气污染风险因子的分析。

5.4.6　支持向量机

假设有一样本集 **D** 见式(5.65)。

$$\mathbf{D}=\{(x_1,\ y_1),\cdots,(x_n,\ y_n)\}\quad (x_i,\ y_i\in\mathbf{R})\tag{5.65}$$

其线性回归函数为

$$f(x)=\varpi x+b\tag{5.66}$$

实际中应根据不同问题选用不同的损失函数，在此给出损失函数见式(5.67)。

$$L_z[y-f(x)]=\begin{cases}0 & (|y-f(x)|\leqslant\varepsilon)\\ |y-f(x)-\varepsilon| & (|y-f(x)|>\varepsilon)\end{cases}\tag{5.67}$$

通过函数的最小值可得出最佳的回归函数，见式(5.68)。

$$\min\frac{1}{2}\|\varpi\|^2+C\sum_{i=1}^{N}(\varepsilon_i+\varepsilon_i^*)\tag{5.68}$$

约束条件见式(5.69)。

$$\begin{cases}y_i-\boldsymbol{\varpi}x_i-b\leqslant\varepsilon+\varepsilon_i\\ \boldsymbol{\varpi}x_i+b-y_i\leqslant\varepsilon+\varepsilon_i^*\\ \varepsilon_i,\ \varepsilon_i^*\geqslant 0\ (i=1,2,\cdots,\ N)\end{cases}\tag{5.69}$$

式中，$\boldsymbol{\varpi}$ 为法向量；b 为位移项；ε_i 和 ε_i^* 分别为松弛变量的上限和下限；ε 为容忍偏差；C 为惩罚系数，$C>0$。

利用拉格朗日乘子法求解，得其对偶优化方程为

$$\max\left\{L_D=-\frac{1}{2}\sum_{i=1}^{N}\sum_{j=1}^{N}(a_i-a_i^*)(a_j-a_j^*)x_i\cdot x_j-\varepsilon\sum_{i=1}^{N}(a_i+a_i^*)+\sum_{i=1}^{N}y_i(a_i+a_i^*)\right\}\tag{5.70}$$

约束条件为

$$\sum_{i=1}^{l}(a_i-a_i^*)=0\quad(0\leqslant a_i,\ a_i^*\leqslant C)\tag{5.71}$$

则回归函数为

$$f(x)=\sum_{i=1}^{l}(a_i-a_i^*)x_i\cdot x+b\tag{5.72}$$

式中，a_i 和 a_i^* 为拉格朗日乘子；b 为模型参数。

白岗岗等(2020)利用 1965～2015 年降水和径流资料，采用累积距平法、双累积曲线法、支持向量机回归方法，定量分析了降水和人类活动对葫芦河流域径流量的贡献率，结果表明，与传统回归方法相比，支持向量机回归模型的判定系数较高，故采用支持向量机回归模型建立回归方程。在不考虑蒸散发影响的条件下，以 1965～1971 年为基准期，研究期 1972～1985 年、1986～1991 年和 1992～2015 年内人类活动对径流的贡献率分别为

80.44%、76.12%和 86.98%。同时，作者建立了流域水土保持措施和径流的关系，揭示了退耕还林工程措施是使该流域径流减少的主要人类活动方式。研究成果可为该流域水资源合理开发提供参考依据，也为未来水土保持工程提供优化方案。

5.4.7 突变检验及拐点检测

在气象学中，突变指在天气变化过程中存在的某种不连续的现象，气候突变泛指气候从一种状态到另一种状态的跳跃性转变，也称为气候跃变(张洪波等，2017；隋翠娟等，2015)。从统计学的角度来看，突变现象可以定义为从一种统计特性到另一种统计特性的急剧变化。突变检验可理解为拐点检测的具体应用，拐点也称反曲点，是曲线的凹凸分界点。若曲线的函数在拐点有二阶导数，则二阶导数在拐点处出现异号(由正变负或由负变正)或不存在。突变统计分析目前尚不成熟，若使用的检测方法不当会导致错误的结论。在确定某气候系统或过程发生突变现象时，需结合多种方法进行比较(魏凤英，2007)。

常用的突变点及拐点检测方法包括 Mann-Kendall(张阿龙等，2019)、Pettitt(张洪波等，2017)、SNHT(Toreti et al.，2011)、Kneedle (Satopää et al.，2011)和滑动窗口。Mann-Kendall 和 Pettitt 方法都是非参数统计检验方法，Mann-Kendall 在检验突变的同时可以检测序列的变化趋势，其结果可能包含多个值，但不适用于多突变点检测，Pettitt 方法也不可用于多点检测，Kneedle 可适用于多点检测。

5.5 本章小结

本章主要对地学领域时序变化特征分析方法、空间分布特征分析方法、驱动因子相关性分析方法和贡献率分析方法做了详细的介绍，为后续湖泊表面水温归因分析奠定基础。目前的湖泊表面水温归因分析及驱动因子计算主要基于多元回归方法，接下来的研究可以通过考虑不同归因方法的优点和缺点，开发湖泊表面水温驱动因子及贡献率计算的新方法。

参考文献

白岗岗，侯精明，史玉品，等，2020. 基于支持向量机的葫芦河流域径流变化的多因素贡献率分析. 水土保持研究，27(2)：112-117.

曹永福，2006. 格兰杰因果性检验评述. 数量经济技术经济研究，23(1)：155-160.

陈佑启，Peter H V，2000. 中国土地利用/土地覆盖的多尺度空间分布特征分析. 地理科学，20(3)：197-202.

方匡南，吴见彬，朱建平，等，2011. 随机森林方法研究综述. 统计与信息论坛，26(3)：32-38.

郭春颖，施润和，周云云，等，2017. 基于遥感与地理探测器的长江三角洲空气污染风险因子分析. 长江流域资源与环境，26(11)：1805-1814.

胡飞，2014. 基于微分格式的微地震走时反演方法研究. 北京：中国科学技术大学.

胡琦，马雪晴，胡莉婷，等，2019. Matlab 在气象专业教学中的应用——气象要素的 M-K 检验突变分析. 实验室研究与探索，

38(12)：48-107.

黄耀欢，王建华，江东，2009. 利用S-G滤波进行MODIS-EVI时间序列数据重构. 武汉大学学报(信息科学版)，34(12)：1440-1513.

贾艳红，赵军，南忠仁，等，2006. 基于熵权法的草原生态安全评价——以甘肃牧区为例. 生态学杂志(8)：1003-1008.

李益敏，吴博闻，刘师旖，等，2022. 基于AHP-熵权法的瑞丽市边境线新冠疫情风险及防控部署研究. 自然资源遥感，34(3)：218-226.

刘慧，蔡定建，许宝泉，等，2011. 基于因子分析和熵权法的赣江源流域水资源承载力研究. 安徽农业科学，39(23)：14264-14267，14277.

刘文茹，居辉，陈国庆，等，2017. 典型浓度路径(RCP)情景下长江中下游地区气温变化预估. 中国农业气象，38(2)：65-75.

刘思峰，蔡华，杨英杰，等，2013. 灰色关联分析模型研究进展. 系统工程理论与实践，33(8)：2041-2046.

毛劲乔，彭吉荣，蔡海滨，等，2022. 鄱阳湖出湖流量时序变化特征与驱动因子分析. 水力发电学报，42(1)：104-113.

邵晓梅，许月卿，严昌荣，2006. 黄河流域降水序列变化的小波分析. 北京大学学报(自然科学版)，42(4)：503-509.

隋翠娟，张占海，吴辉碇，等，2015. 1979—2012年北极海冰范围年际和年代际变化分析. 极地研究，27(2)：174-182.

王斌会，2016. 多元统计分析及R语言建模. 4版. 广州：暨南大学出版社.

王飞，2011. 基于贝叶斯向量自回归的区域经济预测模型：以青海为例. 经济数学，28(2)：95-100.

王欢，高江波，侯文娟，2018. 基于地理探测器的喀斯特不同地貌形态类型区土壤侵蚀定量归因. 地理学报，73(9)：1674-1686.

王伟，阿里木·赛买提，吉力力·阿不都外力，2019. 基于地理探测器模型的中亚NDVI时空变化特征及其驱动因子分析. 国土资源遥感，31(4)：32-40.

王文圣，丁晶，向红莲，2002. 小波分析在水文学中的应用研究及展望. 水科学进展，13(4)：515-520.

魏凤英，2007. 现代气候统计诊断与预测技术. 2版. 北京：气象出版社.

吴美琼，陈秀贵，2014. 基于主成分分析法的钦州市耕地面积变化及其驱动力分析. 地理科学，34(1)：54-59.

吴清，李细归，吴黎，等，2017. 湖南省A级旅游景区分布格局及空间相关性分析. 经济地理，37(2)：193-200.

肖洋，熊勤犁，欧阳志云，等，2013. 基于MODIS数据的重庆市植被覆盖度动态变化研究. 西南大学学报(自然科学版)，35(7)：121-126.

肖志国，2006. 几种水文时间序列周期分析方法的比较研究. 南京：河海大学.

喻臻钰，2022. 湖泊表面水温变化归因及其时空变化趋势预测关键技术与理论研究. 昆明：云南师范大学.

徐建华，2014. 计量地理学. 2版. 北京：高等教育出版社.

湛社霞，匡耀求，阮柱，2018. 基于灰色关联度的粤港澳大湾区空气质量影响因素分析. 清华大学学报(自然科学版)，58(8)：761-767.

张阿龙，高瑞忠，刘廷玺，等，2019. 高原内陆河流域气候水文突变与生态演变规律——以内蒙古锡林河和巴拉格尔河流域为例. 中国环境科学，39(12)：5254-5263.

张洪波，余荧皓，南政年，等，2017. 基于TFPW-BS-Pettitt法的水文序列多点均值跳跃变异识别. 水力发电学报，36(7)：14-22.

张芷若，谷国锋，2020. 中国科技金融与区域经济发展的耦合关系研究.地理科学，40(5)：751-759.

郑祚芳，张秀丽，高华，2012. 北京气候变暖与主要极端气温指数的归因分析. 热带气象学报，28(2)：277-282.

邹明亮，周妍妍，曾建军，等，2018. 基于HANTS算法的疏勒河流域荒漠化时空动态监测. 西北师范大学学报(自然科学版)，54(2)：88-94.

Boslaugb S，2013. 统计学及其应用. 孙怡帆，等译. 北京：机械工业出版社.

Battle G, 1987.A block spin construction of ondelettes, part I: lemarié functions.Communications in Mathematical Physics, 110(4): 601-615.

Breiman L, 2001. Random forests. Machine Learning, 45(1):5-32.

Chui C K, Wang J Z, 1992. A general framework of compactly supported splines and wavelets. Journal of Approximation Theory, 71(3): 263-304.

Daubechies I, 1988. Orthonormal bases of compactly supported wavelets. Communications on Pure and Applied Mathematics, 41(7): 909-996.

Daubechies I, 1990. The wavelet transform, time-frequency localization and signal analysis. IEEE Transactions on Information Theory, 36(5): 961-1005.

Grossmann A, Morlet J, 1984. Decomposition of Hardy functions into square integrable wavelets of constant shape. SIAM Journal on Mathematical Analysis, 15(4): 723-736.

Krkkinen T, Yrm S, 2005. On computation of spatial median for robust data mining//EUROGEN 2005: Evolutionary and Deterministic Methods for Design, Optimization and Control with Applications to Industrial and Societal Problems.

Mallat S G, 1988. Multiresolution representation and wavelet. University of Pennsylvania, Philadelphia, PA.

Morlet J, Arens G, Fourgeau E, et al., 1982. Wave propagation and sampling theory-part I: complex signal and scattering in multilayered media. Geophysics, 47(2): 203-221.

Satopää V, Albrecht J, Irwin D, et al, 2011. Finding a "Kneedle" in a haystack: detecting knee points in system behavior. International Conference on Distributed Computing Systems Workshops, 166-171.

Toreti A, Kuglitsch F G, Xoplaki E, et al, 2011. A note on the use of the standard normal homogeneity test to detect inhomogeneities in climatic time series. International Journal of Climatology, 31(4):630-632.

第 6 章　云南省九大高原湖泊表面水温时空变化及归因分析

湖泊表面水温作为重要的生态环境因子，直接反映水-气界面的物质和能量交换过程，并对湖泊生态和地球化学过程造成影响。湖泊表面水温对气候变化的响应敏感，因此湖泊表面水温受气压、太阳辐射、云量、风速等影响较大，此外，人口数量、不透水面以及湖泊本身的形态特征、水色、透明度等也会对湖泊表面水温造成影响。本章以云南省九大高原湖泊为研究对象(图 6.1)，对影响湖泊表面水温的因子进行贡献率分析。

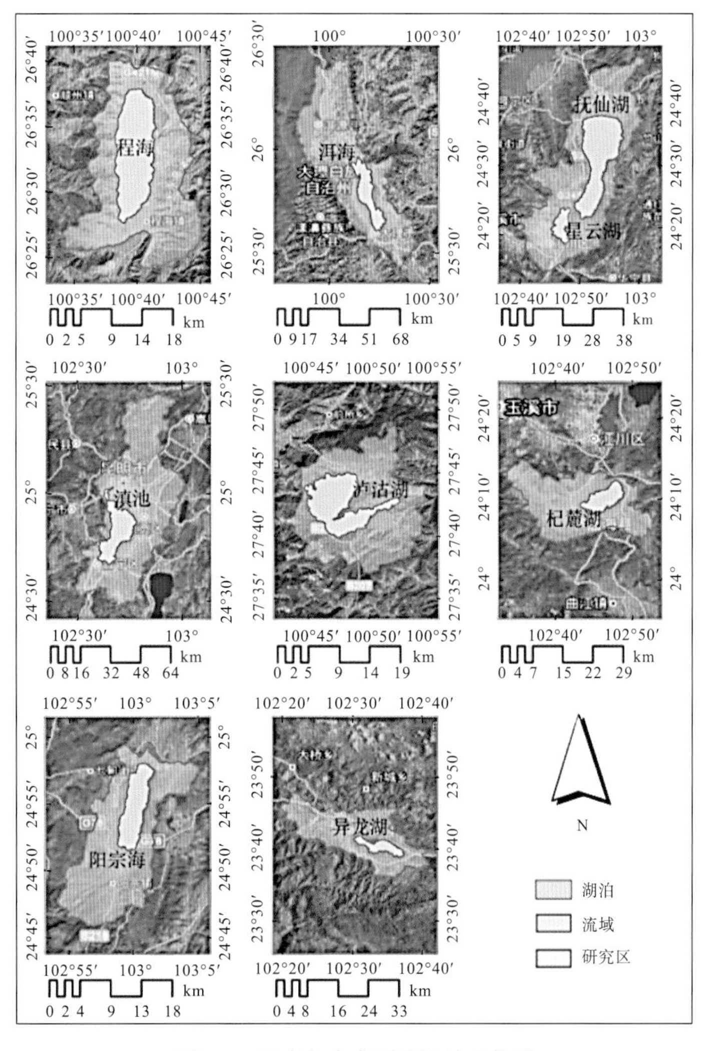

图 6.1　云南九大高原湖泊地理位置

6.1 研究区概况

1. 滇池

滇池古称大泽、滇南泽，又名昆明湖、昆阳海、昆池、滇海，俗称昆明海子。滇池是云南省最大的淡水湖泊，在昆明市西南郊。水位 1887.5m 时，水面面积 300.4km^2，最大水深 9.9m，平均水深 5.4m，蓄水量 16.0 亿 m^3(中国科学院南京地理与湖泊研究所，2015)，为全国第六大淡水湖，西南最大的高原淡水湖(金杰，2022)。滇池集水面积 2866.0km^2，湖泊补给系数 9.6。汇入滇池的大小河流总共有 20 多条，其中集水面积在 100km^2 以上的有西北沙河、盘龙江、马料河、洛龙河、梁王河、柴河等，从北、东、南三侧注入。滇池西南侧的河口为滇池的唯一出水口，由此经螳螂川、普渡河注入金沙江。出水口建有节制闸，以调控滇池的蓄泄。滇池具有调节水资源、改善气候、繁衍水产、航运等多种功能。滇池湖光山色似画，四季如春，鲜花不绝，为国内外著名的旅游观光景区，宽阔的湖面以及湖滨的西山、大观楼、海埂、白鱼口、观音山等为主要胜景(中国科学院南京地理与湖泊研究所，2015)。

滇池流域属于典型的高原湖泊流域，属长江流域上游金沙江水系，流域内地质构造以断裂为主、褶皱次之，南北向为狭长的山间盆地，是一个相对独立的自然生态系统，具有较好的地理、气候、物资等自然资源，较为适宜人类生存和社会发展(付磊和李增华，2022)。滇池流域气候属于亚热带高原季风气候，冬半年气候干燥温凉，夏半年湿润温热，雨季为 5～10 月，旱季为 11 月至次年 4 月，年均降水量 1000mm，年平均气温 14.8℃(何苗苗等，2022)。滇池流域海拔为 1860～2809m，总体地势北高南低，流域内植被类型丰富、覆盖率高、人类活动足迹明显，土地利用变化频繁(许泉立等，2021)。

2. 程海

程海又名黑乌海，位于云南省西北部，在丽江市永胜县永北镇四南 10km 处，湖呈长带状南北延伸。程海水位 1501.0m 时，水面面积 75.3km^2，最大水深 35.1m，平均水深 23.7m，蓄水量 19.9 亿 m^3(中国科学院南京地理与湖泊研究所，2015)，是滇西第二大淡水湖，也是世界上天然生长螺旋藻的三大湖泊之一。程海为断陷构造湖，是原位吞吐型湖泊，经由海口河(古称程河)与金沙江相通。明朝中期后，因水位下降，始建程河闸控制，海口河从此断流，湖水不再外泄，逐渐演变为闭流型湖泊。程海集水面积 228.9km^2，湖水补给系数 3.0。在 20 世纪 70 年代初期湖水矿化度为 900mg/L，20 世纪 90 年代初期为 1042mg/L，呈上升趋势，已由淡水湖演变为微咸水湖。1993 年，永胜县建成了从仙人洞凿洞 1900m 的引水工程，从流域外引仙人洞之水入海，程海水位下降和水质咸化问题由此得以缓解，具有供水、灌溉和增殖水产的作用(中国科学院南京地理与湖泊研究所，2015)。

程海流域海拔为 1465～3263m，属亚热带高原季风气候，年平均气温 18.5℃，年均降水量 733.6mm，6～9 月短时降水约占全年降水量的 80%(孙浩然等，2020)。流域内地貌多异，地势起伏较大，4 万多人的生活生产主要集中在程海周边地势相对平坦的区域，村庄、农田与湖体缓冲区高度重叠，带来了一系列生态问题(刘晶等，2022)。

3. 洱海

洱海古称叶榆泽，汉名昆明池，唐名西洱海。白族语称耳稿，“耳”为下，“稿”为河或海，意为下边的海子。因湖形如耳，后称为洱海。洱海是云南省第二大湖，在大理市境内，水位1966.0m时，水面面积248.2km^2，最大水深21.0m，平均水深10.8m，蓄水量28.9亿m^3，为断陷构造湖，属澜沧江水系，集水面积2785.0km^2，湖泊补给系数为11.2。洱海的入湖河流北有弥苴河，西有苍山十八溪，南有波罗江，东有凤尾箐、玉龙河等，呈向心状汇入。洱海湖水出口在西南端，名西洱河，流经大理市区下关，向西注入漾濞江，转注入澜沧江。洱海湖水清澈，具有调洪、灌溉、发电、繁衍水产等作用，弓鱼为湖中特产。洱海湖区自然风光绚丽，景色宜人，众多的历史古迹和积淀丰厚的民族文化令人流连忘返，为国内外久负盛名的旅游景区(中国科学院南京地理与湖泊研究所，2015)。

洱海流域属低纬度高原亚热带季风气候，温暖湿润，干湿分明，年平均气温15.1℃，年均降水量1000mm，其中85%以上的降水集中在5～10月的雨季，年相对湿度为66%(郭迎新等，2022)。流域内同时具有高山、中山、中山峡谷、高原丘陵和盆地等地貌类型，整体呈现西北高东南低、四周高中间低的地势特征，相对高差达2200m，全年日照时间2250～2480h，日照百分率52%～56%(柴勇等，2021)。

4. 抚仙湖

抚仙湖位于云南省玉溪市，跨澄江、江川、华宁三市/县/区，形成于340多万年前，为云贵高原抬升过程中形成的构造湖，唐称大池，宋名罗伽湖，明为抚仙湖，是云南省第三大湖。湖的形状似葫芦，呈南北展布。水位1722.0m时，水面面积215.9km^2，最大水深158.5m，平均水深87.8m，蓄水量189.0亿m^3，水体平均透明度为5～6m，属珠江水系，集水面积约1084.0km^3，湖泊补给系数5.1。主要入湖河流有隔河(又名海门河)、西龙潭、梁王河、东大河、西大河、尖山河等。泄水口为湖东侧的海口河，又名清水河，全长15.4km，东流汇入南盘江，天然落差392.0m，已建有水电站进行梯级开发。抚仙湖湖水清澈，水色碧蓝，水资源丰富，湖中有鱼类繁衍，鱇浪白鱼、抚仙鲤等为湖中特产。抚仙湖至星云湖之间有条长1.0km、落差1.0m的隔河，河岸崖壁上镌有“界鱼石”三字，相传抚仙湖之鱇浪白鱼与星云湖之柏氏鲤，以此石为界，彼此不相往来，蔚为奇观。环湖山川秀丽，果木森然，花草深茂，风光美不胜收，是著名的旅游景区(中国科学院南京地理与湖泊研究所，2015)。

抚仙湖流域属亚热带半干旱高原季风气候，年平均气温15.5℃，年均降水量790～1000mm，降水集中在5～10月，雨季暴雨频发，破坏力大，流域属滇中红土高原盆地区，以高原、丘陵地貌为主(尹娟等，2020；李思楠等，2019)。因冬春两季受印度洋西南暖湿气流和北部湾东南暖湿气流的影响，形成冬春干旱，夏季多雨湿热的干湿季节分明的主要气候特征(李芸等，2016)。

5. 泸沽湖

泸沽湖古称鲁窟海子，又名俫宿、澄潭、洛水、勒得海子、永宁海、左所海，由亮海和草海两个彼此通连的湖区组成。水位 2690.8m 时，水面面积 50.8km^2，最大水深 82.7m，平均水深 42.0m，蓄水量 21.5 亿 m^3。草海夏季水深 1.5～2.0m，与亮海通连，冬季枯水期形成沼泽湿地，故泸沽湖为季节性外流淡水湖，属受岩溶作用影响的高原断陷湖。湖中有落水岛、永宁海堡等 6 座小岛，环湖有 4 个半岛，其中以长岛半岛规模最大，呈楔状，由东部伸入湖中长达 4.0km，把泸沽湖湖面收缩成宽仅 1.1km 的狭窄通道。泸沽湖集水面积 171.4km^2，湖泊补给系数 3.1，入湖河流以三家村河、山跨河为主，另有 10 多余溪涧及石灰岩岩溶地下水补给。出流由草海下泄，沿途经海门河、盖祖河、盐源河、小全河入雅砻江，最后于攀枝花市汇入金沙江。泸沽湖湖水清澈，四周群山环抱，林木葱茏，湖光山色，引人入胜，为国内外著名旅游景区(中国科学院南京地理与湖泊研究所，2015)。

泸沽湖流域地跨云南、四川两省，东部隶属四川省凉山彝族自治州盐源县，西部隶属云南省丽江市宁蒗彝族自治县，流域内属于温带山地季风气候，年平均气温 20℃，最高温 29.1℃，最低温-5.2℃，年均降水量 910mm(蔡文博和蔡永立，2014)。流域内干湿季分明，6～10 月为雨季，11 月至次年 5 月为旱季，雨季降水占全年降水量的 89%，年平均相对湿度为 69%(曾熙雯等，2012)。

6. 杞麓湖

杞麓湖位于云南省玉溪市通海县内，距通海县城约 1.5km，为断层陷落型湖泊，杞麓湖面积 37.3km^2，平均水深 4m，最大水深 6.8m，长轴呈东西向分布，总容水量为 1.68 亿 m^3。杞麓湖水呈黄绿色，微浑，为富营养型湖泊，2014 年杞麓湖水质为劣Ⅴ类。杞麓湖是通海县的主要水域和重要水源，支撑着通海县社会经济发展。

杞麓湖流域是一个典型的高原湖盆地，中部为湖泊，湖泊周围为平坝区，平坝区主要分布于湖泊南部、西部和北部三面(赵筱青等，2019)。杞麓湖流域主要由山区和坝区组成，坝区是全县粮食和经济作物的主要产区，也是通海县约 90%的人口居住区，是云南九大高原湖泊中人口最密集的流域之一(杨鸿雁等，2020)。流域内人口密集、工业集中，使得湖泊水质呈现持续恶化的趋势，进一步激化了流域内部的经济-社会-生态系统的基本矛盾(赵筱青等，2019)。杞麓湖流域为向南突出的新月形盆地，地势四周高、中间低，高山、平原和湖泊依次分布。流域属中亚热带湿润高原季风气候，每年 5～10 月为雨季，10 月下旬到次年 5 月初为旱季(王涛等，2019)。流域内年温差小而昼夜温差大，夏秋湿热多雨，冬季温燥少雨，年平均气温和降水量分别为 15.7℃和 887mm(普军伟等，2018)。

7. 星云湖

星云湖地处滇中腹地，位于云南省玉溪市江川区城区北部约 1km 处，湖泊南部与杞麓湖相邻，北部与抚仙湖相通，是抚仙湖上游的唯一湖泊，湖面海拔略高于抚仙湖，属于半封闭高原断陷型浅水湖(魏伟伟等，2020)。星云湖湖泊面积为 39km^2，平均水深 9m，最大水深 12m，蓄水量 23 亿 m^3，周围有主要河流 16 条，均为季节性河流，河水主要靠雨水补给。夏秋季水位上升，春末夏初水位下降，升降幅度约为1m。星云湖属于营养型湖泊，是发展水产养殖业的天然场所。

星云湖流域内无极高温与极低温天气，属于中亚热带半干燥高原季风气候，降水量受地形和季节的影响明显，一般山区大于平坝区，夏季雨量充足，年均降水量848.7mm，年平均气温15.9℃(谭志卫等，2021)，春冬季相对比较干燥。星云湖流域内山区、半山区占大部分，以林地和耕地为主，农业面源污染较严重(郑田甜等，2019)。流域内有2个矿山开采区，受工业化的影响显著，湖底淤泥的重金属铅和锌的污染较为严重(魏伟伟等，2020)。

8. 阳宗海

阳宗海距昆明市约36km，地跨澄江、呈贡、宜良三市/县/区，湖泊面积为31km^2，平均水深20m，最大水深30m，蓄水量60.2亿m^3(周起超等，2020)。阳宗海为高原断陷湖泊，湖岸平直，为深水淡水湖。阳宗海有3条主要的入湖河流，湖水由地表径流和降水补给，湖泊南面的汤地渠为出水口，水流入南盘江(贺克雕等，2019)。湖泊东北方向的汤池镇已建成阳宗海海滨游乐场，成为云南第一个省级旅游度假区内首家对外开放的新兴旅游景点，游乐场以水上游乐项目为主，占地约14万m^2，建有水、陆、空游乐项目40余项，每年举办各类大型文体娱乐活动，吸引数万人参加，大规模的水上活动对湖泊水环境产生了较大影响。

阳宗海流域地处滇中，属于亚热带气候，受季风影响明显，冬无严寒，夏无酷暑，气温日差较大，干湿季分明，降水的季节性特点使其旱季降水日数少，晴天日数多。流域内日照充足，气温高，蒸发量大(祝艳，2008)，最高海拔2370m，最低海拔为阳宗海水面的1770m，相对高差600m，年均降水量912.2mm，平均相对湿度74%，全年无霜期300天，多年平均风速2.4m/s，年平均日照2052.9h，年日照百分率为50%，多年平均蒸发量为2112mm(赵世民等，2007)。

9. 异龙湖

异龙湖距石屏县城约1km，湖泊面积为31km^2，蓄水量12.7亿m^3，平均水深2.8m，最大水深6.6m，湖泊东区和西区分界明显，西区较浅，东区相对较深(王振方等，2019)。异龙湖为云南九大高原湖中最小的湖泊，属于重富营养型湖泊，受重金属污染严重，受污染的要素主要有总磷、氨氮、透明度、化学需氧量、生物需氧量、色度等，存在较高的潜在生态风险(李小林等，2019)。异龙湖呈东西向条带状分布，湖区内地势平坦，微向东南倾斜。异龙湖的入湖河流有20条，除城河有常年流水外，其他均为季节性河流，出水河道在东端老洪山与回龙山之间的新街村，经长山谷汇入南盘江(杨牧青等，2019)。

异龙湖流域属于北亚热带干燥季风与中亚热带半湿润季风气候区，年均降水量919.9mm，蒸发量1908.6mm，年平均气温18℃(刘培等，2016)。异龙湖流域面积360.4km^2，地处珠江支流的源头，紧靠珠江支流南盘江与红河两大流域分水岭，属珠江水系(赵燕等，2019)。

6.2 湖泊类型划分

6.2.1 湖泊类型划分方法

采用 K-Means 聚类算法，将 9 个湖泊划分为自然型、半城市型和城市型湖泊。K-Means 聚类算法属于硬聚类算法，将数据点到原型的距离作为优化的目标函数，利用函数求极值的方法得到迭代运算的调整规则(曹玉红，2010)。K-Means 算法以欧几里得距离作为相似度测度，求对应某一初始聚类中心向量的最优分类，使得评价指标最小，算法采用误差平方和准则函数作为聚类准则函数(吴慧萍，2018)。

将流域内湖泊占比、流域内不透水表面覆盖率、流域内流经不透水表面河流长度比、流域内国内生产总值和流域内单位面积人口数进行标准化，用 K-Means 算法计算样本之间的距离大小，将其划分为 k 个簇，并使得簇内的点尽量紧密连在一起，而让簇间距离尽量大。假设簇划分为 $C_1,C_2,\cdots,C_k$，则最小化平方误差为(丁伟豪，2019)

$$E=\sum_{i=1}^{k}\sum_{x\in C_i}\|x-\boldsymbol{\mu}_i\|_2^2 \tag{6.1}$$

式中，$\boldsymbol{\mu}_i$ 是簇 C_i 的均值向量，即质心，表达式为

$$\boldsymbol{\mu}_i=\frac{1}{|C_i|}\sum_{x\in C_i}x \tag{6.2}$$

本书采用启发式的迭代方法求质心的最小值，迭代次数设置为 100。

6.2.2 湖泊类型划分数据准备与预处理

湖泊分类是指根据湖泊的物理、化学、生物过程，区域分布和形成与演变过程特点等方面的异同性，以定性、定量指标和“物以类聚”的原则，予以归类区分并作出相应的理论解释(窦鸿身等，1996)。现有的分类方法大体为以湖泊成因的分类、以湖泊营养水平的分类和以湖泊热分层的分类，以上三种湖泊分类方法从不同领域以不同角度对湖泊进行考量并制定对应的分类量表，但均以自然因素为基准，几乎没有涉及人类活动对湖泊的影响。窦鸿身等(1996)、姜加虎和王苏民(1998)对此也有提及，与人类活动有关的经济要素等指标也应作为湖泊类型划分的考量依据，但具体量化方法尚无定论。因此，除了自然因子外，有必要对人为因子加以考虑，并量化自然和人为因子的特征，以更好地根据湖泊特征进行分类。

湖泊类型划分所需参数及数据如表 6.1 所示，具体需要流域内湖泊占比、流域内不透水表面覆盖率、流域内流经不透水表面河流长度比、流域内国内生产总值、流域内单位面积人口数、湖泊面积、流域面积、不透水表面积、流域内流经不透水表面河流长度和流域内河流长度。

表6.1 湖泊类型划分所需参数及数据

中文名称	英文全称	英文简称	意义
流域内湖泊占比	lake occupation ratio	LOC	流域内湖泊面积占流域面积的比例
流域内不透水表面覆盖率	impervious surface coverage	ISC	流域内不透水表面积占流域面积的比例
流域内流经不透水表面河流长度比	length ratio of rivers flowing through impervious surface	LRRFIS	流域内流经不透水表面河流长度与流域内河流长度的比值
流域内国内生产总值	gross domestic product	GDP	
流域内单位面积人口数	population per unit area	POP	
湖泊面积	lake area	LA	
流域面积	watershed area	WA	
不透水表面积	impervious surface area	ISA	
流域内流经不透水表面河流长度	length of river flowing through impervious surface	LRFIS	
流域内河流长度	river length	RL	

在数据预处理过程中，将数据统一处理成1km的空间分辨率，并以9个湖泊的流域边界进行裁剪。选取流域内湖泊占比(LOC)、流域内不透水表面覆盖率(ISC)、流域内流经不透水表面河流长度比(LRRFIS)、流域内国内生产总值(GDP)、流域内单位面积人口数(POP)，定量分析人类活动对湖泊表面水温变化的贡献。LOC、ISC、LRRFIS三个参数可通过式(6.3)～式(6.5)计算得到。

$$\mathrm{LOC}_i = \frac{\mathrm{LA}_i}{\mathrm{WA}_i} \times 100\% \tag{6.3}$$

$$\mathrm{ISC}_i = \frac{\mathrm{ISA}_i}{\mathrm{WA}_i} \times 100\% \tag{6.4}$$

$$\mathrm{LRRFIS}_i = \frac{\mathrm{LRFIS}_i}{\mathrm{RL}_i} \times 100\% \tag{6.5}$$

式中，i为湖泊序号；LA为湖泊面积；WA为流域面积；ISA为不透水表面积；LRFIS为流域内流经不透水表面河流长度；RL为流域内河流长度。

6.2.3 湖泊类型划分结果

利用K-Means聚类方法，加入人类活动相关因子作为量化指标，将9个湖泊划分为3种类型。根据参与计算的各类指标的实际意义，综合考虑湖泊自身形态参数及自然属性特征，将其分为城市型湖泊、半城市型湖泊和自然型湖泊，划分结果如图6.2所示。城市型湖泊为滇池和杞麓湖，半城市型湖泊为洱海、异龙湖和阳宗海，自然型湖泊为抚仙湖、星云湖、泸沽湖和程海。其中，抚仙湖和星云湖以隔河相连，属于同一流域，加之星云湖水体面积较小，对整个流域的影响能力有限，所以抚仙湖与星云湖划分为一类进行分析。

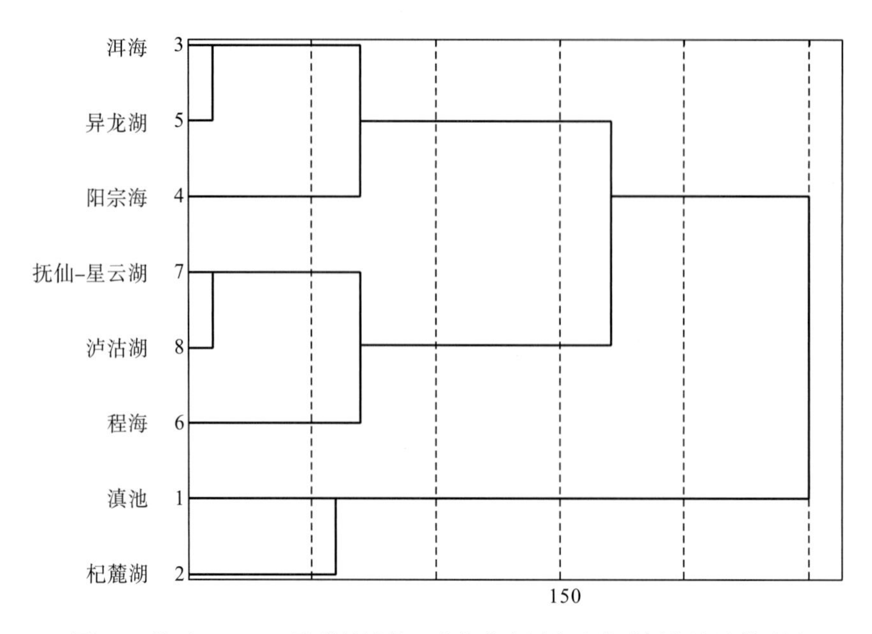

图 6.2 基于 K-Means 聚类算法的云南九大高原湖泊类型划分结果谱系图

湖泊类型划分涉及的数据如表 6.2 所示，由表 6.2 可知：城市型湖泊的 ISC 和 LRRFIS 明显高于其他两类湖泊，半城市型和自然型湖泊较为接近，但程海均为最小；自然型湖泊的 LOC 处于较高水平，城市型和半城市型湖泊的 LOC 较为接近；不同湖泊所在流域的单位面积 GDP 和 POP 存在显著差异，异龙湖、程海、泸沽湖明显低于其他湖泊，城市型湖泊处于较高水平，在三个湖泊类型中最大。ISC 和 LRRFIS 可作为城市型湖泊与其他类型湖泊的划分依据，LOC 可为自然型湖泊与其他类型湖泊的区分提供借鉴，POP 和单位面积 GDP 在城市型湖泊与其他类型湖泊的分类中具有辅助作用。

表 6.2 湖泊类型划分的相关数据

流域	ISC	LRRFIS	单位面积 GDP/(元/km^2)	POP/(人/km^2)	LOC	湖泊类型
滇池	11.78%	16.48%	2927.45	890.95	10.57%	城市型
杞麓湖	10.01%	26.33%	717.99	452.59	10.57%	城市型
洱海	5.15%	9.24%	633.61	259.79	9.61%	半城市型
阳宗海	2.44%	14.15%	526.36	265.78	14.54%	半城市型
异龙湖	5.37%	6.01%	98.4	114.57	8.93%	半城市型
程海	0.71%	4.23%	57.48	75.95	24.95%	自然型
抚仙-星云湖	3.90%	10.50%	436.57	275.55	23.55%	自然型
泸沽湖	3.34%	14.18%	29.83	34.6	20.88%	自然型

在城市型湖泊中，滇池和杞麓湖均由 1995 年的Ⅳ类水质逐渐恶化为劣Ⅴ类水质，杞麓湖在 2014～2017 年水质有轻微改善，由劣Ⅴ类变为Ⅴ类水质，2 个湖泊均属于重度污染湖泊。截至 2023 年 11 月，滇池水质为Ⅳ类，杞麓湖为劣Ⅴ类。滇池和杞麓湖的 LOC

处于中间水平，但 LRRFIS、ISC、POP 和单位面积 GDP 均明显高于其余湖泊，人文因素对其影响较强。

在半城市型湖泊中，异龙湖和阳宗海均为重度污染湖泊。异龙湖的水质等级均为Ⅴ类，异龙湖于 2008 年达到劣Ⅴ类水质标准；阳宗海的水质在 1995～2017 年有明显波动，2008 年为Ⅴ类，2000 年和 2014 年为Ⅳ类，2017 年为Ⅲ类；洱海则处于Ⅲ类水质水平。截至 2023 年 12 月，异龙湖为劣Ⅴ类，阳宗海为Ⅱ类，洱海为Ⅱ类。

在自然型湖泊中，抚仙湖和泸沽湖均为Ⅰ类水质，程海为Ⅳ类水质，星云湖 2005 年达到Ⅴ类标准，2008 年后均为劣Ⅴ类水质，程海和星云湖的污染较为严重。截至 2023 年 12 月，抚仙湖为Ⅰ类水质，星云湖为Ⅴ类水质。泸沽湖和程海的 POP 和单位面积 GDP 均明显低于其他湖泊，程海的 ISC 在 9 个湖泊中最低，表明受到人文因素的影响较小。抚仙湖和星云湖的 ISC、POP 和单位面积 GDP 处于居中水平，但 LOC 明显高于其余湖泊，表明流域内水体占比较大，相对其余湖泊来说，人文因素的影响有限。

6.3　湖泊表面水温归因分析数据准备与预处理

6.3.1　数据准备

本章以云南省九大高原湖泊为研究区域，研究时间区间为 2001 年 1 月至 2018 年 12 月，主要数据包括湖泊表面水温、近地表气温、湖泊面积、流域面积、蓄水量、不透水面覆盖率、国内生产总值和单位面积人口数，具体数据来源如表 6.3 所示。

表 6.3　数据来源

指标	英文全称	英文缩写	数据集	数据来源
湖泊表面水温	lake surface water temperature	LSWT	MOD11A2	https：//ladsweb.modaps.eosdis.nasa.gov/
近地表气温	near-surface air temperature	NSAT	ECMWF	https://www.ecmwf.int
湖泊面积	lake area	LA	Landsat	https://glovis.usgs.gov
流域面积	watershed area	WA	GDEMDEM 30M	http://www.gscloud.cn
蓄水量	storage	Storage	中国/云南省/四川省统计年鉴	https://www.stats.gov.cn
流域内不透水表面覆盖率	impervious surface coverage	ISC	中国土地利用现状遥感监测数据集	http://www.resdc.cn
流域内国内生产总值	gross domestic product	GDP	中国 GDP 空间分布公里网格数据集	http://www.resdc.cn
流域内单位面积人口数	population per unit area	POP	中国人口空间分布公里网格数据集	http：//www.resdc.cn

其中，湖泊表面水温以 MOD11A2 影像进行提取，MOD11A2 是 MODIS/Terra LST 3 级 1km 分辨率的 8 天合成产品，由美国国家航空航天局地球观测系统数据和信息系统(earth observation system data and information system，EOSDIS)获取；近地表气温数据由欧洲中期天气预报中心(ECMWF)获取，空间分辨率为 0.25°×0.25°，时间分辨率为月尺度，

数据为 2m 大气温度；湖泊边界和面积数据所使用的 Landsat 系列 TM、ETM+和 OLI 遥感影像数据如表 6.4 所示；流域边界和面积主要采用 GDEMDEM 30M 数字高程数据，利用 ArcGIS 10.2 软件的水文分析模块，将研究区划分为若干子流域；不透水表面覆盖率、国内生产总值和单位面积人口数采用中国科学院资源环境科学与数据中心的数据集。

表 6.4 Landsat 系列影像时间分布的信息

行列号	1990 年	1995 年	2000 年	2005 年	2010 年	2015 年
129041	10 月	12 月	11 月	9 月	12 月	11 月
129042	10 月	1 月	1 月	11 月	12 月	10 月
129043	1 月	1 月	1 月(2001 年)	2 月	12 月	10 月
129044	9 月	10 月	11 月	12 月	11 月	10 月
130041	10 月	1 月	12 月	1 月	10 月	10 月
131041	1 月	1 月	11 月	11 月	12 月	10 月
131042	12 月	12 月	10 月	11 月	12 月	11 月

6.3.2 数据预处理方法

1. 缺失值处理

由于设备故障、设备调试、设备更换及数据获取过程中的操作不当等，数据缺失的情况较为常见。随着数据样本量的增大，缺失数据的情况难以避免。因此，对于缺失值的处理，是数据预处理过程中的关键，也是后续数据分析的基础，对缺失值的处理主要包括非零缺失值与零缺失值的处理。

1)非零缺失值的处理

当缺失的数据低于样本量的 10%时，一般以临近数据插值、随机插值、均值插值等方法填充。本书所用数据大多为遥感影像数据，样本量较大，且相邻时间点的影像可视为时序数据，同一时段时序数据突变与极端值发生概率较低，为了避免缺失值对模型构建、训练及预测结果的影响，采用线性插值法对缺失值进行处理。当缺失的数据高于样本量的 10%时，应考虑数据处理与分析的严谨性，一般对此指标进行删除处理。

2)零缺失值的处理

应预先判断数据的取值是否确实为零，若不为零则属于零缺失值，才能进行下一步处理。对于零缺失值处理的常用方法为数理统计法与经验法，其中数理统计方法包括线性回归、均值、中位数等，一般以可视化的箱线图进行分析；经验法是通过已有的先验知识及自身经验进行判断，例如，正常情况下，夏季滇池的湖泊表面温度为 0℃，对此可依据经验法判定此湖泊表面温度为零缺失值(喻臻钰，2018)。

2. 异常值处理

在常用的异常值处理方法中，t 检验的效果较佳，其次是格鲁布斯(Grubbs)检验，狄克逊(Dixon)检验更适用于处理小样本事件，Grubbs 检验可剔除同侧不止一个异常值的情况，本书选取 t 检验方法进行异常值的剔除(喻臻钰，2018)。

统计假设：设 $X_1 \leqslant X_2 \leqslant \cdots \leqslant X_n$ 是相互独立的，且分别来自正态总体 $N(\mu_i,\ \sigma^2)$（$i=1,2,\cdots,n$）。

原假设 H_0：$\mu_1 < \mu_2 = \cdots = \mu_n$。

对应的对立假设 $H_{1,1}$：$\mu_1 < \mu_2 = \cdots = \mu_n$；$H_{1,n}$：$\mu_1 = \mu_2 = \cdots = \mu_{n-1} < \mu_n$。

统计量：t_1，t。

如果 X_1 为可疑异常数据，则

$$t_1 = \frac{\overline{X}_{-1} - X_1}{S_{-1}}\sqrt{\frac{n}{n-1}} \tag{6.6}$$

如果 X_n 为可疑异常数据，则

$$t_n = \frac{\overline{X}_n - X_{-n}}{S_{-n}}\sqrt{\frac{n}{n-1}} \tag{6.7}$$

式中，

$$\overline{X}_{-1} = \frac{1}{n-1}\sum_{i=2}^{n} X_i \tag{6.8}$$

$$S_{-1}^2 = \frac{1}{n-1}\sum_{i=2}^{n}(X_i - \overline{X}_{-1})^2 \tag{6.9}$$

$$\overline{X}_{-n} = \frac{1}{n-1}\sum_{i=1}^{n} X_i \tag{6.10}$$

$$S_{-n}^2 = \frac{1}{n-2}\sum_{i=1}^{n-1}(X_i - \overline{X}_{-n})^2 \tag{6.11}$$

判定：选定的显著性水平 $\alpha > 0$ 及自由度 $\nu = n-2$，则

$$t_1 \begin{cases} > t(\alpha,\ \nu)\text{，否定假设}H_0\text{，}X_i\text{判定为异常数据} \\ \leqslant t(\alpha,\ \nu)\text{，接受假设}H_0\text{，}X_i\text{不判定为异常数据} \end{cases} \tag{6.12}$$

$$t_n \begin{cases} > t(\alpha,\ \nu)\text{，否定假设}H_0\text{，}X_n\text{判定为异常数据} \\ \leqslant t(\alpha,\ \nu)\text{，接受假设}H_0\text{，}X_n\text{不判定为异常数据} \end{cases} \tag{6.13}$$

式中，$t(\alpha,\ \nu)$ 为 t 分布的临界值，可通过查 t 分布表获得。

3. 标准化处理

在后续分析前，需要先对样本进行标准化处理，以避免不同样本之间数值跨度过大及量纲不同导致出现实验结果异常的情况。假设 m 个指标 $x_1, x_2, \cdots, x_m$ 分别表示 N 个对象的特征，以 $N \times m$ 阶矩阵表示为

$$\boldsymbol{X}_{N\times m} = \begin{bmatrix} x_{11} & \cdots & x_{1m} \\ \vdots & & \vdots \\ x_{N1} & \cdots & x_{Nm} \end{bmatrix} \tag{6.14}$$

中心标准化处理生成标准矩阵，即

$$x_{ij}^{*}=\frac{x_{ij}-\overline{x}_{j}}{s_{j}} \tag{6.15}$$

式中，$i=1,2,\cdots,N, j=1,2,\cdots,m$；$s_{j},\overline{x}_{j}$ 分别为变量 x_{j} 的方差和均值。

6.3.3 数据预处理结果

1. 湖泊表面水温相关数据

湖泊水温的实测数据来源于云南省生态环境科学研究院，缺失值与异常值比例均小于10%，以每个监测站点为单位，通过邻近月份和年份的数值以线性插值法进行填充。

MOD11A1/2 为 1km 分辨率的地表温度产品数据，来源于 EOSDIS，格式为 HDF，通过 MRT（MODIS reprojection tool，MODIS 数据重投影工具）工具将其转换为 GeoTIFF 进行保存，以湖泊边界对影像进行裁剪，并通过 QC（quality control 质量控制）文件判断像元质量，将有云影响及质量不满足要求的像元设为空值（Null）。对于湖泊单景影像缺失值高于 20%的数据，用邻近时间点的影像以线性插值进行补充；对于缺失值低于 20%的影像，以本景影像内的邻近像元进行填充。

湖泊表面水温降尺度过程中使用的 MOD13Q1 影像数据，其缺失值相对较少，均以邻近像元的均值进行填充。

2. 自然因子相关数据

自然因子的实测数据来源于国家气象信息中心，各指标的异常值和缺失值的比例小于10%，均以邻近时间点的数据进行插值填充。

降尺度前的近地表气温、地表太阳辐射、风速、水汽压的数据来源于 ECMWF 和 WorldClim，未发现缺失与异常值，但 ECMWF 和 WorldClim 的数据格式及投影坐标系不一致，需进行转换。ECMWF 数据格式为 NetCDF，用 ArcGIS 中的 Make NetCDF Raster Layer 工具将其转为 GeoTIFF，使其与 WorldClim 数据格式统一，并将二者重投影为同一坐标系。

降水量数据来源于中国科学院资源环境科学与数据中心，2009 年 09 月至 2011 年 12 月存在缺失值，此时段数据以 Delta 降尺度方法所得数据替代，之后再次进行异常值检验，存在的异常以邻近像元的均值进行填充。

3. 人文因子相关数据

年末单位面积人口数和国内生产总值的统计数据来源于中国统计年鉴和省级统计年鉴，未发现缺失与异常值。

不透水表面数据来源于中国土地利用现状遥感监测数据集，估算前的单位面积人口、GDP 空间分布影像数据均未发现缺失与异常值。在此数据中，1985～2018 年的数据均在同一景影像，以 ArcGIS 的栅格计算器按像元值将其分离为不同的年份，1986 年后的数据均为前面年份数据的累加值，不透水面像元以 1 标注，非不透水面像元以 0 标注。将分离后的不透水面数据重采样为 50m 分辨率，并建立 1km 的网格，计算每个 1km 网格内的不透水面积占总面积的比例，进而合成为 1km 分辨率的不透水面覆盖率数据。

对于单位面积人口和 GDP 空间分布估算所涉及的其他数据，植被覆盖指数和夜间灯光指数未发现异常值和缺失值；数字高程模型(digital elevation model，DEM)、坡度和地势起伏度的单景影像未发现异常值和缺失值，但镶嵌后镶嵌边界存在部分缺失值，对此，以 ArcGIS 的栅格计算器根据单景影像对应位置的数值进行填充。

4. 其他数据

湖泊蓄水量和湖泊水质等级数据来源于统计年鉴，蓄水量未发现异常值和缺失值，水质等级数据则选择 1995～2017 年中 9 个湖泊均不存在缺失值的 7 个年份(1995 年、2000 年、2005 年、2008 年、2011 年、2014 年、2017 年)作为参考。

湖泊边界数据来源于肖茜等(2018)，河流矢量数据来源于地图产品 WWF HydroSHEDS，均不存在缺失与异常数据。用于湖泊类型划分的数据中，流域内湖泊占比、流域内不透水表面覆盖率、流域内流经不透水表面河流长度比、流域内国内生产总值和流域内单位面积人口数均用前面处理完成的数据进行计算。

6.4　各因子时空变化特征分析

6.4.1　自然因子时空变化特征分析

1. 自然因子总体变化特征

自然因子包括风速(wind speed，WS)、地表太阳辐射(surface solar radiation，SSR)、近地表气温(near surface air temperature，NSAT)、水汽压(water vapor pressure，WVP)、总降水量(total precipitation，TP)。湖泊表面水温(LSWT)分为日间湖泊表面水温(LSWT-day)和夜间湖泊表面水温(LSWT-night)。自然因子的变化趋势如图 6.3 和表 6.5 所示，水汽压

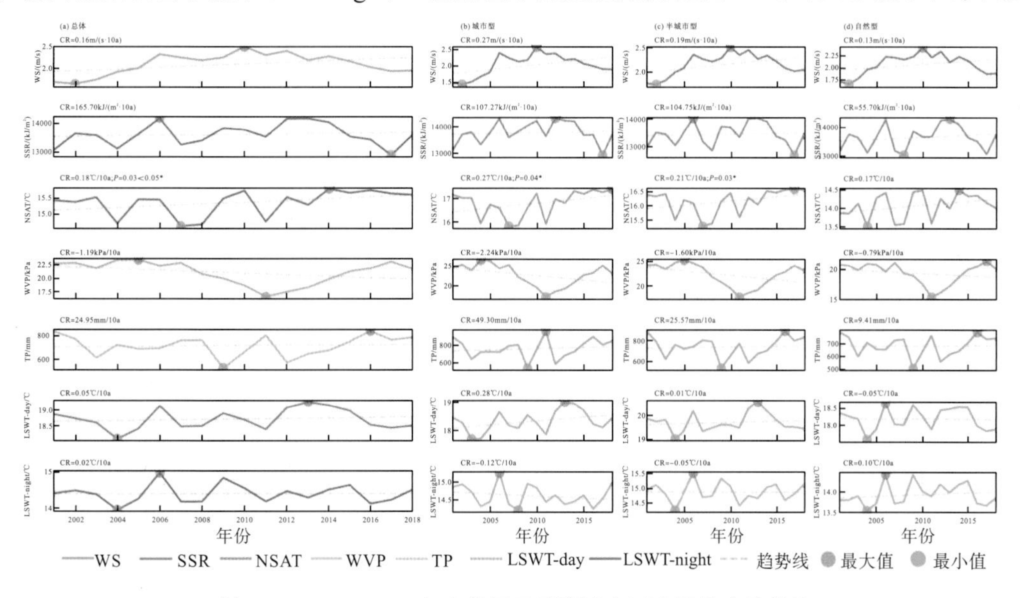

图 6.3　2001～2018 年自然因子及湖泊表面水温的变化趋势

(WVP)呈下降趋势，其余因子总体均呈现上升趋势。除总降水量(TP)外，其他自然因子城市型湖泊的变化幅度最大，位于三类湖泊之首，其次是半城市型湖泊，自然型湖泊最小。半城市型湖泊 TP 变化率最高，城市型湖泊其次，但二者较为接近，自然型湖泊最小，仅有城市型湖泊的 11.17%。5 个自然因子中，仅 NSAT 变化显著，其总体、城市型、半城市型湖泊增温显著($P_{总体}$=0.03＜0.05，$P_{城市型}$=0.04＜0.05，$P_{半城市型}$=0.03＜0.05)。城市型与半城市型湖泊的 NSAT 最值点保持一致，三类湖泊及总体 WS 和 TP 均保持一致。

表 6.5 2001～2018 年云南九大高原湖泊范围内自然因子变化趋势统计

湖泊/类型	NSAT /(℃/10a)	SSR /[kJ/(m^2·10a)]	WS /[m/(s·10a)]	TP /(mm/10a)	WVP /(kPa/10a)	LSWT-day /(℃/10a)	LSWT-night /(℃/10a)
杞麓湖	1.02·	74.62	0.24	58.45	−2.69	0.49	−0.39
星云湖	0.21	72.04	0.26	42.14	−2.64	0.16	−0.18
抚仙湖	0.02	99.45	0.28	36.24	−2.71	−0.07	0.10
阳宗海	0.50·	160.49	0.30	37.47	−2.06	−0.41	0.16
滇池	−0.09	170.84	0.29	32.20	−1.80	0.02	0.02
洱海	0.07	1.11	0.04	−4.34	0.14	0.05	0.41*
程海	0.34·	108.38	−0.03	−9.89	1.08	-0.05	0.34
泸沽湖	0.18	259.08	−0.02	−23.86	1.20·	-0.19	0.20
异龙湖	0.46	113.30	0.17	39.22	−2.54	0.44	−0.53
城市型	−0.22	310.67***	0.26***	20.14	−1.42*	−0.78***	−0.33***
半城市型	0.50**	−263.12***	−0.26***	20.93	0.58	0.43·	0.46***
自然型	−1.27***	19.12	0.02	2.25	−1.86***	−0.52***	−0.12
总体	0.18·	165.70	0.16	24.95	−1.19	0.05	0.02

注：表中数据由估算后的数据计算而得，以 10 年为时间尺度，以湖泊为空间尺度；***为 P＜0.001，**为 P＜0.005，*为 P＜0.01，·为 P＜0.05。

2. 近地表气温变化特征

近地表气温(NSAT)的变化如图 6.4 所示。由图 6.4 可知 9 个湖泊总体年均 NSAT 呈增温趋势(CR=0.18℃/10a)，8 个湖泊均呈现上升趋势，3 个湖泊(杞麓湖、阳宗海、程海)增温显著，滇池呈下降趋势，但降幅较小。4 个季节 NSAT 总体呈上升趋势，平均变化率为 0.10℃/10a，夏季增温显著(CR=0.16℃/10a，P=0.01＜0.05)，其中杞麓湖、星云湖、异龙湖和阳宗海增温显著。滇池 NSAT 四季均为下降趋势，平均变化率为−0.02℃/10a。在月均 NSAT 中，高值区分布于 5～10 月且存在多个增温显著点，低值区主要分布于 1、2、4 月，下降趋势均不显著。NSAT 综合变化率与年均变化率接近，洱海的趋势相反，但数值较小，可以忽略。

以综合变化率分析，3 类湖泊 NSAT 均呈现增温趋势，城市型与自然型湖泊的年均变化率则呈下降趋势，其中自然型湖泊下降显著。对每个湖泊的变化率进行分析，以自然型湖泊为例，其年均变化率为−1.27℃/10a，而星云湖、抚仙湖、程海、异龙湖总体均为上升趋势，未出现显著的下降趋势，所以综合变化率表达更为准确。在季节变化中，除城市型湖泊的冬季具有下降趋势外，其余季节中各类型湖泊均呈上升趋势。

NSAT变化率/(℃/10a)		总体	杞麓湖	星云湖	抚仙湖	阳宗海	滇池	洱海	程海	泸沽湖	异龙湖	城市型	半城市型	自然型
CR		**0.18**	**1.02**	0.21	0.02	**0.50**	−0.09	0.07	**0.34**	0.18	0.46	−0.22	**0.50**	**−1.27**
季节	春	0.17	0.47	0.19	0.06	0.16	0.06	0.15	0.29	0.15	0.24	0.29	0.15	0.13
	夏	**0.16**	**0.50**	**0.18**	0.03	**0.32**	−0.03	−0.07	0.09	0.07	**0.24**	**0.24**	**0.16**	0.10
	秋	0.05	0.20	0.03	−0.01	0.19	−0.02	−0.16	0.01	−0.08	0.06	0.09	0.05	0.04
	冬	0.00	0.02	−0.05	−0.04	0.07	−0.07	0.03	0.07	0.03	−0.04	−0.03	0.00	0.03
月份	1	−0.24	−0.17	−0.39	−0.46	−0.39	−0.23	−0.27	−0.09	−0.12	−0.41	−0.39	−0.21	−0.20
	2	−0.39	−0.36	−0.59	−0.61	0.18	−0.71	0.14	0.21	0.05	−0.55	−0.44	−0.30	−0.30
	3	0.20	0.52	0.27	−0.13	−0.09	−0.03	0.02	0.14	0.11	0.36	0.40	0.11	0.05
	4	−0.37	0.31	−1.01	−1.13	−1.02	−0.85	−0.02	0.18	−0.10	0.09	−0.39	−0.56	−0.39
	5	1.11	**2.37**	1.69	1.01	1.33	0.65	0.75	**1.49**	0.72	1.43	1.53	1.06	0.93
	6	**0.91**	**2.09**	**1.30**	0.64	**1.91**	0.28	0.19	0.87	0.63	1.03	**1.23**	**0.96**	0.75
	7	0.19	**1.43**	0.29	−0.16	**0.67**	−0.19	−0.34	−0.15	−0.33	0.62	**0.56**	0.22	−0.07
	8	0.43	**1.54**	0.54	−0.17	0.80	−0.04	−0.43	0.45	0.10	0.82	**0.72**	0.45	0.26
	9	0.78	1.55	0.60	0.18	**0.89**	0.27	0.33	**0.73**	0.64	0.79	**1.00**	0.80	**0.68**
	10	−0.23	0.23	−0.26	−0.15	0.36	−0.45	−0.67	−0.09	−0.36	−0.14	−0.06	−0.20	−0.25
	11	0.60	**1.22**	0.78	0.61	**1.25**	0.39	−0.26	0.04	−0.14	0.68	**0.75**	0.49	0.36
	12	0.27	0.42	0.26	0.24	0.58	−0.13	0.33	0.27	0.07	0.22	0.23	0.35	0.21
综合		0.22	0.79	0.24	0.00	0.45	−0.07	−0.01	0.28	0.09	0.35	0.32	0.24	0.06

图 6.4　2001～2018 年云南九大高原湖泊流域的近地表气温变化趋势

注：粗体为通过 α=0.05 的显著性检验，余同。

3. 湖泊面积变化特征

1990～2015 年云南九大高原湖泊面积总体呈先增大后减小的趋势，湖泊面积变化如图 6.5 和图 6.6 所示。

1990～1995 年湖泊表面水体总面积呈上升趋势，总面积增加了 15.50km^2。1995 年 9 个湖泊的表面水体总面积为 25 年间的最大值，总面积高达 1065.45km^2；1995～2015 年间，湖泊表面水体总面积大幅缩小，共减少了 48.12km^2(肖茜等，2018)。1990～2015 年的 25 年来，半城市型湖泊面积下降速率明显高于另外两类湖泊($CR_{城市型}$=4.15km^2/10a，$CR_{半城市型}$=7.80km^2/10a，$CR_{自然型}$=1.78km^2/10a)。

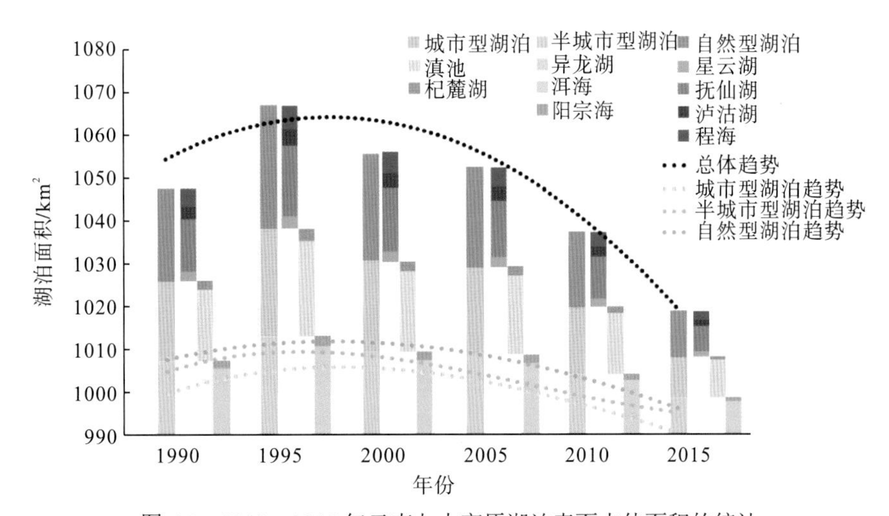

图 6.5　1990～2015 年云南九大高原湖泊表面水体面积的统计

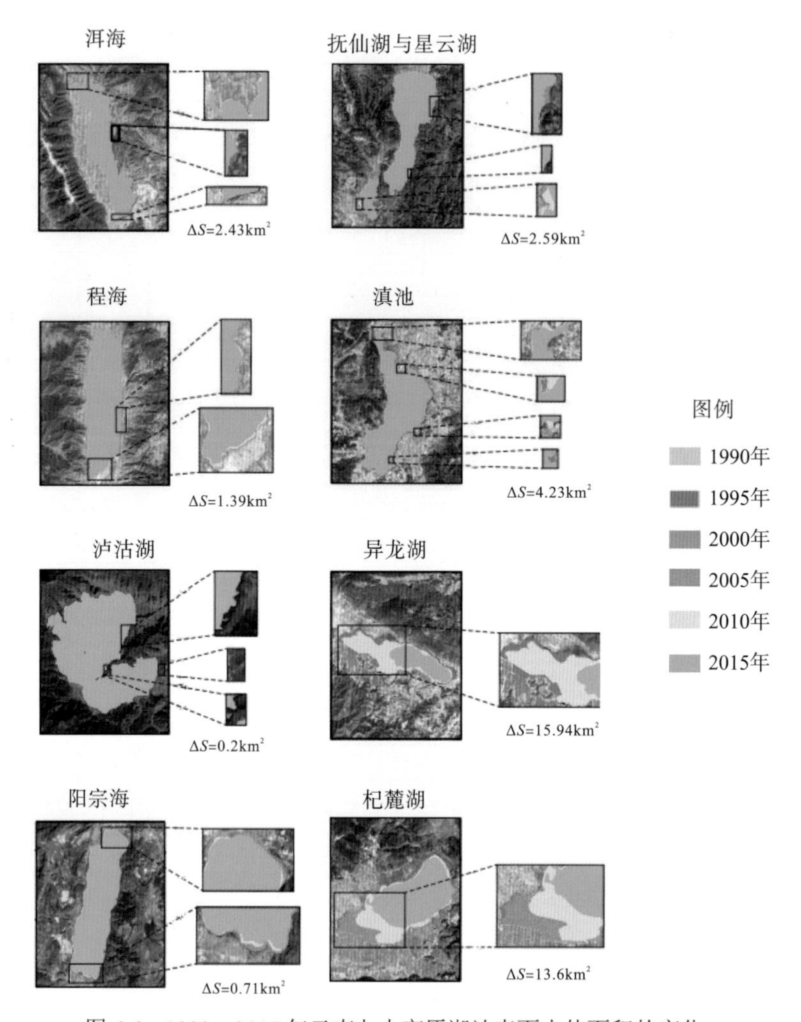

图 6.6 1990～2015 年云南九大高原湖泊表面水体面积的变化

从地理区位的差异进行分析，位于高海拔的滇西北地区的湖泊，如程海、泸沽湖，其面积变化较小；而位于海拔稍低的滇中、滇东南地区的杞麓湖和异龙湖面积变化较大。从湖泊水体深度的差异进行分析，异龙湖、杞麓湖和星云湖等水体较浅的湖泊水面面积变化较大，抚仙湖、洱海和程海等水体较深的湖泊面积变化较小，趋于稳定(肖茜等，2018)。

4. 地表太阳辐射变化特征

地表太阳辐射(SSR)的变化趋势如图 6.7 所示。云南九大高原湖泊的 SSR 均呈上升趋势，年均总体变化率为 165.70kJ/(m^2 • 10a)。夏、冬两个季节总体呈下降趋势，平均下降率为-68.47kJ/(m^2 • 10a)，夏季除泸沽湖外，其余湖泊均呈下降趋势；春、秋两季总体呈上升趋势，平均变化率为 87.35kJ/(m^2 • 10a)。在月均值中，高值区分布于 3 月、5 月、10 月和 11 月，低值区分布于 4 月及 9 月。5 月和 9 月总体变化显著，6 个湖泊(杞麓湖、星云湖、抚仙湖、阳宗海、滇池和异龙湖)均通过了 0.05 的显著性检验，洱海、程海和泸沽湖则在 11 月显著上升。综合变化率与年均变化率相对接近，但洱海呈相反趋势，综合考虑年、季、月三个尺度变化情况，应以综合变化率为准。

三类湖泊的 SSR 综合变化率均呈上升趋势，城市型与自然型湖泊的年均变化率相差较大，半城市型湖泊总体变化趋势相反。综合各时间尺度进行比较，综合变化率弱化了局部极值，更能体现总体水平。三类湖泊的夏季和冬季均为下降趋势，城市型湖泊的秋季呈下降趋势，其余类型的湖泊在春季和秋季均为上升趋势。表中月均值高与月均值低区域的分布特征在各湖泊分布相同。

SSR变化率/[kJ/(m²·10a)]		总体	杞麓湖	星云湖	抚仙湖	阳宗海	滇池	洱海	程海	泸沽湖	异龙湖	城市型	半城市型	自然型
CR		165.70	74.62	72.04	99.45	160.49	170.84	1.11	108.38	259.08	113.30	**310.67**	**-263.12**	19.12
季节	春	134.34	221.06	217.09	200.37	187.38	179.60	-94.77	-53.25	-27.21	227.31	196.12	145.28	102.01
	夏	-86.61	-72.59	-63.76	-53.05	-38.95	-55.05	-133.07	-37.51	87.53	-101.60	-67.96	-118.39	-52.68
	秋	40.36	-70.08	-46.26	-34.17	17.96	22.87	179.78	238.08	**269.35**	-164.89	-17.99	7.69	87.01
	冬	-50.33	-57.36	-72.34	-55.24	-14.88	-43.89	-103.39	-111.36	-72.11	-12.92	-57.06	-43.75	-58.46
月份	1	124.41	79.02	-43.75	-51.48	70.39	70.33	-78.71	-54.97	138.96	-15.35	-118.28	119.22	136.63
	2	-65.24	-135.86	-159.93	32.69	72.23	-128.45	-631.27	-539.92	-173.83	105.08	-61.32	-115.48	-129.49
	3	467.69	991.77	871.00	819.39	763.99	612.91	-114.16	-120.74	-140.21	921.58	749.74	586.78	306.04
	4	-643.84	-499.19	-536.74	-626.47	-794.80	-719.49	-1548.89	-765.44	-582.31	11.09	-672.20	-634.84	-601.11
	5	**1709.89**	**1842.87**	**1859.18**	**1794.87**	**1644.27**	**1713.51**	1305.59	1183.79	1295.76	**1717.27**	**1844.92**	**1808.41**	**1407.09**
	6	-254.83	-217.76	-116.31	-63.68	-15.30	69.89	-628.45	67.82	125.89	-488.67	43.80	-327.65	131.71
	7	-168.89	3.88	-146.69	-109.60	47.95	-173.12	-205.81	108.63	433.40	-49.15	-217.08	-383.69	-77.87
	8	112.41	-75.48	64.55	-49.36	-170.24	-306.29	-285.87	164.93	889.80	-18.68	-88.26	-202.24	362.95
	9	**-1162.03**	**-1281.53**	**-1193.75**	**-1100.60**	**-895.82**	**-932.16**	-741.21	-571.41	-717.58	**-1442.65**	**-1117.99**	**-1225.10**	**-992.49**
	10	696.93	276.02	334.10	313.14	734.46	498.01	1133.88	1184.12	1308.68	-78.35	313.16	526.48	882.01
	11	918.35	407.08	470.36	458.62	628.30	716.56	**1345.01**	**1450.57**	**1290.90**	343.73	478.92	836.36	**1114.23**
	12	-225.95	-172.07	-172.44	-254.99	-138.27	-171.92	-196.66	-296.60	-386.48	-115.27	-168.60	-250.00	-239.74
综合		100.73	77.32	71.01	77.64	132.89	89.66	-46.88	115.01	235.27	55.99	79.45	27.41	141.00

图 6.7　2001～2018 年云南九大高原湖泊地表太阳辐射变化的趋势

5. 风速变化特征

风速(WS)的变化趋势如图 6.8 所示。云南九大高原湖泊风速变化总体呈上升趋势[CR=0.16m/(s·10a)]，综合变化率与总体变化率接近且趋势相同，综合变化率为 0.15m/(s·10a)。根据各时间区间的变化率可将湖泊分为两类，即程海、泸沽湖分为 I 类，其他湖泊为 II 类。综合年、季、月三个尺度 WS 的变化情况，I 类湖泊呈下降趋势[CR=-0.04m/(s·10a)]，II 类湖泊呈上升趋势[CR=0.20m/(s·10a)]。在 II 类湖泊中，洱海存在不同时间段的下降趋势，平均下降率为-0.09m/(s·10a)，平均上升率为 0.10m/(s·10a)，其余湖泊均为上升趋势，平均上升率为 0.23m/(s·10a)，且 5 月份总体上升趋势均显著[CR=0.33m/(s·10a)，P=0.03<0.05]。

WS变化率/[m/(s·10a)]		总体	杞麓湖	星云湖	抚仙湖	阳宗海	滇池	洱海	程海	泸沽湖	异龙湖	城市型	半城市型	自然型
CR		0.16	0.24	0.26	0.28	0.30	0.29	0.04	-0.03	-0.02	0.17	**0.26**	**-0.26**	0.02
季节	春	**0.09**	**0.14**	**0.15**	**0.15**	**0.14**	**0.16**	0.00	-0.03	0.00	**0.12**	**0.15**	**0.08**	0.07
	夏	0.01	0.04	0.03	0.04	0.04	0.04	-0.03	**-0.07**	**-0.05**	0.03	0.04	0.01	-0.01
	秋	0.04	0.03	0.05	0.03	**0.09**	0.04	0.02	-0.02	-0.01	0.03	0.03	**0.06**	0.02
	冬	**0.09**	**0.13**	**0.14**	**0.15**	**0.15**	**0.16**	0.02	-0.03	0.00	**0.09**	**0.15**	**0.08**	0.07
月份	1	0.20	0.40	0.42	0.45	0.46	0.49	-0.04	-0.17	-0.12	0.24	0.46	0.20	0.05
	2	0.33	0.41	0.45	0.51	0.57	0.57	0.14	0.03	0.12	0.31	0.50	0.46	0.27
	3	0.49	0.43	0.43	0.52	0.67	0.47	0.04	-0.05	0.09	**0.43**	0.41	0.46	0.39
	4	0.18	0.38	0.38	0.36	0.29	0.37	-0.15	-0.15	-0.07	**0.35**	0.34	0.22	0.07
	5	**0.33**	**0.41**	**0.42**	**0.44**	**0.43**	**0.45**	0.23	0.28	0.19	**0.29**	**0.43**	**0.29**	0.29
	6	0.11	0.10	0.11	0.18	0.21	0.21	0.05	-0.11	-0.08	0.05	0.16	0.13	0.10
	7	-0.01	0.15	0.11	0.10	0.03	0.09	**-0.26**	**-0.33**	-0.20	0.14	0.09	-0.02	-0.08
	8	-0.01	0.08	0.09	0.11	0.15	0.09	-0.13	-0.18	**-0.17**	0.01	0.09	0.01	-0.06
	9	0.05	0.08	0.02	-0.02	-0.06	-0.07	-0.05	-0.04	-0.02	0.08	0.00	0.02	0.00
	10	0.03	0.11	0.11	0.11	0.12	0.10	-0.09	-0.21	-0.18	0.07	0.11	0.04	-0.08
	11	0.28	0.27	0.32	0.43	**0.54**	0.50	0.20	0.02	-0.03	0.16	0.36	**0.32**	0.20
	12	0.26	0.27	0.32	0.37	0.40	0.36	0.16	0.06	0.07	0.19	0.36	0.25	0.22
综合		0.15	0.22	0.22	0.25	0.27	0.25	0.01	-0.06	-0.03	0.16	0.23	0.14	0.09

图 6.8　2001～2018 年云南九大高原湖泊风速变化趋势

按湖泊类型进行分析，三类湖泊 WS 综合变化率均呈上升趋势，半城市型湖泊的年均变化率与其他时间尺度的变化率相差甚远，可信度较低。高值区主要分布于 1～5 月，低值区分布较为零散。

6. 水汽压变化特征

水汽压(WVP)的变化趋势如图 6.9 所示，水汽压变化总体呈下降趋势，总体年均变化率为-1.19kPa/10a，综合变化率为-1.16kPa/10a，二者数值接近，除洱海外，其他湖泊变化趋势保持一致。综合各时间尺度进行考量，洱海 WVP 平均上升速率为 0.39kPa/10a，平均下降速率为-0.68kPa/10a，综合变化率的评价指标更为接近实际情况。程海、泸沽湖总体呈上升趋势，平均变化率为 0.98kPa/10a，其他 7 个湖泊以-1.67kPa/10a 的平均速率下降。水汽压四季均呈现下降趋势，平均下降率为-0.55kPa/10a，其中夏季 6 个湖泊变化显著，4 个湖泊(杞麓湖、星云湖、抚仙湖、阳宗海)下降显著，2 个湖泊(程海、泸沽湖)上升显著。在月均值中，WVP 高值区域主要分布于 4 月、9 月、12 月，低值区域主要分布于 5～8 月、10～11 月除洱海、程海、泸沽湖外的 6 个湖泊。10～11 月 WVP 低值区域均下降显著，且总体变化显著。洱海、程海和泸沽湖基本处于 WVP 相对高值区，且泸沽湖 WVP 均呈现显著上升趋势。

WVP变化率(kPa/10a)		总体	杞麓湖	星云湖	抚仙湖	阳宗海	滇池	洱海	程海	泸沽湖	异龙湖	城市型	半城市型	自然型
CR		-1.19	-2.69	-2.64	-2.71	-2.06	-1.80	0.14	1.08	**1.20**	-2.54	**-1.42**	0.58	**-1.86**
季节	春	-0.11	-0.31	-0.21	-0.03	0.12	0.39	0.06	0.39	0.44	-0.82	-0.05	-0.29	0.08
	夏	-0.75	**-1.36**	**-1.36**	**-1.55**	**-1.15**	-0.85	0.08	**0.58**	**0.83**	-1.24	**-1.07**	**-0.88**	-0.43
	秋	-1.07	-1.51	-1.54	**-1.62**	-1.23	-1.26	-0.53	-0.06	0.26	-1.22	-1.34	-1.12	-0.72
	冬	-0.28	**-0.58**	-0.49	-0.46	-0.31	-0.21	0.07	0.18	**0.16**	**-0.81**	-0.41	-0.37	-0.14
月份	1	-1.84	-3.06	**-2.71**	**-2.78**	**-2.40**	-2.43	-0.40	-0.12	0.15	**-3.05**	-2.50	**-2.01**	-1.35
	2	-0.83	-1.76	-1.45	-1.22	-0.82	-0.50	0.06	0.27	0.62	**-2.92**	-1.16	-1.11	-0.64
	3	-1.43	-1.63	-1.41	-2.12	-1.88	-0.82	-0.72	0.32	0.38	-2.85	-1.72	**-2.08**	-0.78
	4	1.33	0.86	1.81	2.26	2.76	3.59	0.53	1.27	1.35	-1.38	2.19	0.51	1.43
	5	-1.44	-3.64	-2.61	-1.76	-0.39	-0.52	-0.26	1.51	**1.39**	**-5.92**	-2.01	-1.70	-0.33
	6	-1.91	-3.64	-3.55	-3.36	-2.21	-1.71	-0.52	1.02	**2.30**	-4.11	-2.63	**-2.78**	-0.69
	7	-3.15	-4.80	-5.71	-6.67	-4.87	-4.23	0.02	1.56	**2.95**	-4.71	-5.03	-3.18	-2.23
	8	-1.48	-2.99	-3.58	-3.60	-3.00	-2.58	0.96	1.66	1.79	-2.26	-2.54	-1.32	-0.78
	9	0.10	-0.41	-0.48	-0.54	0.00	0.76	0.90	3.38	**3.25**	-1.09	-0.06	-0.40	1.30
	10	**-3.37**	**-4.85**	**-4.90**	**-5.74**	**-4.74**	**-4.07**	-1.73	0.15	1.08	-4.47	**-4.27**	**-3.99**	**-2.59**
	11	**-2.66**	**-4.54**	**-4.30**	**-4.62**	**-3.47**	**-3.35**	-0.59	-0.19	0.32	-3.06	**-3.89**	**-2.59**	**-1.97**
	12	0.31	-0.37	0.07	0.18	0.29	0.43	1.05	1.03	**0.68**	-1.94	0.00	-0.18	0.74
综合		-1.16	-2.19	-2.06	-2.14	-1.49	-1.13	-0.05	0.83	1.13	-2.61	-1.64	-1.35	-0.65

图 6.9　2001～2018 年云南九大高原湖泊水汽压变化趋势

以综合变化率分析，三类湖泊 WVP 均呈现下降趋势，平均变化率为-1.21kPa/10a。以总体年均值来看，半城市型湖泊呈现上升趋势，另外两类湖泊下降显著，平均下降率为-1.64kPa/10a。半城市型湖泊中，洱海存在一定程度的上升趋势，但总体仍呈下降趋势；除洱海外，半城市型湖泊中其他湖泊均呈下降趋势，因此综合变化率的衡量更为准确。除春季的自然型湖泊外，其余类型湖泊四季均呈下降趋势。各个湖泊变化的高值区域与低值区域基本趋于一致，集中分布于某个月份或某个季节。

7. 降水量变化特征

降水量(TP)的变化趋势如图 6.10 所示。云南九大高原湖泊降水量变化总体呈上升趋势，总体年均变化率为 24.95mm/10a，综合变化率为 30.22mm/10a。除洱海、程海外，其余湖泊的年均变化率与综合变化率接近，且趋势一致。对于洱海和程海，3～5 月出现了极值，对总体趋势产生较大影响，综合其余时间点进行考量，这两个湖泊的总体变化趋势与综合变化趋势一致。在季节尺度中，四季均为上升趋势，秋季变化率较小。按月份进行分析，高值区主要分布于 3～4 月、6 月、8～9 月，低值区为 5 月且下降显著。

从湖泊类型来看，总体年均变化与综合变化率趋势一致，均呈现增长趋势，但数值略有差异。除自然型湖泊秋季呈下降趋势外，其余类型湖泊四季均呈上升趋势，平均增长率为 19.70mm/10a，季节总体变化率为 17.35mm/10a。在各月份中，表中各湖泊降水变化的高值区域与低值区域的主要分布位置范围一致，其中城市型、半城市型湖泊的极小值通过显著性检验，下降趋势显著。

TP变化率(mm/10a)		总体	杞麓湖	星云湖	抚仙湖	阳宗海	滇池	洱海	程海	泸沽湖	异龙湖	城市型	半城市型	自然型
CR		24.95	58.45	42.14	36.24	37.47	32.20	-4.34	-9.89	-23.86	39.22	49.30	25.57	9.41
季节	春	20.01	24.07	22.75	26.16	28.41	24.35	23.52	28.01	6.64	24.59	22.94	23.63	18.20
	夏	36.50	44.30	47.62	46.13	46.95	47.68	32.09	19.15	17.15	41.66	52.89	44.05	29.86
	秋	0.29	18.10	18.86	13.78	9.18	0.27	-1.75	-10.88	-36.92	14.79	9.24	0.82	-8.56
	冬	3.82	5.01	9.06	4.19	4.27	6.04	2.46	2.92	-2.87	4.37	5.91	5.58	3.58
月份	1	9.12	35.33	38.03	30.36	18.82	19.65	-24.39	-15.65	-28.26	27.32	30.64	21.38	11.81
	2	-7.51	-25.84	14.51	-31.35	-23.28	-23.46	6.98	10.79	-15.31	-29.94	-16.74	-17.20	-10.83
	3	83.70	62.16	58.33	67.62	67.67	72.74	**210.63**	**221.92**	93.21	55.15	64.01	105.98	92.51
	4	127.96	147.40	116.16	119.34	145.10	138.73	183.58	181.01	116.21	112.17	138.33	143.54	111.27
	5	**-356.05**	**-389.01**	-373.80	-395.45	-338.59	-386.56	-384.92	-336.90	-212.16	**-491.07**	**-420.85**	**-402.02**	**-330.80**
	6	151.78	142.52	190.57	253.82	269.95	270.24	68.01	46.35	64.84	169.82	200.88	173.70	110.64
	7	37.73	0.00	6.39	-29.93	0.00	0.00	86.63	63.62	62.52	0.00	-23.62	0.00	22.30
	8	197.42	260.41	251.56	259.91	277.79	304.99	72.66	50.09	-35.38	169.56	281.98	200.87	129.83
	9	101.39	207.61	209.58	232.64	226.41	201.98	58.79	57.95	0.25	134.53	193.69	123.56	102.04
	10	64.51	37.83	44.14	39.72	45.59	72.96	7.92	-39.61	-216.36	86.04	40.57	84.76	-11.01
	11	-17.19	1.76	-9.72	-15.07	-17.26	-12.63	2.94	-12.94	-23.30	7.55	-12.23	-4.21	-26.46
	12	35.33	33.44	33.82	29.85	46.56	35.09	26.90	19.84	4.42	46.88	32.21	41.23	27.84
综合		30.22	39.03	42.35	40.47	49.71	47.31	21.63	16.22	-13.48	24.27	38.18	33.60	16.57

图 6.10　2001～2018 年云南九大高原湖泊降水量变化趋势

6.4.2　人文因子时空变化特征分析

人文因子的变化趋势如表 6.6 所示。POP、GDP、ISA 三个因子总体均呈上升趋势，且变化显著($P<0.001$)。8 个流域中，阳宗海、程海流域的 POP 呈下降趋势，且阳宗海流域下降显著($P<0.001$)，其余流域均呈显著的上升趋势；GDP 和 ISA 均呈显著的上升趋势，且通过了 0.001 的显著性检验。

表 6.6　2001～2018 年云南九大高原湖泊以流域为尺度的人文因素变化趋势的统计

流域/类型	POPCR/[(人/(km^2·10a)]	单层面积 GDPCR/[(元/(km^2·10a)]	ISACR/(km^2/10a)
杞麓湖	25625*	793482.30***	9.77***
抚仙-星云湖	61492***	1307313.66***	13.42***
阳宗海	-11479**	527278.01***	4.07***
滇池	461048***	14263725.87***	242.33***
洱海	145760*	2267911.46***	38.42***
程海	-2550	13060.49***	0.21***
泸沽湖	2205**	4649.79***	0.19***
异龙湖	30376***	9186.05***	5.09***

续表

流域/类型	POPCR/[(人/(km²·10a)]	单层面积 GDPCR/[(元/(km²·10a)]	ISACR/(km²/10a)
城市型	452010***	15138580.98***	252.35***
半城市型	156985*	2851719.07***	47.21***
自然型	50607***	1327724.49***	13.94***
总体	646784***	19245054.04***	314.10***

注：表中数据由估算后的数据计算而得，以 10 年为时间尺度，以流域为空间尺度；***为 $P<0.001$，**为 $P<0.005$，*为 $P<0.01$，·为 $P<0.05$。CR(change rate)表示变化率。

三类湖泊中，所有人文因子变化均呈显著上升趋势。POP、单位面积 GDP、ISA 的平均变化率分别为 219867 人/(km²·10a)、6439341.51 元/(km²·10a)、104.50km²/10a，城市型湖泊流域人文因子变化明显高于另外两类，POP、GDP、ISA 的百分比变化率分别为 205.58%、235.10%和 241.48%，约为总体水平的 2.27 倍；其次为半城市型湖泊流域，百分比变化率分别为 71.40%、44.29%和 45.18%，约为总体水平的 53.62%；自然型湖泊流域最小，百分比变化率分别为 23.02%、20.62%和 13.34%，约为总体水平的 18.99%。

1. 流域不透水表面积变化特征

2001～2018 年，各流域 ISA 均呈增长趋势，其空间分布及变化趋势如图 6.11 和图 6.12 所示。云南九大高原湖泊八个流域 18 年间共增长不透水表面积 497.81km²，增长速率为 276.56km²/10a，其中城市型湖泊流域 ISA 贡献最大，增长 397.53km²，增长速率为

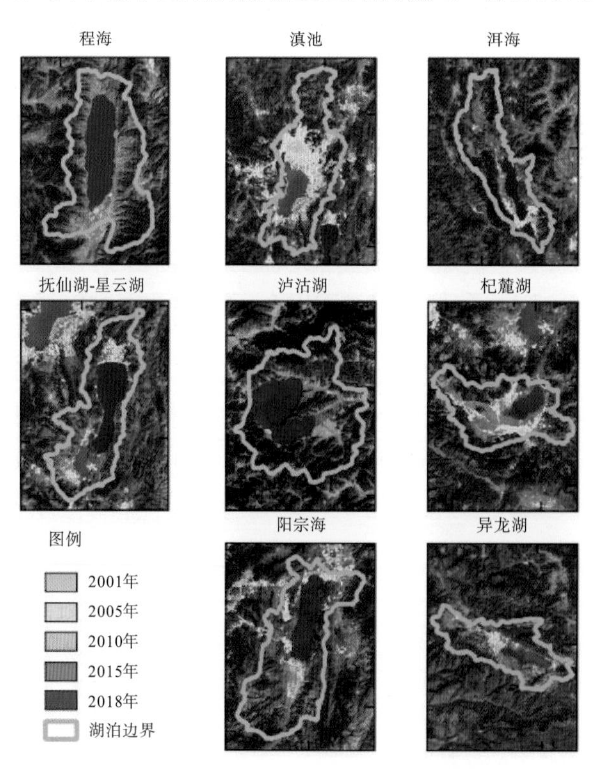

图 6.11 2001～2018 年云南九大高原湖泊八大流域的 ISA 空间分布图

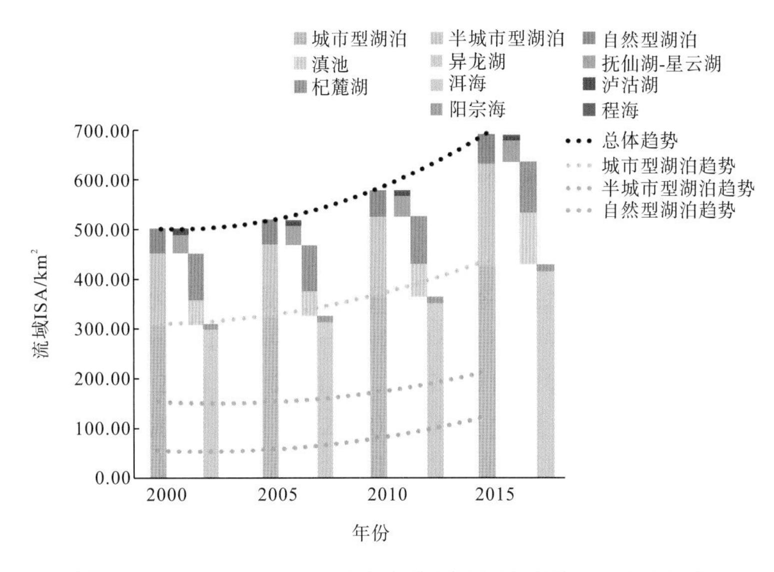

图 6.12 2000～2015 年云南九大高原湖泊流域的 ISA 变化趋势

220.85km²/10a；其次是半城市型和自然型湖泊流域，分别增长 74.90km² 和 25.37km²，变化速率分别为 41.61km²/10a 和 14.09km²/10a，平均变化率为 104.50km²/10a。三种不同类型湖泊流域的百分比变化率为 241.48%、45.18%和 13.34%。ISA 增长最大的是滇池，其次是洱海，最小的是泸沽湖，分别为 381.97km²、59.09km² 和 0.32km²；增长速率最大的是滇池，其次是洱海，最小的是泸沽湖，分别为 212.21km²/10a、32.83km²/10a 和 0.18km²/10a。

2. 流域单位面积人口数量变化特征

2001～2018 年，除阳宗海和程海外，其他各流域单位面积人口数均呈显著上升趋势，2018 年流域内人口的空间分布及 2000～2015 年变化特征如图 6.13 和图 6.14 所示。云南九大高原湖泊八个流域总计人口增长速率为 646784 人/(km²·10a)，城市型、半城市型和自然型湖泊所在流域增长速率分别为 452010 人/(km²·10a)($P<0.001$)、156985 人/(km²·10a)($P<0.01$)和 50607 人/(km²·10a)($P<0.001$)，平均增长速率为 219867 人/(km²·10a)，百分比变化率分别为 205.58%、71.40%和 23.02%。滇池流域 POP 增幅最大，泸沽湖增幅最小，分别为 829886 人和 3969 人；滇池流域增长速率最快，其次为洱海，增长速率分别为 461048 人/(km²·10a)和 145760 人/(km²·10a)；阳宗海和程海流域 POP 分别以−11479 人/(km²·10a)、−2550 人/(km²·10a)的速率下降。

3. 流域单位面积国内生产总值变化特征

2001～2018 年，各流域单位面积 GDP 均呈显著上升趋势($P<0.001$)，各湖泊流域单位面积 GDP 空间分布及变化特征如图 6.15 和图 6.16 所示。流域单位面积 GDP 总计上升 31153006.37 元，增长速率为 17307225.76 元/(km²·10a)，城市型、半城市型和自然型湖泊所在流域增长速率分别为 15138580.98 元/(km²·10a)、2851719.07 元/(km²·10a)和 1327724.49 元/(km²·10a)，平均增长速率为 6439341.51 元/(km²·10a)，百分比变化率为

235.10%、44.29%和 20.62%。其中，城市型湖泊所在流域增长速率最快，包括滇池和杞麓湖流域，其增长速率分别为 14263725.87 元/(km^2·10a)和 793482.30 元/(km^2·10a)；而属于自然型湖泊的泸沽湖和异龙湖所在流域增长缓慢，仅为 4649.79 元/(km^2·10a)和 13060.49 元/(km^2·10a)。增长速率和幅度最大的均为滇池流域，其次是洱海流域，最小的是泸沽湖流域，3 个流域的单位面积增幅分别为 25674706.57 元、4082240.63 元和 8369.62 元。

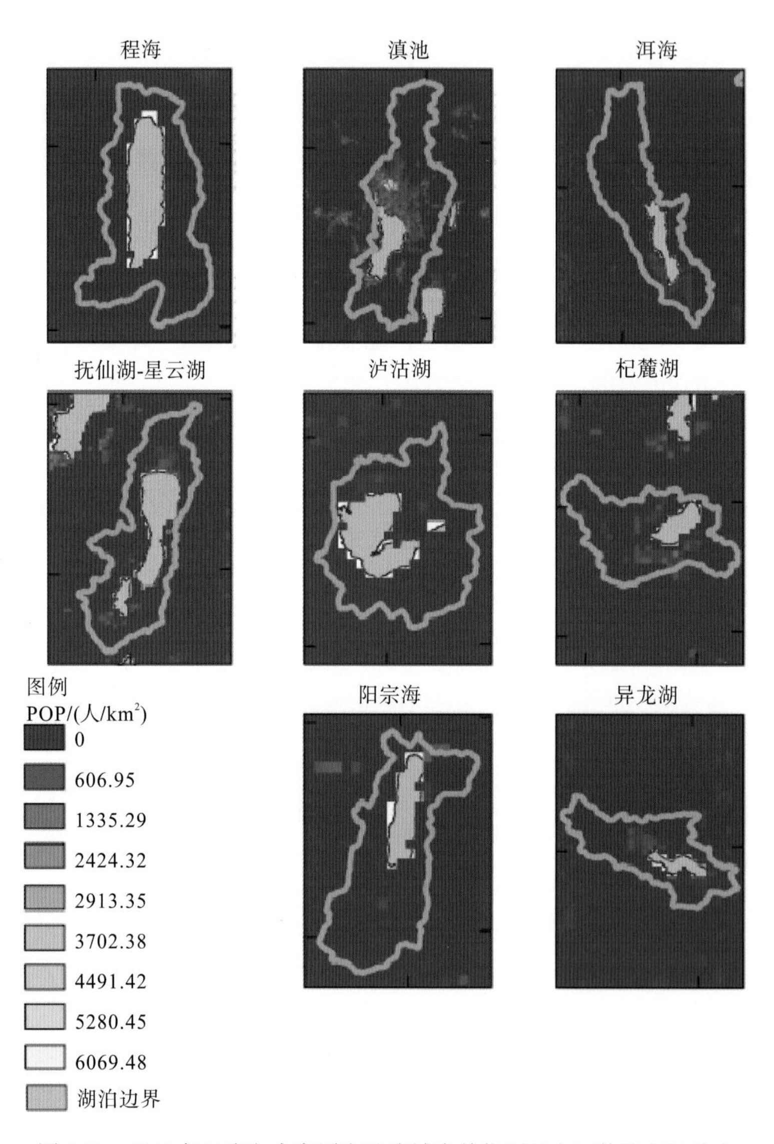

图 6.13　2018 年云南九大高原湖泊流域内单位面积人口数的空间分布

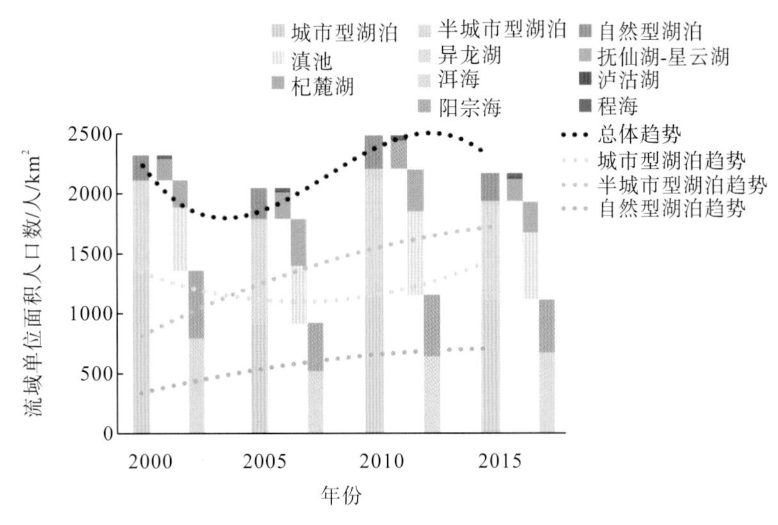

图 6.14 2000～2015 年云南九大高原湖泊流域内单位面积人口数的时序变化

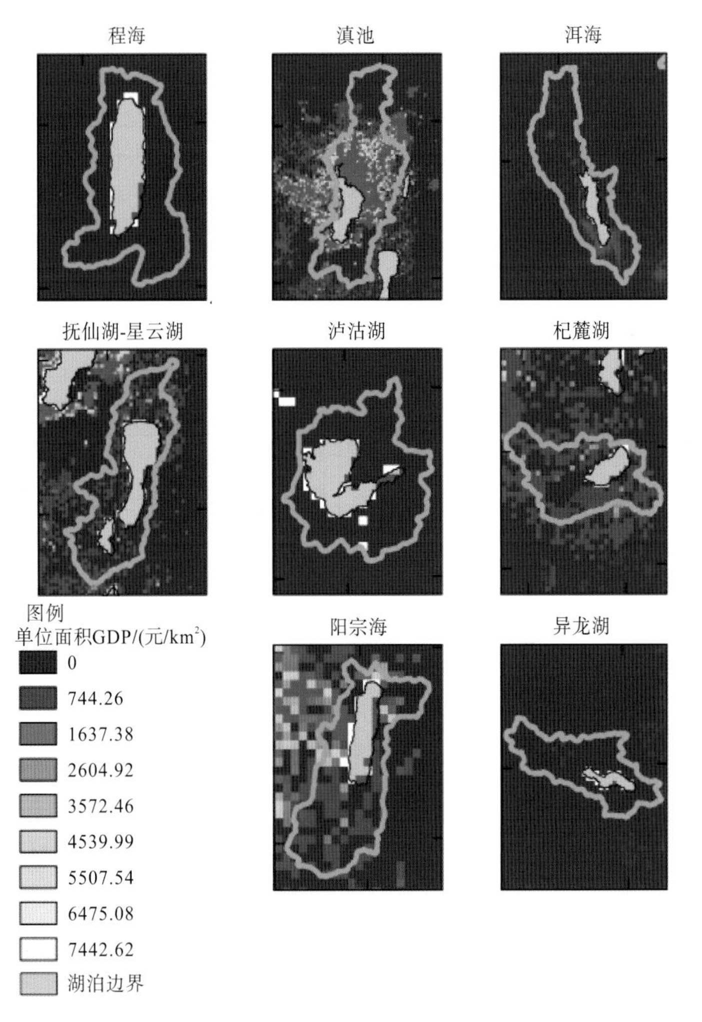

图 6.15 2018 年云南九大高原湖泊流域内单位面积 GDP 的空间分布

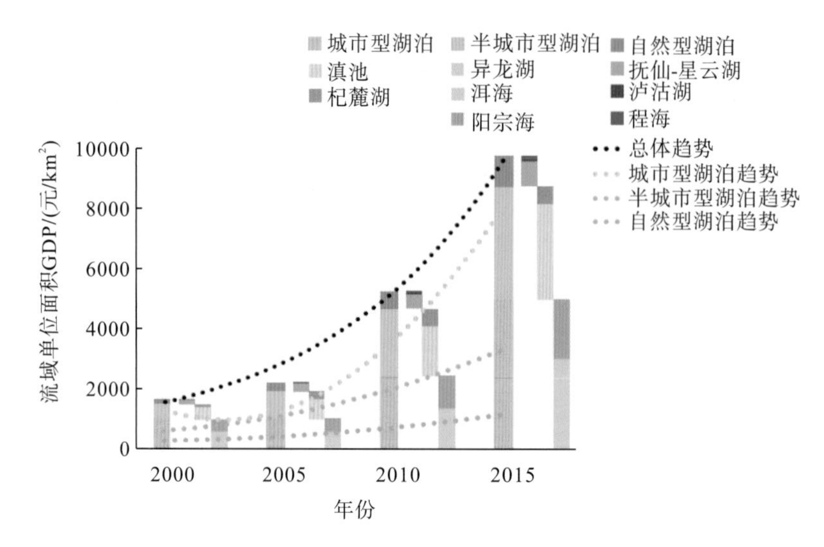

图 6.16 2000～2015 年云南九大高原湖泊流域内单位面积 GDP 的时序变化

6.5 各驱动因子贡献率分析

6.5.1 各驱动因子的相关性

各湖泊 POP、ISA、单位面积 GDP、SSR、TP、WS、WVP、NSAP 8 个因素与 LSWT-day/night 的 Pearson 相关性如图 6.17 和图 6.18 所示。其中，自然因子以湖泊范围内为界，人文因子以湖泊所在流域为范围。

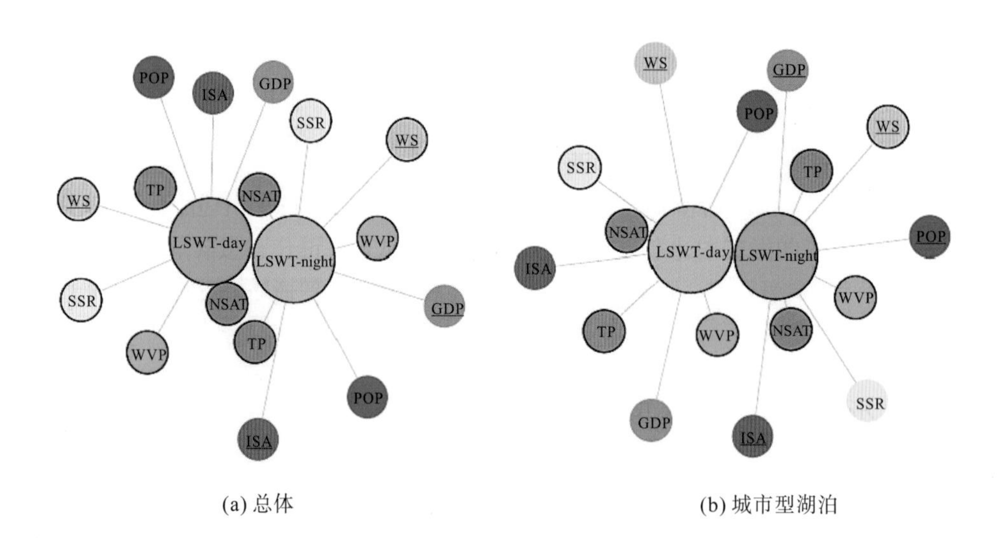

(a) 总体 (b) 城市型湖泊

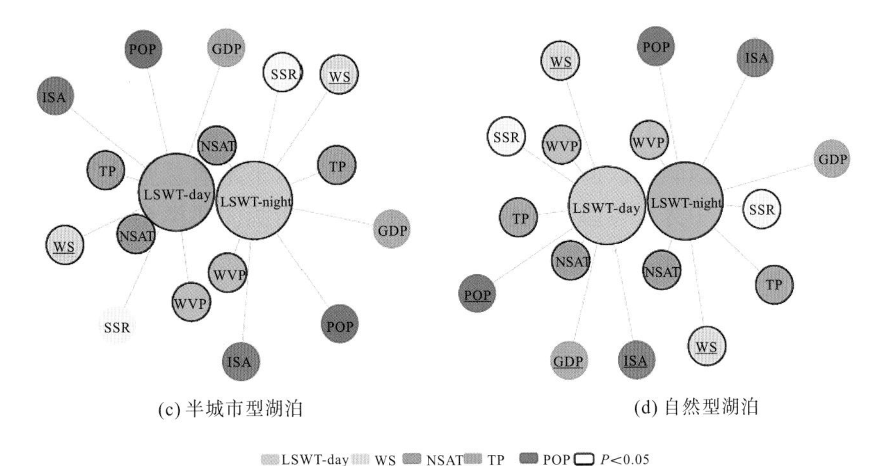

(c) 半城市型湖泊　　(d) 自然型湖泊

图 6.17　2001～2018 年云南九大高原湖泊各驱动因子间的 Pearson 相关关系

注：距离越近，相关性越强；GDP 为单位面积 GDP；下划线表示呈负相关。

湖泊/类型		WS		SSR		NSAT		WVP		TP		GDP		POP		ISA	
LSWT		day	night	day	night	day	night	day	night	day	night	day	night	day	night	day	night
总体		**−0.32**	**−0.42**	**0.75**	**0.60**	**0.97**	**0.95**	**0.79**	**0.85**	**0.68**	**0.71**	0.13	−0.02	0.19	0.05	0.12	−0.01
湖泊类型	城市型	−0.11	**−0.15**	**0.54**	0.22	**0.96**	**0.96**	**0.76**	**0.79**	**0.65**	**0.68**	0.37	−0.18	0.39	−0.30	0.36	−0.19
	半城市型	**−0.28**	**−0.45**	**0.70**	0.43	**0.96**	**0.95**	**0.74**	**0.86**	**0.64**	**0.70**	0.14	0.00	0.02	0.12	0.13	0.00
	自然型	**−0.43**	**−0.51**	**0.68**	**0.73**	**0.95**	**0.90**	**0.82**	**0.82**	**0.69**	**0.68**	−0.02	0.08	−0.01	0.27	−0.11	0.04
湖泊	杞麓湖	0.07	−0.05	0.46	−0.12	**0.93**	**0.93**	**0.69**	**0.79**	**0.61**	**0.67**	**0.49**	−0.40	0.12	0.03	**0.47**	−0.33
	星云湖	0.03	0.01	**0.75**	**0.54**	**0.95**	**0.95**	**0.73**	**0.77**	**0.66**	**0.68**	0.14	−0.35	0.03	−0.19	0.03	−0.43
	抚仙湖	**−0.27**	**−0.29**	**0.63**	**0.57**	**0.89**	**0.82**	**0.78**	**0.79**	**0.63**	**0.64**	0.02	0.11	−0.20	−0.07	−0.17	0.04
	阳宗海	**−0.17**	**−0.35**	**0.57**	**0.59**	**0.94**	**0.90**	**0.64**	**0.80**	**0.55**	**0.67**	−0.35	0.22	0.24	−0.11	−0.43	0.20
	滇池	**−0.24**	**−0.21**	**0.58**	**0.55**	**0.96**	**0.95**	**0.81**	**0.78**	**0.67**	**0.67**	0.16	0.07	0.21	0.01	0.13	0.07
	洱海	**−0.64**	**−0.74**	0.40	0.40	**0.92**	**0.91**	**0.81**	**0.87**	**0.54**	**0.58**	0.07	**0.60**	0.06	0.38	0.09	**0.60**
	程海	**−0.61**	**−0.69**	0.43	0.43	**0.93**	**0.84**	**0.81**	**0.79**	**0.56**	**0.50**	0.03	0.39	0.43	0.38	−0.06	0.30
	泸沽湖	**−0.54**	**−0.62**	0.19	0.38	**0.92**	**0.75**	**0.82**	**0.67**	**0.67**	**0.51**	−0.09	0.32	−0.30	0.03	−0.13	0.36
	异龙湖	**0.33**	**0.20**	0.29	0.13	**0.90**	**0.93**	**0.59**	**0.77**	**0.58**	**0.65**	0.16	−0.09	0.41	−0.42	0.38	−0.42

图 6.18　2001～2018 年云南九大高原湖泊各因素的 Pearson 相关系数

注：day 指白天，night 指夜晚。

总体来看，NSAT 与 LSWT 的相关性最高($R_{\text{NSAT-day}}$=0.97，$R_{\text{NSAT-night}}$=0.95)，其次是 TP 和 WVP($R_{\text{TP-day}}$=0.68，$R_{\text{WVP-day}}$=0.79；$R_{\text{TP-night}}$=0.71，$R_{\text{WVP-night}}$=0.85)。自然因子与 LSWT 的相关性均通过了 0.05 的显著性检验，WS 与 LSWT 相关性最低且呈负相关($R_{\text{WS-day}}$=−0.32，$R_{\text{WS-night}}$=−0.42)，SSR 其次($R_{\text{SSR-day}}$=0.75，$R_{\text{SSR-night}}$=0.60)。人文因子与 LSWT 的相关性均较低，单位面积 GDP、ISA 与 LSWT-night 呈负相关($R_{\text{单位面积GDP-night}}$=−0.02，$R_{\text{ISA-night}}$=−0.01)，3 个人文因子与 LSWT-day 和 LSWT-night 的平均相关性分别为 0.15 和 0.01。

以湖泊类型进行分析，三类湖泊的 NSAT、WVP、TP 与 LSWT-day 和 LSWT-night 的相关性较为接近，自然型湖泊 WVP、TP 与 LSWT 的相关系数略高于城市型和半城市型湖泊，自然型湖泊的 NSAT 与 LSWT 的相关系数略低于城市型和半城市型湖泊。三类湖泊中，WS 与 LSWT 均呈负相关关系，除城市型湖泊的 LSWT-day 外，其余均显著。三类湖泊 SSR 与 LSWT-day 的相关性均显著，半城市型湖泊相关系数最高，城市型湖泊最低；SSR 与 LSWT-night 的相关性中，仅自然型湖泊显著，且明显高于另外两类湖泊。城市型湖泊人文因子与 LSWT-day 的相关性明显高于另外两类湖泊，各因子与 LSWT-night 均呈负相关关系；自然型湖泊人文因子与 LSWT-day 均呈负相关；半城市型湖泊的人文因子与 LSWT-day/night 均呈正相关。在数值方面，城市型湖泊人文因子与 LSWT 相关系数表现为白天高于夜间；半城市型湖泊中，夜间单位面积 GDP、ISA 及白天 POP 与 LSWT 的相关系数过小；自然型湖泊中，除夜间 POP 和白天 ISA 外，其他人文因子与 LSWT 的相关关系数绝对值均小于 0.1。总体而言，人文因子与 LSWT 的相关性均较低，参考性不高。

对各湖泊进行分析，将 Pearson 相关系数绝对值大于或等于 0.6 的因子视为高相关因子，各湖泊的高相关因子为 NSAT、WVP 和 TP，高相关因子分布率分别为 100%、94.44% 和 61.11%；而单位面积 GDP 和 POP 均没有出现高相关系数；WS、SSR 和 ISA 高相关因子分布率分别为 27.78%、11.11%和 5.56%；SSR 与 LWST 的高相关性更多出现于白天。对于 LSWT-day，星云湖、抚仙湖的高相关因子为 SSR、NSAT、WVP、TP；阳宗海为 NSAT、WVP；洱海、程海为 WS、NSAT、WVP；异龙湖为 NSAT；其余湖泊(杞麓湖、滇池、泸沽湖)为 NSAT、WVP、TP。对于 LSWT-night，杞麓湖、星云湖、抚仙湖、阳宗海、滇池、异龙湖共 6 个湖泊的高相关因子为 NSAT、WVP、TP；程海、泸沽湖为 WS、NSAT、WVP；洱海为 WS、NSAT、WVP、GDP、ISA。

综上所述，Pearson 相关性的分析结果表明，自然因子与 LSWT 的相关关系高于人文因子，且总体高相关因子主要为 NSAT、WVP、TP，与 LSWT-day 关系密切的因子还有 SSR。三类湖泊的主要影响因子与总体一致，但自然型湖泊还与 SSR 关系密切，半城市湖泊的 LSWT-day 也与 SSR 相关性较强。

6.5.2 各驱动因子的贡献率

对各驱动因子及湖泊表面水温标准化处理后，各因素对 LSWT-day/night 变化的贡献率如图 6.19 所示，回归方程为

$$\begin{aligned}\text{LSWT-day} = &-0.0735\times\text{WS}+0.0389\times\text{SSR}+0.7579\times\text{NSAT}+0.0333\times\text{WVP}-0.0013\times\text{TP}\\&+0.0891\times\text{GDP}-0.0973\times\text{POP}-0.1464\times\text{ISA}+0.0717(R^2=0.7982)\end{aligned} \tag{6.16}$$

$$\begin{aligned}\text{LSWT-night} = &\ 0.0269\times\text{WS}-0.0699\times\text{SSR}+0.7755\times\text{NSAT}+0.1998\times\text{WVP}-0.0554\times\text{TP}\\&-0.0536\times\text{GDP}-0.0740\times\text{POP}+0.0667\times\text{ISA}+0.0751(R^2=0.7665)\end{aligned} \tag{6.17}$$

式(6.16)和式(6.17)两个方程表明，8 个变量能够解释 LSWT-day 变化的 79.82%，LSWT-night 的 76.65%，而其余 20.18%(LSWT-day)和 23.35%(LSWT-night)则受到其他因素影响，称前者变化率为绝对贡献率(absolute contribution rate，ACR)。图 6.19 中的贡献率为本书所涵盖的因素对 LSWT-day/night 的可解释度，称为相对贡献率(relative contribution rate，RCR)，即不包含其他未考虑在内因素的影响。

对于 LSWT-day，NSAT 的贡献率最高(RCR=32.99%)，NSAT、单位面积 GDP、POP、ISA 解释了 84.17%的变化；对于 LSWT-night，WVP 贡献率最高(RCR=27.46%)，NSAT 其次(RCR=26.51%)，NSAT 和 WVP 的贡献率达到了 53.97%，NSAT、WVP、POP、ISA 四个因

子共同解释了 79.73%的变化。综合考虑 LSWT-day 和 LSWT-night，NSAT 贡献最大，平均贡献率为 29.75%；对于 LSWT-day，人文因子贡献率高于自然因子($\text{RCR}_{\text{自然}}$=48.82%，$\text{RCR}_{\text{人文}}$=51.18%)；对于 LSWT-night，自然因子高于人文因子($\text{RCR}_{\text{自然}}$=64.53%，$\text{RCR}_{\text{人文}}$=35.47%)。

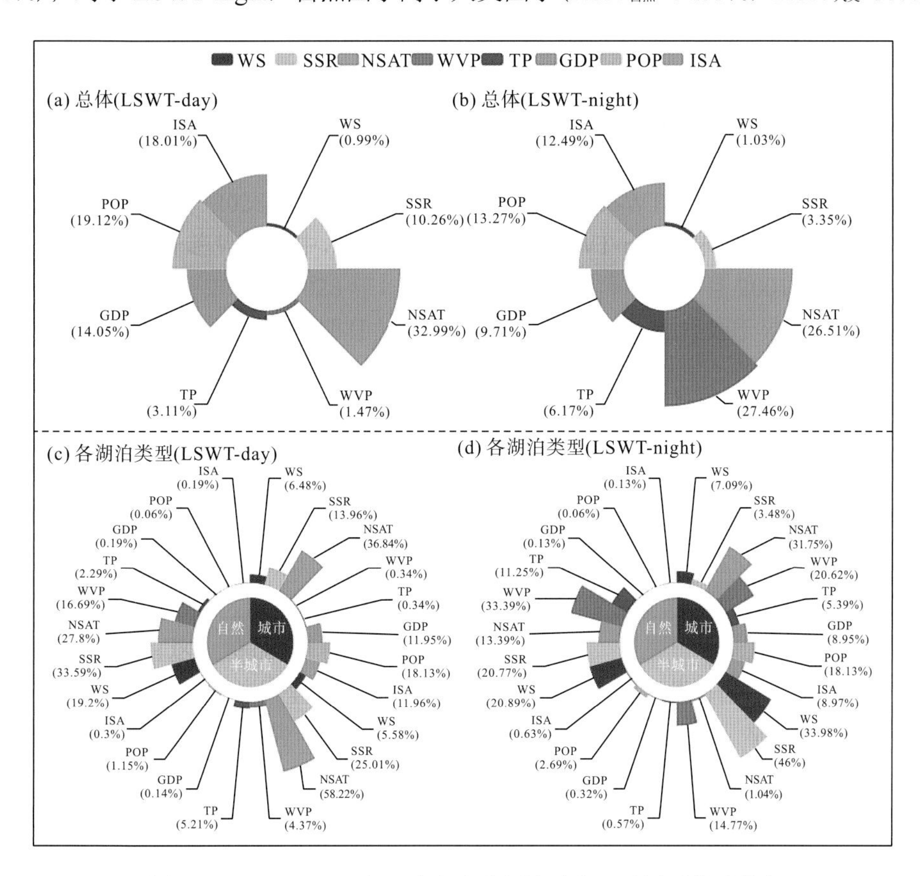

图 6.19　2001～2018 年云南九大高原湖泊各驱动因子的贡献率

注：GDP 为单位面积 GDP。

不同类型湖泊中，LSWT-day/night 变化的主导因子不尽相同，如表 6.7 所示。主导因子的判断方法为：高于每组贡献率中第三四分位数的因子。以湖泊类型进行分析，主导因子包含 NSAT、WVP、WS、SSR、POP，三类湖泊对 LSWT-day 和 LSWT-night 的平均贡献率分别为 93.34%和 92.42%。人文因子对城市型湖泊的 LSWT 影响最大，白天为 42.04%，夜间为 31.67%，而对其余湖泊 LSWT 的贡献率较小，均小于 5%。对于城市型湖泊，白天主要受 NSAT 和 POP 的影响(RCR=54.97%)，SSR、GDP、ISA 也都高于 10%；而夜间以 NSAT、WVP 主导(RCR=52.38%)，除此之外仅 POP 高于平均水平(12.5%)。对于半城市型和自然型湖泊，白天均以 SSR、NSAT 的贡献最大($\text{RCR}_{\text{半城市型}}$=61.39%，$\text{RCR}_{\text{自然型}}$=83.23%)，其中 NSAT 对半城市型湖泊 LSWT-day 的贡献率高达 58.22%。自然型湖泊夜间贡献率最高的因子为 WVP，其贡献率为 33.39%，受 WVP 和 WS 主导(RCR = 54.28%)，SSR、NSAT 也高于 12.5%的平均水平。半城市型湖泊 LSWT-night 主要受 SSR、WS 的影响，其贡献率为 79.98%，此外仅 WVP 高于平均水平(RCR=14.77%)。

表 6.7 2001～2018 年云南九大高原湖泊 LSWT-day/night 的主导因子

类型	LSWT-day			LSWT-night		
	主导因子	总贡献率	Q3	主导因子	总贡献率	Q3
总体	NSAT、POP	52.11%	18.29%	NSAT、WVP	53.98%	16.58%
城市型	NSAT、POP	54.97%	15.01%	NSAT、WVP	52.38%	15.47%
半城市型	NSAT、SSR	61.39%	21.35%	WVP、WS	54.28%	20.80%
自然型	NSAT、SSR	83.23%	10.44%	SSR、WS	79.97%	19.57%

注：Q3 为第三四分位数。

综上所述，LSWT-day 和 LSWT-night 的主要影响因湖泊类型不同而有差异，但可以确定 NSAT 是最主要的影响因子，其平均贡献率为 29.75%，远高于 12.5%的平均水平。城市型湖泊与总体的主导因子一致，其贡献率也较为接近；半城市型与自然型湖泊白天的主导因子一致；夜间均受到 WS 的影响，但主导因子不同。自然型湖泊中，非主导因子的贡献率较小，仅为主导因子的 20.15%(LSWT-day)和 25.05%(LSWT-night)，而其余湖泊较为接近。由此表明，自然型湖泊的主要驱动因子相对较为单一。所有主导因子中，仅 POP 属于人文影响因子，对总体与城市型湖泊的 LSWT-day 影响较大，表明城市型湖泊比其他类型的湖泊受到更多的人文因素影响，POP 是除 NSAT 之外对湖泊整体影响最大的因素。

6.5.3 驱动因子的阈值

1. 年为尺度的时序分析

结合 Mann-Kendall、Pettitt、SNHT 方法对 2001～2018 年 8 个驱动因子及 LSWT-day/night 年均值进行突变检验，结果如表 6.8 所示。基于湖泊表面水温的突变时间点，将各因子划分为突变前与突变后的时序数据，以 Theil-Sen 方法计算变化率，其结果如表 6.9 和图 6.20 所示，表 6.9(a)为 LSWT-day 突变前后的驱动因子变化率，表 6.9(b)为

表 6.8 2001～2018 年云南九大高原湖泊驱动因子的突变时间点 （单位：年）

因子	杞麓湖	星云湖	抚仙湖	阳宗海	滇池	洱海	程海	泸沽湖	异龙湖	城市型	半城市型	自然型	总体
WS	2005	2005	2005	2005	2005	2003	2015	2015	2005	2005	2005	2005	2005
SSR	2004	2004	2008	2004	2014	2008	2010	2010	2005	2008	2014	2008	2014
NSAT	2011	2009	2008	2009	2006	2013	2008	2013	2013	2013	2013	2008	2013
WVP	2007	2007	2007	2007	2007	2014	2013	2007	2007	2007	2007	2007	2007
TP	2014	2014	2014	2014	2014	2015	2008	2008	2014	2014	2014	2015	2014
GDP	2010	2010	2010	2010	2010	2009	2009	2008	2009	2010	2009	2010	2010
POP	2006	2008	2008	2010	2011	2007	2013	2009	2009	2010	2007	2008	2010
ISA	2009	2009	2009	2009	2009	2009	2009	2009	2009	2009	2009	2009	2009
LSWT-day	2011	2011	2015	2014	2011	2005	2015	2010	2010	2011	2011	2010	2011
LSWT-night	2010	2015	2011	2011	2011	2008	2005	2005	2010	2011	2010	2008	2008

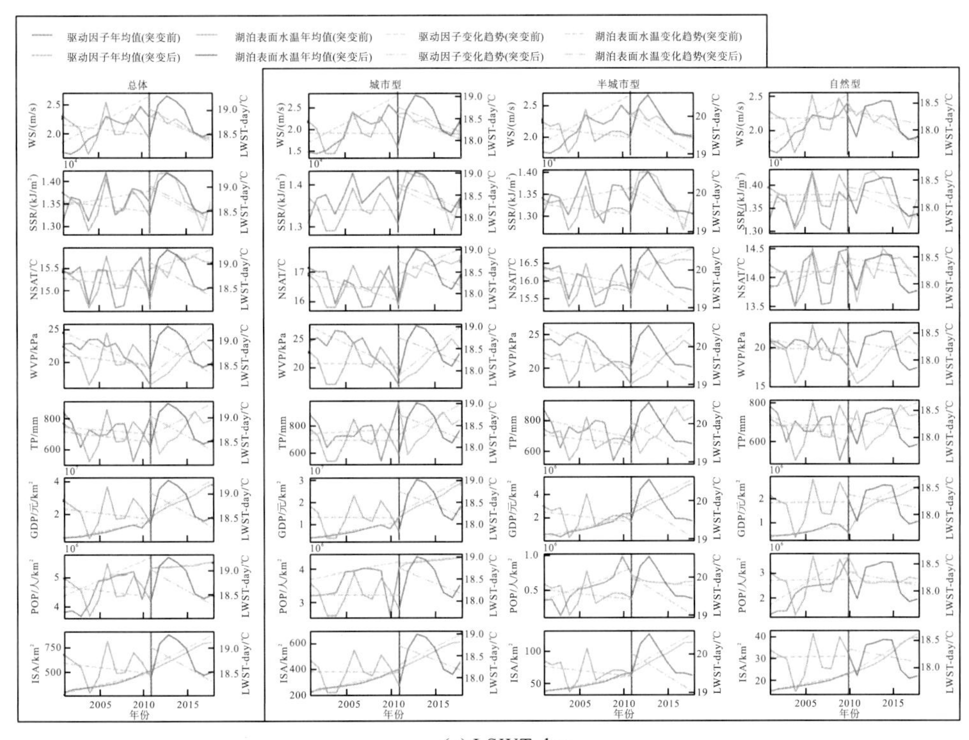

(a) LSWT-day

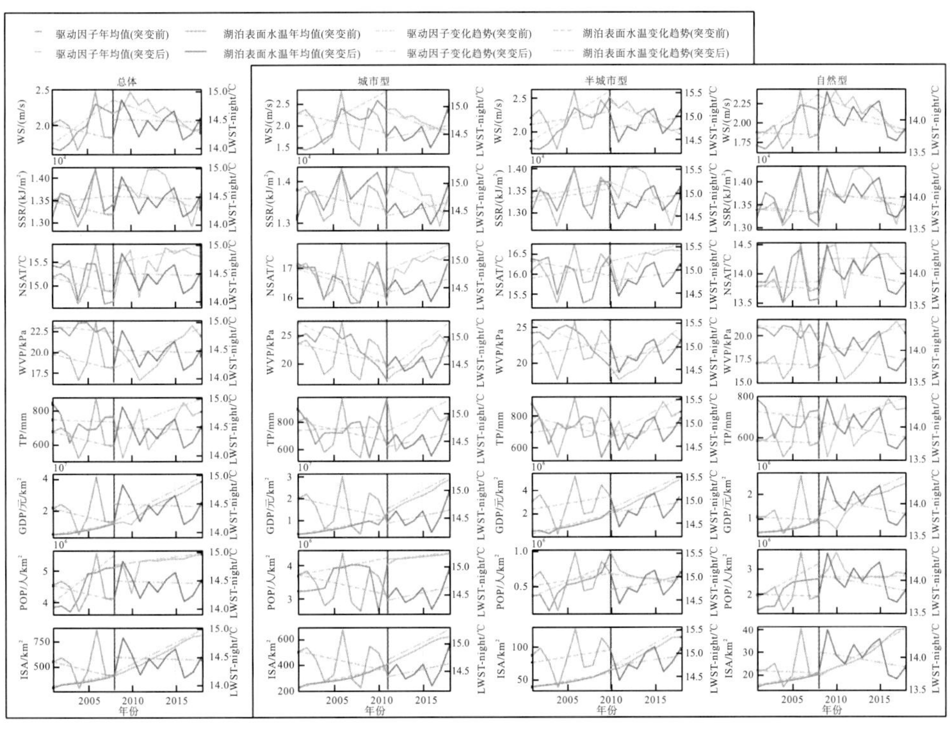

(b) LSWT-night

图 6.20 2001～2018 年云南九大高原湖泊表面水温突变前后驱动因子的变化趋势

注：GDP 为单位面积 GDP。

表 6.9 2001～2018 年云南九大高原湖泊突变前后驱动因子的变化率

(a)LSWT-day

阶段	因子	单位	杞麓湖	星云湖	抚仙湖	阳宗海	滇池	洱海	程海	泸沽湖	异龙湖	城市型	半城市型	自然型	总体
突变前	WS	m/(s·10a)	0.95*	1.05*	0.65	0.98	1.19*	1.06	0.14	0.39*	0.72*	1.09*	0.77*	0.08*	0.81*
	SSR	kJ/(m²·10a)	721.98	674.58	471.81	626.28	518.61	−140.12	498.81	−220.63	948.36*	–	348.16	4.06	321.88
	NSAT	℃/10a	−1.33	−0.29	0.49	0.38	−0.51	1.33	0.40	0.22	−1.36	−0.93	−0.44	0.05	0.05
	WVP	kPa/10a	−8.93*	−8.77*	−5.71	−5.05	−5.62*	−2.93	−0.30	1.91	−10.71*	−7.40*	−6.51*	−0.24*	−5.56*
	TP	mm/10a	76.78	30.24	−4.68	−36.70	9.56	−210.82	−88.53	−114.14	−210.73	28.86	−120.19	−14.18	−47.90
	GDP	万元/(km²·10a)	42.10*	64.52*	110.89*	32.47*	699.06*	66.50*	1.27*	0.50*	0.68*	735.79*	193.28*	5.71*	1066.24*
	POP	万人/(km²·10a)	11.44*	17.69*	9.49*	−1.49*	38.08*	22.88*	0.54*	−0.03*	5.45*	51.29*	43.03*	2.21*	130.40*
	ISA	km²/10a	8.32*	8.67*	11.36	2.96	152.09*	9.63*	0.16	0.10*	4.17*	160.40*	26.19*	0.82*	208.41*
	LSWT-day	℃/10a	0.16	−0.19	0.25	−0.06	−0.37	−0.13	0.22	0.35	−0.34	−0.02	−0.26	0.00	−0.21
突变后	WS	m/(s·10a)	−0.62*	−0.73*	−0.55	−0.86	−0.92*	−0.11	−0.44	−0.36	−0.39*	−0.81*	−0.68*	−0.06*	−0.78*
	SSR	kJ/(m²·10a)	−1390.35*	−1392.42*	71.48	626.38	−1895.44	−59.10	3028.55	−884.71	−1020.11	−1568.43*	−1912.45	−107.25	−1811.15
	NSAT	℃/10a	1.08	−0.68	−1.32	1.26	0.22	0.30	−2.66	1.38*	1.64*	0.71	0.59*	0.02	0.13
	WVP	kPa/10a	13.43*	13.81*	−1.45	−1.49	10.20*	0.28	−4.13	3.31	13.68*	12.01*	10.71*	0.97*	11.00*
	TP	mm/10a	425.71*	403.25*	−272.70	−45.57	457.28*	53.02	−262.61	122.04	364.93*	435.22*	395.97*	25.19	363.54*
	GDP	万元/(km²·10a)	79.50*	138.57*	162.61*	83.81*	2034.52*	259.70*	1.26*	0.58*	1.26*	2109.97*	362.77*	14.94*	2759.24*
	POP	万人/(km²·10a)	−0.52*	5.90*	8.67*	0.48*	26.38*	0.72*	−3.80*	0.73*	1.84*	25.87*	−5.85*	0.16*	30.22*
	ISA	km²/10a	12.18*	26.26*	16.33	6.79	319.11*	49.49*	0.39	0.23*	8.29*	331.02*	72.79*	2.48*	459.86*
	LSWT-day	℃/10a	−1.63	−2.12	0.69	−0.04	−0.86	−0.17	−1.61	−0.06	−2.55	−1.17	−1.82*	−0.03	−1.44*

（b）LSWT-night

阶段	因子	单位	杞麓湖	星云湖	抚仙湖	阳宗海	滇池	洱海	程海	泸沽湖	异龙湖	城市型	半城市型	自然型	总体
突变前	WS	m/(s·10a)	1.01*	0.58	1.09*	1.15*	1.19*	0.31	0.92	1.03	0.72*	0.11*	0.83*	0.83*	0.93*
	SSR	kJ/(m^2·10a)	1132.45*	464.37	541.97	578.40	518.61	-811.97	137.73	-565.18	948.36*		353.45	-220.72	226.66
	NSAT	℃/10a	-1.33	0.42	0.97	-0.28	-0.51	-0.51	1.47	0.75	-1.36	0.09	-0.42	0.01	-0.42
	WVP	kPa/10a	-7.65	-5.65	-9.03*	-5.33*	-5.62*	1.30	-3.64	-4.34	-10.71*	-0.74*	-5.16	-1.33	-1.12
	TP	mm/10a	-74.23	-0.73	27.27	28.61	9.56	-20.71	-229.60	-118.53	-210.73	2.89	-138.01	-36.10	-18.96
	GDP	万元/(km^2·10a)	38.98*	110.89*	64.52*	22.17*	699.06*	113.57*	0.53*	0.18*	0.68*	73.58*	185.58*	63.35*	989.05*
	POP	万人/(km^2·10a)	11.44*	9.49*	17.69*	-0.71*	38.08*	35.22*	0.36*	-0.04*	5.45*	5.13*	50.76*	19.50*	216.66*
	ISA	km^2/10a	7.97*	11.36	8.67*	2.02*	152.09*	13.86*	0.01	0.08*	4.17*	16.04*	24.54*	7.35*	158.21*
	LSWT-night	℃/10a	0.01	0.12	-0.28	-0.22	-0.34	0.17	-0.02	-0.98	0.07	-0.04	0.30	-0.04	-0.38
突变后	WS	m/(s·10a)	-0.57*	-0.55	-0.87*	-1.10*	-0.92*	-0.32	-0.24	-0.20	-0.39*	-0.08*	-0.60*	-0.49*	-0.56*
	SSR	kJ/(m^2·10a)	-1071.47	-307.95	-1473.78	-1682.18	-1895.44	-677.44	-107.82	156.61	-1020.11	-156.84*	-1180.92	-510.47	-572.05
	NSAT	℃/10a	1.91*	-0.68	-1.66*	0.74	0.22	0.33	0.26	0.23	1.64*	0.07	0.88*	-0.24	0.15
	WVP	kPa/10a	13.22*	0.17	13.25*	8.08	10.20*	3.59*	1.82	1.40	13.68*	1.20*	10.27*	5.90*	7.03*
	TP	mm/10a	293.05	-300.18	418.44*	435.43*	457.28*	280.75*	100.49	17.80	364.93*	43.52*	301.67*	257.77*	296.07*
	GDP	万元/(km^2·10a)	86.35*	162.61*	138.57*	79.55*	2034.52*	270.50*	1.47*	0.50*	1.26*	211.00*	364.07*	177.58*	2828.81*
	POP	万人/(km^2·10a)	-3.32*	8.67*	5.90*	0.51*	26.38*	-15.73*	-1.70*	0.43*	1.84*	2.59*	-11.15*	-1.38*	33.07*
	ISA	km^2/10a	11.88*	16.33	26.26*	7.17*	319.11*	53.32*	0.29*	0.23*	8.29*	33.10*	74.39*	22.18*	444.37*
	LSWT-night	℃/10a	0.65	-2.87	-0.32	-0.10	-0.92	0.23	-0.16	-0.16	1.31	0.04	0.76	-0.51	-0.33

注：变化率的计算方法为 Theil-Sen；*表示 $P<0.05$。

LSWT-night 突变前后的驱动因子变化率。以二阶多项式对各因子的年均值进行拟合，计算每个驱动因子的阈值(表 6.10)，人文因子以流域为尺度，自然因子以湖泊范围为尺度。各因子的拟合结果中，主要参考 R^2>0.5 的部分，各自然因子中，SSR、NSAT、WVP 符合此要求；而人文因子中，仅单位面积 GDP 与 LSWT-night 的拟合结果符合要求。为避免回归拟合的局限性，利用膝(Kneedle)拐点检测方法对阈值进行计算。对于 LSWT-day，SSR 拟合效果最好，其次是 NSAT，阈值范围为 18.07～18.59℃；对于 LSWT-night，NSAT 的拟合效果最好，其次是单位面积 GDP，NSAT、WVP 和单位面积 GDP 均通过了 α=0.001 的显著性检验，阈值范围为 14.03～14.36℃。总体来看，LSWT-night 比 LSWT-day 拟合效果更好。

表 6.10　2001～2018 年云南九大高原湖泊驱动因子的阈值分析

自变量	因变量	拟合方程	R^2	显著性检验	最值(自变量)	阈值/℃
LSWT-day	WS	$y=-0.05x^2+1.64x-12.47$	0.40	0.21	16.40	18.25
	SSR	$y=-49.49x^2+1741.42x-1512.15$	0.62	0.05	17.59	18.29
	NSAT	$y=-0.26x^2+10.58x-91.65$	0.58	0.07	20.35	18.59
	WVP	$y=-0.22x^2+9.73x-82.78$	0.56	0.09	22.11	18.30
	TP	$y=0.78x^2-8.95x+607.73$	0.31	0.32	5.74	18.30
	GDP	$y=-118002.54x^2+4460622.65x-40205349.16$	0.31	0.39	18.90	18.25
	POP	$y=-9344.74x^2+335292.08x-2704596.46$	0.12	0.73	17.94	18.30
	ISA	$y=-1.3x^2+47.54x-400.38$	0.13	0.71	18.28	18.07
	ISC	$y=-0.002x^2+0.07x-0.72$	0.26	0.47	17.50	18.25
LSWT-night	WS	$y=-0.05x^2+1.36x-6.38$	0.34	0.29	13.60	14.36
	SSR	$y=-61.9x^2+1548.37x+4295.81$	0.55	0.09	12.51	14.27
	NSAT	$y=-0.26x^2+8.09x-46.11$	0.74	0.02*	15.56	14.36
	WVP	$y=-0.22x^2+7.52x-40.58$	0.63	0.05*	17.09	14.25
	TP	$y=-2.72x^2+88.8x+7.52$	0.22	0.47	16.32	14.03
	GDP	$y=-271658.94x^2+7555833.86x-49769590.69$	0.72	0.04*	13.91	14.30
	POP	$y=-37325.53x^2+1043164.71x-6870206.7$	0.38	0.30	13.97	14.25
	ISA	$y=-4.66x^2+130.19x-858.62$	0.46	0.21	13.97	14.30
	ISC	$y=-0.003x^2+0.1x-0.67$	0.46	0.21	16.67	14.30

注：*为 P<0.05。

2. 月为尺度的时序分析

以月为尺度对驱动因子及湖泊表面水温的贡献率进行分析，根据各指标的月尺度变化特征，将其分为上升、稳定、下降阶段，如图 6.21 所示，各阶段的拟合方程如表 6.11 所示。WS 存在 2 个上升阶段，其余因子均不存在重复状态；WS、SSR、WVP 没有稳定阶段。除 WS 外，在上升和下降阶段中，LSWT 与各因子均为相互促进的作用；对于 WS，第 1 个上升阶段符合整体变化规律，为相互促进作用；而下降阶段和第 2 个上升阶段为相互抑制的作用。各阶段中，上升和下降状态的线性变化趋势显著，稳定状态整体变化趋势平缓，但数值存在较大随机性，回归拟合效果较差，未发现异常情况，不作为重点分析。将各因子的月均值分为三个阶段进行阈值分析，计算结果如表 6.12 所示，达到阈值后，LSWT 将进入下一阶段，即发生状态的改变。在上升阶段，城市型湖泊与总体的阈值接近；在下降阶段，城市型湖泊与总体的阈值一致，半城市型湖泊高于自然型湖泊；在稳定阶段，存在的阈值均较为接近。对于 LSWT-day，半城市型湖泊阈值最大，自然型湖泊最小；对于 LSWT-night，半城市型湖泊和自然型湖泊均低于总体水平，且自然型湖泊为最小值。以上结果表明，城市型湖泊对总体水平的影响明显大于另外两类湖泊，自然型湖泊的影响程度最小。

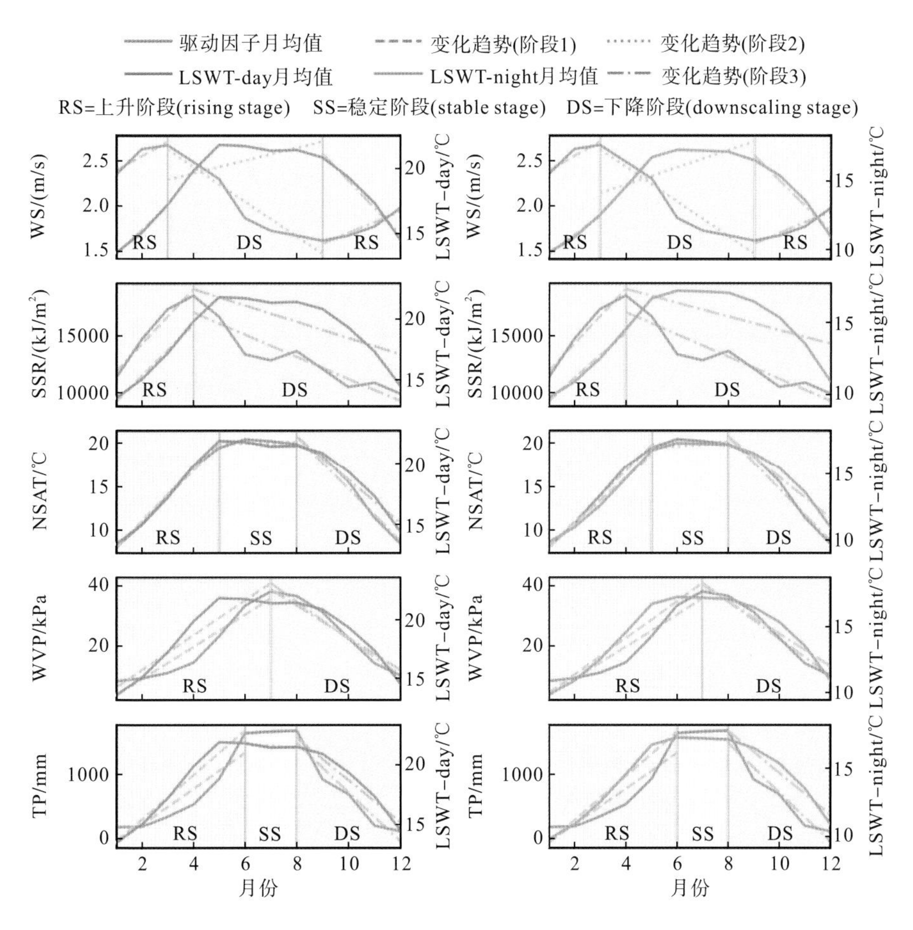

图 6.21　2001～2018 年云南九大高原湖泊各因子以月为尺度分阶段的统计结果

表 6.11　2001～2018 年云南九大高原湖泊各驱动因子分阶段的拟合方程

类型	阶段	WS	SSR	NSAT	WVP	TP
总体	第 1 阶段	y=1.6x+2.24	y=24176.3x+9530.83	y=29.7x+4.97	y=53.9x−1.96	y=2787x-333.17
		R^2=0.85	R^2=0.96	R^2=1.00	R^2=0.91	R^2=0.85

续表

类型	阶段	WS	SSR	NSAT	WVP	TP
	第2阶段	y=−1.9x+2.82 R^2=0.93	y=−9775.2x+18124.38 R^2=0.87	y=1.1x+19.8 R^2=0s.10	y=−62.1x+47.19 R^2=0.97	y=180.9x+1631.79 R^2=0.95
	第3阶段	y=1.2x+1.46 R^2=0.92	— —	y=−30.4x+23.9 R^2=0.98	— —	y=−3861x+1884.11 R^2=0.93
LSWT-day	第1阶段	y=18.5x+11.59 R^2=0.99	y=21.2x+11.15 R^2=0.99	y=21.5x+11.09 R^2=0.99	y=14.9x+12.74 R^2=0.88	y=18.3x+11.82 R^2=0.96
	第2阶段	y=4.9x+18.7 R^2=0.41	y=−6.8x+23.22 R^2=0.55	y=−1.6x+22.03 R^2=0.80	y=−13.9x+24.04 R^2=0.87	y=−1.5x+21.87 R^2=0.60
	第3阶段	y=-21.3x+23.36 R^2=0.98	— —	y=−17.6x+23.99 R^2=0.94	— —	y=−17.6x+23.99 R^2=0.94
LSWT-night	第1阶段	y=13.6x+8.38 R^2=0.99	y=15.9x+7.99 R^2=0.98	y=17.5x+7.68 R^2=0.98	y=13.9x+8.58 R^2=0.94	y=16.2x+7.98 R^2=0.98
	第2阶段	y=6.2x+13.51 R^2=0.57	y=−4.8x+17.87 R^2=0.37	y=1.1x+16.81 R^2=0.36	y=−12.4x+19.45 R^2=0.88	y=−0.7x+17.35 R^2=0.98
	第3阶段	y=−18.6x+18.75 R^2=0.97	— —	y=−15.3x+19.31 R^2=0.93	— —	y=−15.3x+19.31 R^2=0.93

表 6.12 2001～2018 年云南九大高原湖泊各驱动因子分阶段的阈值

类型	驱动因子	LSWT-day 阈值/℃			LSWT-night 阈值/℃		
		上升阶段	稳定阶段	下降阶段	上升阶段	稳定阶段	下降阶段
总体	WS	15.79	—	20.91	13.64	—	18.09
	WS	16.02	—	—	11.74	—	—
	SSR	—	—	19.85	—	—	16.91
	NSAT	—	—	15.27	—	—	10.85
	WVP	20.91	—	17.90	16.63	—	14.05
	TP	—	21.69	17.90	16.63	18.47	10.85
城市型	WS	17.35	—	20.91	13.64	—	18.09
	WS	16.02	—	—	11.74	—	—
	SSR	—	—	19.85	—	—	16.91
	NSAT	—	—	15.27	—	—	10.85
	WVP	20.91	—	17.90	16.63	—	14.05
	TP	—	21.69	17.90	16.63	18.47	10.85
半城市型	WS	19.32	—	23.30	13.17	—	18.01
	WS	16.51	—	—	13.10	—	—
	SSR	16.89	—	22.75	—	—	17.26
	NSAT	—	—	15.88	—	—	14.72

续表

类型	驱动因子	LSWT-day 阈值/℃			LSWT-night 阈值/℃		
		上升阶段	稳定阶段	下降阶段	上升阶段	稳定阶段	下降阶段
	WVP	23.23	—	18.96	15.83	—	17.72
	TP	23.23	22.03	21.14	15.83	17.99	14.72
自然型	WS	16.69	—	22.11	11.62	—	16.75
	WS	14.59	—	—	—	—	—
	SSR	15.14	—	20.94	—	—	15.02
	NSAT	15.14	22.11	14.59	—	—	11.38
	WVP	20.16	—	17.32	14.14	—	15.84
	TP	20.16	21.38	14.59	—	16.54	15.79

3. *以湖泊为尺度的空间分析*

以阈值分割的方法实现湖泊表面水温阈值的空间分布特征可视化，如图 6.22 所示，此阈值为年尺度时序分析的结果，湖泊表面水温为 2001～2018 年的多年均值，将高于阈值的区域视为高值区，低于阈值的区域为低值区。云南九大高原湖泊的 LSWT 高值区大多分布于近岸区域，湖体内部存在的高值区基本与近岸不透水面覆盖度较高有关，抚仙湖、滇池、洱海比较明显。滇池、阳宗海、星云湖的湖泊表面水温昼夜差异相对较大，结合不透水面与湖泊表面水温的相关性分析及回归拟合结果来看，LSWT-day 受到多种因素的综合影响，而 LSWT-night 比 LSWT-day 更能反映不透水面等人文因素的影响程度。

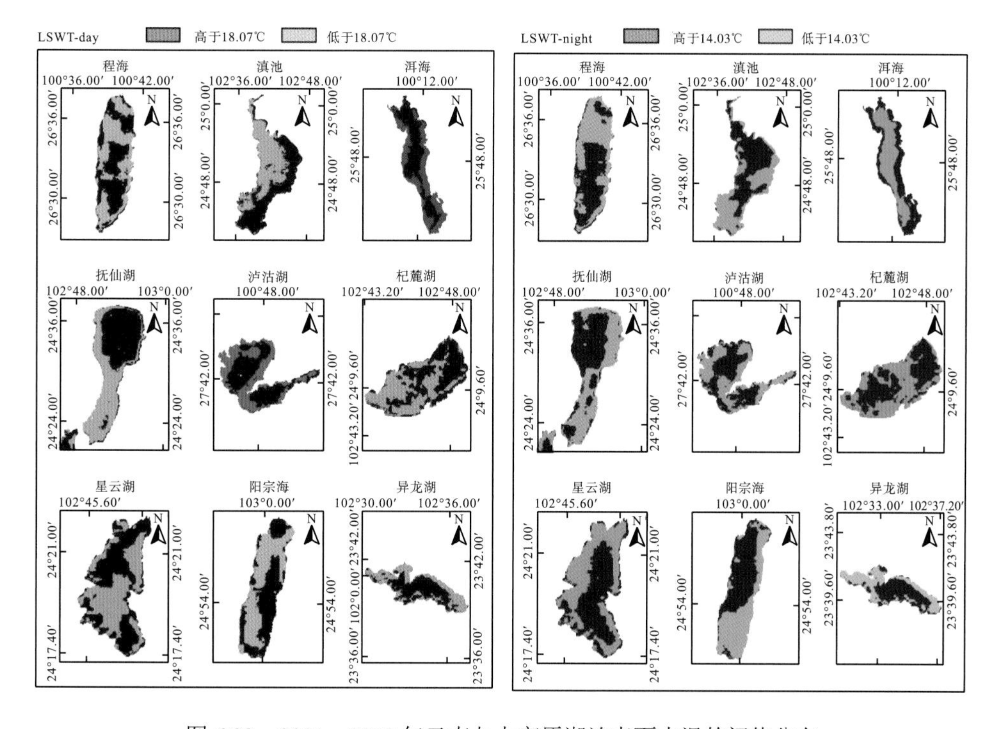

图 6.22　2001～2018 年云南九大高原湖泊表面水温的阈值分布

6.6 时空变化归因分析结果与讨论

6.6.1 时序变化特征讨论

2001～2018 年，LSWT-day 和 LSWT-night 年均值总体呈上升趋势，降尺度前后的趋势基本保持一致。降尺度前，LSWT-day 平均增温率为 0.31℃/10a，LSWT-night 平均增温率为 0.19℃/10a（Yang et al.，2019，2020b）；降尺度后，LSWT-day 平均增温率为 0.05℃/10a，LSWT-night 平均增温率为 0.02℃/10a。一般而言，白天地表温度 LST-day 高于 LSWT-day，LSWT-night 高于夜间地表温度 LST-night，且近岸 LSWT 温度更接近于 LST。1km 分辨率影像（降尺度前的影像）包含了更多的混合像元，加之城市型湖泊受到人文因素的影响更大（Yang et al.，2019），与 NSAT 关系更为密切，因此降尺度前后变化率差异主要是由近岸区域的混合像元导致的。

2001～2018 年，云南九大高原湖泊日间和夜间的湖泊表面水温及近地表气温的年均值总体呈上升趋势，LSWT-day 平均温差为 1.49℃，LSWT-night 平均温差为 1.41℃，NSAT 平均增温率为 0.18℃/10a，NSAT 平均温差为 1.62℃，NSAT 的变化率高于湖泊表面水温，其温差在大部分湖泊中与 LSWT-night 较为接近，但湖泊之间存在差异，其近地表气温和昼夜表面水温的温差如图 6.23 所示

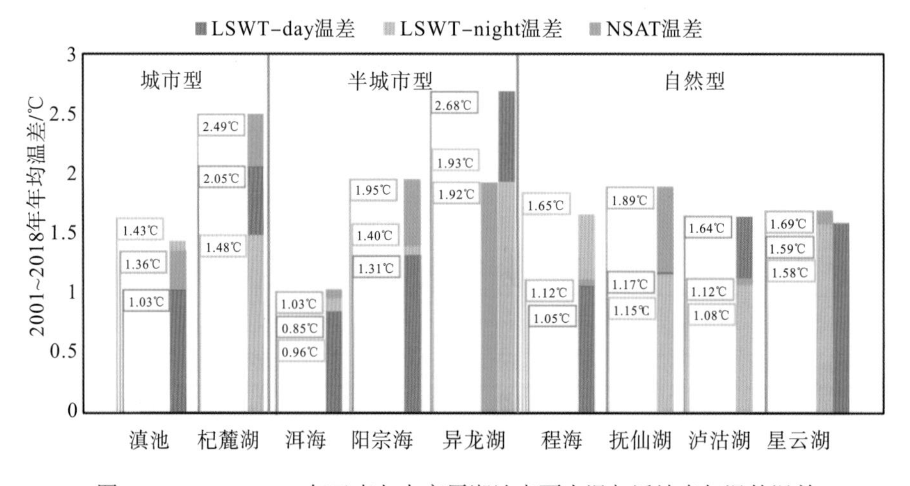

图 6.23 2001～2018 年云南九大高原湖泊表面水温与近地表气温的温差

自然型湖泊中，湖泊间的温差变化相对较小，总体比另外两类湖泊稳定。抚仙湖 NSAT 和 LSWT-day 以及 LSWT-night 的温差均较为接近。城市型与半城市型湖泊中，滇池和洱海的温差相对较小，其余湖泊的温差较大，这可能与湖泊形态参数有关（Woolway and Merchant，2018，2017；Becker and Daw，2005）。在云南九大高原湖泊中，滇池和洱海面积较大且蓄水充足，相较而言，更难发生稳态转移，湖泊表面水温的波动也相对较小。

在降尺度前的 LSWT-day/night 数据中，城市型湖泊增温率最高，半城市型和自然型

湖泊较为接近；而NSAT中，城市型湖泊的增温率最低，自然型湖泊增温率最高，LSWT与NSAT增温率相差约3倍，城市型湖泊为3.79倍，自然型湖泊为2.31倍(Yang et al.，2019)。降尺度后的数据最大限度地排除了人文因素的干扰，NSAT增温率明显高于LSWT-day/night，其温差与LSWT-night接近。上述研究表明，气候变暖在九个流域发生；相对于自然型湖泊和半城市型湖泊而言，人类活动对城市型湖泊表面水温升高的贡献最大；随着人类活动的加剧，自然型湖泊和城市型湖泊表面水温上升的速率不断加快。

在相关性分析中，LSWT和NSAT月均值的相关性显著，尤其是LSWT-night与NSAT的相关性全部通过显著性检验，加之二者的周期性基本一致，证明NSAT变化是LSWT增温的影响因子之一。城市型湖泊的LSWT增温趋势更为明显，自然型湖泊的三组相关性(LSWT-day、LSWT-night和NSAT三个变量的相关关系)均比城市型和半城市型湖泊更高，自然型湖泊受到人类活动的影响比半城市型和城市型湖泊小，表明影响自然型湖泊LSWT的主要因素是NSAT，而影响半城市型和城市型湖泊LSWT的主要因素除NSAT外还有人文因素。

6.6.2　空间分布特征讨论

LSWT与ISC、POP和单位面积GDP的空间分布特征一致，表明LSWT升高与人类活动关系密切。降尺度前(1km分辨率)，湖泊沿岸区域不可避免地包含较多的地表像元，LSWT更多受LST的影响；而降尺度后(50m分辨率)，沿岸区域的混合像元得以分解，LSWT受LST的影响较小，更为接近LSWT本身的变化。降尺度前后，湖体内部变化趋势基本一致，而降尺度后近岸区域变化趋势更为明显，尤其是靠近城市的区域。

2001～2018年LSWT温差较大的湖泊位于云南省中部的昆明市与玉溪市。滇池北部这18年间LSWT变化较小，2001～2013年呈显著增温趋势，2014年后呈下降趋势，产生这一变化的主要原因是牛栏江-滇池补水工程于2013年底正式实施，而入水口就位于滇池北部，温度较低的江水注入滇池北部缓解了表面水温的上升(张月月，2020)。本书划分为2001～2013年(引水前)和2014～2018年(引水后)两个阶段进行分析，湖泊表面水温变化率如图6.24所示。对于LSWT-day，引水前大部分呈升温趋势，而引水后基本呈降温趋势，且引水后基本处于一个新的冷-暖-冷的周期，这初步表明引水工程对LSWT-day的影响是积极的，与前期的研究结果一致(Yang et al.，2019，2020b)；对于LSWT-night，引水前后基本呈相反的变化趋势，不能排除引水后受到极端值的影响，暂无法从整体判断引水工程对LSWT-night的影响效果。随着滇池流域“一湖四片、南延北拓”的城镇化战略的实施，滇池南岸和东岸近年来不透水面扩张迅速，昆明市城市中心由1个变为了4个(图6.25)，这种高强度的环湖城市建设加剧了LSWT的上升。

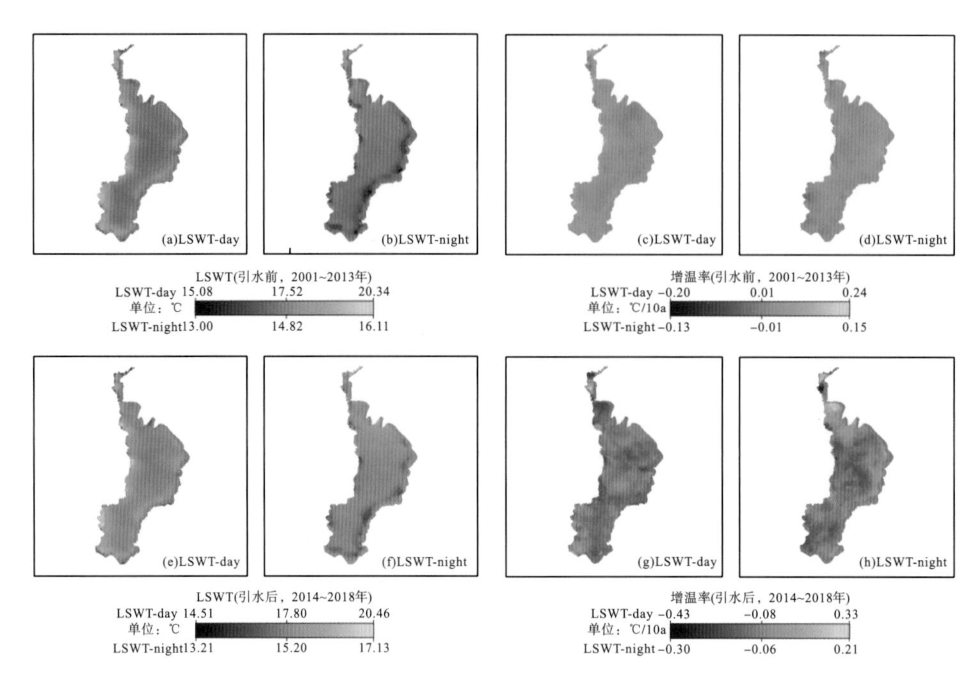

图 6.24 牛栏江-滇池补水工程实施前后滇池湖泊表面水温的空间分布图

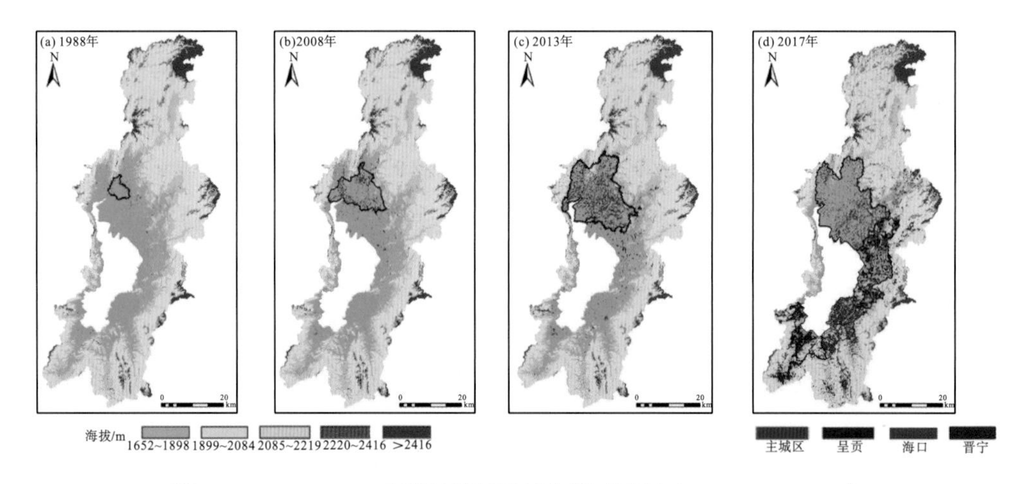

图 6.25 1988～2017 年滇池流域城镇化发展过程（Yang et al.,2020a）

截至 2017 年 5 月，底通过《红河州异龙湖水体达标三年行动方案(2016—2018 年)》和《异龙湖流域水环境保护治理“十三五”规划》项目的实施，异龙湖退耕还湖、退耕还湿 6000 余亩，2021 年异龙湖水位与 2017 年同期相比上升 1.2m，水量增加 3588 万 m^3，但 LSWT 依然呈上升趋势。异龙湖中部 LSWT 变化不大的原因是异龙湖主要通过地下水补给，补水口在中间区域。

星云湖东北部山体较多，西南部为城区，人口密集，入水口位于东南部，东北部 LSWT-day 变化相对较小的原因主要与此区域人类活动较少有关，而 LSWT-night 变化较小的原因主要与入水口位置有关。

抚仙湖入水口位于北部，梁王河流经城区进入抚仙湖，星云湖东北部与抚仙湖相邻，每年有大量湖水通过隔河下泄到抚仙湖，受人类活动影响，抚仙湖东北部 LSWT 变化较大，南部 LSWT-night 变化较大可能是受星云湖的影响。

泸沽湖的入水口位于北部，旅游景点大多分布于泸沽湖南部，所以 LSWT-day 变化可能与入水口位置和人类活动有关，相关部门应加强对湖滨环境的保护，尽量减少农耕、生活污水排放及旅游业发展等人类活动对水体的影响。

综上所述，流域人口分布集中，城镇化明显，不透水表面增多，导致径流温度升高，人为影响改变了城市地表的局部温度、湿度、空气对流等因素，进而引起城市小气候变化现象，产生热岛效应，并对湖泊水环境产生影响，继而影响湖泊表面水温。前期研究(肖茜等，2018)表明，滇中区域受 2009～2012 年长达四年持续干旱及人为破坏湖泊环境的影响，湖泊表面水温呈上升趋势。湖泊面积较大、蓄水量较多，则自净能力相对较强；湖泊周边人口密集，城镇化明显，水质恶化严重，但也受到相关部门更多关注，治理力度较大(Zhang and Wu，2020；Ma et al.，2015)。综上所述，湖泊表面水温上升的原因可能与湖泊自身因素及城市热岛效应有关。

6.6.3　驱动因素讨论

人文因子对湖泊表面水温的影响程度如图 6.26 所示，图中所示贡献率为相对贡献率。结合不透水表面、人口及国内生产总值的分布数据进行分析可知，近岸区域受人类活动影响的程度明显高于湖泊内部，以抚仙湖、泸沽湖、杞麓湖、异龙湖最为显著，阳宗海分布相对平均。人类活动强度增加，大气污染物排放量上升，进而对气候产生影响，加之城市

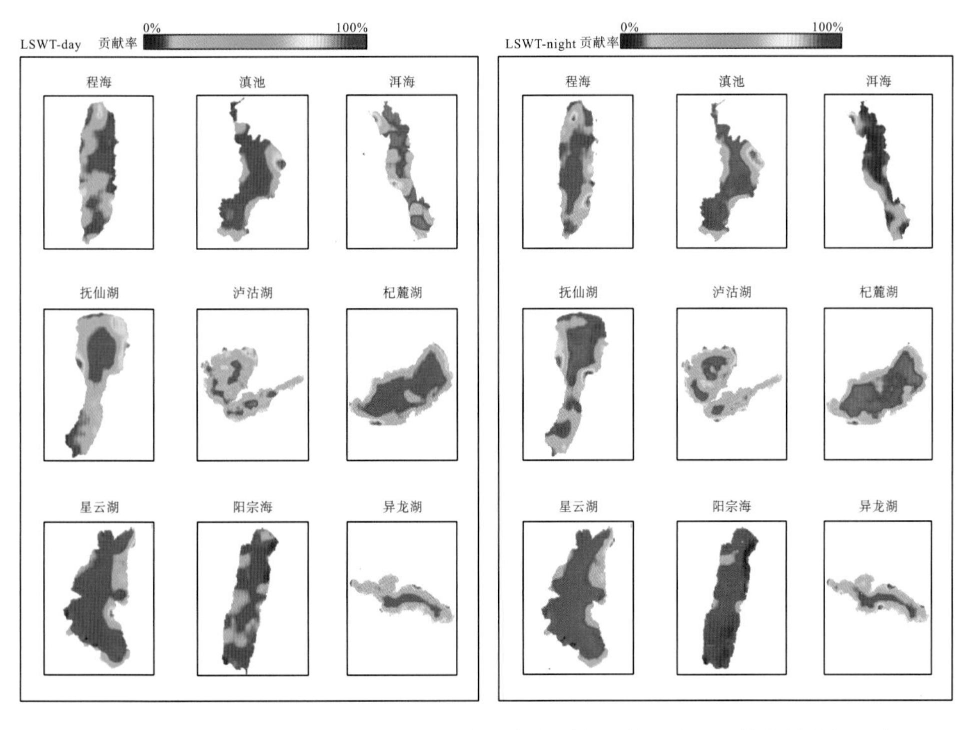

图 6.26　人文因子对 2001～2018 年云南九大高原湖泊表面水温贡献率的空间分布

化进程加快，进一步加快了热岛效应的形成(孙明等，2018)。同时湖泊周围的点源及面源污染也随之加大，入湖河流受到不同程度的污染，在自然与人文因子的双重影响下，湖泊生态环境无疑会遭到破坏。

1. 城市型湖泊

滇池面积更大、蓄水量更多，自净能力强于杞麓湖，杞麓湖的面积减小速率远高于滇池。滇池位于云南省省会昆明，人口密集，城镇化程度较高，加之水质恶化严重，受到较多关注，相关部门对滇池的治理力度远高于杞麓湖。所以，滇池增温率低于杞麓湖的原因可能与湖泊自身因素、城市热岛效应及牛栏江-滇池补水工程、退耕还湖、生态保护红线等工程及政策有关，两个湖泊 NSAT 增温不显著，LSWT 增温显著的主要驱动因素为人文因素。

2. 自然型湖泊

抚仙湖和泸沽湖水质一直保持 I 类标准，抚仙湖能够保持优良水质的主要原因在于其自身强大的自净能力。星云湖、泸沽湖和程海远离城区，较少受到城镇化的影响，但受农业和工业污染影响较大。自然型湖泊 LSWT-day 与 LSWT-night 相关性较低，LSWT-day 与 NSAT、GDP、POP 均呈正相关，与 GDP、POP 相关性更高，因此主要受人类活动的影响；LSWT-night 与 NSAT、GDP、POP 则呈负相关，与 NSAT 相关性更高，因此影响 LSWT-night 的主要因素为近地表气温。

3. 半城市型湖泊

阳宗海于 2008 年出现砷污染事件，水质由Ⅱ类恶化为Ⅴ类，2009 年后 LSWT 总体呈上升趋势，且单位面积 GDP 上升显著，而近地表气温与 LSWT 相关性较低，所以人类活动是导致 LSWT 增温的主要驱动因素。异龙湖的水资源过度开发利用、城市污水排入以及网箱养殖饵料过量投放，导致湖泊面积大幅缩减，不透水面大幅增加，NSAT 增温不显著，且 NSAT 与 LSWT 的相关性不高，其 LSWT 显著上升主要是湖泊周边的人类活动造成的。洱海距城区较近，湖泊周边的城市密度较大，单位面积 GDP 与 NSAT 上升显著，LSWT 增温受到近地表气温与人为因素的双重影响。由此表明，人类活动对半城市型湖泊表面水温具有明显的增温效应，LSWT 增温受近地表气温与人文因素的双重作用。

综上所述，高原湖泊对区域气候变化的响应具有明显的空间差异性，云贵高原不同类型湖泊的 LSWT 与 NSAT、ISC、POP 和单位面积 GDP 呈现不同的相关性，近地表气温升高引起蒸发加速，降水量减少，水体面积不断缩小，云贵高原湖泊 LSWT 对气候变化较敏感。人类活动是影响云贵高原 LSWT 变化的稳定因素，同时也是造成云贵高原湖泊污染的主要原因。城市型湖泊表面水温上升的驱动力主要来自人类活动，且人类活动对半城市型和自然型湖泊表面水温上升的影响越来越大。

6.7　本章小结

本章将人类活动指标作为湖泊类型划分的依据，定量分析人类活动对湖泊表面水温变化的贡献，以流域为尺度，选取流域内湖泊占比、不透水表面覆盖率、流经不透水表面河流长度比、国内生产总值、单位面积人口数，基于 K-Means 聚类算法，提出新的湖泊类型划分方法，并将其应用于云南九大高原湖泊，分为城市型、半城市型、自然型三类。城市型湖泊为滇池、杞麓湖，半城市型湖泊为洱海、阳宗海和异龙湖，自然型湖泊为抚仙湖、星云湖、泸沽湖和程海。抚仙湖和星云湖隔河相连，属于同一流域，所以抚仙湖与星云湖被划分为同一类型。

城市型湖泊的不透水表面覆盖率和流经不透水表面河流长度比明显高于其余两类湖泊，半城市型和自然型湖泊较为接近。自然型湖泊的流域内湖泊占比较高，而城市型和半城市型湖泊较为接近。不同湖泊所在流域的国内生产总值和单位面积人口数存在显著差异，城市型湖泊处于较高水平，为三类湖泊中的最大值。不透水表面覆盖率和流域内流经不透水表面河流长度比可作为城市型湖泊与其他湖泊的划分依据，流域内湖泊占比可作为自然型湖泊和其他湖泊的区分依据，单位面积人口和国内生产总值在城市型湖泊与其余类型湖泊的划分中具有辅助作用。

此分类方法量化了人类活动对湖泊的影响，以人文因素为主导，本章主要以云南九大高原湖泊为例，为以人文影响因子作为湖泊类型划分依据提供借鉴。

本章以表征气候变化的自然因子和表征人类活动的人文因子作为数据基础，以流域为尺度，分析 2001～2018 年云南九大高原湖泊表面水温及驱动因子的时空变化特征，探讨气候变化和人类活动与湖泊表面水温上升的关系。在全球气候变暖情况下，全球湖泊表面水温呈明显上升趋势，随着人类活动的加剧，城镇化过程中不透水表面的快速扩张对湖泊表面水温的影响加剧，云南九大高原湖泊总体也呈此趋势，主要研究结果为：

(1) 2001～2018 年，云南九大高原湖泊总体呈增温趋势，LSWT-day 的总体综合变化率为 0.05℃/10a，LSWT-night 为 0.02℃/10a，湖泊近岸区域的增温率略高于湖体内部，且总体呈近岸区域温度高于湖泊内部的趋势。LSWT-day 中，半城市型湖泊的年均 LSWT-day 呈增温趋势 ($CR_{半城市型}$=0.43℃/10a，)，城市型与自然型湖泊呈降温趋势 ($CR_{城市型}$=−0.78℃/10a，$CR_{自然型}$=−0.52℃/10a)；LSWT-night 中，城市型、自然型湖泊的年均 LSWT-night 呈降温趋势 ($CR_{城市型}$=−0.33℃/10a，$CR_{自然型}$=−0.12℃/10a)，自然型湖泊呈升温趋势 ($CR_{半城市型}$=0.46℃/10a)。

(2) 自然因子中，WVP 呈下降趋势，其余因子均呈总体上升的趋势。除 TP 外，其他自然因子城市型湖泊的变化幅度最大，位于三类湖泊之首，其次是半城市型湖泊，自然型湖泊最小。半城市型湖泊 TP 变化率最高，城市型湖泊其次，但二者较为接近，自然型湖泊最小，仅占城市型湖泊的 11.17%。NSAT、SSR、WS、WVP 和 TP 5 个自然因子中，仅 NSAT 变化显著，其总体、城市型、半城市型湖泊增温显著 ($P_{总体}=0.03<0.05$，$P_{城市型}=0.04<0.05$，$P_{半城市型}=0.03<0.05$)。城市型与半城市型湖泊的最值点均保持一致，WS 和 TP 则

为三类湖泊及总体变化均保持一致。

(3)人文因子中，POP、单位面积 GDP、ISA 三个因子总体均呈显著上升趋势。以流域为尺度，阳宗海、程海流域的 POP 呈下降趋势，其余流域均呈显著上升趋势；单位面积 GDP 和 ISA 所有流域均呈显著上升趋势。三类湖泊的 POP、单位面积 GDP、ISA 的平均变化率分别为 219867 人/(km^2·10a)、6439341.51 元/(km^2·10a)、104.50km^2/10a，城市型湖泊明显高于其余两类，其次为半城市型湖泊，自然型湖泊最小。

(4)NSAT 与 LSWT-day/night 的相关性最高($R_{NSAT\text{-}day}$=0.97，$R_{NSAT\text{-}night}$=0.95)，其次是 TP 和 WVP。自然因子和人文因子共 8 个驱动因子能够解释 LSWT-day 变化的 79.82%，LSWT-night 的 76.65%，主要影响因素因湖泊类型不同而有差异，但可以确定 NSAT 是最主要的影响因子，其平均贡献率为 29.75%。城市型湖泊 LSWT 变化与总体的主导因子一致(LSWT-day 主导因子为 NSAT、POP，LSWT-night 主导因子为 NSAT、WVP)，贡献率也较为接近。半城市型与自然型湖泊 LSWT-day 的主导因子一致(均为 NSAT、SSR)；LSWT-night 均受到 WS 的影响，但主导因子不同。所有主导因子中，仅 POP 属于人文影响因子，对总体与城市型湖泊的 LSWT-day 影响较大，表明城市型湖泊比其他两类湖泊受到更多人文因素的影响，同时也表明 POP 是除 NSAT 之外对湖泊整体影响最大的因素。人类活动成为影响云贵高原湖泊表面水温变化的重要因素，也是造成云贵高原区域湖泊污染的主要因素。随着城镇化的不断推进，人类活动对湖泊表面水温上升的作用将越来越大。

6.8 经验和启示

随着城市的扩张，其对湖泊表面水温的影响越来越受到学者们关注，前人研究表明，城市扩张主要通过增加近地表气温和热径流两种方式影响湖泊表面水温。不透水表面扩张作为城市化的主要表现，常常被用来作为城市扩张的指标。研究表明，绿地表面和不透水表面之间的温度存在显著差异，其中不透水表面的地表温度比绿地表面高 5～10℃ (Soydan，2020)，而且许多研究也表明，公共服务设施和住宅用地对城市热环境的影响大于绿色空间(Chen et al.，2022)，并且地表温度与建筑面积呈正相关(Yang et al.，2021)。当没有降水的时候，不透水表面对近地表气温具有增温效应，已经有较多学者针对不透水表面扩张对气温的增温效应进行研究，例如，He 等(2013)以气象站周围的城市扩张为研究对象，发现气象站周围 1km 以内的城市不透水表面面积每增加 10%，就会导致气温增加 0.13℃。然而，当发生降水时，由于不透水表面具有较高的地表温度，不透水表面会将热量以对流的形式传递给径流，增加径流的温度(Li et al.，2019；Luo et al.，2019；Thompson et al.，2008)。例如，Sabouri 等(2013)的研究结果表明，集水区的不透水表面覆盖率从 20%增加到 50%，将使径流温度增加 3℃。夏季流域中不透水表面比例每增加 1%，将导致径流温度上升 0.09℃ (Sabouri et al.，2013；Janke et al.，2009)。因此，在城市化过程中，无论是近地表气温的增温还是对径流的增温，都会直接或间接地影响 LSWT。

通过将湖泊表面水温和各驱动因子进行相关性分析，可以看出 LSWT 和 NSAT 月均值的相关性显著，尤其是 LSWT-night 与 NSAT 的相关性全部通过显著性检验，加之二者的周期性基本一致，证明 NSAT 的变化是 LSWT 增温的重要影响因子之一。相对而言，城市型湖泊的 LSWT 增温趋势更为明显，自然型湖泊的三组相关性(LSWT-day、LSWT-night 和 NSAT 三个变量的相关关系)均比城市型和半城市型湖泊高，自然型湖泊受到人类活动的影响比半城市型和城市型湖泊小，表明影响自然型湖泊 LSWT 的主要因素是 NSAT，而影响半城市型和城市型湖泊 LSWT 的主要因素除 NAST 外还有人文因素。

从图 6-19(c)可以看出，不同湖泊类型下 ISA 对 LSWT-day 的贡献率存在较大差别，ISA 对自然型湖泊 LSWT-day 的贡献率是 0.19%，ISA 对半城市型湖泊的贡献率为 0.3%，而 ISA 对城市型湖泊的贡献率达到 11.96%。从图 6-19(d)可以看出，ISA 对自然型湖泊 LSWT-night 的贡献率是 0.13%，对半城市型湖泊的贡献率为 0.63%，对城市型湖泊的贡献率是 8.97%。很明显，不透水表面的面积越大，对湖泊表面水温的影响和贡献就越大。

此外，通过对比不同湖泊表面水温的增温速率，可以明显看出城市型湖泊表面水温的增温速率高于半城市型和自然型湖泊，说明人类活动对城市型湖泊的影响更加显著，而主要驱动因素就是不透水表面的扩张和人口的增加。人类活动对云贵高原湖泊的表面水温的影响越来越显著，也是造成湖泊水温空间异质性的主要因素，同样也是导致云贵高原湖泊水环境恶化的主要因素(Yang et al.，2019)。

随着云南省经济和旅游的发展，在不久的将来必然迎来经济和旅游业的蓬勃发展，云南省九大高原湖泊流域内的城市化发展和高强度的旅游开发，必将影响九个湖泊的表面水温，从而进一步影响其生态环境。因此在接下来的时间里，政府及相关部门应该结合湖泊流域内文化、生态、地形等因素制定长期合理的城镇化战略。

参考文献

蔡文博，蔡永立，2014. 基于 GIS 方法的泸沽湖流域水土流失敏感性评价. 水土保持研究，21(3)：79-83，2.

曹玉红，2010. 基于模糊均值聚类的脑 MR 图像分割算法的研究. 南昌：华东交通大学.

柴勇，郭兆成，和丽萍，等，2021. 洱海流域不同岩性区典型灌丛群落特征. 应用与环境生物学报，27(3)：529-540.

丁伟豪，2019. 室内移动机器人的定位与跟踪研究. 哈尔滨：哈尔滨工程大学.

窦鸿身，王苏民，姜加虎，等，1996. 中国湖泊综合分类原则、级别划分及分类程序之初探. 湖泊科学，8(2)：173-178.

付磊，李增华，2022. 近 20 年滇池流域土地利用/覆被变化过程、特征及其生态价值变化研究. 生态经济，38(6)：183-191.

郭迎新，陈永亮，苗琪，等，2022. 洱海流域植烟土壤养分时空变异特征及肥力评价. 中国农业科学，55(10)：1987-1999.

何苗苗，刘芝芹，王克勤，等，2022. 滇池流域不同植被覆盖土壤的入渗特征及其影响因素. 水土保持学报，36(3)：181-187.

贺克雕，高伟，段昌群，等，2019. 滇池、抚仙湖、阳宗海长期水位变化(1988—2015 年)及驱动因子. 湖泊科学，31(5)：1379-1390.

姜加虎，王苏民，1998. 中国湖泊分类系统研究. 水科学进展，9(2)：170-175.

金杰，2022. 基于土地利用的滇池流域生态系统服务价值时空分异及影响. 水土保持研究，29(6)：344-351.

李思楠，赵筱青，谭琨，等，2019. 基于 GIS 的抚仙湖流域土地利用时空变化研究. 人民长江，50(6)：63-69，87.

李小林，刘恩峰，于真真，等，2019. 异龙湖沉积物重金属人为污染与潜在生态风险. 环境科学，40(2)：1-14.

李芸，李宝芬，罗丽艳，2016. 云南抚仙湖流域年降水量时空分布特征研究. 人民长江，47(21)：48-51，98.

刘晶，刘宏华，张启，等，2022. 国土空间规划视角下程海流域湿地统筹管护策略. 湿地科学与管理，18(2)：43-46，50.
刘培，常凤琴，吴红宝，等，2016. 异龙湖流域湿地生态系统健康评价. 湿地科学与管理，12(3)：28-32.
普军伟，赵筱青，顾泽贤，等，2018. 云南高原杞麓湖流域的景观格局与水质变化. 水生态学杂志，39(5)：13-21.
孙浩然，边睿，李若男，等，2020. 基于SWAT模型的磷负荷削减最佳管理措施(BMPs)评估研究. 环境科学学报，40(7)：2629-2637.
孙明，谢敏，丁美花，等，2018. 热岛效应时空变化研究. 国土资源遥感，30(1)：135-143.
谭志卫，余艳红，武孔焕，等，2021. 星云湖流域不同耕地轮作休耕情景对水质的影响及经济效益分析研究. 环境污染与防治，43(3)：400-404.
王涛，肖彩霞，刘娇，等，2019. 杞麓湖流域景观时空格局演变及其对景观生态风险的影响. 水土保持研究，26(6)：219-225.
王振方，张玮，杨丽，等，2019. 异龙湖不同湖区浮游植物群落特征及其与环境因子的关系. 环境科学，40(5)：2249-2257.
魏伟伟，李春华，叶春，等，2020. 基于底泥重金属污染及生态风险评价的星云湖疏浚深度判定. 环境工程技术学报，10(3)：385-391.
吴慧萍，2018. 基于学生属性的学习资源推荐研究. 新乡：河南师范大学.
肖茜，杨昆，洪亮，2018. 近30 a云贵高原湖泊表面水体面积变化遥感监测与时空分析. 湖泊科学，30(4)：1083-1096.
许泉立，王庆，洪亮，等，2021. 滇池流域不透水表面动态模拟及其非点源污染风险评价. 水土保持研究，28(4)：186-192.
杨鸿雁，杨劭，刘毅，等，2020. 云贵高原富营养化湖泊杞麓湖浮游生物群落的季节性演替及其驱动因子分析. 环境科学研究，33(4)：876-884.
杨牧青，魏恒，王苗，等，2019. 云南省九大高原湖泊流域周边区县化肥使用强度特征分析. 磷肥与复肥，34(11)：42-44.
尹娟，资本飞，阳利永，等，2020. 抚仙湖流域生态用地时空演变及其驱动因素. 水土保持通报，40(6)：228-235，I0009.
喻臻钰，2018. 滇池表面水温变化对湖泊水质影响的研究及其可视化软件平台的实现. 昆明：云南师范大学.
曾熙雯，王宝荣，杨树华，2012. 泸沽湖流域的陆生植被特征. 云南大学学报(自然科学版)，34(4)：476-485.
张月月，2020. 气候变暖背景下滇池表面水温响应过程研究. 昆明：云南师范大学.
赵世民，杨常亮，徐玲，2007. 基于USLE和GIS的阳宗海流域土壤侵蚀量预测研究. 环境科学导刊，26(4)：1-4.
赵筱青，谭琨，易琦，等，2019. 典型高原湖泊流域生态安全格局构建——以杞麓湖流域为例. 中国环境科学，39(2)：768-777.
赵燕，刘丽梅，张洪波，等，2019. 基于多水源跨流域调水的流域水环境综合整治方法及应用研究——以异龙湖流域水环境综合治理为例. 科技创新与应用(28)：178-179，182.
郑田甜，赵筱青，卢飞飞，等，2019. 云南星云湖流域种植业面源污染驱动力分析. 生态与农村环境学报，35(6)：730-737.
中国科学院南京地理与湖泊研究所，2015. 中国湖泊分布地图集. 北京：科学出版社.
周起超，杨炫，王玮璐，等，2020. 云南程海和阳宗海季节性分层及其消退对冬季水华的潜在影响. 湖泊科学，32(3)：701-712.
祝艳，2008. 阳宗海流域环境背景状况. 环境科学导刊，27(5)：75-78.
Becker M W，Daw A，2005. Influence of lake morphology and clarity on water surface temperature as measured by EOS ASTER. Remote Sensing of Environment，99(3)：288-294.
Chen Y，Yang，J，Yang R X，et al.，2022. Contribution of urban functional zones to the spatial distribution of urban thermal environment. Building and Environment，216：109000.
He Y T，Jia G S，Hu Y H，et al.，2013. Detecting urban warming signals in climate records. Advances in Atmospheric Sciences，30(4)，1143-1153.
Janke B D，Herb W R，Mohseni O，et al.，2009. Simulation of heat export by rainfall–runoff from a paved surface. Journal of Hydrology，365(3-4)：195-212.

Li J Q, Gong Y W, Li X J, et al., 2019. Urban stormwater runoff thermal characteristics and mitigation effect of low impact development measures. Journal of Water & Climate Change, 10(1): 53-62.

Luo Y, Li Q L, Yang K, et al., 2019. Thermodynamic analysis of air-ground and water-ground energy exchange process in urban space at micro scale. Science of the Total Environment, 694: 133612.

Ma X X, Wang Y A, Feng S Q, et al., 2015. Vertical migration patterns of different phytoplankton species during a summer bloom in Dianchi Lake, China. Environmental Earth Sciences, 74(5): 3805-3814.

Sabouri F, Gharabaghi B, Mahboubi A A, et al., 2013. Impervious surfaces and sewer pipe effects on stormwater runoff temperature. Journal of Hydrology, 502: 10-17.

Soydan O, 2020. Effects of landscape composition and patterns on land surface temperature: urban heat island case study for Nigde, Turkey. Urban Climate, 34(12): 100688.

Thompson, A M, Vandermuss A J, Norman J M, et al., 2008. Modeling the effect of a rock crib on reducing stormwater runoff temperature. Transactions of the Asabe, 51(3): 947-960.

Woolway R I, Merchant C J, 2017. Amplified surface temperature response of cold, deep lakes to inter-annual air temperature variability. Scientific Reports, 7(1): 4130.

Woolway R I, Merchant C J, 2018. Intralake heterogeneity of thermal responses to climate change: a study of large northern hemisphere lakes. Journal of Geophysical Research: Atmospheres, 123(6): 3087-3098.

Yang J, Yang Y X, Sun D Q, et al., 2021. Influence of urban morphological characteristics on thermal environment. Sustainable Cities and Society, 72: 103045.

Yang K, Yu Z Y, Luo Y, et al., 2019. Spatial-temporal variation of lake surface water temperature and its driving factors in Yunnan-Guizhou Plateau. Water Resources Research, 55(6): 4688-4703.

Yang K, Luo Y, Chen K X, et al., 2020a. Spatial–temporal variations in urbanization in Kunming and their impact on urban lake water quality. Land Degradation & Development, 31(11): 1392-1407.

Yang K, Yu Z Y, Luo Y, 2020b. Analysis on driving factors of lake surface water temperature for major lakes in Yunnan-Guizhou Plateau. Water Research, 184: 116018.

Zhang R Y, Wu B S, 2020. Environmental impacts of high water turbidity of the Niulan River to Dianchi Lake water diversion project. Journal of Environmental Engineering, 146(1): 05019006.

第 7 章　云南省九大高原湖泊表面水温变化预测

研究表明，1985～2009 年，夏季全球湖泊表面水温升温速率为 0.34℃/10a，而且不同区域湖泊的表面水温表现出不同的增温趋势，例如，青藏高原湖泊的表面水温也呈现出变暖的趋势，升温速率达到 0.037℃/a。此外，青藏高原湖泊表面水温的变化引发了降水、多年冻土和冰川的不同区域响应。本章以云南省九大高原湖泊为研究区域，对云南省九大高原湖泊的表面水温进行模拟并预测。

7.1　湖泊表面水温的预测方法

7.1.1　支持层次人工神经网络

支持向量回归(support vector regression，SVR)建立于数理统计学基础之上，是一种基于统计学习理论的机器学习方法(宋杰鲲，2012)。SVR 基于结构风险最小优化原则，使得神经网络能够在应用中将较复杂的结构选择问题转换为相对较为容易的核函数选择问题。SVR 将原凸二次优化问题转为有更简单变量约束的对偶凸二次优化问题，确保在找到全局最优解的基础上，较好地解决数据量小、维度高、非线性的问题，具有很好的推广能力(杨昆等，2017)，同时巧妙地解决了维数灾难问题。ε-SVR 在 SVR 的基础上加入不敏感损失函数 ε，将 SVR 推广到非线性系统的回归估计，展现出极好的学习能力(游子毅等，2015)。

反向传播人工神经网络(back propagation artificial neural network，BPANN)由一个含有 N 个节点的数据输入层 s，一个含有 H 个节点的隐含层 h 和仅有 1 个节点的输出层 r 的三层网络组成，相邻两层之间单向传播，其学习规则采用梯度下降法，并通过阈值判断反向传播而不断调整网络权值，使得整个网络的误差平方和最小(杨昆等，2017)。当 BPANN 每次进行学习时，比较实际输出值与期望值的误差，若误差小于指定精度，则学习结束并输出此时的最佳结果；否则误差信号将沿原连接路径进行反向传播，并逐步调整各层的连接权值和阈值，直到误差小于指定精度、训练次数达到指定次数或训练时间达到上限时结束(喻臻钰，2018)。

层次分析法(analytic hierarchy process，AHP)根据问题的性质和总目标，将问题分解为不同的组成因素，并根据因素间的相互关联以及隶属关系将其按不同层次聚集组合(汪龙，2018)，形成一个多层次的分析结构模型，最终使问题归结为最低层(供决策的方案、措施等)相对于最高层(总目标)的相对重要权值的关系确定，或相对优劣次序的排定(朱梦熙，2012)。此方法计算简便、所需定量数据信息较少，比较适用于本书中数据集。在确定各层次、各因素之间的权重时，采用一致矩阵法，对变量进行两两比较，以相对尺度代替全局尺度，减少不同变量相互比较的困难，提高准确度。两两比较结果构成的判断矩阵具有如下性质：

$$a_{ij}=\frac{1}{a_{ji}} \tag{7.1}$$

式中，a_{ij}为变量 i 与变量 j 的重要性比较结果，重要性则以变量间的 Pearson 相关系数进行度量：

$$P_{ij}=\text{Pearson}_{ii}-\text{Pearson}_{ij} \tag{7.2}$$

$$P_{ji}=\text{Pearson}_{ij}-\text{Pearson}_{ii} \tag{7.3}$$

式中，Pearson$_{ii}$为变量 i 与变量 i 的 Pearson 相关性，即为 1；Pearson$_{ij}$为变量 i 与变量 j 的 Pearson 相关性；变量 i 为待预测变量，在组合预测模型中主要将 P_{ji} 所对应的 a_{ji} 作为权重。

本书首先使用 9 个重要性等级及赋值方法，a_{ji}的标度方法如表 7.1 所示。然后对层次单排序与总排序进行异质性检验，如果检验系数 CR＜0.1，则该判断矩阵通过一致性检验。

表 7.1　重要性等级及赋值

a_{ij} 标度	P_{ij}	a_{ij} 标度	P_{ji}
1	1	1	1
3	$0<P_{ij}\leqslant 0.25$	1/3	$0<P_{ji}\leqslant 0.25$
5	$0.25<P_{ij}\leqslant 0.5$	1/5	$0.25<P_{ji}\leqslant 0.5$
7	$0.5<P_{ij}\leqslant 0.75$	1/7	$0.5<P_{ji}\leqslant 0.75$
9	$0.75<P_{ij}<1$	1/9	$0.75<P_{ji}<1$

ε-SVR 不过分依赖样本集的数量，且学习与泛化能力优于 BPANN，但其需要计算和存储核函数矩阵，当样本集较大时计算复杂度大幅增加；BPANN 收敛速度快，结构简单，具有全局逼近能力，不存在局部最小问题，但学习方法采用经验最小化原则，具有很大的经验成分，可能会出现学习问题。为解决上述问题，兼顾预测精度和计算复杂度，加入 AHP 方法并考虑各特征变量与整体变量的相关性因素，以实现多变量较高精度预测的目的，同时综合以上三种算法的优势(喻臻钰，2018；杨昆等，2017)，提出支持层次人工神经网络(support hierarchy artificial neural network，SHANN)预测模型，实现湖泊表面水温的模拟预测。

7.1.2　小波阈值去噪与小波均值融合

连续小波变换(continuous wavelet transform，CWT)继承和发展了短时傅里叶变换(Fourier transform)局部化的思想，同时又克服了窗口大小不随频率变化的缺点，能够提供一个随频率改变的“时间-频率”窗口。它的主要特点是通过变换充分突出问题某些方面的特征，能对时间(空间)频率的局部化进行分析，通过小波基函数的运算能够对信号逐步进行多尺度细化(王笑蕾，2015)，最终达到高频处时间细分、低频处频率细分的目的，同时能自动适应时频信号分析的要求，从而可聚焦到信号的细节，有利于提取信号特征，解决了傅里叶变换困难的问题。常用的小波基函数有哈尔(Haar)小波、Daubechies 小波、

Symlets 小波、Coiflets 小波和 Biorthogonal 小波等。

小波阈值去噪(wavelet domain threshold denoising，WDTD)(Donoho，1995)是将信号通过 CWT 后，得到具有信号特征的小波系数，然后对小波系数进行分解、阈值处理和重构后达到降噪的效果。由于信号在空间上(或时间域)具有一定连续性，有效信号在小波域所产生的小波系数模值往往较大；而高斯白噪声在空间上(或时间域)不具有连续性，经过小波变换仍然表现出很强的随机性(孙丽杰，2013)。所以，在小波域中，有效信号对应的系数较大，而噪声对应的系数较小且满足高斯分布。如果小波域内噪声的小波系数对应的方差为σ，则绝大部分(99.99%)噪声系数都位于$(-3\sigma, 3\sigma)$内(郭漠凡，2020；Starck and Murtagh，1998)。因此，将此区间内的系数置零能最大程度抑制噪声，较少损伤有效信号。

基于连续小波变换和小波阈值去噪的算法，根据长短期记忆(long-short term memory，LSTM)网络对本书数据有效特征进行提取，提出小波均值融合(wavelet mean fusion，WMF)算法，有效提高预测精度。设变量 WD_{ij} 为小波分解后的第 i 组第 j 层数据，WM 为小波均值，即小波重构的输入数据，对 WM 进行小波重构得到最终结果，见式(7.4)和式(7.5)。

$$\mathrm{WM}_j=\frac{1}{N}\sum_{i=1}^{N}\mathrm{WD}_{ij} \quad (1<i\leqslant N;\ 1<j\leqslant 8) \tag{7.4}$$

$$\mathbf{WM}=\begin{bmatrix}\mathrm{WM}_1\\ \vdots\\ \mathrm{WM}_8\end{bmatrix} \tag{7.5}$$

式中，i 为输入数据的组号；N 为输入数据的组数；j 为小波分解的层号。

小波基函数的选择如表 7.2 所示，db3 具有较高信噪比(SNR=4.46)和较低误差(RMSE=46.01)，因此选择 db3 为小波基函数。

表 7.2 小波基函数的选择

名称	MSE	RMSE	MAE	R^2	SNR
db3	2116.66	46.01	28.38	0.47	4.46
haar	2489.09	49.89	28.53	0.37	4.24
db1	2489.09	49.89	28.53	0.37	4.24
db2	2165.46	46.53	27.56	0.46	4.39
db4	2427.67	49.27	28.33	0.39	4.27
db8	2246.98	47.40	27.55	0.44	4.39
db18	2132.95	46.18	27.33	0.46	4.43
db28	2130.87	46.16	27.51	0.46	4.40
db38	2224.75	47.17	28.20	0.44	4.29
bior3.3	2250.85	47.44	28.39	0.43	4.26
coif3	2364.14	48.62	28.12	0.41	4.30
sym2	2165.46	46.53	27.56	0.46	4.39
sym4	2364.46	48.63	28.41	0.41	4.25
sym8	2313.89	48.10	28.21	0.42	4.29
sym16	2196.09	46.86	28.07	0.45	4.31
sym20	2196.39	46.87	28.06	0.45	4.31

注：表中 MSE 表示均方误差(mean squared error)，RMSE 表示均方根误差(root mean square error)，MAE 表示平均绝对误差(mean absolute error)，R^2 表示决定系数(coefficient of determination)，SNR 表示信噪比(signal-to-noise ratio)。

7.1.3 小波阈值融合长短期记忆网络

递归神经网络(RNN)具有记忆性、参数共享并且图灵完备(turing completeness)等特点，能以较高的效率对序列的非线性特征进行学习(喻臻钰等，2021)。长短期记忆(LSTM)网络是一种时间递归神经网络，继承了大部分 RNN 模型的特性，同时解决了梯度反传过程由于逐步缩减而产生的梯度消失问题。LSTM 在 RNN 的基础上，加入了用于判断信息有用与否的“记忆细胞”结构，即 Cell(洪志鑫，2020)。

每个 Cell 包括输入门、遗忘门和输出门，进入长短期记忆(LSTM)网络的信息，可以根据规则判断是否有用，只有符合规则的信息才会留下，不符的信息则通过遗忘门被遗忘，这对于具有长期序列依赖问题的数据非常有效(任贵福，2018)。

$$i_t = \sigma\left(\boldsymbol{W}_{\mathrm{xi}} x_t + \boldsymbol{W}_{\mathrm{hi}} h_{t-1} + \boldsymbol{b}_{\mathrm{i}}\right) \tag{7.6}$$

$$f_t = \sigma\left(\boldsymbol{W}_{\mathrm{xf}} x_t + \boldsymbol{W}_{\mathrm{hf}} h_{t-1} + \boldsymbol{b}_{\mathrm{f}}\right) \tag{7.7}$$

$$o_t = \sigma\left(\boldsymbol{W}_{\mathrm{xo}} x_t + \boldsymbol{W}_{\mathrm{ho}} h_{t-1} + \boldsymbol{b}_{\mathrm{o}}\right) \tag{7.8}$$

$$c_t = f_t \odot c_{t-1} + i_t \odot \tan h\left(\boldsymbol{W}_{\mathrm{xc}} x_t + \boldsymbol{W}_{\mathrm{hc}} h_{t-1} + \boldsymbol{b}_{\mathrm{c}}\right) \tag{7.9}$$

$$h_t = o_t \odot \tan h\left(c_t\right) \tag{7.10}$$

式中，$\odot$ 指矩阵逐元素点乘；$\boldsymbol{b}_{\mathrm{c}}$ 是各层输出的偏差向量，例如 $\boldsymbol{b}_{\mathrm{i}}$ 是输入门限层的偏差向量，$\boldsymbol{b}_{\mathrm{f}}$ 是遗忘门限层的偏差向量；$\boldsymbol{b}_{\mathrm{o}}$ 是输出门的偏差向量；$\sigma(x)$ 是 sigmoid 函数；$\boldsymbol{W}_{\alpha\beta}$ 是对应层的权重矩阵，例如 $\boldsymbol{W}_{\mathrm{xf}}$ 是输入层到遗忘门限层的权重矩阵，$\boldsymbol{W}_{\mathrm{hi}}$ 是隐含层到输入门限层的权重矩阵，$\boldsymbol{W}_{\mathrm{ho}}$ 是隐含层到输出门限层的权重矩阵；$\boldsymbol{W}_{\mathrm{xi}}$ 为输入层到输入限层的权重矩阵；$\boldsymbol{W}_{\mathrm{xo}}$ 为输入层到输出限层的权重矩阵；$\boldsymbol{W}_{\mathrm{xc}}$、$\boldsymbol{W}_{\mathrm{hc}}$ 为隐含层到细胞状态的权重矩阵；tanh 为双曲正切函数，值域为(−1，1)；c_t 用来更新细胞状态。

由式(7.9)可知，遗忘门 f_t 控制多少上一时刻的记忆细胞中的信息 c_{t-1} 传输到当前时刻的记忆细胞中；输入门 i_t 控制有多少信息可以流入记忆细胞 c_t 中；而输出门 o_t 控制有多少当前时刻的记忆细胞 c_t 中的信息可以流入当前隐含层 h_t 中(喻臻钰等，2021)。

长短期记忆(LSTM)网络模型对于 LSWT 趋势的预测具有较好的结果，但总体呈现数值较低的情况，而小波阈值去噪长短记忆(wavelet domain threshold denoising long-short term memory，WDTD-LSTM)网络的预测结果呈数值较高的情况，将 LSTM 和 WDTD-LSTM 的预测结果取均值(WDTD-LSTM-Mean 模型)处理后，数据对趋势敏感度降低，为解决此问题，提出了对趋势和数值预测均具有较高准确度的小波阈值融合长短期记忆(wavelet threshold fusion long-short term memory，WTFLSTM)网络。

7.2 预测模型的构建和表面水温预测

7.2.1 SHANN 模型的构建及预测

以云南九大高原湖泊 2001 年 1 月至 2018 年 12 月的 SSR、NSAT、WS、WVP、TP、POP、ISA、GDP 共 8 个描述湖泊自然和人文特征的指标数据和 LSWT-day/night 数据构建数据集。基于支持层次人工神经网络(SHANN)构建模型以实现 LSWT 的模拟预测，模型实现流程如图 7.1 所示，构建过程如下。

第 1 步：数据预处理。

此步骤包括非零缺失值与异常值处理、标准化处理，具体可参考 6.3.2 节。

第 2 步：基于 ε-SVR 分段训练样本。

对预处理后的样本数据集 **S** 中的各个变量进行分段处理，并将其作为 ε-SVR 模型的输入变量，设置核函数类型为 RBF 径向基函数，标准正态分布的双侧检验概率为 0.001，进行 5 倍交叉验证，从而获取最佳 c、g 参数，然后进行 ε-SVR 分段训练，得到样本集 **S1**(喻臻钰，2018)。

第 3 步：基于 AHP 计算变量权重。

计算预处理后样本数据集 **S** 的相关系数矩阵和判断矩阵，如果判断矩阵通过一致性检验，则以 AHP 方法中的 a_{ij} 作为计算权重 W。

第 4 步：基于 ε-SVR 与 AHP 的样本数据优化。

将 ε-SVR 与 AHP 处理后的数据集进行组合得到数据集 **S2**。

$$\mathrm{S2} = \sum_{i=1}^{n} \mathrm{S1}(i) \times W(i) \tag{7.11}$$

式中，n 为变量总数；S1(i)第 2 步处理后的数据集中的第 i 个变量；W 为第 3 步处理后的数据集中的第 i 个权重。

第 5 步：基于 BPANN 预测并输出结果。

将 S2 的 n 个变量以 n 行矩阵的形式作为 BPANN 模型输入变量，设置模型最大训练次数为 1000 次，训练要求精度为 0.001，学习率为 0.001，输出变量为水温，隐含层为 3，隐含节点为 5，以此模型进行预测(杨昆等，2017)。

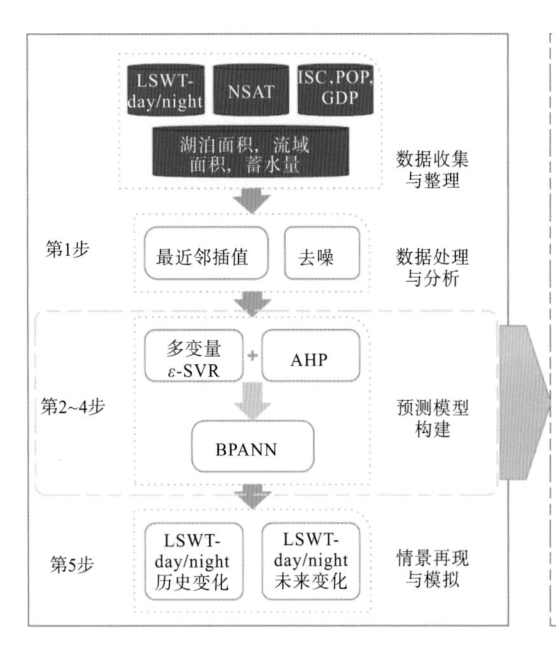

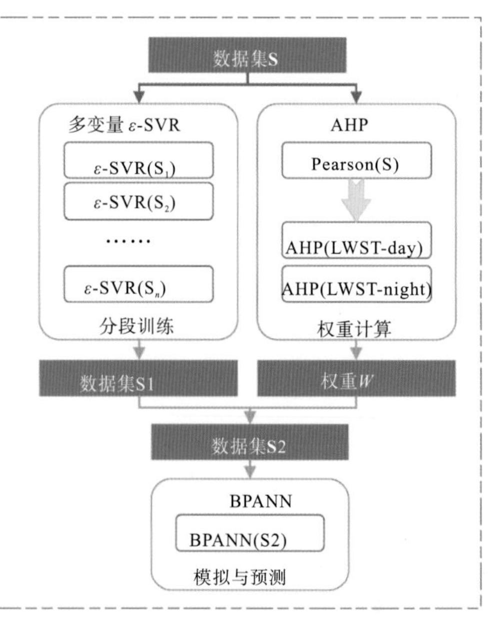

图 7.1 支持层次人工神经网络(SHANN)预测模型的技术路线图

通过多种模型的大量组合实验，本研究提出的 SHANN 模型的均方根误差最低（$RMSE_{LSWT\text{-}day}$=0.1924，$RMSE_{LSWT\text{-}night}$=0.1851），R^2 最高（$R^2_{LSWT\text{-}day}$=0.8262，$R^2_{LSWT\text{-}night}$=0.8171），模型的数值对比如图 7.2 所示，预测结果如图 7.3 所示。实验结果表明，SHANN 模型对于湖泊表面水温的短时预测性能最优，能够客观、真实地反映 LSWT-day/night 的变化。

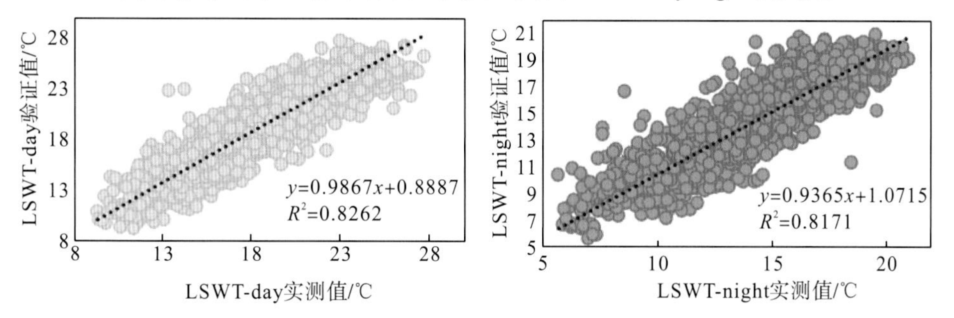

图 7.2　2001～2018 年湖泊表面水温历史数据与验证集的数值对比

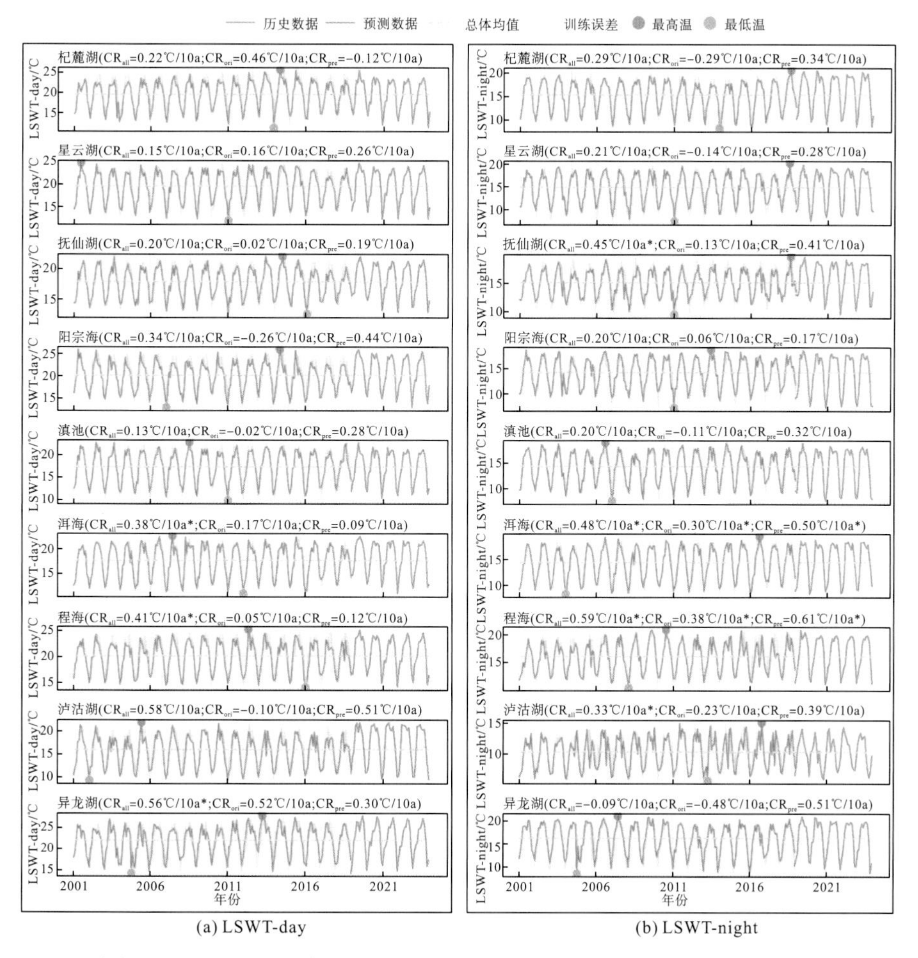

图 7.3　2001～2018 年湖泊表面水温历史数据与其后五年预测值时序图

注：CR 为变化率，CR_{all} 为包含了历史数据与预测数据的整体变化率，CR_{ori} 为历史数据的变化率，CR_{pre} 为预测数据的变化率，以上变化率均以年均值进行计算；*表示 $P<0.05$，表明通过了 $\alpha<0.05$ 的显著性检验。

7.2.2 WTFLSTM 模型的实现及预测

以云南九大高原湖泊 2001 年 1 月至 2018 年 12 月的 SSR、NSAT、WS、WVP、TP、POP、ISA 和 GDP 共 8 个描述湖泊自然和人文特征的指标数据和 LSWT-day/night 数据构建数据集。基于小波阈值融合长短期记忆（WTFLSTM）网络的 LSWT 预测模型流程如图 7.4 所示，具体实现过程如下：

第 1 步：数据预处理。

（1）非零缺失值：以线性插值法进行填充。

（2）剔除异常值。在统计检验方法中，剔除异常值较为常用的方法有格拉布斯（Grubbs）检验、狄克逊（Dixon）检验、*t*-检验、3σ 等，对于时间序列数据的异常值检验存在一定局限性，综合考虑各类异常值检验方法的可行性与执行效率，本书最后选取 3σ 准则剔除异常值。

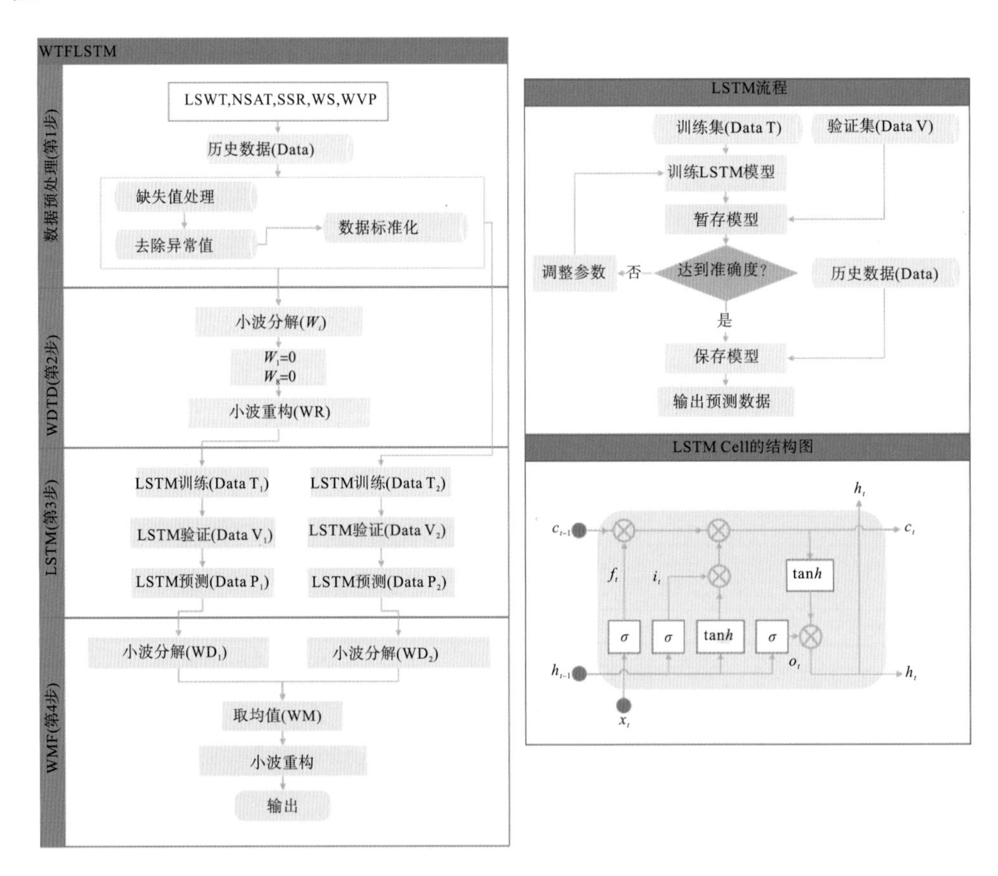

图 7.4 小波阈值融合长短期记忆网络预测模型的原理

注：若第 4 步取 LSTM 和 WDTD-LSTM 预测结果的均值，则为 WDTD-LSTM-Mean 模型，用于 WTFLSTM 作对比。i_t 为输入门限层（input gate）；f_t 为遗忘门限层（forget gate）；o_t 为输出门限层（output gate）；c_t 为记忆细胞在 t 时刻的状态；x_t 为输入层的输入向量；h_t 为隐含层的输出向量（Ordóñez and Roggen，2016）。

3σ 准则是如果某测量值与平均值之差大于标准偏差的三倍，则予以剔除。

$$\left|x_i - \overline{x}\right| > 3S_x \tag{7.12}$$

式中，x_i 为样本值；$\overline{x}$ 为样本均值，$\overline{x} = \frac{1}{n}\sum_{i=1}^{n} x_i$；$S_x$ 为样本的标准偏差，$S_x = \sqrt{\frac{1}{n-1}\sum_{i=1}^{n}\left(x_i - \overline{x}\right)^2}$。

(3) 数据标准化处理。为消除量纲不同、数值差异过大带来的影响，对数据进行标准化处理。

第 2 步：基于 WDTD 进行数据降噪处理。

首先将预处理后样本数据集的 LSWT-day/night 小波分解为 8 层，数据集为 W_i（$1 < i \leqslant 8$），然后将低频置零，以 db3 为小波基函数进行小波重构生成降噪后的数据，并与其余未降噪的数据构成新的数据集 WR。

第 3 步：基于 LSTM 的训练与预测。

数据集 WR 和原数据 Data 均包括 9 个湖泊及流域内的 8 个变量的 1944 组数据，首先以 1512 组（77.78%）作为训练集（$DataT_1$ 和 $DataT_2$），432 组（22.22%）作为验证集（$DataV_1$ 和 $DataV_2$）进行建模，其目标是预测未来 10 年（120 个月）的 LSWT-day/night（$DataP_2$ 和 $DataP_2$）。然后，在模型构建过程中，将全部变量均作为 LSTM 的输入数据，设置模型隐含层为 100，学习率为 0.0001，时间步长为 12，每批大小（batch size）为 12，输出数据为 LSWT-day/night，再以验证集进行验证。最后，在验证过的模型中（喻臻钰等，2021），输入每个湖泊及流域内的历史数据并对其后十年的 LSWT-day/night 进行预测。

第 4 步：基于 WMF 的数据优化。

将 $DataP_1$ 和 $DataP_2$ 小波分解为 WD_1 和 WD_2，分解层数为 8 层，小波基函数选用 db3，然后对 WD_1 和 WD_2 取均值后得到数据集 WM，然后进行小波重构得到最终的预测结果。

通过多种模型的大量组合实验分析可知，WTFLSTM 预测模型的误差是最低的（$RMSE_{LSWT\text{-}day}$=0.1773，$RMSE_{LSWT\text{-}night}$=0.1788；$R^2_{LSWT\text{-}day}$=0.8323，$R^2_{LSWT\text{-}night}$=0.8452），模型的数值对比如图 7.5 所示，其预测结果如图 7.6 所示。实验结果表明，WTFLSTM 模型算法性能最优，能够客观、真实地反映湖泊表面水温的变化特征，适合长期预测分析。

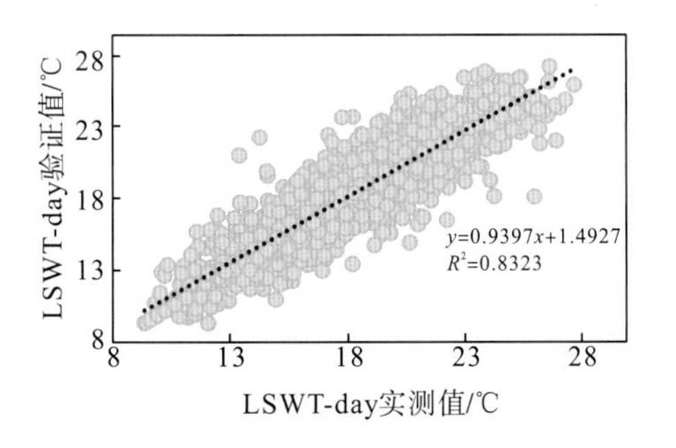

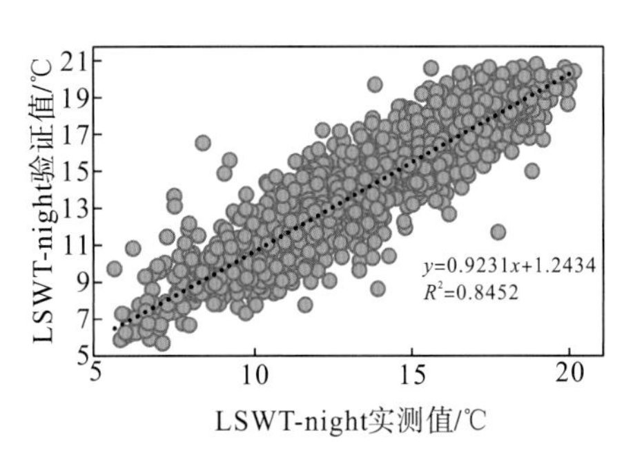

图 7.5　2001～2018 年湖泊表面水温历史数据与验证集的数值对比

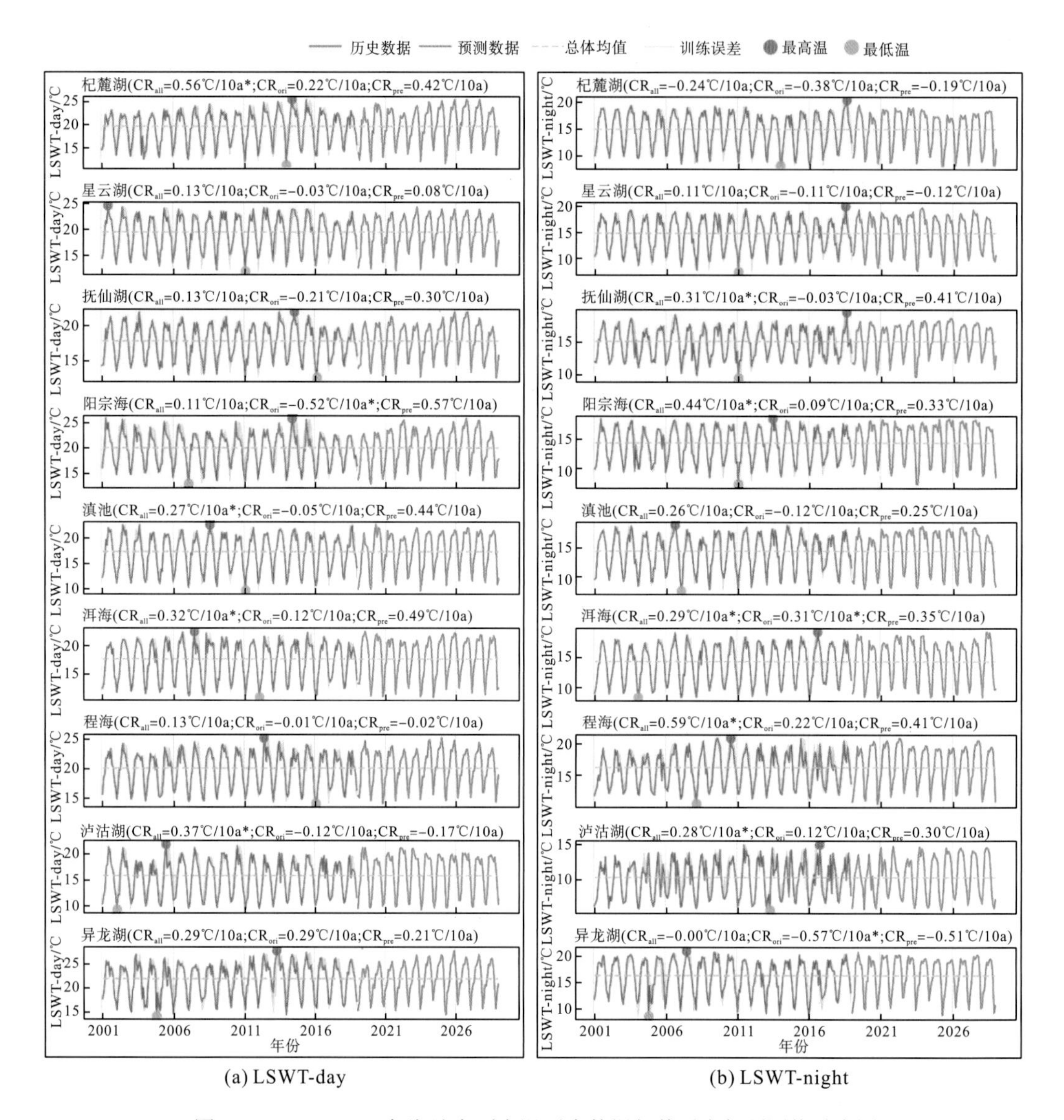

(a) LSWT-day　　(b) LSWT-night

图 7.6　2001～2018 年湖泊表面水温历史数据与其后十年预测值时序图

注：CR 为变化率，CR_{all} 为包含了历史数据与预测数据的整体变化率，CR_{ori} 为历史数据的变化率，CR_{pre} 为预测数据的变化率，以上变化率均以年均值进行计算；*为 $P<0.05$，表明通过了 $\alpha<0.05$ 的显著性检验。

7.3　湖泊表面水温时空变化特征

7.3.1　时序变化特征

由模型预测可知，2001～2028 年湖泊表面水温昼夜的时序变化如图 7.3 和图 7.6 所示。研究发现，云南九大高原湖泊 LSWT 2019～2028 年总体呈上升趋势。程海和泸沽湖 LSWT-day 呈下降趋势；杞麓湖、星云湖和异龙湖 LSWT-night 呈下降趋势，均与 2001～

2018年的趋势一致。星云湖、抚仙湖、阳宗海的LSWT-day及抚仙湖、滇池的LSWT-night预测前后变化趋势不一致，其余湖泊预测前后的变化趋势一致。2001～2018年，阳宗海的LSWT-day和洱海的LSWT-night变化显著，其余湖泊均未发现显著的升温及降温趋势；2019～2028年，各湖泊变化趋势均未通过显著性检验；2001～2028年，洱海和泸沽湖的LSWT-day和LSWT-night均通过了α=0.05的显著性检验，此外，杞麓湖、滇池的LSWT-day及抚仙湖、阳宗海、程海的LSWT-night呈显著的变化趋势，以上湖泊的显著变化趋势均为上升趋势。

综上所述，2001～2028年，除杞麓湖和异龙湖的LSWT-night外，其余湖泊LSWT均呈不同程度的上升趋势。其中，异龙湖28年的LSWT-night未发现明显的变化趋势，但在2001～2018年及2019～2028年均出现了较大的下降趋势，且2001～2018年下降显著，这与湖泊表面水温的变化周期有关，因为2018～2019年正好处于异龙湖的高温时段，所以变化率出现了这一特征。

7.3.2 空间分布特征

2001～2028年湖泊表面水温昼夜的空间分布如图7.7所示，其中LSWT-day和LSWT-night为28年的年均湖泊表面水温，其变化率为28年来的Theil-Sen变化率。总体来看，靠近湖泊边界的区域其年均值及变化率均相对高于湖泊中部区域，LSWT-day和LSWT-night均具有这一特征。

城市型湖泊LSWT总体呈高温高增长趋势。滇池北部的草海区域及东部和南部沿湖区域均表现出较高的增温趋势，此区域为城镇化进程较迅速的区域；杞麓湖南部和东部的沿岸区域也呈较快的增长趋势，此区域的LSWT也相对较高。

半城市型湖泊(洱海、阳宗海和异龙湖)LSWT基本呈高温低增长的趋势。洱海的LSWT-day全湖分布相对平均，南部略高于其他区域，且沿岸的高温高增长趋势相对不明显；而LSWT-night则很明显地体现了低温高增长的趋势。阳宗海的东北部沿岸区域及LSWT-night的南部区域存在明显的高温高增长趋势，其他区域均符合半城市型湖泊整体高温低增长的趋势。异龙湖也很好地体现了半城市型湖泊的特征，其南部及西南部沿岸的变化率略高于其他区域。

对于自然型湖泊(抚仙湖、星云湖、泸沽湖、程海)，LSWT-day基本呈低温高增长的趋势，LSWT-night基本呈高温高增长的趋势。抚仙湖沿湖区域的LSWT-day呈明显的高温高增长趋势，其余区域分布相对均匀，西部略高；LSWT-night的变化率分布均匀，东部呈高温高增长趋势，其余区域也符合自然型湖泊的整体特征。星云湖北部和西南部LSWT-day较高；其南部LSWT-night较高，均呈现一定程度的降温趋势，其余部分基本呈低温高增长的趋势。泸沽湖东部变化相对明显，西部呈相对明显的低温高增长趋势，同时整体分布较为均匀。程海的年均LSWT-night及LSWT-day的变化率分布比较平均，沿岸区域LSWT的变化率略高于其余区域，北部LSWT-night的变化率较高，南部部分区域存在下降趋势。

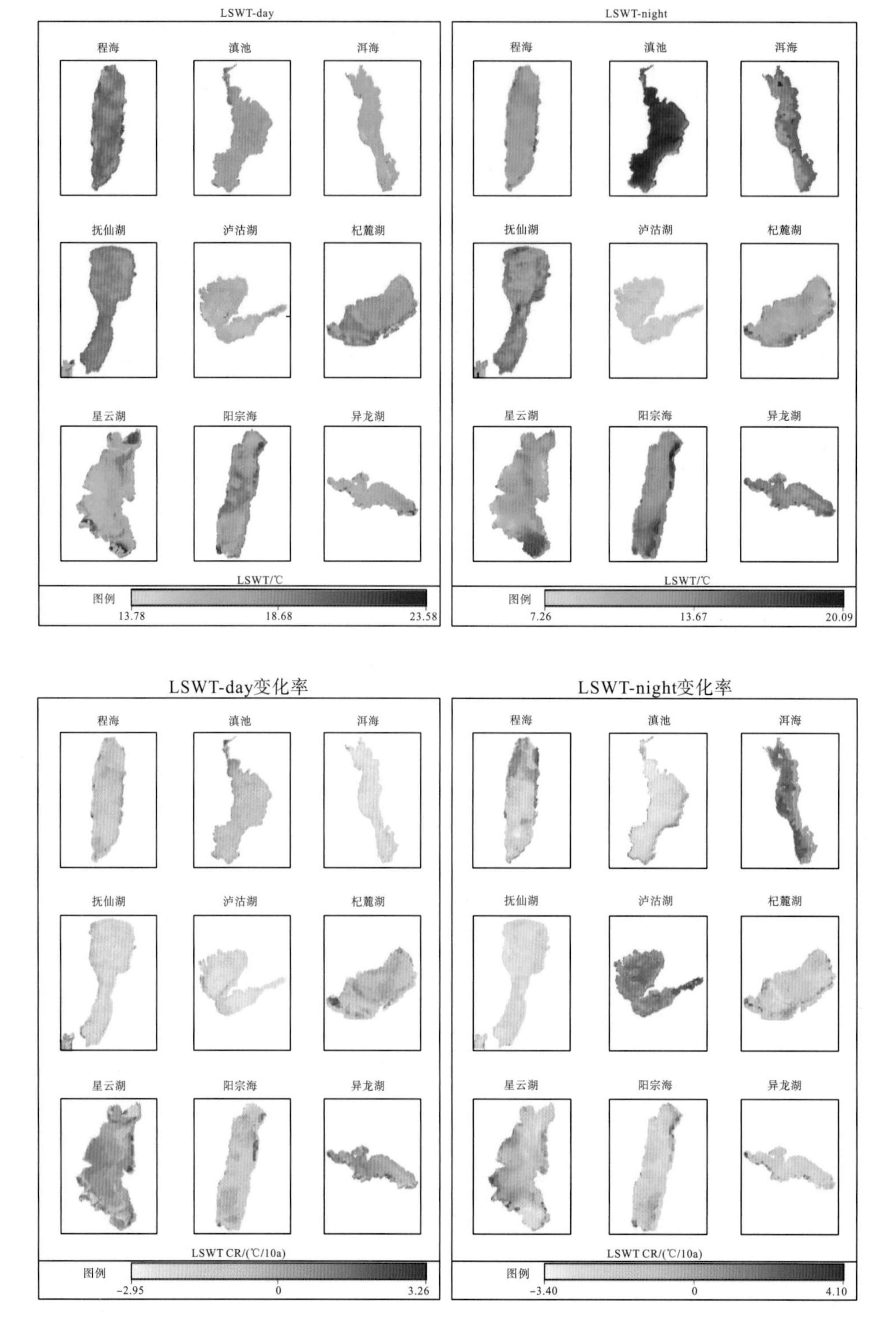

图 7.7 2001～2028 年云南九大高原湖泊表面水温空间分布及变化率的分布

注：LSWT-day 和 LSWT-night 为 2001～2028 年的年均湖泊表面水温；变化率为 Theil-Sen 变化率。

7.4　湖泊表面水温变化趋势分析与讨论

7.4.1　预测模型讨论

支持层次人工神经网络(SHANN)和小波阈值融合长短期记忆(WTFLSTM)网络模型均能预测湖泊表面水温未来的变化趋势，SHANN 模型较为适合短期预测，WTFLSTM 模型更为适合长期预测。两个模型都存在收敛较慢的缺点，且对极值的预测不够准确，相较而言，WTFLSTM 模型的预测效果更好。

支持向量回归(SVR)模型通过对历史数据进行规律性的学习，能够较好地解释湖泊表面水温的周期性和突变性规律，但此算法缺少对时序数据时间相关性的考虑，预测精度有限(李校林和吴腾，2019)。反向传播人工神经网络(BPANN)虽然加入了反馈机制，能按误差逆传播算法训练多层前馈网络，也考虑了时间相关性，但容易陷入局部极小值，且模型的学习和记忆具有不稳定性。递归神经网络(RNN)引入循环反馈机制，在学习具有长期依赖的时序数据上表现出更强的实用性。长短期记忆网络(LSTM)模型继承了 RNN 的优点，有效解决了 RNN 存在的梯度消失和梯度爆炸的问题，在时间序列的预测中表现较好。

SHANN 模型继承了 SVR 模型和 BPANN 模型的优点，并以层次分析法(AHP)作为连接，在考虑时间相关性的同时加入多变量间相关特征的提取，避免了网络冗余与过拟合的产生，其对湖泊表面水温的预测性能优于单模型；但受 BPANN 模型的制约，在较长时间序列的预测中会出现梯度消失的问题。LSTM 模型则比 BPANN 更适合于较长时间序列的预测分析。WTFLSTM 模型不仅继承了 LSTM 的优点，还通过 WDTD 算法排除大部分噪声的干扰，同时 WMF 算法的加入避免 WDTD 算法在降噪过程中剔除有用信息导致模型预测结果失真的情况，提高了模型的容错性，使模型具有更强的泛化性能。各模型预测误差统计结果如表 7.3 所示。

表 7.3　各预测模型的误差统计

尺度	模型	LSWT-day				LSWT-night			
		训练集		测试集		训练集		测试集	
		RMSE	R^2	RMSE	R^2	RMSE	R^2	RMSE	R^2
短期预测	SHANN	0.1924	0.8262	0.1893	0.8581	0.1851	0.8171	0.1856	0.8444
	SVR	0.2139	0.8127	0.2823	0.8227	0.1930	0.7812	0.2683	0.8263
	BPANN	0.2043	0.8009	0.2187	0.8269	0.1822	0.7995	0.2077	0.8202
	BPANN-AHP-SVR	0.2056	0.8170	0.2359	0.8352	0.1988	0.8170	0.1878	0.8386
	SVR-PCA-BPANN	0.2015	0.8144	0.2836	0.8480	0.1960	0.8087	0.2614	0.8490
长期预测	WTFLSTM	0.1773	0.8323	0.2540	0.8687	0.1788	0.8452	0.2148	0.8307
	WDTD-LSTM-Mean	0.1810	0.8263	0.2869	0.8501	0.1871	0.8323	0.2738	0.8213
	WDTD-LSTM	0.1852	0.8151	0.2191	0.8549	0.2078	0.8258	0.1950	0.8233
	LSTM	0.1957	0.8106	0.2029	0.8321	0.2030	0.8192	0.2541	0.8119

7.4.2 时空变化特征讨论

研究发现，云南九大高原湖泊的表面水温 2019～2028 年仍呈总体上升的趋势，这与前期研究结果一致(Yu et al.，2020)。2001～2028 年各湖泊表面水温的空间分布特征相较于 2001～2018 年，近岸区域变化程度比其他区域显著，更明显地体现了人类活动对湖泊表面水温的影响，尤其是城市型和半城市型湖泊。

在 LSWT-day 中，程海、滇池、抚仙湖空间分布的变化较小；洱海、杞麓湖、异龙湖的高值区更为集中；阳宗海出现了高值区域由两端向中心扩大的趋势；泸沽湖则出现了高值区范围减小的趋势；星云湖变化更大，高值区与低值区的边界更为明显。

在 LSWT-night 中，程海、阳宗海、异龙湖的变化较小；滇池的分布平均，靠近城区的边界区域升温速度较快；洱海出现了高温区与低温区的转移；泸沽湖分布较为平均，增温速率大幅上升；抚仙湖、杞麓湖的高温区分布集中；星云湖的高温区与低温区界限分明。

7.5 本 章 小 结

本章结合机器学习理论，提出适合湖泊表面水温短期预测的 SHANN 模型及适合长期预测的 WTFLSTM 模型，对云南九大高原湖泊 2019～2028 年的湖泊表面水温进行时序估算与空间模拟，并在此基础上分析 2001～2028 年湖泊表面水温的变化特征，揭示人类活动对云南九大高原湖泊表面水温未来变化趋势的影响，为进一步的深入研究奠定基础。主要研究结果如下。

(1) SHANN 模型和 WTFLSTM 模型均能较好地预测湖泊表面水温未来的变化趋势，但两个模型都存在收敛较慢的缺点，且对极值的预测不够准确，相较而言，WTFLSTM 模型的预测效果更好($RMSE_{LSWT\text{-}day}$=0.1773，$RMSE_{LSWT\text{-}night}$=0.1788；$R^2_{LSWT\text{-}day}$=0.8323，$R^2_{LSWT\text{-}night}$=0.8452)；SHANN 模型在短期预测中对局部特征预测效果较好($RMSE_{LSWT\text{-}day}$=0.1924，$RMSE_{LSWT\text{-}night}$=0.1851；$R^2_{LSWT\text{-}day}$=0.8262，$R^2_{LSWT\text{-}night}$=0.8171)。

(2) 在 LSWT 时序变化特征中，云南九大高原湖泊 LSWT 在 2019～2028 年总体呈上升趋势。在 LSWT-day 中，程海和泸沽湖呈下降趋势；在 LSWT-night 中，杞麓湖、星云湖和异龙湖呈下降趋势，均与预测前 2001～2018 年的趋势一致。星云湖、抚仙湖、阳宗海的 LSWT-day 及抚仙湖、滇池的 LSWT-night 预测前后变化趋势不一致，其余湖泊预测前后的变化趋势一致。

(3) 在 LSWT 空间分布特征中，LSWT-day 和 LSWT-night 均体现出靠近湖泊边界的区域年均值及变化率高于湖泊中部区域的特征。城市型湖泊的 LSWT-day 总体呈高温高增长趋势，半城市型湖泊基本呈高温低增长的趋势，自然型湖泊基本呈低温高增长的趋势；而三种类型湖泊 LSWT-night 基本呈高温高增长的趋势。

(4) 2001～2028 年各湖泊表面水温的空间分布特征相较于 2001～2018 年，其近岸区域变化程度比其余区域更显著，更明显地体现了人类活动对湖泊表面水温的影响，尤其是城市型和半城市型湖泊。人类活动对云南九大高原湖泊表面水温的影响越来越明显，是造成云贵高原湖泊水环境恶化的主要因素。

7.6　经验和启示

Thiery 等(2014)选择东非的三个地点作为研究区域，对来自周围气象站的气象观测数据进行校正，并用 Flake 模型以及一套全面的水温剖面图来评估每个站点的模型精度。结果表明，在基伍湖，Flake 模型预测的混合温度对外部参数的变化和气象驱动数据的微小变化(特别是风速)都很敏感。在这种情况下，小的修改就可能会导致状态转变。同时还发现，模型温度在接近地表的地方是稳定的，即使没有出现季节混合状态，也可以对湖泊表面水温进行较好的预测，因此，Flake 模型可以作为参数化热带湖泊表面水温大气预测模型的合适工具。

Sharma 等(2008) 对湖泊水温的建模方法进行了比较，以确定不同模型的优点和适用性。他使用四种统计方法开发预测加拿大各湖泊的年度最高湖泊表面水温的模型，包括多元回归、回归树、人工神经网络和贝叶斯多元回归。在讨论部分，作者对四种方法进行了比较，其中多元回归在预测独立验证数据集中的最大近表面水温方面表现非常好，人工神经网络通常有较高的预测能力，但在实验过程中有 17 个预测变量数据集出现了模型过度拟合的情况。从决定系数(R^2)来看，回归树的性能与多元回归非常相似，在所有使用的统计方法中，具有验证数据集的模型的 RMSE 对于回归树来说是最高的，表明回归树生成的模型在独立数据集中不能很好地预测水温。一般来说，从决定系数(R^2)来看，贝叶斯多元回归在预测最大表面水温方面表现不佳，如果选择贝叶斯多元回归模型往往会只包含很少的变量，这意味着它们对数据的拟合不足。此外，贝叶斯多元回归在计算上非常耗时，而且贝叶斯多元回归的 RMSE 没有回归树那么大，表明贝叶斯多元回归生成的模型比回归树方法能更好地预测最大表面水温。最后，作者认为，在使用的四种建模方法中，人工神经网络和多元回归具有最好的整体结果，人工神经网络在四个数据集中的三个数据集的预测中得到了最低的 RMSE。对于具有最少观察数据和最多变量的数据集，多元回归方法具有最好的预测能力，可能是因为在这种情况下人工神经网络模型过度拟合。在四个数据集中，人工神经网络和多元回归两种建模方法得到了较为可观的结果。多元回归简单，且模型项解释度更高，可以推荐其作为类似数据集的模拟方法，但是，它是四种方法中对偏离标准统计假设(例如多重共线性和误差分布)最敏感的方法，因此仔细准备数据和使用相关误差诊断至关重要。作者认为，虽然传统的多元回归对数据集具有良好的预测能力且比较简单，比贝叶斯多元回归更可取，但是其被证明具有最大错误率，因此不被推荐。

Novikmec 等(2013)将水温的连续监测与地理信息系统(GIS)衍生数据相结合，并根据海拔、湖泊形态测量数据和当地地形，对塔特拉山脉的 18 个湖泊的表面水温和冰盖进行建模，结果表明，每日湖泊表面水温主要是由海拔和地形阴影控制的，而湖泊表面水温的日常变化主要由湖泊的最大深度控制。并且作者认为，直接将太阳辐射作为模型参数将会大大提高对高海拔湖泊温度特性的预测性能。

Willard 等(2022)利用深度学习算法估算了美国 185549 个湖泊的表面温度，使用长短期记忆深度学习模型来生成估计值，并与现有的基于过程和线性回归的模型作比较；同时通过交叉验证和优化模型训练预测未监测的湖泊表面水温变化趋势，评估模型的可推广性和估计误差。经过现场观测，在进行原位观测的保留湖泊中，湖泊特定误差中值为1.24℃，总体均方根误差为 1.61℃，与现有的数据集相比，该数据集增加了先前经验模型(2.1℃)和基于去偏过程方法的优点(1.79℃)，显著提高了预测精度。

Liu 和 Chen(2012)比较了人工神经网络模型与基于物理的三维环流模型的性能，建立了四个人工神经网络模型来模拟中国台湾中北部鸳鸯湖浮标站在不同深度下的水温时间序列。为了评估人工神经网络和三维环流模型的性能，该学者使用了三种不同的统计指标，包括均方根误差、平均绝对误差和相关系数。模拟结果表明，在校准阶段，三维环流模型能够更好地预测水面以下 3m 不同层的水温；而在验证阶段，与人工神经网络模型相比，三维环流模型可以较好地预测不同层的水温。总体而言，三维环流模型的水温预测性能优于人工神经网络模型。人工神经网络是一种黑盒模型，无法模拟湖泊内部的物理过程，而三维环流模型是一种物理模型，可用于预测水温的时空变化。

Sharma 等(2007)收集了加拿大 13000 多个湖泊夏季的表面水温数据库，这个数据库数据来自具有各种物理、化学和生物特性的湖泊。该学者使用一般线性模型开发了加拿大最大的湖泊表面水温模型，其中气温、纬度、经度和采样时间是当前最高湖泊水温的较好预测因子，该模型的预测结果确定了 2100 年适合小口鲈鱼种群生存的最高湖泊表面水温。

Heddam 等(2020)提出了一个新的机器学习家族，并与 air2stream 模型进行了比较，提出的模型包括极端随机树(ERT)、多变量自适应回归样条(MARS)、M5 模型树(M5Tree)、随机森林(RF)和多层感知神经网络(MLPNN)。使用均方根误差、平均绝对误差和相关系数等统计指标对结果进行对比，结果表明，air2stream 在 25 个湖泊中预测精度最高。

Zhu 等(2020)开发了两个模型，并将其运用于波兰 8 个低地湖泊以进行日湖泊表面水温的预测，两个模型分别为多层感知神经网络(MLPNN)模型以及小波变换和 MLPNN 集成模型(WT-MLPNN)。该学者使用 8 个湖泊的长期日湖泊表面水温和 7 个气象站点的日气温数据来进行每日湖泊表面水温的预测，并同 air2water 和非线性回归模型进行对比。结果表明，总体而言，air2water、WT-MLPNN 和 MLPNN 模型都能很好地再现 8 个湖泊表面水温的动态季节和年际变化，非线性回归模型虽然精度最低，但仍然可以对 8 个湖泊表面水温进行良好初步预测。

Vörös 等(2010)选择巴拉顿湖作为研究对象，巴拉顿湖具有独特的大表面积和深度比，使得这个湖泊对大气条件高度敏感，在此基础上研究 Flake 模型是否可适用于巴拉顿湖。该学者使用观测数据和大气模型数据测试 Flake 模型的性能，结果表明，在离线模拟中，Flake 模型使用默认设置用于预测巴拉顿湖的表面水温表现良好，但是在捕获底部水温和分层方面的表现较差。

Woolway 等(2020)对欧洲 46557 个湖泊表面水温进行模拟，研究热浪对湖泊表面水温的影响，并使用 1995～2018 年 115 个湖泊的表面水温卫星数据验证该模型，证明了这些湖泊在 2018 年 5～10 月期间，平均和最高湖泊表面水温分别比基准期高 1.5℃和 2.5℃。湖泊模型实验表明，总体而言，气温的升高是湖泊表面水温变化的主要驱动因素，然而在一些湖区，气象因素的影响更大。

Chu 和 Bedford(2011)认为，现有模型因为低估云量影响使得地表热通量公式高估了水温，从而导致预测的表面水温高于测量数据，并使用卫星导出云覆盖数据的方法来计算表面热通量。在这个研究中，该学者为了确定卫星得出的云覆盖数据对地表热通量的影响，并评估由此产生的热通量对伊利湖表面的影响，他分析了3600多张GOES-8卫星图像，以获得云覆盖信息，最后发现，足够厚的云层会使太阳辐射量减少50%。因此，作者利用新的热通量公式预测伊利湖表面水温将平均下降约2℃，与观测值拟合度更高。

本章对云南省九大高原湖泊表面水温进行模拟和预测，9个湖泊表面水温2001～2018年(历史数据)、2019～2028年(预测数据)以及2001～2028年(包含历史数据和预测数据)变化率如表7.4所示。从2001～2018年LSWT-day来看，仅杞麓湖、洱海和异龙湖呈现出增长的趋势，增长最快的是异龙湖(0.29℃/10a)，其次为杞麓湖(0.22℃/10a)，最后为洱海(0.12℃/10a)，其余6个湖泊呈现出变冷的趋势。从2019～2028年LSWT-day来看，只有程海和泸沽湖显示出变冷的趋势，变化率分别为−0.02℃/10a和−0.07℃/10a，其余7个湖泊均表现出变暖的趋势，其中变暖速率最快的是阳宗海(0.57℃/10a)，然后分别为洱海(0.49℃/10a)、滇池(0.44/10a)、杞麓湖(0.42℃/10a)、抚仙湖(0.30℃/10a)、异龙湖(0.21℃/10a)和星云湖(0.08℃/10a)。从2001～2028年LSWT-day来看，所有湖泊均显示出上升的趋势，但是每个湖泊的增长趋势不同，其增长率从高到低依次为杞麓湖(0.56℃/10a)、泸沽湖(0.37℃/10a)、洱海(0.32℃/10a)、异龙湖(0.29℃/10a)、滇池(0.27℃/10a)、星云湖(0.13℃/10a)、抚仙湖(0.13℃/10a)、程海(0.13℃/10a)以及阳宗海(0.11℃/10a)。从2001～2018年LSWT-night来看，阳宗海(0.09℃/10a)、程海(0.22℃/10a)、洱海(0.31℃/10a)和泸沽湖(0.12℃/10a)显示出上升的趋势，而杞麓湖(−0.38℃/10a)、星云湖(−0.11℃/10a)、抚仙湖(−0.03℃/10a)、滇池(−0.12/10a)和异龙湖(−0.57/10a)显示出下降的趋势。从2019～2028年LSWT-night来看，只有杞麓湖(−0.19/10a)、星云湖(−0.12/10a)和异龙湖(−0.51℃/10a)显示出下降的趋势，其余6个湖泊的表面水温均显示出上升的趋势，增长率由高到低依次为抚仙湖与程海(0.41℃/10a)、洱海(0.35℃/10a)、阳宗海(0.33℃/10a)、泸沽湖(0.30℃/10a)以及滇池(0.25℃/10a)。从2001～2028年LSWT-night来看，只有杞麓湖(−0.24/10a)和异龙湖显示出下降的趋势，其余7个湖泊均显示出上升的趋势，增长速度较快的是程海(0.59℃/10a)和阳宗海(0.44℃/10a)。抚仙湖(0.31℃/10a)、洱海(0.29℃/10a)、泸沽湖(0.28℃/10a)、滇池(0.26℃/10a)以及星云湖(0.11℃/10a)也都保持较高的增速。

表7.4 云南省九大高原湖泊表面水温变化率2001～2018年历史数据与预测值

	时间	杞麓湖	星云湖	抚仙湖	阳宗海	滇池	程海	洱海	泸沽湖	异龙湖
LSWT-day /(℃/10a)	2001～2018年	0.22	−0.03	−0.21	−0.52	−0.05	−0.01	0.12	−0.12	0.29
	2019～2028年	0.42	0.08	0.30	0.57	0.44	−0.02	0.49	−0.07	0.21
	2001～2028年	0.56	0.13	0.13	0.11	0.27	0.13	0.32	0.37	0.29
LSWT-night /(℃/10a)	2001～2018年	−0.38	−0.11	−0.03	0.09	−0.12	0.22	0.31	0.12	−0.57
	2019～2028年	−0.19	−0.12	0.41	0.33	0.25	0.41	0.35	0.30	−0.51
	2001～2028年	−0.24	0.11	0.31	0.44	0.26	0.59	0.29	0.28	−0.00

Xie 等(2022)使用 MODIS 地表温度数据研究了中国湖泊表面水温的时空变化，研究结果表明，研究中 169 个大型湖泊的表面水温总体呈现出上升的趋势，平均增长速率为 0.26℃/10a，夜间湖泊表面水温增长速度为 0.31℃/10a，白天湖泊表面水温增长速度为 0.21℃/10a。总体而言，121 个湖泊的白天表面水温呈现出上升趋势，其升温趋势为 0.38℃/10a，其余 48 个湖泊的白天表面水温呈现出下降的趋势，平均降温率为-0.21℃/10a。

Shi 等(2022)以青藏高原为研究区域，基于一维湖泊模型研究了 1980～2018 年纳木错湖泊表面水温的年际变化。研究结果表明，纳木错湖泊表面水温的升温速率为 0.29℃/10a，低于环境空气温度的升温速率。从变化趋势来看，第一次变暖是在 1997 年之前(0.30℃/10a)，随后进入一个间歇期，1997 年之后，湖泊表面水温上升到一个温暖的水平，并有轻微的下降趋势(-0.08℃/10a)，如图 7.8 所示。

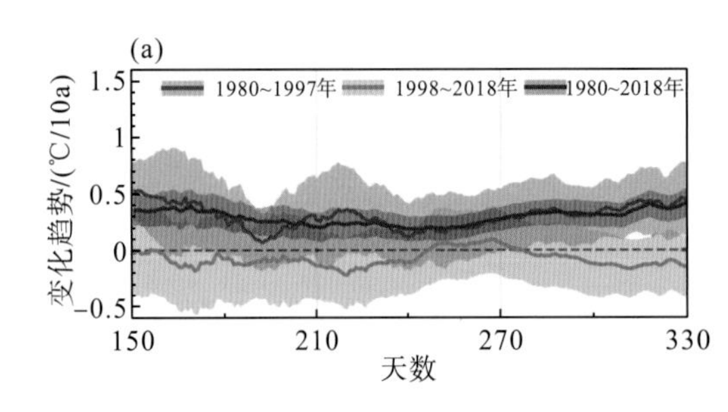

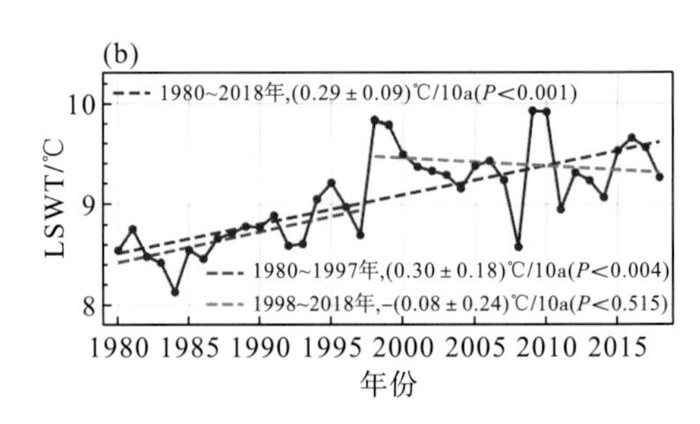

图 7.8　纳木错湖泊表面水温变化趋势(Shi et al.,2022)

注：(a)在 95%置信区间(阴影区)的无冰区内，不同时间跨度内模拟的湖泊表面水温变化(实线)趋势；(b)1980～1997 年(红色)、1998～2018 年(蓝色)和 1980～2018 年(紫色)期间模拟湖泊表面水温年际变化(实线)和趋势(虚线)。

Xiao 等(2013)以青海湖为研究区域，使用 MODIS 数据研究青海湖 2001～2010 年湖泊表面水温的时空变化。作者基于每一个像元计算了湖泊表面水温的时间变化和长期趋势，还比较了不同年份年平均湖泊表面水温的空间格局，并分析了青海湖湖泊表面水温空间格局的季节循环规律。结果表明，在研究区内，年平均湖泊表面水温的增长率约为 0.01℃/a，而年平均气温的增长率为 0.05℃/a。从年平均来看，2001～2010 年青海湖的湖泊表面水温显示出相似的空间模式；而从月份来看，1～12 月湖泊表面水温的空间变化显示出季节逆转模式，高温区由南向北逐步转变，然后再回到南部地区，而低温区则呈现出相反的年周期轨迹。

Song 等(2016)使用 MODIS 地表温度产品(MOD11A2)研究了青藏高原 56 个大型湖泊的 LSWT 时空变化及 2000～2015 年影响湖泊表面水温的因素。结果表明，总体而言，在 2000～2015 年，青藏高原的 56 个湖泊无法检测到湖泊表面水温的变化趋势，然而根据白天 MODIS 的测量，38 个湖泊平均降温速率为 0.06℃/a，18 个湖泊平均升温率为 0.04℃/a。就夜间数据而言，27 个湖泊的平均升温速率为 0.051℃/a，29 个湖泊的平均降温速率为-0.062℃/a。研究还表明，湖泊深度、面积(体积)和地理位置等因素影响青藏高原湖泊表面水温的时空变化。

Wang 等(2021)基于 2000～2015 年 MODIS 数据，利用小波变换方法研究中国湖泊表面温度的时空变化特征，研究结果表明，2000～2015 年的 15 年来，中国内陆水域的结冰日期呈现出明显推迟的趋势，平均速率为-1.5d/a；中国湖泊表面的 0℃等温线的位置有明显的季节变化，先向东移动 25°，再向北移动 15°，然后在 2009 年后逐渐回落；中国湖泊表面的 0℃等温线在纬度方向上逐渐向北移动 0.09°，在经度方向上逐渐向东移动约 1°；中国 17 个湖泊的水面温度年际变化也呈现出类似的波动趋势，也即在 2010 年前呈现出上升趋势，然后下降。

彭宗琪(2022)以中国六大城市型湖泊为研究区，基于 MODIS 地表温度产品数据，采用趋势分析法、相关性分析法和逐步多元回归分析方法，对不同时间尺度下湖泊表面水温的变化情况进行探究，并比较分析其影响因子间的相互作用特征。研究结果表明，2001～2018 年，中国六大城市型湖泊表面水温的日夜平均全局变化速率为 0.31℃/10a，显著高于近地表气温的全局变化速率(0.10℃/10a)。从各个湖泊来看，2001～2018 年中国六大湖泊日均表面水温均呈现变暖趋势，且增暖速率高于近地表气温。

刘爽(2022)以西藏 6 个主要高原湖泊为研究区，以 2002～2021 年夏季 MOD11A1 日均地表温度产品数据和湖泊流域气象站点数据(气温、降水、日照时数和蒸发)为基础，采用最小二乘线性回归法、M-K 趋势、突变检验及 Pearson 相关性分析等数理统计方法对 2002～2021 年西藏夏季主要湖泊表面水温最大值和流域气象因子最大值的变化趋势、显著性、突变性及相关性进行了分析。结果表明，2002～2021 年，湖泊表面水温最大值除纳木错和塔若错分别以 0.002℃/a 和 0.0686℃/a 的速率上升外，其余 4 个湖泊均呈现下降的趋势，但 6 个湖泊气温最大值均呈上升趋势。

Tang 等(2022)以中国城市快速扩张的滇池、巢湖、洞庭湖、洪泽湖、鄱阳湖和太湖为研究区域，探究城市扩张对湖泊表面水温的影响，结果表明，2001～2018 年，除了鄱阳湖夜间的表面水温呈现出变冷的趋势外，其他湖泊无论是夜间还是白天都呈现出变暖的趋势(图 7.9)。

Woolway 等(2019)分析了欧洲八个湖泊的观测数据，并调查了年最低湖泊表面水温的变化情况，发现在 1973～2014 年，最低湖泊表面水温以 0.35℃/a 的平均速率增加，与同期夏季平均湖面温度的变暖速率(0.32℃/a)相当。在观察了年最低湖泊表面水温的增加速率和冬季气温变化的增加速率之间，发现两者对气候变暖有一致的响应。

Öğlü 等(2020)分析了佩普西湖 1950～2018 年湖泊表面水温的多年变化趋势，并检测了极端事件频率的变化，旨在追踪湖泊表面水温对气候变化的响应。结果表明，尽管 1950 年以来年平均 LSWT 没有显著增加，但是在 2008～2018 年的冬季，湖泊表面水温仍呈增加趋势。自 2017 年以来，结冰时间出现了明显的延迟，导致开放水域的时间更长，而且冬季 LSWT 在时间序列中出现了显著波动，也导致了随机性的增加。

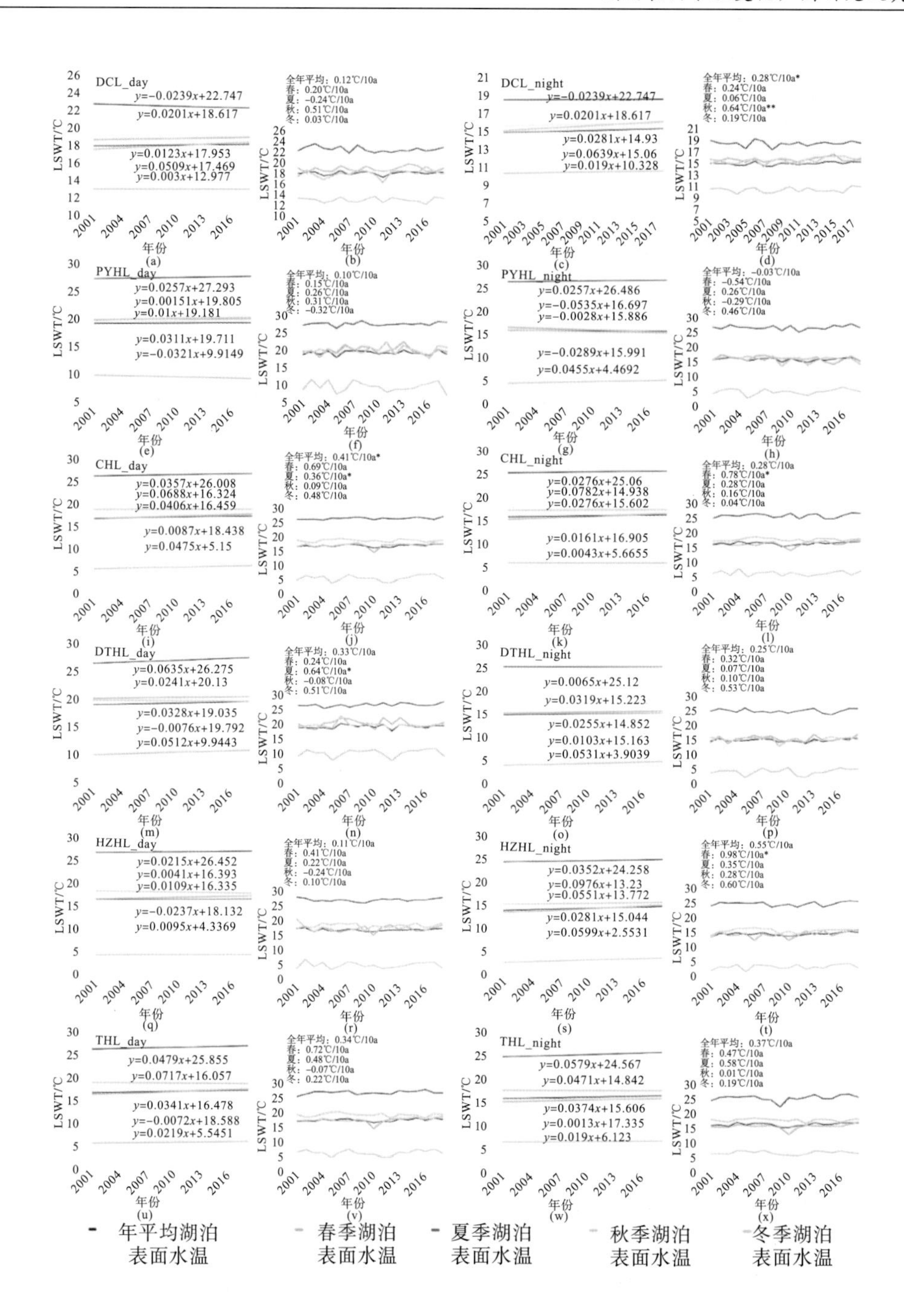

图 7.9　滇池、巢湖、洞庭湖、洪泽湖、鄱阳湖和太湖湖泊表面水温变化趋势(Tang et al.,2022)

注：(a)、(c)、(e)、(g)、(i)、(k)、(m)、(o)、(q)、(s)、(u)、(w)表示湖泊表面水温变化趋势线；(b)、(d)、(f)、(h)、(j)、(l)、(n)、(p)、(r)、(t)、(v)、(x)表示湖泊表面水温实际变化，上方数字表示湖泊表面水温变冷或变暖情况，深红色线条表示湖泊表面水温呈现出变暖趋势，深蓝色线条表示湖泊表面水温呈现出变冷趋势。DCL、PYHL、CHL、DTHL、HZHL 和 THL 分别代表滇池、鄱阳湖、巢湖、洞庭湖、洪泽湖和太湖。**表示显著性水平 $P<0.01$；*表示显著性水平 $P<0.05$；无标志的表示显著性水平 $P<0.1$。

Aguilar-Lome 等(2021)使用 MODIS 的地表温度产品评估的的喀喀湖 2000～2020 年湖泊表面水温的时空变化，结果表明，冬季该湖的湖泊表面水温有普遍增加的趋势，在一些浅水地区和沿海地区变暖更加剧烈，在主湖区域，白天和夜间湖泊表面水温的显著增加趋势分别维持在 0.30℃/10a 和 0.34℃/10a，如图 7.10 所示。

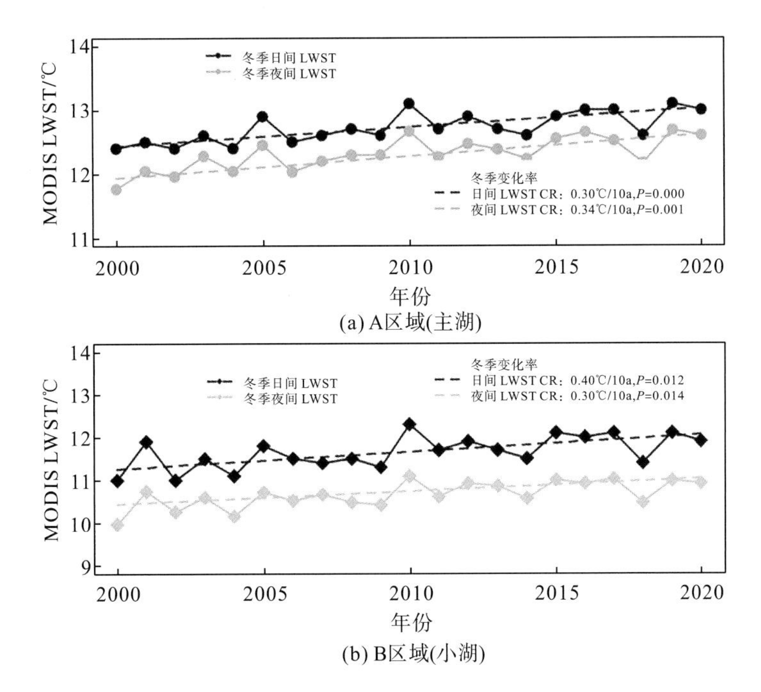

图 7.10　的的喀喀湖 2000～2020 年冬季湖泊表面水温变化趋势(Aguilar-Lome et al.，2021)

注：图中使用 Theil-Sen 理论估计趋势。

Woolway 等(2017)利用 20 个中欧湖泊现场测量和模拟的湖泊表面温度研究年平均湖泊表面水温的长期变化，结果表明，中欧湖泊在春季变暖最多，湖泊表面水温存在季节性变化。在这篇论文中，作者分析了过去几十年中湖泊表面水温显著变暖的趋势，并通过对季度变迁进行连续 t 检验分析，发现在 1980 年后由于气候突变，年平均湖泊表面水温大幅变暖。

Pareeth 等(2017)为意大利的五个大型湖泊开发了湖泊表面水温新的时间序列数据集，利用各自湖泊的现场数据对产品进行评估。此外，作者还估计了湖泊长期年趋势、夏季趋势和年平均湖泊表面水温的时间相关性，并使用重新开发的湖泊表面水温序列研究年内变化和长期趋势，最后发现，湖泊表面水温年变暖趋势为 0.017℃/a，夏季为 0.031℃/a。

Pan 和 Yang(2021)以东南亚最大淡水湖——洞里萨湖为研究区域，揭示湖泊表面水温的变化趋势及驱动因素，研究表明，2001～2018 年，年平均湖泊表面水温呈现出明显变暖的趋势，气温是影响洞里萨湖表面水温的主要驱动因素。

Zhong 等(2019)以五大湖为研究区，整合两组现有的湖泊表面水温数据集，在精细空间尺度上评估 1982～2012 年湖泊表面水温的长期变化趋势，以了解湖泊测深和气候因素在区域气候模型调节空间异质速率方面的作用，如图 7.11 所示。结果显示，苏必利尔湖，密歇根湖北部、中部和休伦湖中部的变暖加剧，其他地方的湖泊变暖减缓。夏季湖泊变暖的这种空间异质性主要归因于湖泊测深和春季(4～6 月)气温的相互作用。空气温度强烈影响湖泊升温速率和水深之间的关系。在苏必利尔湖相对寒冷的环境中，随着湖泊深度的增加，夏季升温速率显著增加，但在安大略湖较温暖的环境中变化不大。

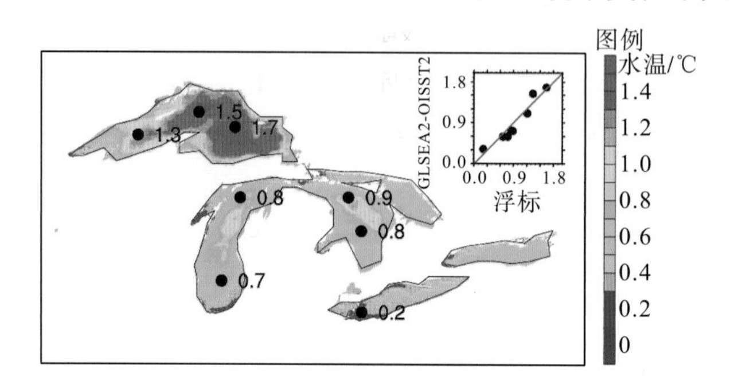

图 7.11 五大湖 1982～2012 年 7～9 月湖泊表面水温趋势图和散点图(Zhong et al., 2019)

注：图中黑点表示五大湖中 8 个浮标点监测数据的湖泊表面水温变化趋势，不同颜色表示 GLSEA2-OISST2 数据集中湖泊表面水温的变化趋势。

湖泊表面水温作为影响湖泊生态环境的重要因素(Yu et al., 2021；Huang et al., 2021；Woolway et al., 2016)，直接反映了水-空气界面处的物质和能量交换过程(Huang et al., 2021； Woolway et al., 2016)；而且湖泊表面水温的变化将影响湖泊生态、生物地球化学过程和湖泊生物群落，包括光合作用区的温度(Livingstone and Dokulil, 2001)、水柱稳定性、湖泊净初级生产力(O' Reilly et al., 2003)、鱼类物种变化(Sharma et al., 2007)和物种间相互作用(Hampton et al., 2008)。例如，Mushtaq 等(2021)研究结果表明，湖泊表面水温是水华暴发的重要原因。Hampton 等(2017)的研究表明，冬季温度对湖泊生态系统非常重要，其年最低温度对湖泊中发生的许多过程具有很强的控制作用。Oglu 等(2020)对欧洲第四大湖泊的研究表明，冬季湖泊表面水温的持续变暖和冰盖物候的变化预计会对湖泊生态系统的功能及其湖泊生物群有着至关重要作用，特别是对于温度敏感的鱼类。冬季湖泊表面水温的变化可以为分层动态提供非常丰富的信息，还可以提供有关湖泊热环境的有用信息，这将对全年生物地球化学、有机体新陈代谢和生物群适宜栖息地的可用性产生影响(Woolway et al., 2019)。Yang 等(2022, 2018)以滇池为研究区域，其研究结果表明，滇池的湖泊表面水温与多个水质参数密切相关，从根本上影响蓝藻水华的出现，同时滇池湖泊表面水温的变化对水质、湖泊生态环境和水生生物的生长具有复杂和长期的影响。

对于云南省九大高原湖泊而言，大多数湖泊的表面水温均呈现上升趋势，这必然会影响湖泊水生生态环境，如果不采取合理的措施进行防治，云南省九大高原湖泊的生态可能会进一步恶化。同样，除青藏高原的部分湖泊表面温度呈下降趋势外，其他湖泊大多都呈上升趋势，这会对湖泊生态环境产生重要的影响。因此需要各国家、地区和环境组织共同合作探索出科学的方法，以应对因全球范围内湖泊表面水温上升对环境造成的不利影响。

参考文献

洪志鑫，2020. 基于数据驱动的重介密度控制智能化研究. 徐州：中国矿业大学.

李校林，吴腾，2019. 基于 PF-LSTM 网络的高效网络流量预测方法. 计算机应用研究，36(12)：3833-3836.

刘爽，2022. 西藏主要湖泊表面水温最大值变化特征分析及可视化平台开发. 昆明：云南师范大学.

彭宗琪，2022. 中国主要大型湖泊表面水温变化特征与驱动因素分析. 昆明：云南师范大学.

任贵福，2018. 多源多模态数据分析平台设计与实现. 北京：北京邮电大学.

宋杰鲲，2012. 基于支持向量回归机的中国碳排放预测模型. 中国石油大学学报(自然科学版)，36(1)：182-187.

孙丽杰，2013. 基于最大期望和势能函数的滚动轴承故障识别算法研究. 沈阳：辽宁大学.

汪龙，2018. 地区等级升级区输气管道风险评价技术研究. 成都：西南石油大学.

王笑蕾，2015. GNSS 水汽时间序列周期性分析及气象文件自生成研究. 西安：长安大学.

杨昆，喻臻钰，罗毅，等，2017. 湖泊表面水温预测与可视化方法研究. 仪器仪表学报，38(12)：3090-3099.

游子毅，陈世国，王义，2015. 基于 ε -支持向量回归理论的区域交通信号智能控制. 计算机应用，35(5)：1361-1366.

喻臻钰，2018. 滇池表面水温变化对湖泊水质影响的研究及其可视化软件平台的实现. 昆明：云南师范大学.

喻臻钰，杨昆，罗毅，等，2021. 基于深度神经网络算法的水体透明度反演方法. 生态学报，41(6)：2515-2524.

朱梦熙，2012. 云计算资源占用量化评估体系的研究与应用. 上海：上海交通大学.

Aguilar-Lome J，Soca-Flores R，Gómez D，2021. Evaluation of the Lake Titicaca's surface water temperature using LST MODIS time series(2000—2020). Journal of South American Earth Sciences，112：103609.

Bachmann R W，Canfield D E Jr，Sharma S，et al.，2020. Warming of near-surface summer water temperatures in lakes of the conterminous united states. Water，12(12)：3381.

Chu Y Y，Bedford K W，2011. Impact of satellite derived cloud data on model predictions of surface heat flux and temperature：a lake erie example. ASCE，Estuarine & Coastal Modeling.

Donoho D L，1995. De-noising by soft-thresholding. Information Theory，41(3):613-627.

Fukushima T，Matsushita B，Sugita M，2022. Quantitative assessment of decadal water temperature changes in Lake Kasumigaura，a shallow turbid lake，using a one-dimensional model. Science of The Total Environment，845：157247.

Hampton S E，Izmest' eva L R，Moore M V，et al.，2008. Sixty years of environmental change in the world' s largest freshwater Lake Baikal，Siberia. Global Change Biology，14(8)：1947-1958.

Hampton S E，Galloway A W E，Powers S M，et al.，2017. Ecology under lake ice. Ecology Letters，20(1)：98-111.

Heddam S，Ptak M，Zhu S L，2020. Modelling of daily lake surface water temperature from air temperature：extremely randomized trees (ERT) versus Air2Water，MARS，M5Tree，RF and MLPNN. Journal of Hydrology，588：125130.

Hosoda T，Hosomi T，2004. A simplified model for long term prediction on vertical distributions of water qualities in Lake Biwa. Sustainable Development of Energy，Water and Environment Systems：357-365.

Huang L，Wang X H，Sang Y X，et al.，2021. Optimizing lake surface water temperature simulations over large lakes in China with fLake model. Earth and Space Science，8(8)：21.

Jaime A L，Renato S F，Diego G，2021. Evaluation of the Lake Titicaca' s surface water temperature using LST MODIS time series (2000—2020). Journal of South American Earth Sciences，112：103609.

Kettle H，Thompson R，Anderson N J，et al. 2004. Empirical modeling of summer lake surface temperatures in southwest greenland.

Limnology and Oceanography，49(1)：271-282.

Liu W C，Chen W B，2012. Prediction of water temperature in a subtropical subalpine lake using an artificial neural network and three-dimensional circulation models. Computers & Geosciences，45：13-25.

Livingstone D M，Dokulil M T，2001. Eighty years of spatially coherent austrian lake surface temperatures and their relationship to regional air temperature and the North Atlantic Oscillation. Limnology and Oceanography，46(5):1220-1227.

Mushtaq F，Ahmed P，Nee Lala M G，2021. Spatiotemporal change in the surface temperature of Himalayan lake and its inter-relation with water quality and growth in aquatic vegetation. Geocarto International，36(3)，241-261.

Novikmec M，Svitok M，Kočický，et al.，2013. Surface water temperature and ice cover of Tatra Mountains Lakes depend on altitude，topographic shading，and bathymetry. Arctic Antarctic and Alpine Research，45(1)：77-87.

Öğlü B，Möls T，Kaart T，et al.，2020. Parameterization of surface water temperature and long-term trends in Europe' s fourth largest lake shows recent and rapid warming in winter. Limnologica，82：125777.

Ordóñez F J，Roggen D，2016. Deep convolutional and lstm recurrent neural networks for multimodal wearable activity recognition. Sensors，16(1)：115.

O' Reilly C M，Alin S R，Plisnier P D，et al.，2003. Climate change decreases aquatic ecosystem productivity of Lake Tanganyika，Africa. Nature，424(6950)：766-768.

Pan M，Yang K，2021. Analysis of variation characteristics and driving factors of tonle sap lake' s surface water temperature from 2001 to 2018. Polish Journal of Environmental Studies，30(3)：2709-2722.

Pareeth S，Bresciani M，Buzzi F，et al.，2017. Warming trends of perialpine lakes from homogenised time series of historical satellite and in-situ data. Science of the Total Environment，578：417-426.

Piccolroaz S，Toffolon M，Majone B，2013. A simple lumped model to convert air temperature into surface water temperature in lakes. Hydrology and Earth System Sciences，17(8)：3323-3338.

Piccolroaz S，Healey N C，Lenters J D，et al.，2018. On the predictability of lake surface temperature using air temperature in a changing climate：a case study for Lake Tahoe (USA). Limnology and Oceanography，63(1)：243-261.

Piotrowski A P，Zhu S L，Napiorkowski J J，2022. Air2water model with nine parameters for lake surface temperature assessment. Limnologica，94：125967.

Sener E，Terzi O，Sener S，et al.，2012. Modeling of water temperature based on GIS and ANN techniques：case study of Lake Egirdir (Turkey). Ekoloji，21(83)：44-52.

Sharma S，Walker S C，Jackson D A，2008. Empirical modelling of lake water-temperature relationships：a comparison of approaches. Freshwater Biology，53(5)：897-911.

Sharma S，Jackson D A，Minns C K，et al.，2007. Will northern fish populations be in hot water because of climate change?. Global Change Biology，13(10)：2052-2064.

Shi Y，Huang A N，Ma W Q，et al.，2022. Drivers of warming in Lake Nam Co on Tibetan Plateau over the past 40 years. Journal of Geophysical Research：Atmospheres，127(16)：e2021JD036320.

Song K S，Wang M，Du J，et al.，2016. Spatiotemporal variations of lake surface temperature across the Tibetan Plateau using MODIS LST product. Remote Sensing，8(10)：854.

Starck J L，Murtagh F，1998. Automatic noise estimation from the multiresolution support. Publications of the Astronomical Society of the Pacific，110(744)：193-199.

Tan Z L，Yao H X，Zhuang Q L，2018. A small temperate lake in the 21st century：dynamics of water temperature，ice phenology， dissolved oxygen，and chlorophyll. Water Resources Research，54(7)：4681-4699.

Tang L，Yang K，Shang C，et al.，2022. Spatial impact of urban expansion on lake surface water temperature based on the perspective of watershed scale. Frontiers in Environmental Science，10：991502.

Thiery W，Martynov A，Darchambeau F，et al.，2014. Understanding the performance of the FLake model over two African Great Lakes. Geoscientific Model Development，7(1)：317-337.

Vörös M，Istvánovics V，Weidinger T，2010. Applicability of the FLake model to Lake Balaton. Boreal Environment Research，15(2)：245-254.

Wang R，Yan X，Niu Z G，et al.，2021. Long-term changes in inland water surface temperature across China based on remote sensing data. Journal of Hydrometeorology，22(2)：523-532.

Willard J D，Read J S，Topp S，et al.，2022. Daily surface temperatures for 185，549 lakes in the conterminous United States estimated using deep learning (1980—2020). Limnology and Oceanography Letters，7(4)：287-301.

Woolway R I，Jones I D，Maberly S C，et al.，2016. Diel surface temperature range scales with lake size. Plos One，11(3)：e0152466.

Woolway R I，Dokulil M T，Marszelewski W，et al.，2017. Warming of Central European lakes and their response to the 1980s climate regime shift. Climatic Change，142(3)：505-520.

Woolway R I，Jennings E，Carrea L，2020. Impact of the 2018 European heatwave on lake surface water temperature. Inland Waters，10(3)：322-332.

Woolway R I，Weyhenmeyer G A，Schmid M，et al.，2019. Substantial increase in minimum lake surface temperatures under climate change. Climatic Change，155(1)：81-94.

Xiao F，Ling F，Du Y，et al.，2013 .Evaluation of spatial-temporal dynamics in surface water temperature of Qinghai Lake from 2001 to 2010 by using MODIS data. Journal of Arid Land，5(4)：452-464.

Xie C，Zhang X，Zhuang L，et al.，2022. Analysis of surface temperature variation of lakes in China using MODIS land surface temperature data. Scientific Reports，12(1)：2415.

Yang J Y，Yang K，Zhang Y Y，et al.，2022.Maximum lake surface water temperatures changing characteristics under climate change.Environmental science and pollution research international，29(2)：2547-2554.

Yang K，Yu Z Y，Luo Y，et al.，2018. Spatial and temporal variations in the relationship between lake water surface temperatures and water quality-A case study of Dianchi Lake.Science of the total environment，624：859-871.

Yu Z Y，Yang K，Luo Y，et al.，2020. Lake surface water temperature prediction and changing characteristics analysis-A case study of 11 natural lakes in Yunnan-Guizhou Plateau.Journal of Cleaner Production，276：122689.

Yu Z Y，Yang K，Luo Y，et al.，2021 .Research on the lake surface water temperature downscaling based on deep learning. IEEE Journal of Selected Topics in Applied Earth Observations and Remote Sensing，14：5550-5558.

Zhong Y F，Notaro M，Vavrus S J，2019. Spatially variable warming of the Laurentian Great Lakes：an interaction of bathymetry and climate. Climate Dynamics，52(9)：5833-5848.

第 8 章　三峡水库近坝段水-气界面的热量交换过程研究

除湖泊外，河流水温也受大范围的全球气候变化和区域性人类活动影响而发生改变，特别是气温对水温的作用机制受人为影响干扰强烈。作为中国最大的大坝，三峡大坝自修建以来一直受到研究者们的广泛关注，其水-气界面热量交换过程随大坝运行时段的变化而产生差异，从而导致河流水温对气候变化的响应模式发生改变，阻碍流域生态环境的健康发展。

本章以三峡水库近坝段水体为研究区域，探究建坝前后表面水温与近地表气温的变化趋势，对不同时间尺度下近坝段水-气界面热量交换过程进行探究。

8.1　三峡大坝基本情况及建坝综合影响

8.1.1　三峡大坝基本情况

长江每年向海洋输送 9100 亿 m^3 淡水，约占全球输送淡水总量的 2.6%(Dai and Trenberth，2002)。长江流域主体位于亚热带地区，受季风气候影响，降水年内分布不均，多集中在夏季，雨季(5～10 月)降水量约为 1070mm(Cai et al.，2018)。因流域内地形起伏大，20 世纪 50 年代至今，长江已建坝 5 万余座(Yang et al.，2011)。2003 年 6 月三峡大坝开始运行，坝区面积为 15.2km^2(图 8.1)。三峡大坝位于长江三峡中的西陵峡，地处我国第二级阶梯，地形复杂多变。三峡大坝建成后，历经四个阶段：围堰阶段(2003～2006 年)，成功蓄水至 135m 高程；初始阶段(2006～2008 年)；实验阶段(2008～2010 年)，水库进入 175m 实验性蓄水期；正常运营阶段(2010 以后年)，2010 年 10 月首次达到 175m 正常蓄水位。三峡工程按设计方案达到正常蓄水 175m 水位时，库区水域面积 1084km^2，总库容 393 亿 m^3，其中防洪库容 221.5 亿 m^3。作为长江最重要的大坝，三峡大坝自投入使用以来，带来了明显的经济效益，很大程度上减轻了中国能源危机，较好改善了长江下游地区洪涝灾害情况(Nakayama and Shankman，2013)，但也加剧了下游地区水文干旱形势(Li et al.，2013；Shen and Xie，2004)，并给生态系统带来巨大挑战(Guo et al.，2012)。大坝蓄水后形成的三峡库区位于长江中上游地区，横跨湖北省、重庆市的 25 个市(县、区)。三峡库区属亚热带大陆性季风气候，气温冬暖夏凉，年变幅较小，但受复杂地形影响，垂直气候变化明显。三峡库区森林、野生动物和水生生物资源丰富，受大坝影响，土地利用方式变化强烈，野生动植物生境受移民等影响干扰较大，导致陆地生物量发生改变。同时，水库调蓄作用不断变化，对水生生物的生长、繁育环境造成影响，导致长江中下游地区水生生物(特别是鱼类)不断减少。

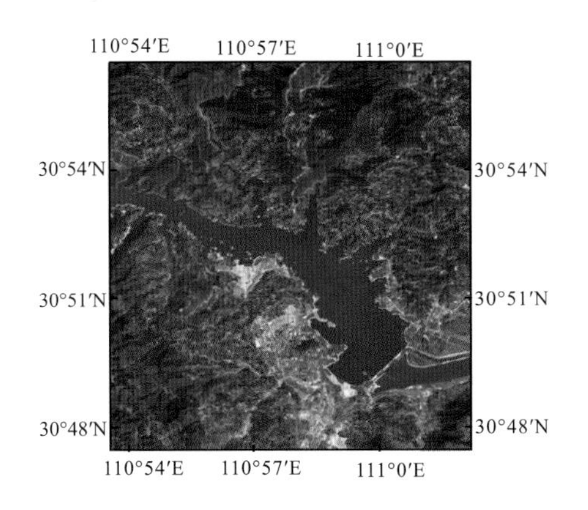

图 8.1　研究区区位图

注：红色虚线所框选区为研究区——近坝段水体，所采用背景遥感影像来自 Landsat 系列卫星。

8.1.2　三峡大坝综合效应

1. 社会经济效益

1) 防洪发电

通过水库调度，防范季节性洪水是水库的重要的作用之一。三峡大坝因其蓄水量较大、地理位置优越等特点，自修建以来，不断调整水库调度方式，拦洪泄洪能力稳步提升。三峡大坝建成后，缓解了汛期洪水对沿岸及下游人民生态、经济和社会安全的影响，减轻了下游地区的防洪、泄洪压力，保障了人民生命和财产安全(蔡其华，2010；廖鸿志和沈华中，2010)。廖鸿志和沈华中(2010)对 2010 年特大暴雨条件下，三峡工程防洪经济效益进行分析，发现三峡工程在科学调度下，充分发挥防洪能力，对洪水实施有效拦截，让下游地区水位线在汛期并未超过警戒水位，防洪效益显著。在解决洪水问题的同时，三峡大坝通过蓄水调度带动发电，成为世界上最大的清洁能源发电站。对比其他发电方式，水力发电能源环保，二氧化碳排放量小，保障发电效益的同时对环境污染较小。水力发电作为三峡工程的主要功能之一，在大坝经济效益中占有重要地位(王敏等，2015)。

2) 航运功能

长江为中国第一长河，三峡段河谷纵横，地形复杂，水流因山势而湍急，基础条件制约了三峡段大型船只的航运能力。三峡大坝建成后，库区回水使河面变宽，河水深度增加，通航能力显著提升(蔡其华，2010；姚仕明等，2010)。研究表明，蓄水后三峡工程货运量逐年上涨，提升了河道通行大型船只、运载大型货物能力，并使运输成本较之前降低了约 35%(潘家铮，2004)。长江流域作为中国主要经济发展区域，三峡大坝建成后库区通航能力增加，将充分发挥“黄金水道”交通运输枢纽作用，促进长江流域中下游地区经济交流多样化，为长江流域经济的快速发展提供保障。

3）灌溉和供水

水资源空间分布不均是我国水资源面临的问题之一，水库修建后通过对水资源开展优化调控能够有效解决这一问题。近五十年来，中国社会经济快速发展，人口的增长和转移导致对水资源和耕地资源需求量上升，居民用水、工业用水和耕地灌溉用水消耗量显著增加，这对水资源的合理调控提出了挑战。三峡大坝建成前，受水库调控能力影响，长江流域的调控范围主要集中在区域尺度，研究表明，随着三峡大坝和南水北调工程建设完成，流域和水库群尺度的调水工作得以实施，水库优化调度能力明显提升(陈进，2018)。三峡库区的合理调控使供水面积覆盖长江中下游流域地区，保障了当地生产和生活用水，为我国水资源的合理分配提供了支持。

2. 生态效益

三峡水库位于亚热带季风气候区，充足的水热条件使得该区域动植物资源丰富，生态效益显著。从库区植被来看，三峡库区植被覆盖率高，植物种类丰富，是我国重要的植物“宝库”(王建柱，2006)；从库区动物来看，因其水资源优势，河流湖泊较多，陆生动物资源也较为丰富，主要分为城市生态系统野生动物、农田生态系统野生动物、水域生态系统中的陆生野生动物和森林生态系统野生动物四类(刘少英等，2002)。除此之外，三峡库区最重要的是水生生物资源种类较多。三峡水库上游为珍稀特有鱼类国家级自然保护区，下游湖泊众多，是流域生态环境保护的重要屏障(蔡其华，2010)，也是我国珍稀鱼类资源的广泛分布区域。综合以上三点可以发现，三峡库区生物资源丰富，是我国重要的生态保护区域，通过流域的合理有效开发将发挥较大的生态效益。

8.2 研究现状

本书前 7 章表明，在全球气候变暖的大背景下，气候变化作为最重要的影响因子直接控制湖泊表面温度的变化。河流又因形式复杂，其表面水温对气温变化的敏感性较海洋等大型水体更强(Austin and Colman，2008)，表面水温更易受外界因素影响而发生改变，气温也被认定为是除太阳辐射外，对河流表面水温最重要的自然影响因素之一(Van Vliet et al.，2013；Johnson，2004)。现有研究表明，河流水温不仅受大规模气候变化(气温上升等)的影响(Garner et al.，2014；Van Vliet et al.，2011)，还受人为因素的干扰，河流表面水温对气温的响应机制发生改变，在某些地区其升高速率超过了周围环境气温上升速率(Yang et al.，2019，2018；Chen et al.，2016；Schneider and Hook，2010)。其中，影响最为广泛和深刻的人类活动就是修建大型水利设施。三峡大坝带来巨大社会和经济效益的同时，也会给生态环境造成许多压力。河流水温作为水体最基本的物理属性，会导致流域气候产生变化，从而干扰河流生物生存、发展和繁殖过程，最终自身变化以及对其自身变化的响应过程将会对生态造成影响。三峡大坝建坝后水温热效应对河流的影响将会随着与大坝距离的增加而减小，因此本小节将对三峡大坝近坝段水体展开研究，探究其表面水温变化及其与气候变化间的相互作用情况。下文对现有文献进行总结，共分为三个部分。

从河流水温变化的研究成果来看，目前，为蓄水防洪，保障充足水供应，人为在大江大河中建造大坝，水库扩张已覆盖全球陆地面积的 0.2%(Lehner et al.，2011)。大坝的修建改变河流自然流动状态，极大影响河流水情(流量、水温等)变化(Lai et al.，2014；Sullivan and Rounds，2006)和下游生态系统发展(Zhang et al.，2012)。其中，大坝修建后对流域水温增热(减冷)的控制作用引起广泛关注(Liu et al.，2018)，通常这种热响应模式随着与大坝距离的增加而减小(Toffolon et al.，2010；Preece and Jones，2002)。目前关于水库调度热效应的研究主要集中在大坝上游及下游地区，针对靠近大坝表面水温变化的研究较少。同时，有研究表明，水温升高会破坏土壤颗粒的胶结作用，降低土壤结构的稳定性(Debosz et al.，2002；Cheshire，1979)，从而导致水土流失加剧。近坝段表面水温的变化可能会造成大坝水土流失情况的改变，并且在全球变暖的影响下，温度的改变导致土壤水土流失状况产生差异(Sachs and Sarah，2017)。同时，水库的修建不仅仅影响河流表面水温变化，也将对区域气温产生影响。Vanderkelen 等(2020)使用全球规模湖泊模型、水文模型和地球系统模型的组合量化了天然湖泊、水库和河流对全球热量的吸收情况，表明大坝建设所吸收的热量是内陆水体吸收热量的 10.4 倍。水库建成后，水体热容量增加对区域近地表气温造成影响。并且水库周期水力作用使区域热动力变得复杂(Cai et al.，2018)，近地表气温与近坝段表面水温因大坝修建而发生变化，近坝段表面水温对近地表气温的响应机制也随之改变。为此，还需对近地表气温与近坝段河流表面水温相关性进行探究，以了解大坝修建后对区域内部热量平衡的影响强度，从而为库区近坝段水土流失研究提供基础。

从三峡大坝现有水温研究成果来看，长江作为世界水能第一大河，一直受到地理学、生态环境学和水文水资源学等领域研究人员的重点关注(Chen et al.，2016)。2003 年三峡大坝建成后，带来明显的经济效应，很大程度上减轻中国能源危机，较好改善长江下游地区洪涝灾害情况(Nakayama and Shankman，2013)，但也加剧了下游地区水文干旱形势(Li et al.，2013；Shen and Xie，2004)，并给生态系统带来巨大挑战(Guo et al.，2012)。近年来，对三峡水库的研究主要集中于三方面：一是利用站点实测水温数据对三峡水库下游地区蓄水前和蓄水后水温变化特点及其与气温、流量等影响因素间的关系进行分析(Liu et al.，2018)；二是研究三峡大坝下游地区蓄水后河流水情(如流量、水位等)、极端洪涝灾害和水文干旱事件变化情况(Liu et al.，2018；Nakayama and Shankman，2013；Li et al.，2013)；三是量化三峡大坝对下游生态系统热力及水温变化的影响(Cai et al.，2018；Zhang et al.，2012；Guo et al.，2012)。上述研究多针对站点数据进行分析，缺乏从宏观尺度对三峡大坝水文、水质时空变化的空间分析研究，结合近地表气温对库区特别是近坝段表面水温变化的研究较少。

随着空间的变化和时间的推移，河流表面水温发生改变，因此表面水温的测量并不能以简单“点”水温代替。目前，遥感图像反演成为获取表面水温数据的重要手段之一，但这种方法多用于湖泊和海洋中，对河流、水库的应用较少。三峡库区地形复杂、景观破碎程度高(Zhao and Shepherd，2012)，且近坝段表面水温受水库季节性蓄水影响发生改变，距坝体最近水文站(宜昌站)位于大坝下游 44km 处，无法准确反映近坝段表面水温变化，遥感数据反演能更好地获得三峡水库近坝段表面水温数据。近年来，可供选择的热红外遥感反演数据源的种类很多，如 Landsat 系列数据集、MODIS 数据产品、ATSR 数据等。常用数据产品为Landsat系列数据集和MODIS数据产品。Schaeffer和Hook（2010）用Landsat系列数据对美国35个湖库表面水温进行提取，将其与实测数据进行比较，结果表明，陆地卫星温度测量的平均绝对误差为1.34℃，水边界为4.89℃，河口为1.11℃。Wan等（2017）用2001～2015年MODIS数据对青藏高原374个湖泊表面水温数据集进行构建，并对青藏高原374个湖泊表面水温变化进行分析。本书选取三峡大坝近坝段部分水体为研究对象，其河面宽广，对空间分辨率需求较低；为研究近坝段表面水温在多时间尺度下的变化特征，对时间分辨率需求较高。MODIS数据集以较高的时间分辨率和较低的空间分辨率为特点，能满足研究需求，为研究近坝段表面水温的变化情况提供数据支持。因此本书选择MODIS数据集进行近坝段表面水温反演。Landsat系列数据集具有较长的重返周期，很难获取连续和高时间分辨率的数据，不满足研究需求。MODIS数据产品较其他数据集服务周期更长，可以获得长时间序列的高精度年均和月均数据。受MODIS数据空间分辨率低制约，选择靠近坝体部分水体作为研究区，此部分水体河面较广，避免了混合像元的问题，能够满足研究精度需求。

综上，作者团队在前期针对湖泊表面水温研究的基础上（Yang et al.，2020；Luo et al.，2019a，b；Yang et al.，2019，2018），以三峡库区为研究对象，对三峡水库建坝前（1989～2003年）和建坝后（2004～2018年）近地表气温变化及建坝后近坝段表面水温变化开展初步探索性研究；深入探讨三峡大坝的修建对区域近地表气温的影响，分析建坝后三峡库区近坝段表面水温与区域近地表气温在不同时间尺度的变化趋势及其相关性，讨论水库蓄水后近坝段表面水温对近地表气温的响应强度，为后续探究水库建设导致区域热量再分配及其造成的水土流失效应提供理论和数据基础。

8.3 数据准备与预处理

三峡大坝于2003年6月正式投入使用，为研究三峡大坝的修建对库区近地表气温变化的影响，将近地表气温研究时间尺度划分为建坝前（1989～2003年）与建坝后（2004～2018年）两段进行比较。为分析建坝后近坝段表面水温与近地表气温变化情况及其相关性，以建坝后与近地表气温相同的时间研究尺度的近坝段表面水温为基础展开趋势和相关性分析。本书所使用的数据包括建坝前近地表气温、建坝后近地表气温、近坝段表面水温、三峡库区边界和近坝段水体边界，主要研究过程分为数据处理、数据提取和数据分析三个部分，技术路线如图8.2所示。

(1)数据处理。对于近坝段表面水温数据，选择MOD11A2夜间产品作为数据源，对数据进行预处理、插值处理和滤波处理后转换为摄氏度导出。近地表气温数据是从欧洲中期天气预报中心获得的空间分辨率为0.125°×0.125°的近地表2m大气温度月均数据。

(2)数据提取。以2004～2018年Landsat系列数据中TM、ETM+和OLI遥感影像作为数据源，运用ENVI5.3对遥感影像进行预处理，采用归一化水体指数提取近坝段水体，并与谷歌地球高分辨率影像进行对比分析，用ArcGIS对边界进行矢量化，得到三峡水库近坝段水体边界。因相近年份水体边界变化较小，选择2004年10月8日（2004年）、2005

年 4 月 2 日(2005～2009 年)及 2010 年 5 月 2 日(2010～2018 年)湖泊水体矢量文件作为近坝段表面水温提取边界，为减小陆地和水界面的波动及各年间湖泊边界微小差异的影响，对不同年份边界分别建立 50m 缓冲区。因 MODIS 数据集空间分辨率不高，为保障提取精度，以裁剪长度为距离大坝 1km 内的水体矢量边界作掩膜，提取近坝段表面水温。从欧洲中期天气预报中心下载的近地表气温数据空间分辨率较低，因区域内气温变化较小，为保障提取精度，以三峡水库边界为掩膜，提取区域近地表气温并转换为摄氏度导出。

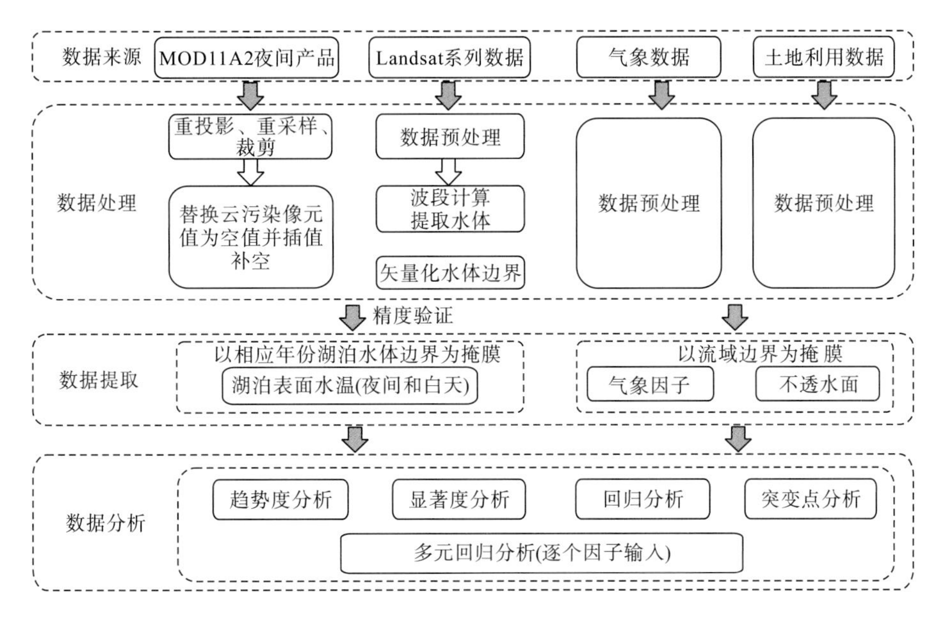

图 8.2　研究技术路线

(3)数据分析。本书采用单变量回归分析方程探究近坝段表面水温和近地表气温的变化趋势和显著程度。首先，利用 Mann-Kendall 突变点检验与 Pettitt 检验，分析近地表气温变化趋势中的突变点。其次，通过皮尔逊(Pearson)相关性系数分析近坝段表面水温及近地表气温在建坝后各时间尺度下的关联性，此前数据已检测满足正态分布，分析主要从年尺度、季尺度展开，同时，依据季风区河流特征划分为枯水期(11 月至次年 4 月)、丰水期(5～10 月)两个时段。最后，依据 2004～2018 年长江三峡工程运行实录(来自中国长江三峡集团有限公司)，对大坝运行后调运时段进行归纳和分析，划分为蓄水期(9～10 月)、消落期(11 月至次年 5 月)和汛期(6～8 月)。

8.4　三峡水库水-气界面热量交换研究结果与分析

8.4.1　三峡水库近地表气温变化特征

1. 年尺度特征

图 8.3 为建坝前与建坝后三峡水库年均近地表气温变化情况。三峡库区年均近地表气

温总体(1989～2018 年)呈显著上升趋势($CR_{1989\sim2018年}$=0.21℃/10a)，温差ΔT为 0.92℃，增温速率略低于我国 1951～2018 年年均气温增长速率(根据《中国气候变化蓝皮书(2019)》，1989～2018 年增温速率为 0.24℃/10a)。

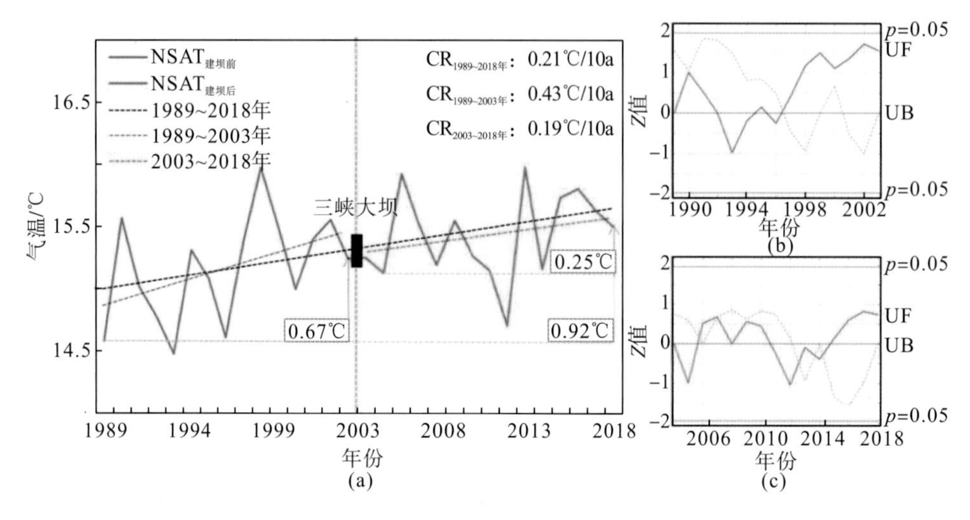

图 8.3 建坝前与建坝后三峡水库年均近地表气温变化趋势及突变点

注：(a)为三峡水库近地表气温在建坝前(蓝色)、建坝后(红色)变化，实线是年均近地表气温变化，虚线表示变化趋势，黑色虚线为 1989～2018 年总体近地表变化趋势，灰色虚线与方框内数值表示温差 ΔT (灰色方框是总温差 $\Delta T = T_{2018} - T_{1989}$，蓝色方框是建坝前温差 $\Delta T = T_{2003} - T_{1989}$，红色方框是建坝后温差 $\Delta T = T_{2018} - T_{2004}$)；(b)，(c)分别为建坝前(蓝色)与建坝后(红色)近地表气温 Mann-Kendall 突变点检验结果(实线为 UF，代表时间序列中正向趋势的统计显著性；虚线为 UB，代表时间序列中负向趋势的统计显著性)。

建坝前三峡库区近地表气温上升速率为 0.43℃/10a，远高于研究时间范围内近地表气温总体上升速率。最高温出现在 1998 年(15.97℃)，最低温出现在 1993 年(14.48℃)，近地表气温平均值为 15.17℃。通过 Mann-Kendall 突变点检验与 Pettitt 检验结合对建坝前近地表气温突变点进行判断，图 8.3(b)表明建坝前近地表气温突变点大约在 1996 年，但突变并不明显。建坝后，三峡库区近地表气温以 0.19℃/10a 的速率上升，变化趋势并不显著，最高温出现在 2013 年，为 15.98℃，最低温出现在 2012 年，为 14.71℃，建坝后近地表气温平均值(15.43℃)高于建坝前(15.17℃)。图 8.3(c)表明，三峡大坝修建后，三峡库区近地表气温无显著突变点。总体来看，三峡库区 1989～2018 年的 30 年来近地表气温整体呈上升趋势，但建坝前与建坝后近地表气温变化速率存在明显差异。建坝后近地表气温增长速率低于总体增长速率，并显著低于建坝前增长速率，温差也较建坝前小。在全球变暖不断加剧的大背景下，三峡库区近地表气温增长速率明显下降，表明三峡大坝修建对库区近地表气温的变化具有显著抑制作用。这是因为通常水体较陆地其他组分具有大比热容和低反照率的特点(Vanderkelen et al.，2020)，拦水建坝后三峡库区内水量增多，具有较大热容量的水体较建坝前能储存更多热量，影响区域热量分配，抑制区域近地表气温上升，使库区近地表气温增长速率较建坝前降低。

2. 季尺度特征

由于三峡库区位于亚热带季风气候区，河流流量变化和大坝人为调控时段受季节变化干扰，导致近地表气温的季节性差异，因此还需从季节尺度讨论三峡库区建坝前与建坝后近地表气温变化情况。总体来看，1989～2018 年三峡库区近地表气温在四个季节均呈上升趋势(图 8.4)。其中，春季(0.45℃/10a)和夏季(0.28℃/10a)增长显著，春季变化速率最快，温差变化较大；秋季(0.09℃/10a)和冬季(0.04℃/10a)增长速率较低，温差变化较小，冬季变化平缓，温差较低。

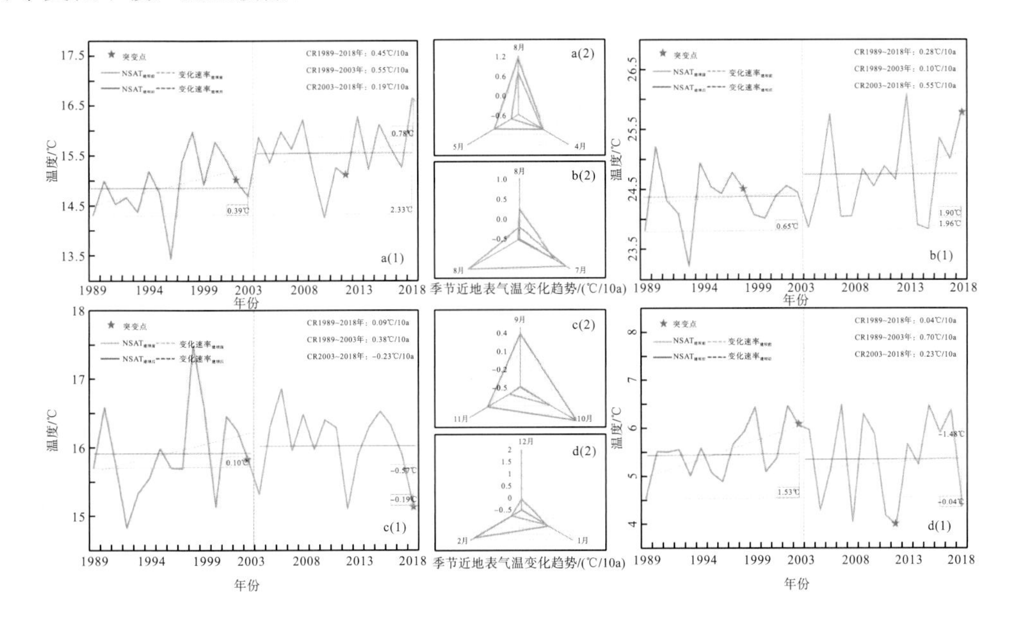

图 8.4　建坝前与建坝后三峡水库近地表气温季均及月均变化

注：a(1)、b(1)、c(1)、d(1)分别为春、夏、秋、冬四季季均近地表气温在建坝前(橙色)和建坝后(蓝色)变化趋势，实线表示季均近地表气温变化情况，虚线反映变化趋势，灰色虚线与方框内数值表示温差ΔT(灰色方框是总温差$\Delta T=T_{2018}-T_{1989}$，橙色方框是建坝前温差$\Delta T=T_{2003}-T_{1989}$，蓝色方框是建坝后温差$\Delta T=T_{2018}-T_{2004}$)，蓝色五角星代表检验所得突变点；a(2)、b(2)、c(2)、d(2)分别表示各季节内近地表气温月均变化速率，橙色实线表示建坝前，蓝色实线表示建坝后。

建坝前，近地表气温在四个季节均呈增长趋势，增长速率最快出现在冬季(0.70℃/10a)，且呈显著增长，温差为四季最大。冬季月均近地表气温变化速率较大，12 月呈下降趋势，1 月和 2 月上升趋势显著，并在 2 月达到最大增长速率；夏季增长速率最平缓(0.01℃/10a)，在 8 月达到最低值，秋季温差变化最小(0.10℃)。四个季节均有突变点，但突变并不显著。

建坝后，近地表气温在春季(0.19℃/10a)、夏季(0.55℃/10a)、冬季(0.23℃/10a)均呈上升趋势，夏季增长最显著且温差变化最大，秋季近地表气温呈下降趋势(−0.23℃/10a)，温差变化最小；冬季气温上升速率较春季高，但温差为负值且变化较大。

通过对比建坝前与建坝后近地表气温变化，发现在春季、秋季和冬季，建坝后气温增长速率较建坝前均降低，秋季降低趋势最显著，这种降低特征在晚冬(2 月)变化最明显。

其次为春季，速率变化弱于冬季和秋季，且建坝后温差较建坝前大。秋季气温由建坝前上升趋势转为建坝后下降趋势，月均近地表气温变化速率在建坝后均下降，初秋阶段(9～10月)变化最显著，温差在两个时段都较低。建坝后夏季近地表气温增长速率较建坝前显著加快，温差也远高于建坝前。这可能是因夏季水库泄洪排水，水体热容量下降，减弱对气温的抑制作用，近地表气温受全球气候变暖等因素影响较建坝前上升。从多年平均值看，建坝后较建坝前，近地表气温在春季、夏季、秋季平均值均增高，变化最大出现在春季，秋季增温较小，冬季建坝前平均温度高于建坝后平均温度。综上可知，大坝修建导致四个季节近地表气温均发生改变，对秋季和冬季近地表气温的变化有削弱作用，冬季抑制最强，特别是在冬季后期。这可能是因为在秋季和冬季，三峡水库水深及容量较建坝前增大，库区储存大量水体，具有较大热惯性，影响区域热量分配，从而导致近地表气温变化，其增长速率较建坝前下降。大坝修建对春季和夏季近地表气温抑制作用较弱，建坝后夏季增长速率加快，春季虽然近地表气温增长速率降低，但建坝后近地表气温平均值及温差显著高于建坝前。因此，大坝运行周期的变化使库区蓄水容量及深度发生季节性变动，导致近地表气温发生改变。同时，库区表面水温因水体吸收热量的不同也将产生差异，近坝段表面水温对近地表气温的热响应也将不同。为进一步探究大坝修建后近坝段表面水温与气温的关系，还需对近坝段表面水温变化情况进行讨论。

8.4.2 三峡水库近坝段表面水温变化特征

1. 年尺度特征

2003 年三峡水库蓄水后，近坝段表面水温与近地表气温波动上升，两者重合度随时间的推移不断减弱，特别是低值和高值区域，如图 8.5(a)所示。2004～2018 年的 15 年来近坝段表面水温呈显著上升趋势，增温率为 0.58℃/10a，平均表面水温为 15.27℃，增长速率远高于同期近地表气温增长速率。年均近坝段表面水温最低值出现在 2005 年，为 14.26℃，最高值出现在 2018 年，为 15.92℃，与近地表气温最高值和最低值出现年份并不吻合。除 2008～2010 年、2014 年、2018 年外，其他年份近地表气温均高于表面水温。2005～2009 年气温波动变化，年均表面水温却持续上升，这可能与三峡水库第三阶段(2004～2009 年)建设项目有关，这一时段最高蓄水位不断提升，导致水温升高。

2. 季尺度特征

从季均看，近地表气温与近坝段表面水温在四个季节均存在差异，两者随时间分化明显，特别是夏季和冬季，两者差值逐渐变大，如图 8.5(a)所示。图 8.5(b)～图 8.5(e)为建坝后近坝段表面水温与近地表气温在不同季节的变化特征。由图 8.5 可知，秋季近坝段表面水温与近地表气温交叉波动变化，其余季节均不交叉，冬季近坝段表面水温较高，春季和夏季近地表气温较高。同时发现，除春季外，近坝段表面水温均呈上升趋势，冬季增长速率最快(1.91℃/10a)且呈显著性增长趋势，温差比其余三个季节大，近坝段表面水温与近地表气温的差值随时间不断增大。秋季近坝段表面水温增长速率(0.52℃/10a)与温差比冬季低，但显著高于春季和夏季。夏季近坝段表面水温保持稳定，增长速率(0.03℃/10a)

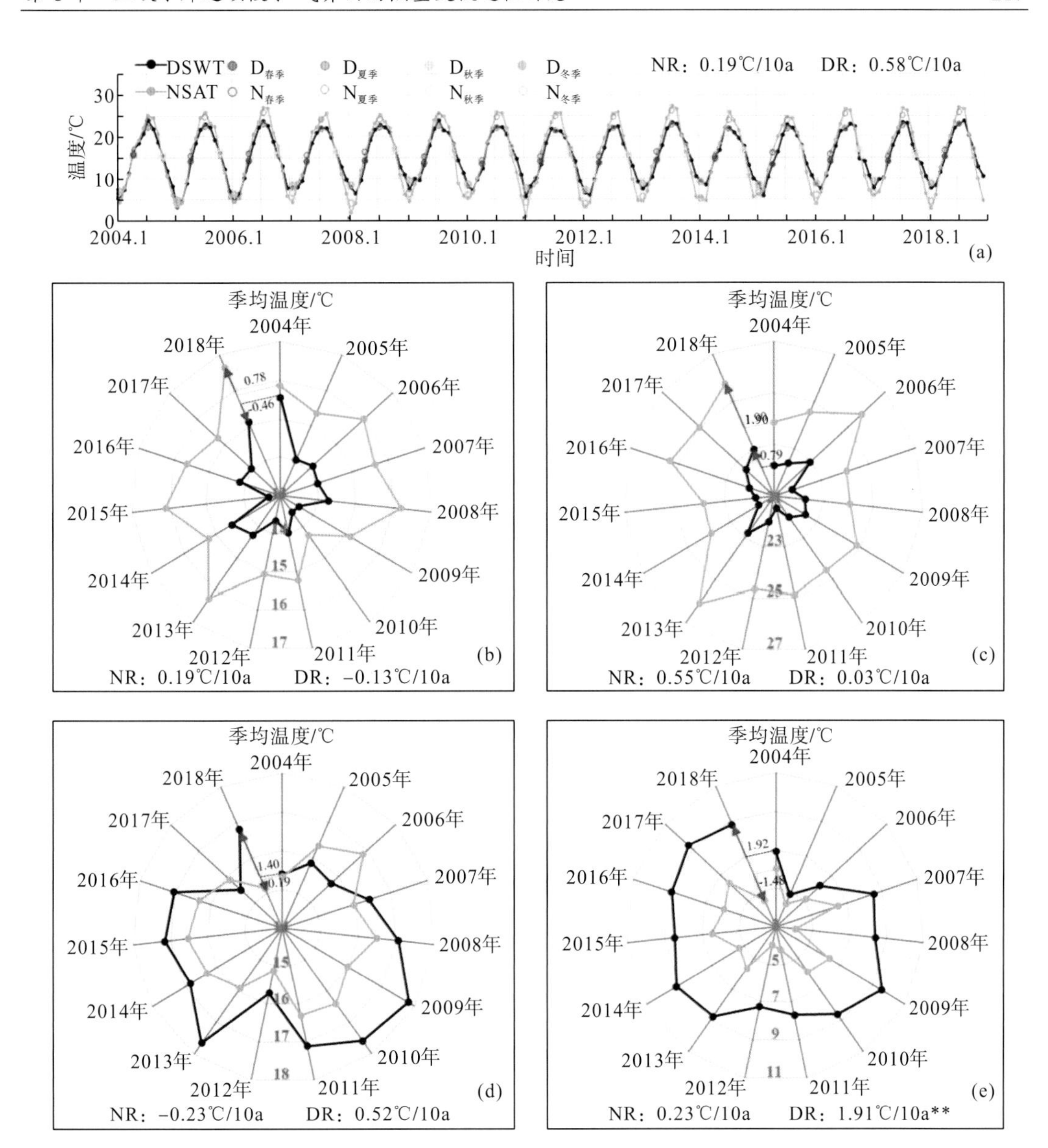

图 8.5　建坝后三峡水库不同时间尺度近坝段表面水温与近地表气温变化情况

注：(a)为月均和季均近坝段表面水温与近地表气温变化趋势，彩色圆分别表示近坝段表面水温（实心圆）和近地表气温（空心圆）季均值；(b)～(e)分别表示春、夏、秋、冬四个季节近坝段表面水温与近地表气温变化趋势；红色箭头与数值表示温差 ΔT（$\Delta T = T_{2018} - T_{2004}$）；带标记黑色线段为近坝段表面水温，带标记灰色线段为近地表气温；NR 表示近地表气温变化速率，DR 表示近坝段表面水温变化速率；**表示显著性水平 a=0.01；DSWT 为近坝段表面水温，缩写为 D，NAST 为近地表气温，缩写为 N。

与温差均较小，但近地表气温与近坝段表面水温随时间变化方向和强度类似。春季近坝段表面水温变化速率下降(-0.13℃/10a)，下降趋势并不显著，温差为负值。建坝后近地表气温变化表明，在春季和夏季，在近地表气温增长的背景下，近坝段表面水温变化并不显著。

这可能是由于此时三峡大坝处于排水阶段，库区水体热容量较小，对区域热量吸收能力低于蓄水时期，因此近坝段表面水温变化并不显著，但此时期内近坝段表面水温与近地表气温的关系还需进一步讨论。在秋季和冬季，近坝段表面水温上升趋势显著且明显高于近地表气温变化速率，这可能是因为三峡水库此时水位较高，具有高热容量的水体吸收大量的热能，使近坝段表面水温升高。总体而言，三峡大坝修建后，近坝段表面水温因季节变化产生明显差异，受区域近地表气温的影响强度也发生改变，为更好探究建坝后区域近地表气温对近坝段表面水温的热响应情况，还需关注两者相关性的变化。

8.4.3 多尺度近地表气温与近坝段表面水温相互作用特征

大量研究表明，气温是影响表面水温的重要因素之一(Van Vliet et al.，2013；Johnson，2004)，但受人类活动干扰，气温对表面水温的控制能力下降。三峡大坝修建后，季节性人为调控水量的变化使区域内部热量分配情况发生改变，近地表气温及近坝段表面水温的变化趋势也产生差异，将对近地表气温和近坝段表面水温相互作用机制产生影响。本书以不同时间尺度，对2004～2018年近坝段表面水温与近地表气温关系进行探究。

根据表8.1，年均近坝段表面水温与近地表气温相关系数 R=0.41，两者呈中相关，相关系数明显低于下游宜昌站气温与水温相关系数(R=0.84)(Liu et al.，2018)，表明近坝段表面水温与近地表气温相互作用情况较下游存在差异。从季节来看，三峡库区近坝段表面水温与近地表气温在春季、夏季、秋季、冬季相关系数 R 分别为0.49、0.74、0.28、0.48，两者在夏季呈显著强相关，这可能是夏季水库排水，水深及容量较建坝前变化不大，与正常流动河流水情相似，三峡大坝影响较小，近坝段表面水温受近地表气温控制较强的原因。在秋季，近坝段表面水温与近地表气温几乎不相关。为了更好地解释年内不同季节近坝段表面水温与近地表气温相互作用显著不同的潜在机制，以下结合河流自然流量变化及大坝人为调控影响两方面对两者相关性进行探究。

表8.1 近坝段表面水温与近地表气温相关性

时期	相关系数 R	时期	相关系数 R
年均值	0.41	春季	0.49
夏季	0.74^{**}	秋季	0.28
冬季	0.48	枯水期	0.41
丰水期	0.55^{*}		

注：**表示通过显著性水平 a = 0.01；*表示通过显著性水平 a=0.05。

位于季风区的河流，季节的变化导致河流流量差异，因此，还需从河流自然流动状态及人为调节状况两方面讨论近坝段表面水温及近地表气温的相关性。从河流流量变化看(表 8.1)，近坝段表面水温与近地表气温在丰水期两者相关系数(R=0.55)高于枯水期(R=0.41)，且通过显著性检验。从大坝运行情况看(图 8.6)，近坝段表面水温与近地表气温在汛期相关系数(R=0.74)显著高于其他时期，两者呈显著强相关。汛期划分时间与夏季相同，具有较高相关性的原因与夏季一致，在此不再论述。在蓄水期与排水期，近地表气温与近坝段表面水温相关性较弱，可能是因为此时段内库区水量较多，有大量的水参与到大气的热交换中，区域热量吸收的空间分布因水深及水深所造成的体积变化而发生改变(Vanderkelen et al.，2020)，库区具有较高的热惯性，可吸收区域内大量的热能，近坝段表面水温随水库容量的增大而升高，近地表气温对近坝段表面水温的热影响作用下降，两者相关性降低。

对比分别以自然因子与人为调控因子为基础划分的不同时间尺度，发现近地表气温与近坝段表面水温的相关性在枯水期和丰水期的变化明显小于在蓄水期和汛期的变化，表明大坝修建后显著改变河流水情，影响近坝段表面水温与近地表气温相互作用机制，使两者相关性产生差异。

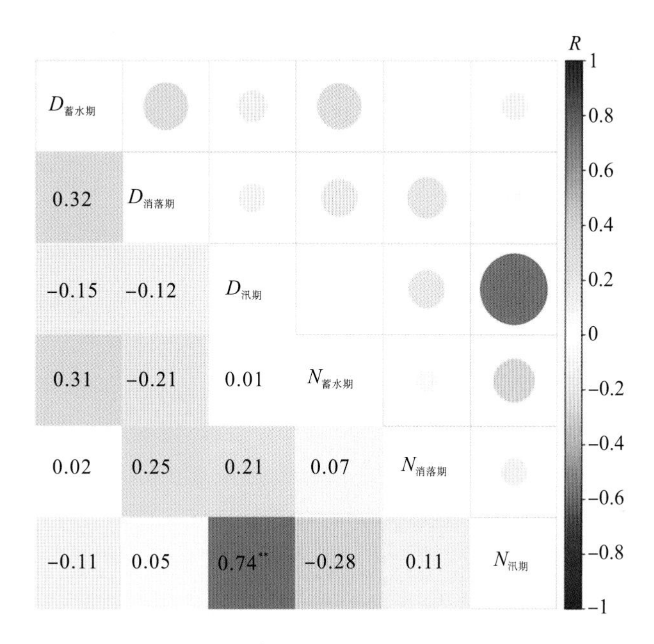

图 8.6　蓄水后三峡水库近坝段表面水温与近地表气温在各期相关性

注：**表示显著性水平 α=0.01；*表示 α=0.05。

8.5　本 章 小 结

本章在综合理论分析及湖泊案例应用的基础上，选择三峡库区为研究对象，对蓄水调节后近坝段水-气界面热量交换情况进行探究，结果表明，三峡大坝修建后库区运行时段的变化导致近坝段表面水温与近地表气温的季节性差异，影响区域热量分配，从而使近坝段表面水温对近地表气温响应机制发生改变。前人研究多针对站点数据反映三峡大坝修建对下游区域热量变化情况及生态系统发展的影响(Cai et al.，2018；Liu et al.，2018；Zhang et al.，2012；Guo et al.，2012)，本书以近坝段水体为研究对象，能更直接反映三峡大坝对坝前水体表面水温的影响和效应，直接关系到区域气候变化及下游生态环境演变。三峡水库作为中国蓄水量最大的水库，以其为例开展示范研究，能够为决策者分析大型水库建设的生态环境效应、治理库区及其周边生态环境效应提供借鉴和理论依据，以体现湖泊和水库不同的特征，比较两者的差异性和研究的特殊性。

1. 建坝后，年均表面水温与近地表气温均呈上升趋势

三峡大坝修建后，库区近坝段年均表面水温与近地表气温均呈上升趋势，近地表气温上升速率为0.19℃/10a，低于中国近五十年来年均气温增长速率。近坝段年均表面水温显著上升(0.58℃/10a)，远高于近地表气温增长速率。这一结果表明，近坝段表面水温的增长不仅来源于近地表气温，水库的调蓄对近坝段表面水温作用明显。同时，近坝段表面水温的上升将加剧库区内水土流失，影响水库蓄水容量。2005～2009 年在气温上下波动的背景下，近坝段表面水温持续升高，可能与三峡大坝第三阶段建设项目水位不断提升有关，这也再次证实三峡大坝的调蓄对近坝段表面水温的影响较大。

2. 大坝的修建影响区域热量分配及近坝段表面水温与近地表气温的季节变化

三峡水库年均近地表气温在 1989～2018 年呈显著上升趋势(0.21℃/10a)。建坝前气温增长速率(0.43℃/10a)远高于建坝后气温增长速率(0.19℃/10a)。在全球变暖的大背景下，库区近地表气温增长速率显著降低，表明三峡大坝的修建抑制了近地表气温的增长。这是因为水库对热量具有高吸收能力，三峡库区建坝后蓄水，具有较大热容量的水体吸收了区域内热量，抑制近地表气温增长，这种影响具有明显的季节性。

建坝前，近地表气温增长速率与 IPCC 第五次评估报告中所阐述的寒冷半年(秋季、冬季)比温暖半年(春季、夏季)增温明显这一结果一致。建坝后，近地表气温夏季增长速率(0.55℃/10a)较快，远高于建坝前夏季气温增长速度(0.1℃/10a)；秋季和冬季降温趋势显著。Vanderkelen 等(2020)通过模型预测及估算分析，表明新建水库中水温的升高可能会产生局部影响，例如，通过缓冲能力掩盖地表温度在昼夜和季节尺度上的升高。

建坝后，近坝段表面水温除春季外均呈上升趋势，夏季上升速率较低且并不显著。冬季增长速率最快且呈显著性上升，结果与前人(Liu et al.，2018；Cai et al.，2018)对下游宜昌水文站水温研究的季节变化一致。将近地表气温与近坝段表面水温结合来看，三峡大坝修建后，两者的变化可分为两个阶段。在秋季和冬季气温变化速率较建坝前降低，此时表面水温增长速率比其他季节快，这一变化趋势在冬季最为显著，这是因为三峡大坝修建后，秋季与冬季库区水量增多且水位上升，具有较高热容量的水库吸收大量的热，影响区域热量分配，导致近坝段表面水温上升，抑制近地表气温增长。在春季和夏季，建坝后近地表气温增长速率较建坝前升高，夏季增长速率最快，春季虽然增长速率降低，但相比其他两个季节平均温度升高速率最大。春季和夏季近地表气温速率上升可能是因为此时段内水库排水(特别在夏季)，水位下降且水量减少，水体对热量分配的干扰作用较其他季节降低，对近地表气温的抑制作用减小。在全球气候变暖等因素影响下，建坝后近地表气温变化速率较建坝前上升。综上所述，三峡大坝的修建影响区域热量的分配，使区域近地表气温与近坝段表面水温随季节发生变化。水库蓄水对近地表气温的影响可能会导致三峡库区和下游地区极端气温的出现，同时会改变库区气温对全球气候变暖的响应强度。

3. 三峡水库运行周期影响近坝段表面水温对近地表气温响应强度

三峡水库的建设使近坝段表面水温与近地表气温变化趋势发生改变。从年尺度分析，近坝段表面水温与近地表气温相关性较弱(R=0.41)，显著低于 Liu 等(2018)所得水库下游宜昌站水温与气温相关性(R=0.84)，说明近坝段水体较下游水体对气温响应更弱，受大坝影响更深。较低的相关性系数也表明，除近地表气温外，年均近坝段表面水温还受其他因素影响。从季节尺度分析，夏季近坝段表面水温与近地表气温呈显著强相关，其余季节相关性均不显著。这一季节差异与河流流量大小及水库运行时段有关，故本书分别讨论了自然因素(降水量)和人为因素(大坝调蓄)对库区表面水温的影响特征。自然因素可划分为枯水期和丰水期两个阶段，人为因素可划分为蓄水期、消落期和汛期三个阶段。研究发现，近坝段表面水温与近地表气温相关性差异受大坝运行时期显著影响，汛期两者线性相关性最高。这是因为汛期泄洪排水，水位达到最低值，库区水容量较小，水体流动形态与大坝建设前河流近似，近坝段表面水温受近地表气温影响较大。在蓄水期和消落期，近坝段表面水温与近地表气温相关性很低，可能是因为此时段内库区水体体积膨胀，水体能储存较多的热量，导致近坝段表面水温随水容量的增加而变化，对近地表气温的热响应较弱。

8.6　展望和启示

8.6.1　未来研究展望

在本书研究基础上，未来我们期望进行以下三方面的研究。首先，本章说明了三峡大坝建坝后表面水温发生显著变化，这将加重河岸水土流失情况，最终导致滑坡等自然灾害和库区泥沙的堆积，因此未来可采用高精度遥感影像，结合近坝段表面水温变化，探究表面水温与沿岸水土流失的关系，构建水温-沿岸水土流失模型，为沿岸生态环境的治理提供保障；其次，生态恢复工作要求库区大范围种树，这可能对流域热环境造成影响，需要量化近坝段表面水温与植树造林对库区气候变化的影响，从而更加有效地开展合适的水库调度方式和植树造林手段研究；最后，河流水温会干扰下游水质，为更好地分析水温对水质的影响程度，将从近坝段开始，探究与大坝不同距离下河流表面水温的变化情况，确定大坝影响阈值，为水质治理提供帮助。

8.6.2　启示

本章通过对三峡大坝建成前后水-气界面热量交换情况进行分析，探究了近坝段水温变化特征，表明大坝对水温及区域气温影响强烈，并且这种影响效应与大坝运行调控阶段有关。三峡大坝是长江地区重要的水利枢纽，能够保障长江中下游地区经济、社会和生态环境的高质量发展。水温作为下游环境的首要干扰因子，其变化情况与三峡大坝调控手段息息相关，因此需要加强水库管理，合理开展调控，最终实现人-水-地三者之间的可持续协调发展。

参 考 文 献

蔡其华，2006. 充分考虑河流生态系统保护因素 完善水库调度方式. 中国水利(2)：14-17.

蔡其华，2010. 加强三峡水库管理 促进区域经济社会可持续发展. 中国水利(14)：7-9.

曹广晶，陈永柏，2005. 三峡库区水环境现状与对策建议. 科技导报，23(10)：25-29.

陈德基，汪雍熙，曾新平，2008. 三峡工程水库诱发地震问题研究. 岩石力学与工程学报，27(8)：1513-1524.

陈进，2018. 长江流域水资源调控与水库群调度. 水利学报，49(1)：2-8.

董哲仁，2003. 水利工程对生态系统的胁迫. 水利水电技术(7)：1-5.

段辛斌，陈大庆，李志华，等，2008. 三峡水库蓄水后长江中游产漂流性卵鱼类产卵场现状. 中国水产科学(4)：523-532.

胡毓良，1994. 水库诱发地震研究的进展//现今地球动力学研究及其应用. 北京：地震出版社.

况琪军，毕永红，周广杰，等，2005. 三峡水库蓄水前后浮游植物调查及水环境初步分析. 水生生物学报，29(4)：353-358.

李建，夏自强，戴会超，等，2013. 三峡初期蓄水对典型鱼类栖息地适宜性的影响. 水利学报，44(8)：892-900.

廖鸿志，沈华中，2010. 2010年三峡水库防洪调度与经济效益初步分析. 中国防汛抗旱，20(5)：4-6.

刘少英，冉江洪，林强，等，2002. 重庆库区陆生脊椎动物多样性. 四川林业科技，23(4)：1-8.

刘新喜，2003. 库水位下降对滑坡稳定性的影响及工程应用研究. 武汉：中国地质大学.

潘家铮，2004. 三峡工程从根本上改变了川江航运面貌. 中国三峡建设(4)：10-12，67.

彭期冬，廖文根，李翀，等，2012. 三峡工程蓄水以来对长江中游四大家鱼自然繁殖影响研究. 四川大学学报(工程科学版)，44(S2)：228-232.

任雪梅，杨达源，徐永辉，等，2006. 三峡库区消落带的植被生态工程. 水土保持通报，26(1)：42-43，49.

王建柱，2006. 三峡大坝的修建对库区动物的影响. 北京：中国科学院研究生院.

王晶晶，白雪，邓晓曲，等，2008. 基于NDVI的三峡大坝岸边植被时空特征分析. 地球信息科学，10(6)：808-815.

王敏，肖建红，于庆东，等，2015. 水库大坝建设生态补偿标准研究——以三峡工程为例. 自然资源学报，30(1)：37-49.

姚仕明，王兴奎，张丙印，2010. 三峡大坝至葛洲坝两坝间河段通航水流条件. 水利水电科技进展，30(6)：43-47.

张秋文，章永志，钟鸣，2014. 基于云模型的水库诱发地震风险多级模糊综合评价. 水利学报，45(1)：87-95.

Austin J，Colman S，2008. A century of temperature variability in Lake Superior. Limnology and Oceanography，53(6): 2724-2730.

Cai H Y，Piccolroaz S，Huang J Z，et al.，2018. Quantifying the impact of the Three Gorges Dam on the thermal dynamics of the Yangtze River.Environmental Research Letters，13(5)： 054016.

Chen P，Li L，Zhang H B，2016.Spatio-temporal variability in the thermal regimes of the Danjiangkou reservoir and its downstream river due to the large water diversion project system in central China. Hydrology Research，47(1):104-127.

Cheshire M V，1979. Nature and origin of carbohydrates in soils. London：Academic Press.

Dai A G，Trenberth K E，2002. Estimates of freshwater discharge from continents: latitudinal and seasonal variations. Journal of Hydrometeorology，3(6):660-687.

Debosz K，Vognsen L，Labouriau R，2002. Carbohydrates in hot water extracts of soil aggregates as influenced by long-term management. Communications in Soil Science and Plant Analysis，33(3-4): 623-634.

Garner G，Hannah D M，Sadler J P，et al.，2014. River temperature regimes of England and Wales: spatial patterns，inter-annual variability and climatic sensitivity . Hydrological Processes，28(22):5583-5598.

Guo H，Hu Q，Zhang Q，et al.，2012. Effects of the Three Gorges Dam on Yangtze River flow and river interaction with Poyang Lake，China：2003-2008. Journal of Hydrology，416-417: 19-27.

Johnson S L，2004. Factors influencing stream temperatures in small streams：substrate effects and a shading experiment. Canadian Journal of Fisheries and Aquatic Sciences，61 (6):913-923.

Hook S J，Prata F J，Alley R E，et al.，2003，Retrieval of Lake Bulk and skin temperatures using along-track scanning radiometer (ATSR-2) Data:a case study using Lake Tahoe，California. Journal of Atmospheric and Oceanic Technology，20(4):534-548.

Lai X J，Jiang J H，Yang G S，et al.，2014.Should the Three Gorges Dam be blamed for the extremely low water levels in the middle-lower Yangtze River?. Hydrological Processes，28(1):150-160.

Lehner B，Liermann C R，Revenga C，et al.，2011. High-resolution mapping of the world's reservoirs and dams for sustainable river-flow management. Frontiers in Ecology and the Environment，9(9):494-502.

Li S，Xiong L H，Dong L H，et al.，2013.Effects of the Three Gorges Reservoir on the hydrological droughts at the downstream Yichang station during 2003-2011. Hydrological Processes，27(26):3981-3993.

Liu Z Y，Chen X H，Liu F，et al.，2018. Joint dependence between river water temperature，air temperature，and discharge in the Yangtze River：the role of the Three Gorges Dam. Journal of Geophysical Research：Atmospheres，123:11938-11951.

Luo Y，Li Q L，Yang K，et al.，2019a.Thermodynamic analysis of air-ground and water-ground energy exchange process in urban space at micro scale.Science of the Total Environment，694:133612.

Luo Y，Zhang Y Y，Yang K，et al.，2019b. Spatiotemporal variations in Dianchi lake's surface water temperature from 2001 to 2017 under the influence of climate warming. IEEE Access，7: 115378-115387.

Nakayama T，Shankman D，2013. Impact of the Three-Gorges Dam and water transfer project on Changjiang floods. Global and Planetary Change，100：38-50.

Sachs E，Sarah P，2017. Effect of raindrop temperatures on soil runoff and erosion in dry and wet soils. A Laboratory Experiment. Land Degradation & Development，28(5)：1549-1556.

Schaeffer B A，Iiames J，Dwyer J，et al.，2018. An initial validation of Landsat 5 and 7 derived surface water temperature for U. S. lakes，reservoirs，and estuaries. International Journal of Remote Sensing，39(22)：7789-7805.

Schneider P，Hook S J，2010. Space observations of inland water bodies show rapid surface warming since 1985. Geophysical Research Letters，37(22): L22405.

Shen G Z，Xie Z Q，2004. Three Gorges project：chance and challenge. Science，304(5671)：681-681.

Smith K，Lavis M E，1975.Environmental influences on the temperature of a small upland stream. Oikos，26(2)：228-236.

Solomon S，Qin D，Manning M，et al.，2007.IPCC，Climate Change 2007：The physical science basis. Contribution of working group I to the fourth assessment report of the intergovernmental panel on climate change. New York ：Cambridge University Press.

Sullivan A B，Rounds S，2006. Modeling water quality effects of structural and operational changes to Scoggins Dam and Henry Hagg Lake，Oregon//Scientific Investigations Report.

Toffolon M，Siviglia A，Zolezzi G，2010. Thermal wave dynamics in rivers affected by hydropeaking. Water Resources Research，46(8)：W08536.

Van Vliet M T H，Ludwig F，Zwolsman J J G，et al.，2011.Global river temperatures and sensitivity to atmospheric warming and changes in river flow.Water Resources Research，47(2)：W02544. 1-W02544.19.

Van Vliet M T H，Franssen W H P，Yearsley J R，et al.，2013. Global river discharge and water temperature under climate change.

Global Environmental Change，23(2)：450-464.

Vanderkelen I，Van Lipzig N P M，Lawrence D M，et al.，2020. Global heat uptake by inland waters. Geophysical Research Letters，47(12)：18875.

Wan W，Li H，Xie H J，et al.，2017.A comprehensive data set of lake surface water temperature over the Tibetan Plateau derived from MODIS LST products 2001-2015. Scientific Data，4(1) :170095.

Yang K，Yu Z Y，Luo Y，et al.，2018. Spatial and temporal variations in the relationship between lake water surface temperatures and water quality-a case study of Dianchi Lake. Science of the Total Environment，624: 859-871.

Yang K，Pan M E，Luo Y，et al.，2019.A time-series analysis of urbanization-induced impervious surface area extent in the Dianchi Lake watershed from 1988-2017. International Journal of Remote Sensing，40(2): 573-592.

Yang K，Luo Y，Chen K，et al.，2020. Spatial-temporal variations in urbanization in Kunming and their impact on urban lake water quality. Land Degradation & Development，31(11)：1392-1407.

Yang S L，Milliman J D，Li P，et al.，2011. 50，000 dams later：erosion of the Yangtze River and its delta. Global and Planetary Change，75(1-2)：14-20.

Zhang G Q，Yao T D，Xie H J，et al.，2014.Estimating surface temperature changes of lakes in the Tibetan Plateau using MODIS LST data. Journal of Geophysical Research: Atmospheres，119(14)：8552-8567.

Zhang Q，Li L，Wang Y G，et al.，2012. Has the Three-Gorges Dam made the Poyang Lake wetlands wetter and drier?. Geophysical Research Letters，39(2): L20402-1-L20402-7.

Zhao F，Shepherd M，2012. Precipitation changes near Three Gorges Dam，China. Part I：a spatiotemporal validation analysis.Journal of Hydrometeorology，13(2)：735-745.